高等院校信息技术规划教材

# 无线网络技术（第4版）
## ——原理、应用与实验

金光　江先亮　编著

清华大学出版社
北京

## 内容简介

本书围绕当前主流的无线网络技术，系统介绍各类技术的原理、应用和相关实验。全书共12章，主要内容如下：从计算机网络到无线网络，无线通信和网络仿真技术基础，无线局域网、无线城域网和蜂窝移动通信，卫星网络和空天信息网络，无线自组织网络，无线传感器网络，无线个域网，物联网，无线车载网和智能交通，无线体域网，无线室内定位和无线家居网，无线网络安全。

本书内容新颖，覆盖全面，突出"理论+应用+实践"的特色，电子资源丰富。针对各种无线网络，先阐述原理，然后介绍应用实例，配套实验操作性强，便于学习。

本书可作为网络工程、物联网、计算机科学与技术、软件工程、通信、电子、自动化、信息安全、网络空间安全等专业的本科生、研究生"无线网络"课程的教学用书和"计算机网络""网络工程实践""网络课程设计"等课程的参考书，也可供相关领域工程技术人员参考。



**图书在版编目(CIP)数据**

无线网络技术：原理、应用与实验/金光，江先亮编著. —4版. —北京：清华大学出版社，2020.8
(2021.12重印)
高等院校信息技术规划教材
ISBN 978-7-302-55908-5

Ⅰ. ①无… Ⅱ. ①金… ②江… Ⅲ. ①无线网－高等学校－教材 Ⅳ. ①TN92

中国版本图书馆CIP数据核字(2020)第108885号

**责任编辑**：白立军 战晓雷
**封面设计**：常雪影
**责任校对**：焦丽丽
**责任印制**：宋 林

**出版发行**：清华大学出版社
**网 址**：http://www.tup.com.cn，http://www.wqbook.com
**地 址**：北京清华大学学研大厦A座 **邮 编**：100084
**社 总 机**：010-62770175 **邮 购**：010-83470235
**投稿与读者服务**：010-62776969，c-service@tup.tsinghua.edu.cn
**质量反馈**：010-62772015，zhiliang@tup.tsinghua.edu.cn
**课件下载**：http://www.tup.com.cn，010-83470236
**印 装 者**：三河市君旺印务有限公司
**经 销**：全国新华书店
**开 本**：185mm×260mm **印 张**：22.75 **字 数**：525千字
**版 次**：2011年10月第1版 2020年8月第4版 **印 次**：2021年12月第4次印刷
**定 价**：59.00元

产品编号：087620-01

FOREWORD

# 前言

网络结合了计算机、通信、微电子等技术，是IT领域最重要的分支之一，对人类生活影响深远。从1969年互联网诞生迄今已有50余年，网络技术不断演进，逐渐呈现出两大发展趋势：高速和无线。高速指在光纤等技术支撑下，网络带宽和流量日益扩大；而无线网络表现出泛在性、移动性和灵活性。

国内高校IT各专业的本专科生和研究生开设"计算机网络"课程已有多年，许多前辈学者如Tanenbaum、Kurose、谢希仁、吴功宜等撰写的各种经典教材已被广泛采用。但在以往的"计算机网络"课程中，主要以讲解有线网络为主，无线网络一般只占极少部分，或由学生自学。

技术发展使无线网络早已无处不在，大量设备(笔记本、平板电脑、手机、传感器等)通过无线方式接入网络。突破了线缆束缚之后，无线网络技术本身呈现了多元化特点，已扩展到无线局域网、无线城域网、蜂窝移动通信、卫星网络、空天信息网络、无线体域网、无线个域网、无线自组织网络、无线传感器网络、物联网和无线车载网等，各种应用蓬勃发展。如果不经系统学习，学生会对纷繁复杂的无线网络原理和技术特点等感到困惑。

所以，开设单独的"无线网络"课程很有必要。经过广大同行的努力，目前全国已有数百所高校陆续开设本课程，但在全国高校中所占比例仍不高。希望该课程能覆盖更多高校、专业和学生，积极助力新工科IT课程教学改革。

本书全面介绍各种无线网络技术，内容编排循序渐进。在每一章中，先阐述基本概念和原理，接着介绍应用，最后提供实验供操作练习，并附有习题、扩展阅读和参考文献。附录A给出了无线网络技术缩略语，附录B提供了配套实验指南。

本书原名《无线网络技术教程》，前3版分别于2011年、2014年和2017年出版，迄今已被全国31个省、直辖市、自治区近300所高校选用。许多师生反馈了大量意见和建议，作者在此谨致谢意。

本次对全书内容修订较多：一是追随技术进步，新增WiFi 6、5G通信、北斗卫星导航、低功耗蓝牙协议、低功耗广域物联网(LoRaWAN和NB-IoT)、物联网安全、蜂窝通信安全等内容；二是扩展视野，补充6G技术展望、自动驾驶车载网络、量子保密通信等未来技术；三是删减了部分陈旧或次要内容。

实验内容修订则考虑适配更多的技术类型、实验环境、操作可行性、低成本等因素,采用“仿真+实测”的思路,已设计30多个配套实验,未来还将陆续增加。

仿真实验是利用权威网络仿真软件在普通PC上进行的,以减小场地、设备等的影响。实测实验选择了部分代表性项目,从板卡、芯片到软件,类似DIY,提供完整的设计和操作过程,希望有助于学生提高动手能力。

通过学习本书,读者能了解无线网络技术全貌,理解和熟悉各种主流技术的基本原理和功能,接触和掌握网络仿真和嵌入式应用系统的设计开发,为从事无线网络技术的应用、开发和运维管理等工作打下良好基础。

本书可作为本科生、研究生等学习无线网络相关课程的教材,内容可满足32～64学时的教学安排。理论建议32～48学时,其中部分内容较为深入和前沿(加*号,适合研究生)。实验建议0～24学时,具体实验项目见附录B,可结合实际自选。本书也可作为“计算机网络”“网络工程实践”“网络课程设计”等课程的参考书,或作为相关领域工程技术人员的参考用书。

本书配套电子资源包括PPT课件、习题答案、实验环境镜像、实验手册、实验源码、实验操作视频、实验说明等内容,读者可访问清华大学出版社网站或“无线网络技术教学研究平台”(http://www.thinkmesh.net/wireless/),免费下载。

本书涉及内容繁多,我们查阅了大量参考文献,受益匪浅,在此向这些参考文献的作者们致谢。读者可查阅源文献,进一步深入学习。

在本书编写、修订过程中,历届研究生苏成龙、路金明、张超、邓珂、高子航、尚子宁、庄建辉、朱家骅、张腾、何伟业等参与了实验制作和绘图工作。作者还得到了金明、陈海明、王晓东等老师的帮助和建议。本书出版得到浙江省移动网络应用技术重点实验室、浙江省高等教育教学改革研究项目、宁波大学研究生优秀示范课程、宁波大学教材建设项目等的支持,在此谨致谢意。本书先后被评为浙江省普通高校重点教材、浙江省普通高校优秀教材和浙江省普通高校新形态教材。

本书自第1版迄今已10年,我们切身感受到在无线网络领域我国自主可控的核心技术越来越多,更衷心希望本书能对培养更多IT人才作出贡献。虽然我们一直在努力,但由于学识有限,书中难免仍存在许多不足,敬请读者不吝赐教,请将意见和建议发到jinguang@nbu.edu.cn和jiangxianliang@nbu.edu.cn。

金光　江先亮

2020年春

于宁波大学

CONTENTS

# 目录

第1章

# 从计算机网络到无线网络

计算机技术和通信技术是信息技术领域最重要的两大分支,二者结合就是网络技术。根据侧重不同,网络分为计算机网络和通信网络,两者越来越密不可分。20世纪70年代至今,网络的发展对全世界产生了深远影响,推动人类社会逐步进入了信息时代。

作为全书开篇,本章对计算机网络和无线网络技术的相关背景、原理和应用等予以简要介绍,并适当关注一些前沿技术和行业组织等。

## 1.1 计算机网络技术概述

### 1.1.1 计算机网络的功能、发展、定义和组成

#### 1. 计算机网络的功能

21世纪被称为信息时代,其最主要的特征就是数字化和网络化。社会生产生活各方面通过计算机技术来提高效率、降低成本;在此基础上,再通过网络技术实现信息的互通。高速完善的网络能使信息更快、更准确地传输,以发挥强大作用。网络已成为信息社会的技术命脉和知识经济的发展基础,对社会许多方面产生了不可估量的影响。

先来看众所周知的"三网"技术:计算机网络、电信网络和广播电视网络,它们提供不同的服务。计算机网络,如互联网(Internet)和小范围局域网等,能使用户实时迅速地传输各种数据文件,搜索文字、图像、声音和视频等各类资料。电信网络,如固定电话、移动电话等,提供电话、传真等服务。广播电视网络则传输广播电视节目。这3类网络在信息化的发展历程中都起到了重要作用。这3类网络的融合正在推进,不同类型的终端、不同领域的信息都将融会贯通于一个更大的网络中,提供更强大的信息传输服务,满足人们更丰富多彩的应用需求。

网络技术近年来在我国发展迅速,已应用于各行各业,包括工业、商业、交通运输、金融、政府管理、文化娱乐等。尤其是互联网,在各种信息技术中最具社会影响力,现在人们的生活、工作和学习都离不开互联网。

计算机网络的主要功能是连接终端主机以实现资源共享,即通过有线或无线介质将用户终端连接成大小不一的网络,这些终端主机可彼此直接连通,使

用户间的距离大为缩短。而不同用户的资源通过网络实现各种共享,如信息共享、软件共享、硬件共享等。例如,数字图书馆通过网络来存储和传播大量电子资源,供用户读取或下载;而同一办公室局域网内的多台微机可共享一台打印机。

由于人们的生活、工作、学习和社交等都广泛依赖网络,其可靠性和安全性显得至关重要。病毒、蠕虫、恶意攻击、木马和钓鱼网站等都会造成严重危害。而不少青少年沉迷于网络游戏、虚拟社交和不良信息,其身心受到不利影响,需要全社会加大关注。

**2. 计算机网络的发展**

计算机网络离不开计算机。1946年,第一台计算机ENIAC诞生于美国宾夕法尼亚大学,此后计算机的发展经历了电子管、晶体管、集成电路和微处理器时代。1977年,苹果个人计算机问世,标志个人计算机时代的到来。1981年,IBM公司的IBM PC发布,有力地促进了微机的发展和应用。其后30年里,在Wintel(Windows操作系统+Intel芯片)平台的主导下,微机技术发展迅猛,成为信息技术前进的主要推动力之一。

人们在使用计算机的同时,对信息共享互通的需求也与日俱增。伴随计算机技术的发展,计算机网络也登上历史舞台,并逐步成为信息社会的基础架构。下面先回顾一下互联网和网络相关技术的发展简史。

1969年,互联网的前身ARPANET(ARPA是美国国防部高级研究计划署)诞生于美国加利福尼亚大学洛杉矶分校,最初有4个节点。1971年,首个无线分组交换计算机网络ALOHAnet在美国夏威夷大学问世。1976年,施乐公司针对局域网提出了以太网原型。20世纪70年代末,TCP/IP公布。1980年,以太网开始商用。1989年,T.B.Lee提出了万维网(WWW)的设想。1991年,互联网开始商业运营。1994年,Netscape浏览器发布。1997年,WiFi无线局域网方案公布。1998年,Google搜索引擎诞生。2000年,互联网行业扩张达到高峰,大批.COM公司在Nasdaq上市。2004年,社交网站Facebook上线。2007年,苹果公司和Google公司都进入了移动手机市场。2010年,iPad平板电脑问世,被认为可能引领电子书代替传统书籍的风潮。2011年,云计算的概念逐步深入人心,开始成为市场热点。2012年,大数据由技术圈进入了主流市场,从TB级、PB级向EB级、ZB级、YB级进军。近几年来,智能物联网、5G移动通信、区块链等新技术更是令人目不暇接。

互联网在我国的普及始于20世纪90年代。到2019年6月底,我国网民达8.54亿人,其中手机网民达8.47亿人。全球网民估计超过40亿人,全球接入互联网的各类主机和终端(含PC、智能手机等)超过40亿台。

综观计算机网络的整个发展史,从技术角度可分为5个阶段。

1) 产生阶段

早期计算机系统高度集中,所有设备安装在一起,后来出现了批处理和分时系统,分时系统的多个终端必须连接到主机。20世纪50年代中后期,许多系统开始将地理上分散的多个终端通过通信线路连接到一台中心主机上,成为第一代计算机网络。典型应用是美国的飞机订票系统,一台计算机连接全美2000多台终端机。终端机一般是一台显示器和键盘,无CPU和内存,如图1.1所示。终端机用户通过终端机向中心主机发送数据处理请求,中心主机处理后予以回复,终端机将数据存储到中心主机,自身并不保存任何数据。第一代网络并非真正意义上的网络,但已初步具备网络的特征。

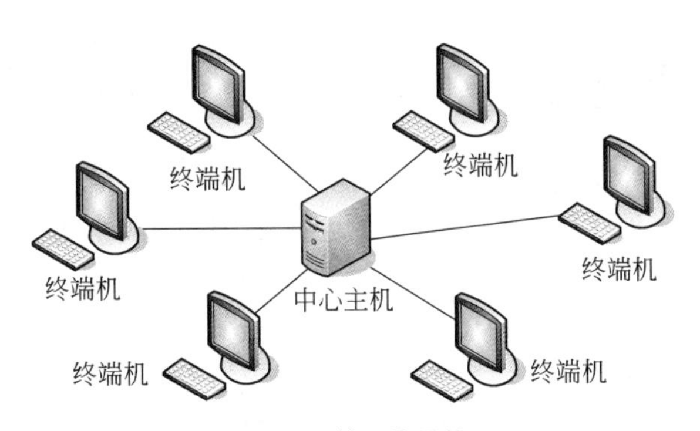


图 1.1 第一代网络

2）形成阶段

为提高可靠性和可用性，人们开始利用通信线路连接多台主机与终端。20世纪60年代末，第二代网络（图1.2）应运而生，其典型代表为ARPANET。主机间不直接相连，由接口报文处理机负责转接。通信线路负责通信，构成通信子网。主机负责运行程序，提供资源共享，组成资源子网。两台主机通信时，传输的内容、信息表示形式、不同情况下的应答等必须遵守一个共同约定——协议。ARPANET将协议按功能分成若干层次，具体分层及各层采用的协议统称网络协议体系结构。第二代网络采用了分组交换技术，初步形成了现代意义上的计算机网络。

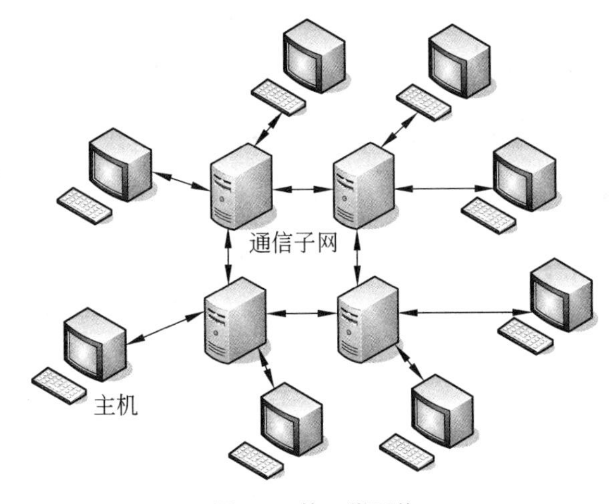


图 1.2 第二代网络

3）互联互通阶段

20世纪70年代末至90年代的第三代网络具有明确的网络体系结构，并遵循统一标准，如图1.3所示。该阶段网络技术发展迅速，涌现了很多网络体系结构标准和软硬件产品。网络体系结构标准的代表是ISO/OSI开放系统互连参考模型和被广泛用于互联网的TCP/IP。前者也称OSI七层模型，为普及局域网奠定了基础，但其意义多限于理论层面；TCP/IP则伴随互联网的发展，已成为事实上的工业标准。

4）高速网络阶段

20世纪90年代末到21世纪初，高速网络逐步成熟，数据传输速率大为提高，陆续出

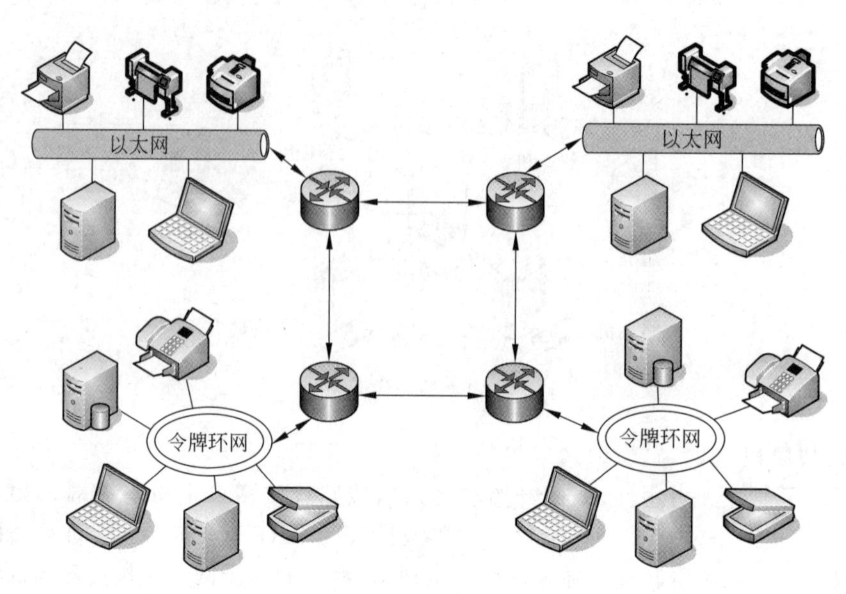


图 1.3　第三代网络

现了光纤网络、多媒体网络、智能网络和无线网络等,第四代网络形成,如图 1.4 所示。

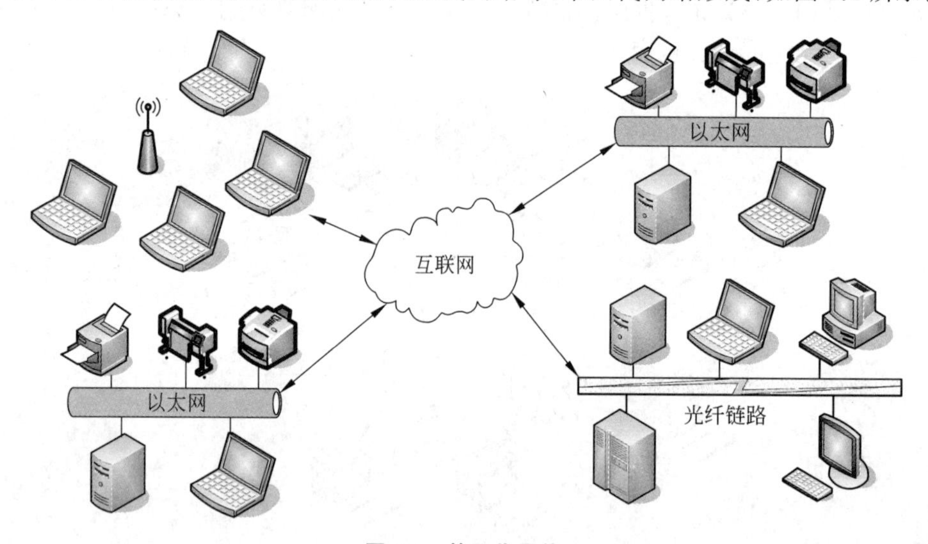


图 1.4　第四代网络

5) 无线网络和物联网阶段

21 世纪 10 年代,无线网络、移动通信网络继续普及,而物联网、传感器技术更是将网络触角延伸到传统信息领域之外的自然界以及物流和交通等领域,应用前景更为广阔。图 1.5 为第五代网络,将逐步形成个人、社会、自然的泛在网络(ubiquitous network)。

### 3. 计算机网络的定义

简单而言,用通信链路将分散的多台计算机、终端和外设等互连起来,使之能彼此通信,同时共享各种硬件、软件和数据资源,整个系统可称为计算机网络。

图 1.5　第五代网络

更准确的定义是：计算机网络是将地理位置不同的具有独立功能的多台主机、外设或其他设备通过通信线路进行连接，在网络操作系统、管理软件及通信协议的管理和协调下，实现资源共享和信息传递的完整系统。

接入网络的每台主机本身是一个可独立工作的设备。例如一台能上网的微机，即使未连接网络也能完成文字处理等工作。通信链路分为有线和无线两种，有线链路采用双绞线、电话线、同轴电缆、光纤和电力线等，无线链路采用微波、红外线等。

通信协议是另一要素。讲不同语言的人需要一种标准语言才能沟通，而不同类型的主机通信也需遵循共同规则和约定。网络中各方需共同遵守的规则和约定就称为网络协议，由其来定义、协调和管理主机间的通信和操作。

一个覆盖范围较小的网络可包含同一办公室或同一楼层内的多台主机，通常可称为局域网(Local Area Network，LAN)。而覆盖整个城市的网络一般称为城域网(Metropolitan Area Network，MAN)。更大范围的网络，如连接多个城市甚至整个国家的网络，可称为广域网(Wide Area Network，WAN)。

我们熟悉的互联网堪称全球最大的广域网，它由无数个 LAN、MAN 和 WAN 共同组成。所有连入互联网的主机、设备等均遵循统一的 TCP/IP 协议。

高速和便捷被认为是计算机网络技术的两大发展趋势。高速体现在网络带宽增长的速度比摩尔定律所描述的更快，而便捷的任务则要由无线网络来承担。

### 4. 计算机网络的组成

从技术角度看，一个计算机网络包括 3 个组成部分：若干主机，为不同用户提供服务；一个通信子网，包括网络设备(交换机、路由器等)和连接彼此的通信链路；网络协议，即事先约定的规则，用于主机间或主机和网络设备间的通信。

进一步分析，可按照数据通信和数据处理的功能，从逻辑上将网络分为通信子网和资源子网两部分，通信子网位于网络中心或网络内部，而资源子网位于网络边缘。

通信子网由网络设备、通信线路与其他通信设备组成，负责数据传输、转发等通信处理任务。网络设备在网络拓扑中常被称为网络节点。它一方面与资源子网的主机通信，将主机和终端连入网络；另一方面又在通信子网中负责报文分组的转发，最终将源主机的报文准确发给目标主机。

资源子网包括主机系统、终端及控制器、联网外设、软件、信息资源等。

(1) 主机是计算机网络的边缘(或叶)节点。一般安装了本地操作系统、网络操作系统、网络数据库和应用系统等，通过通信线路连入通信子网。主机一般具备有效的网络地址，可接收和发送数据。

(2) 终端是用户访问网络的界面。可以是简单的输入输出终端,也可以是带微处理器、能存储与处理信息的智能终端。

(3) 网络操作系统是相对主机操作系统而言的,主要用于实现不同主机、节点间的通信,以及硬件和软件资源的共享,提供统一的网络接口,便于用户使用网络。

(4) 网络数据库建立在网络操作系统之上,可集中在一台主机上(集中式),也可分布于多台主机(分布式)上,实现数据共享。

(5) 应用系统指依托网络基础的各种具体应用软件,能满足用户的不同应用需求。

## 1.1.2 计算机网络的分类

对计算机网络可以从不同的角度进行分类。

### 1. 按网络传输技术分类

通信信道分为广播信道和点对点信道两类。在前者中,多个节点共享一条物理信道,一个节点广播信息,其他节点均能接收该信息;而在后者中,一条信道只连接一对节点,如果二者间无直接连接的线路,则由中间节点转接。计算机网络也可相应地分为广播式网络和点对点式网络两类。

1) 广播式网络

在广播式网络中,所有主机节点共享一个公共通信信道,当一台主机利用该信道发送分组时,所有其他主机都能接收并处理该分组。分组含目标地址与源地址,其他主机将检查目标地址是否匹配自身地址,若匹配则接收分组,否则丢弃。目标地址为一台主机的情形称单播;若目标地址是网络中的多个主机,则称多播或组播;若目标地址是全部主机,则称广播。在广播式网络中,信道共享可能导致冲突,因此有效的信道访问控制非常重要。局域网和无线网多采用广播式通信。图 1.6 所示为一个简单的广播式网络。

2) 点对点式网络

在点对点式网络中,每两个节点之间存在一条物理信道,如图 1.7 所示。节点沿某一信道发送的数据由信道另一端的节点接收。如果两个节点间没有线路直接连接,二者的信息传输需依赖中间节点的接收、存储和转发。由于连接多个主机的线路结构复杂,从源节点到目标节点可能存在多条路由(路径),确定选择某一路由需要路由选择算法。在点对点结构中,由于没有信道竞争,因此几乎不存在介质访问控制问题。广域网链路多采用点对点信道。

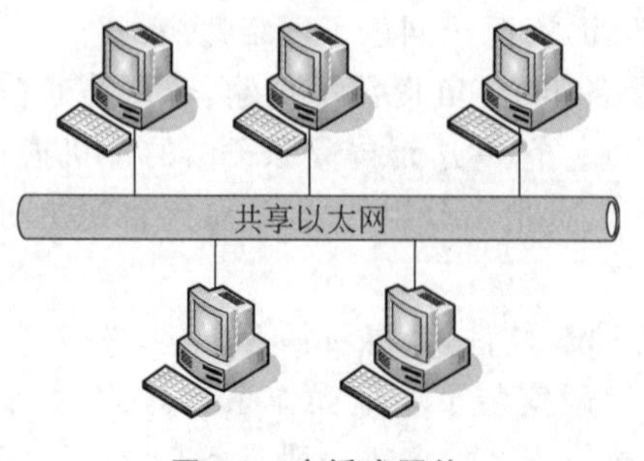


图 1.6 广播式网络

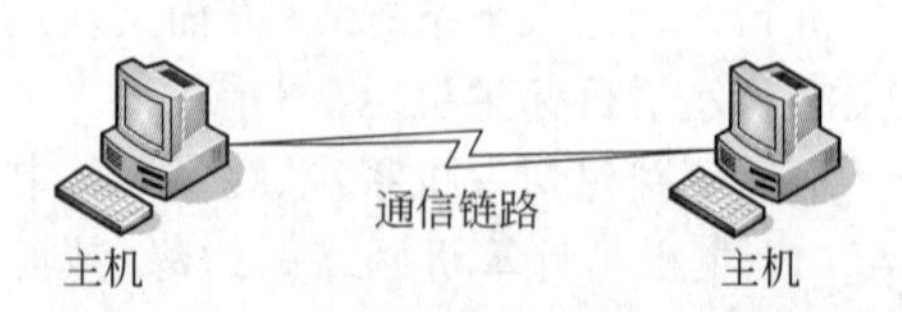


图 1.7 点对点式网络

### 2. 按网络规模和覆盖范围分类

网络覆盖范围不同,所用传输技术和服务功能就会有差异。按覆盖地理范围大小,可将计算机网络分为局域网、城域网和广域网,如表 1.1 所示。一般距离越长,传输速率越低。

表 1.1　计算机网络按覆盖范围分类

| 网 络 分 类 | 最大分布距离 | 跨越地理范围 | 带　　宽 |
|---|---|---|---|
| 局域网 | 10m | 房间 | 10Mb/s 至数个 Gb/s |
| | 200m | 建筑物 | |
| | 2km | 校园 | |
| 城域网 | 100km | 城市 | 2Mb/s 至数个 Gb/s |
| 广域网 | 1000km | 国家或省 | 64kb/s 至数个 Gb/s |

1）局域网

局域网如图 1.8 所示,多覆盖房间、楼层、整栋楼及楼群,范围较小。相对而言,局域网容易配置,拓扑结构较简单。其特点包括传输速率高、时延小、误码率低、成本低、应用广、组网方便及使用灵活等。局域网常被用来构建单位的内部网,如办公网、实验室网、楼宇内网、校园网、中小企业网和园区网等,一般由所属单位管理。早期局域网多为共享式。由于电子产品成本下降,交换机等设备大量普及,交换局域网现已成为主流。

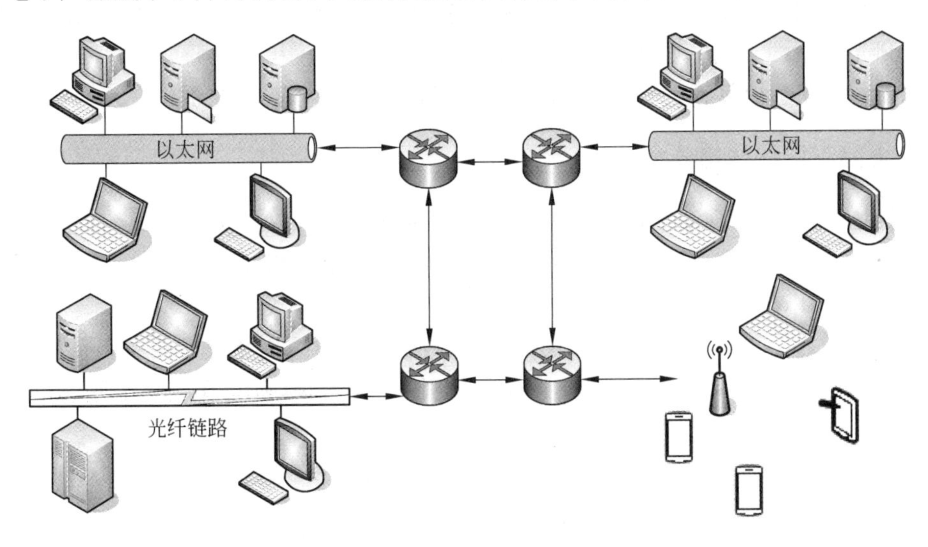


图 1.8　局域网

2）城域网

城域网如图 1.9 所示。将众多局域网互联,成为一个规模较大的覆盖城市范围的网络,就是城域网。其设计目标是满足几十千米范围内的各类企业、机构、学校和家庭等的联网需求。相比于局域网,城域网的特点是:范围更大,速率略慢,网络设备较贵,管理更复杂。

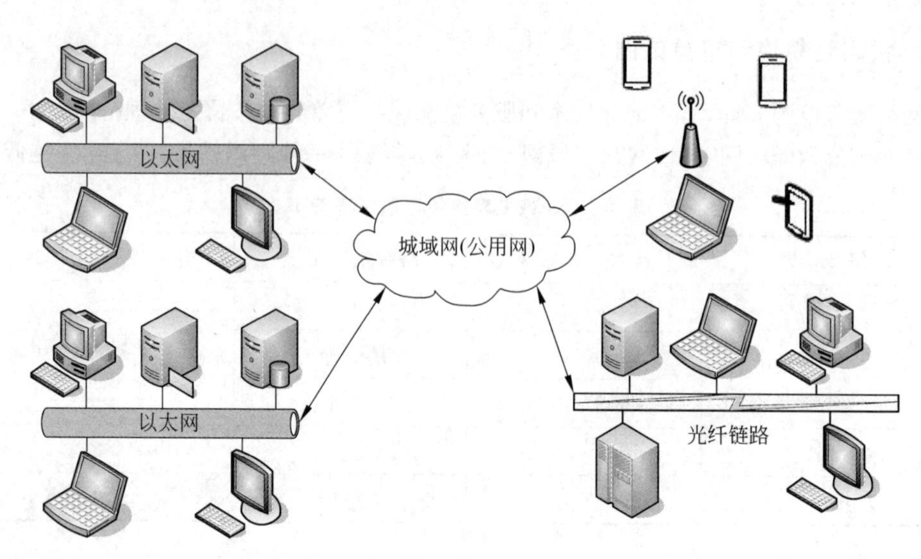


图 1.9 城域网

3) 广域网

广域网如图 1.10 所示。常见的广域网有中国电信的 ChinaNet、中国教育科研网(CERNET)等。其中 ChinaNet 是我国互联网的骨干网之一。国内许多政府部门、行政机构和行业也建立了各自的全国性广域网。全球最大的广域网当属 Internet。广域网的传输速率往往比局域网低得多。例如横跨太平洋的中美海底光缆,其带宽达数十 Tb/s,但分配到光缆两端上亿的网络用户,其有效带宽就很低了。相比于局域网和城域网,广域网的主要特点是:规模很大,传输速率较慢,误码率较高,网络设备昂贵。

### 3. 按网络拓扑结构分类

网络拓扑结构是指网络中链路和节点的几何排列形式。它关注网络系统的连接形式,能表示服务器、工作站和网络设备的互相连接,在网络方案设计过程中,拓扑结构非常关键。网络拓扑结构一般可分为总线、星形、环形、树状和网状等。

总线网络如图 1.11 所示,所有节点共享一条链路。总线网络安装简单,所需线缆短,成本低,但链路故障会导致网络瘫痪,安全性较低,监控困难,新增节点不方便。

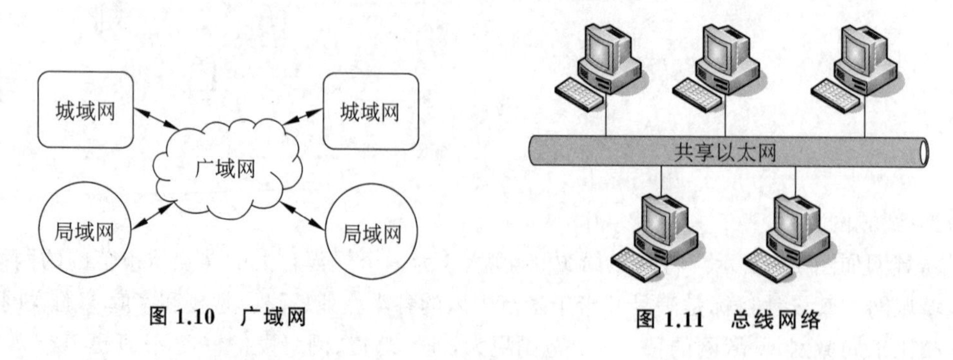


图 1.10 广域网　　　　图 1.11 总线网络

星形网络如图 1.12 所示，中心节点通过点对点链路连接各节点。星形网络易新增站点，数据安全性和优先级易控制，易实现网络监控，但中心节点故障会使整个网络瘫痪。

环形网络如图 1.13 所示，各节点的通信介质连成一个封闭环形。环形网络易安装和监控，但容量有限，网络建成后，新增节点较困难。

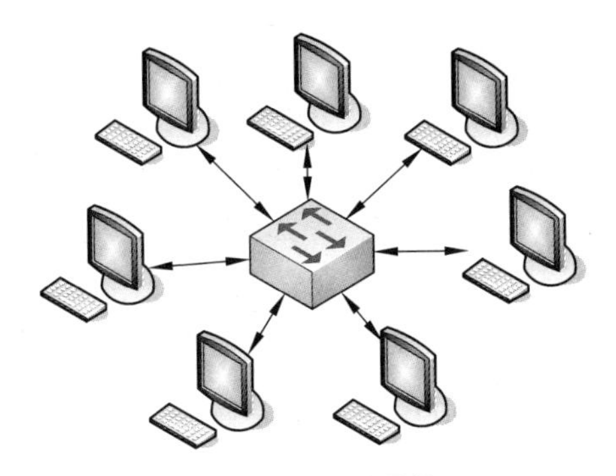

图 1.12　星形网络

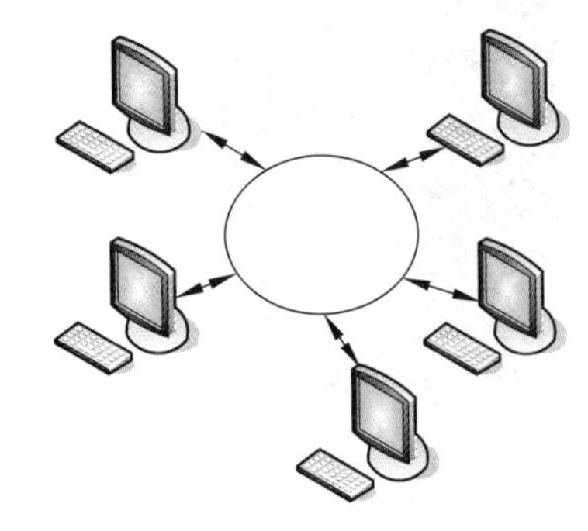

图 1.13　环形网络

树状、网状及其他类型拓扑结构的网络都以上述 3 种拓扑结构为基础。树状网络如图 1.14 所示，网状网络如图 1.15 所示。

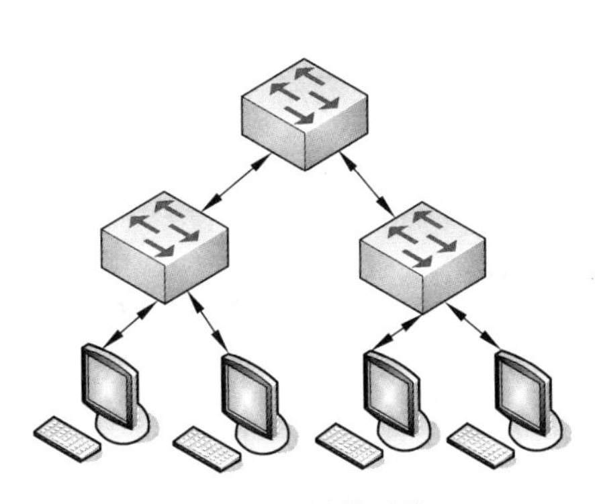

图 1.14　树状网络

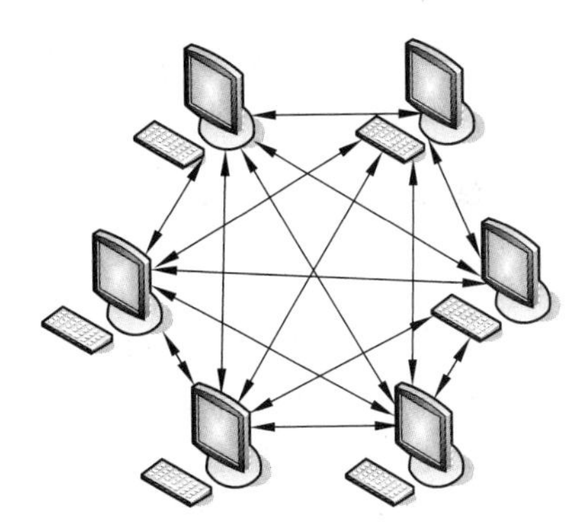

图 1.15　网状网络

#### 4. 按传输介质分类

按传输介质，网络可分为有线网络和无线网络。

1）有线网络

有线网络可用双绞线、同轴电缆和光纤等连接。同轴电缆早期较常见，易安装，但传输速率和抗干扰性一般，传输距离较短。双绞线目前最为常用，其价廉，易安装，但传输距离较短。光纤如图 1.16 所示。“光纤之父”高锟于 1966 年提出以玻璃纤维进行远距离激光通信的设想，并获得了 2009 年诺贝尔物理学奖。光纤传输距离长，传输速率高，抗干扰性强，保密性好。但由于其价格较高，安装较复杂，以往多用于城域网和广域网。由于技术进步导致光纤成本下降，现在光纤越来越多地应用于局域网。

2）无线网络

无线网络主要通过电磁波传输数据。相比于已成熟的有线网络,无线网络的发展空间更大,应用前景更广阔。图1.17为无线网络的示意图。

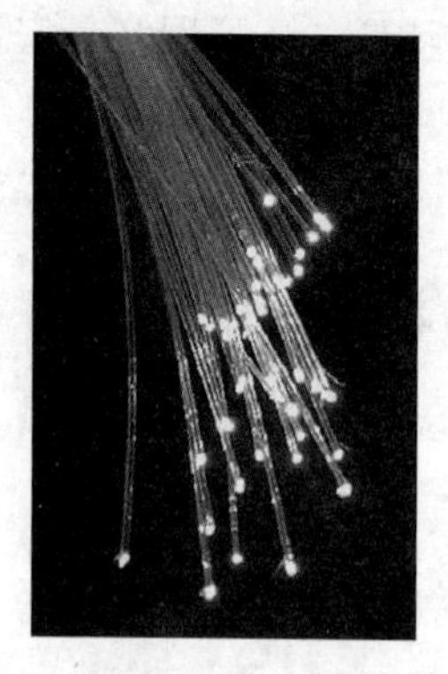

图1.16　光纤

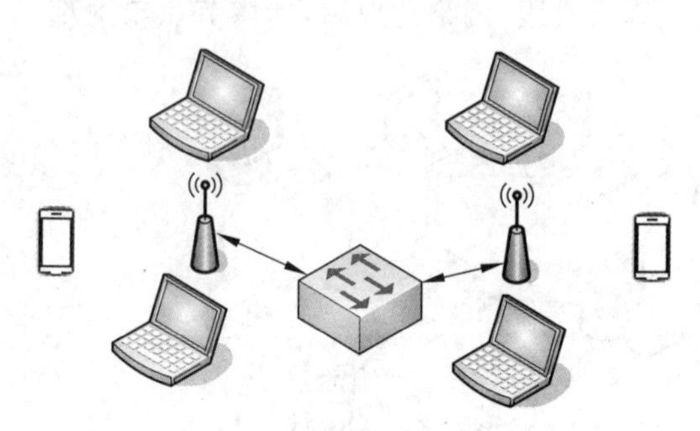

图1.17　无线网络

## 1.2　计算机网络的协议体系

正如计算机系统分为硬件和软件两部分,二者缺一不可一样,计算机网络也由硬件和软件两部分组成,没有软件支持的网络硬件无法提供用户所需的服务。目前的网络软件都是高度结构化的,网络体系结构即从软件角度去研究和描述计算机网络。

### 1. 网络协议和层次

1）网络协议

在网络技术中,为了实现数据交换而设置的标准、规则和约定的集合称为协议。具体某个协议往往关注具体某一层,它是用于同层实体间通信的相关规则约定的集合。协议的三要素是语义、语法和定时。语义是控制信息的具体含义,语法是数据和控制信息的格式、编码规则,而定时则用于数据和控制信息的收发同步和排序。

2）网络体系结构及层次划分原则

工程实践中遇到复杂系统时,往往将其分解为若干易处理的子系统,这种结构化方法也被用于网络体系结构。网络体系结构就是网络各层次及对应协议的集合。计算机网络层次一般以垂直分层的模型来表示,如图1.18所示。

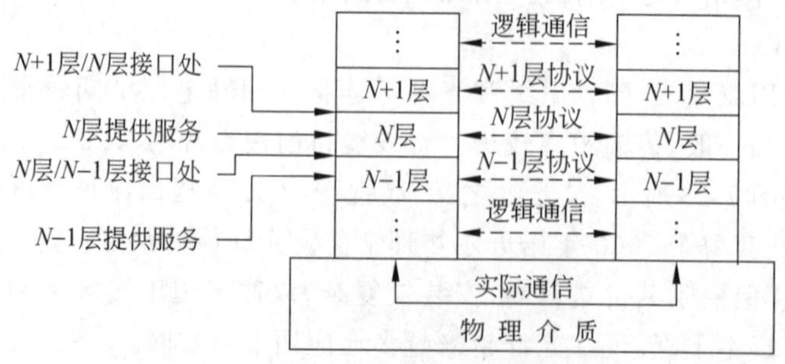


图1.18　计算机网络层次模型

实际通信运行于物理介质之上，其余各层对等实体间进行逻辑通信(也称虚拟通信)。各种逻辑通信均有对应的协议，本层为上层提供服务，也享受下层的服务。

各层相互独立，功能明确。某一层的具体功能更新时，只需保持上下层接口不变，就不会影响到相邻层。上下层的接口应清晰，接口涉及的信息量应尽量少。

以功能作为划分层次的基础，每一层只需与上下层相关，各司其职，各尽其责。

3) 实体、服务和服务访问点

实体表示发送或接收信息的任一硬件或软件进程。在协议控制下，本层为上一层提供服务。同一主机相邻两层的实体交换信息的位置通常称为服务访问点，它实际上是一个逻辑接口。层与层之间交换的数据单位称为协议数据单元。

### 2. 计算机网络协议体系模型

1) ISO/OSI 模型

ISO/OSI 模型如图 1.19 所示，它将网络划分为 7 层，自底向上依次为物理层、数据链路层、网络层、传输层、会话层、表示层和应用层。最上端的应用层与用户软件交互，最下端的物理层由传输信号的电缆和连接器构成。ISO/OSI 模型描述了各层提供的服务、层次间的抽象接口和交互用的服务原语。各层协议定义了应当发送何种控制信息及对应的解释过程。

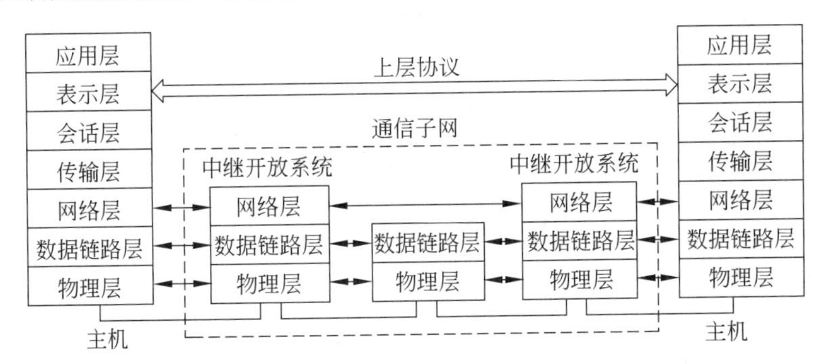


**图 1.19 ISO/OSI 模型及通信过程**

需要指出的是，ISO/OSI 模型并非具体实现，仅是为制定网络标准而提出的概念性框架。

2) TCP/IP 模型

TCP/IP(Transmission Control Protocol/Internet Protocol，传输控制协议/网际协议)是互联网的通信协议标准，实际上是一个协议族，其中包含了用于互联网等网络的各种具体通信协议。到 2019 年底，IETF(Internet Engineering Task Force，互联网工程任务组)颁布的 RFC(Request For Comments，请求评论)技术标准文档近 8700 件。

| ISO/OSI模型 | TCP/IP模型 |
| --- | --- |
| 应用层 | 应用层 |
| 表示层 | |
| 会话层 | |
| 传输层 | 传输层 |
| 网络层 | 网际互联层 |
| 数据链路层 | 网络接口层 |
| 物理层 | |

**图 1.20 ISO/OSI 模型与 TCP/IP 模型层次的对应关系**

TCP/IP 已成为通用的网络协议标准，互联网体系结构即以 TCP/IP 为核心。TCP/IP 模型与 ISO/OSI 模型相比结构更简单，二者层次的对应关系如图 1.20 所示。

TCP/IP 模型中无会话层和表示层，相应功能包含于应用层中;而它的网络接口层包含了ISO/OSI模型的数据链路层和物理层。网际互联层和传输层则分别对应ISO/OSI模型中的网络层和传输层。TCP/IP模型的工作原理如图1.21所示。

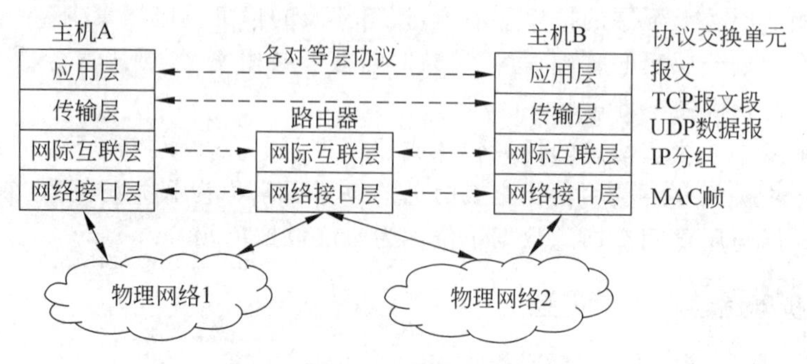


**图1.21 TCP/IP模型的工作原理**

(1) 网络接口层。

网络接口层是TCP/IP与各种物理链路的接口。发送方的IP分组封装成介质访问控制(Media Access Control,MAC)帧后交付链路;接收方收到MAC帧后进行拆封,检查其MAC目标地址,如为本机地址或广播,则接收并上传到网际互联层,否则丢弃。

(2) 网际互联层。

网际互联层主要负责主机到主机的通信,以及建立互联网络。由于不同应用的需求差别很大,所以互联网采用一种灵活的分组交换网络,以无连接的网际互联层为基础。该层允许主机将分组发送到任何网络,并让这些分组独立到达目标(可能位于不同类型的网络中)。分组到达顺序可能与发送顺序不一致(后发先至)。

网际互联层的主要协议包括网际协议(IP)、互联网控制报文协议(ICMP)、地址解析协议(ARP)和逆向地址解析协议(RARP)。IP的功能是尽力提供无连接的数据传输服务和路由选择服务。用ARP/RARP来实现IP地址与MAC硬件地址之间的对应。ICMP主要传递控制报文,如常用的ping操作就使用了ICMP。

(3) 传输层。

传输层定义了两类端对端的传输控制协议,即TCP和UDP(User Datagram Protocol,用户数据报协议)。TCP是面向连接的、可靠的协议,使源主机发出的字节流准确传输到目标主机上。双方在传输数据前必须建立连接,结束时要拆除连接。TCP提供确认、重传、拥塞控制和流量控制等机制,确保报文段按序和准确传输。UDP则是不可靠的、无连接的协议,通信双方无须建立连接,传输时可能丢失数据或乱序。但UDP开销小、效率高,适用于要求传输速率高而容忍少量差错的应用,如多媒体通信。

(4) 应用层。

TCP/IP包含大量应用层协议,如HTTP、FTP、SMTP等,不同协议对应不同的具体应用。随着新应用不断涌现,有些旧应用被淘汰,对应的协议也在不断更新。

### 3. 无线网络的协议层次特点

无线网络作为网络技术的一个重要分支,其协议体系结构也基于层次模型。但不同类型的无线网络所关注的协议层次也不同。例如,无线局域网一般无路由问题,所以不制定网络层协议,而采用传统 IP 协议。鉴于存在共享访问介质问题,MAC 层协议则是多种无线网络关注的重点。此外,无线频谱管理的复杂性使得物理层协议成为重点。再如,移动自组织网络存在路由问题,所以其网络层协议格外重要。

无线网络和有线网络的技术特点存在较多不同,这也决定了二者的传输机制和协议设计的诸多不同。在有线网络中,当发送方检测到丢包发生时,一般认为网络拥塞,会降低发送速率。而无线网络出现丢包时,发送方可切换到空闲信道重新发送。当发送方不了解底层网络类型时,难以正确决定。所以,许多无线网络需对传统网络协议进行改进。

无线网络的目标是提供更便捷的通信服务,应用层协议并非关注重点,只要解决了无线网络的连接和可靠性,各种丰富的业务应用都可直接使用无线网络。

## 1.3 无线通信和无线网络简史

这里简单追溯一下无线通信和无线网络的历史。

1844 年,美国人莫尔斯成功演示了从华盛顿到巴尔的摩(相距 60km)的电报传送。

1864 年,英国人麦克斯韦提出了完整的电磁波理论。

1876 年,美国人贝尔发明了电话。

1887 年,德国人赫兹证实了电磁波的存在。

1893 年,美国人特斯拉在圣路易斯首次公开演示了无线电通信。

1901 年,英国人马可尼完成了从英国西南到加拿大纽芬兰的无线电通信试验。

1920 年,世界上第一个无线广播电台诞生于美国匹兹堡。

1947 年,美国贝尔实验室提出了蜂窝通信的概念。

1957 年,苏联成功地发射了第一颗人造卫星。

1971 年,横跨 4 个岛屿的首个分组无线电网络 ALOHAnet 诞生于夏威夷大学。

1983 年,蜂窝移动电话系统在美国芝加哥开通,随后欧洲开通了数字移动电话网。

1995 年,美国高通公司开通了首个 CDMA 商用移动电话网络。

1993—1999 年,在 DARPA 资助下,加利福尼亚大学洛杉矶分校承担了首个大规模的无线传感器网络项目 WINS 的研究。

1997 年,IEEE 发布了 IEEE 802.11 无线局域网标准。

20 世纪 90 年代末,移动自组织网络(MANET)的研究逐渐兴起。

2000 年,国际电信联盟批准 WCDMA、CDMA2000 和我国自主提出的 TD-SCDMA 作为第 3 代移动通信(3G)国际标准。

2001 年,IEEE 发布了 IEEE 802.16 无线城域网标准。

2002 年,IEEE 发布了 IEEE 802.15 无线个域网标准。

2005 年,国际电信联盟发布物联网报告,宣布物联网时代来临。

2007 年,Apple 公司发布 iPhone 手机,Google 公司发布开源手机平台 Android。

2010 年,国际电信联盟确定第 4 代移动通信(4G)的国际标准。

2011年,我国发布《物联网十二五发展规划》,大力推动物联网技术和相关产业。

2013年,基于TD-LTE的4G移动通信在我国开始商用,迅速得到普及。

2014年,微信和易信推出基于社交软件的免费电话。

2015年,谷歌无人驾驶汽车累计达到160万公里的行驶里程。

2016年,我国成功发射首颗量子科学实验卫星"墨子号"。

2019年,第五代移动通信(5G)在我国和其他国家陆续开始商用。

2020年,我国北斗卫星基本发射完毕,建成北斗三号卫星导航系统。

## 1.4 无线网络分类

### 1. 按覆盖范围分类

无线网络按覆盖范围可分为无线个域网、无线局域网、无线城域网和无线广域网等。

1) 无线个域网

无线个域网(Wireless Personal Area Network,WPAN)指通过短距离无线电连接一台PC的各个部件,如显示器、键盘和鼠标等。也可将手机、相机、耳机、音箱、扫描仪和打印机等其他外设连接到计算机。

2) 无线局域网

无线局域网(Wireless Local Area Network,WLAN)如图1.22所示,可分为有固定基础设施和无固定基础设施两大类,固定基础设施指预先建立且能覆盖一定范围的固定基站。

对于有固定基础设施的WLAN,IEEE 802.11标准规定了基本服务集(Basic Service Set,BSS),一个BSS包括一个基站和若干移动站。一个BSS的覆盖范围称为基本服务区(Basic Service Area,BSA),类似于无线移动通信的蜂窝小区。

无固定基础设施的WLAN称作自组织网络(Ad Hoc network),移动自组织网络简称MANET(Mobile Ad Hoc Network),如图1.23所示,图中MN(Mobile Node)为移动节点。MANET是由一些彼此平等的移动节点(移动站)之间相互通信而组成的临时网络,无预先建立的固定基础设施(基站)。自组织网络的服务范围通常受到一定限制,且一般不和外界其他网络相连。

MANET在军事和民用领域应用前景广阔。在军事领域,由于战场上往往没有预先建好的固定接入点,携带移动站的士兵可临时建立MANET进行通信。这种组网方式也可应用到地面车辆群、坦克群、海上舰艇群和空中机群等。每个移动站兼具路由器的分组转发功能,因此网络存活性良好。而在民用领域,MANET在车载网络、抢险救灾、移动会议、家庭网络、公共场所热点、嵌入式计算等方面都极具应用前景。

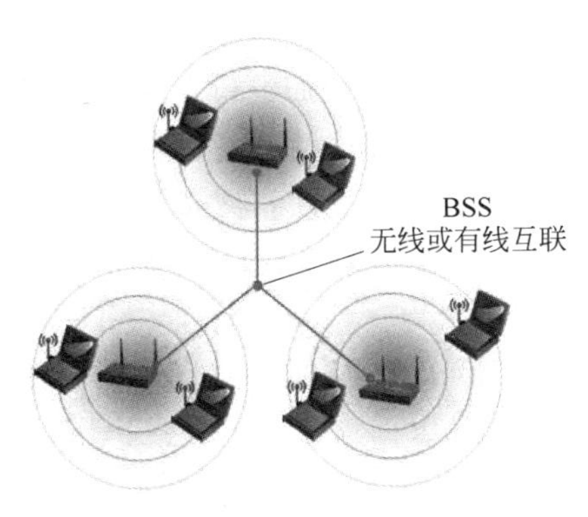


图 1.22　无线局域网

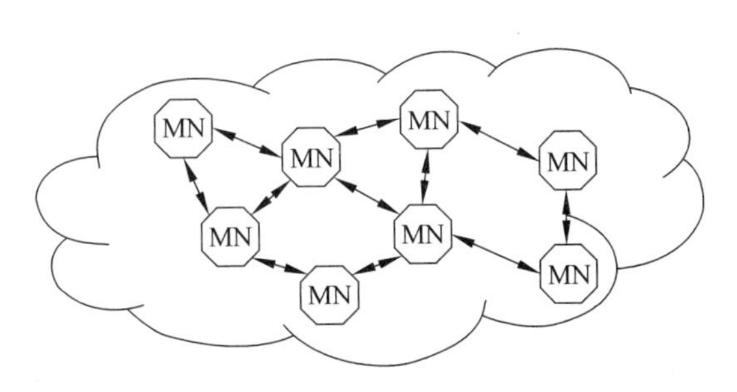


图 1.23　MANET

3）无线城域网

随着市场对宽带无线接入提出越来越大的需求，以 IEEE 802.16 为代表的无线城域网技术被提出。其单个基站覆盖范围可达几十千米，传输速率接近无线局域网的水平，而且突出了移动性、高效切换等功能特点。

4）无线广域网

蜂窝移动通信网络是地面上最大的无线广域网。卫星通信网络也开始大量用于传输数字信息，堪称覆盖范围最大的无线广域网。

### 2. 按应用目的分类

根据不同的应用目的，无线网络可分为两大类：互联接入和物联传感。

前面介绍的无线局域网、无线城域网和卫星通信网络等，其主要应用目的是为用户访问互联网提供信息服务，属于互联接入。

而另外一些无线网络，如物联网、无线传感网、无线个域网和无线体域网等，其应用目的是将网络触角延伸到传统社会信息传播范围之外的自然界、环境、物体和人体等，传输更为丰富多样的信息，属于物联传感。下面简单介绍这几种网络。

1）物联网

物联网（Internet of Things，IoT）可简单理解为物物相联的互联网。物联网对传统互联网进行了极大的延伸和扩展，力图在任何物品与物品、物品与人之间进行信息交换和通信。物联网融合了智能感知与识别、普适计算和泛在网络等技术。我国已充分认识到物联网技术对产业升级和社会进步的重要性，《物联网十二五发展规划》重点关注工业、农业、物流、交通、电网、环保、安防、医疗和家居 9 个领域。

2）无线传感网

无线传感网即无线传感器网络（Wireless Sensor Network，WSN），它集成了传感器、微机电、分布式信息处理、现代网络和无线通信等技术，能通过各类集成化的微型传感器之间的协作实时监测、感知和采集各种环境或被监测对象的信息，而这些信息通过 WSN 进行传输。WSN 具有广阔的应用前景，可用于军事、环境、矿山、海洋、农业、空间、救灾、健康、家庭和商业等领域。

3）无线体域网和可穿戴设备

无线体域网(Wireless Body Area Network,WBAN)附于人体表面或植入人体内,能智能地收集人体和周围环境信息,由微型可移动的无线传感器和身体主站(协调器)组成。它结合了短距离无线通信技术和可穿戴计算技术,具有移动性、持续性和交互性等特点,主要应用于健康监护、购物消费、娱乐、运动、环境智能、畜牧、泛在计算和军事安全等领域。

可穿戴设备的应用和市场前景相当广阔。例如,2012年4月谷歌公司发布了未来眼镜Project Glass,它集智能手机、GPS、相机等于一身,在用户眼前展现实时信息,只需眨眼就可摄像、传输、社交聊天和查询路况天气等信息。

## 1.5 计算机网络和无线网络应用

由于网络技术和软件技术迅猛发展,诞生了许多新的网络应用类型。这里简单介绍常见的网络应用,其中的大部分可应用于无线网络。

### 1. 计算机网络的常见应用

电子商务是指网络环境下的商务运作模式。将传统销售、购物渠道转移至互联网,打破了地域等各种壁垒,帮助企业的生产和贸易实现全球化、网络化和个性化等。欧美电子商务的发展已如火如荼,占商务总额的比例已高达1/3以上。我国电子商务规模的增长也极快,如2018年全国网上零售额突破9万亿元。

网上银行将原来在银行直接交易的业务转移到网络上,转账、交易等操作不再受时间、空间限制,能在任何时间和地点以各种方式为客户提供金融服务。

网上办公可极大地提高办公效率,节省资源。而云计算和虚拟化技术的不断发展,将使网上办公的效能继续得以提升。

借助网络,电影、电视、游戏等日常娱乐活动从原来的小范围变为目前的全球性,同时打破了原来的单向娱乐,实现了真正的交互式娱乐。

电子资源是将文字、图像、声音、动画等多种信息以数字形式存储,并用网络传输的新媒介形式。互联网使电子资源的访问范围得到扩展,而传统纸质的访问形式将逐步被取代。

远程教育有效节省了教育成本和所需资源,网络教学模式突破了时空的界限,有别于传统需要校园和教室的模式。

远程医疗是信息技术与医疗技术相结合的产物,旨在提高效率、降低开支、满足保健需求等,可实现远程监护、诊断和交流等,为现代医学提供了更广阔的发展空间。

视频监控可应用于许多场合,其特点是直观、准确、及时、内容丰富。通过与网络结合,视频监控广泛应用于交通、安防、制造业和野外作业等领域,社会效益非常显著。

视频会议可在多人间实时传输图像、视频、语音及文本信息,提高会议效率,减少成本支出。目前,国内外许多大型会议已逐步采用视频会议形式,效果较好。

## 2. 无线网络的应用

移动终端(笔记本电脑、平板电脑和智能手机等)是计算机和终端产业中主要的增长点。随着社会进一步体现出全球化特征,人们工作和生活半径普遍扩大,对移动通信和无线网络的需求与日俱增。目前在高速铁路和飞机上使用笔记本电脑和平板电脑已司空见惯,而高速公路的车载网络终端也有很大的应用需求。

移动办公对无线网络有较大的需求,旅行者可收发电话、传真和电邮,或浏览页面、访问文件和数据库等。例如,会议现场可建立无线网络,与会人员通过移动终端能无线接入会议系统,进而接入互联网,使不在现场的人员也能身临其境。而在大学里,学生们可在校园各处浏览图书馆的电子资源。

风景名胜区和古建筑群以往对建设网络存在障碍。因为传统有线网络需铺设各种线缆,可能会对原始风貌和环境造成不利影响。无线网络技术有效消除了这种障碍,例如可建立覆盖整个景区的无线网络,并深入到古建筑内部。可提供电子导游、实时监控、消防报警、景区直播和办公信息化等功能,提升管理效率,提供更好的服务。

无线网络在军事领域的优势也很明显。据报道,美国海军的登船搜查队执行任务时通过高速无线网络来获取目标舰船信息。现场人员通过海上截获系统连接海军数据库,并从被检船只上回传信息。无线网络能够有效帮助现场人员检查运载清单或其他文件,提供目标信息,解答疑难问题,提供船员的生理数据。

而在矿山采掘领域,无线传感网可用于井下监控和报警。例如,在煤矿井下布设较多的无线传感器,实时监测瓦斯浓度、温度和湿度等多种环境和工人体征信息。巷道内每隔几十米距离安装一个协调器,采集附近传感器的信息。协调器再通过线缆连接成网,一直连接到地面监控中心的主机。地面主机可对收到的实时传感信息进行处理。事故发生时可迅速掌握事故位置和现场状况,为处理和援救提供有力支持。

无线网络在智能交通领域用途很广。例如,物流运输中的车辆定位调度系统集成了卫星定位和无线网络传输技术,可提供实时跟踪车辆、实时监控车况、规划行驶路线、超速超时报警、快速救援和事故处理等功能,能有效降低事故率。

不同于传统人工方式,无线抄表更方便、高效。它主要采用无线传感器网络、射频等技术,抄表员不需要到各水电表处读取数据,在某个范围(如小区内)就可快速获取该范围内所有水电表的记录,既方便又省时。

再来看无线支付。随着手机、PDA 等无线终端的不断升级,其速度越来越高,传输能力也越来越强,无线支付应运而生。用户不需通过现金或其他有形方式支付,仅通过手持终端设备接入网络,就能快速完成特定的支付操作。

移动互联网、物联网和增强现实技术相结合,可提供对空间和运动的感知能力。例如谷歌公司的 Project Tango 项目,利用手机摄像头和传感器,实时对用户周围环境进行 3D 建模。在大型、复杂、陌生的室内空间为用户提供导航,帮助用户寻找目标场所或物体。

虽然无线网络和移动计算常联系在一起,但二者并不相同,笔记本电脑可移动到任何有网线接入的场所以实现移动性。而在有些未铺设线缆的建筑物内,仍可使用无线网络来建立办公局域网,此时网络内的桌面 PC 一般都不处于移动状态。

当然,兼顾移动和无线的应用也很多,如运动车辆上的车载终端。城管人员在街面巡查时,可用PDA来处理工作信息。公司职员出差时,可在高铁上使用笔记本电脑处理事务。

## 1.6 计算机网络技术进展

### 1. 高速以太网

光纤技术是推动网络带宽不断增长的技术基础。目前基于密集型光波复用(DWDM)的光传输系统带宽已达10Tb/s以上。

传统以太网(IEEE 802.3)技术已较为成熟。表1.2给出了其中一些有代表性的标准。

表1.2 IEEE 802.3以太网部分系列标准

| 标准代号 | 发布年份 | 描　述 |
|---|---|---|
| IEEE 802.3 | 1983 | 10BASE5,细缆,带宽10Mb/s |
| IEEE 802.3i | 1990 | 10BASE-T,双绞线,带宽10Mb/s |
| IEEE 802.3u | 1995 | 100BASE-TX/FX,快速以太网,带宽100Mb/s |
| IEEE 802.3z | 1998 | 1000BASE-X,光纤千兆网,带宽1Gb/s |
| IEEE 802.3ab | 1999 | 1000BASE-T,双绞线,带宽1Gb/s |
| IEEE 802.3af | 2003 | Power over Ethernet(PoE),以太网供电 |
| IEEE 802.3an | 2006 | 10GBASE-T,双绞线,带宽10Gb/s |
| IEEE 802.3bz | 2016 | 5类/6类双绞线实现2.5/5Gb/s以太网 |
| IEEE 802.3bt | 2017 | 4对双绞线实现100W以太网供电 |
| IEEE 802.3ca | 2019 | 25Gb/s和50Gb/s的以太网无源光网络 |

### 2. IPv6和下一代因特网

随着网络规模不断扩大,IPv4地址资源最终枯竭,下一代网络协议IPv6陆续得到开发和应用。互联网将逐步从IPv4向IPv4/IPv6共存转变。IPv6地址从32位增至128位,同时改善了安全、服务质量等功能。表1.3给出了IPv6的主要发展历程。

表1.3 IPv6的主要发展历程

| 年　份 | 描　述 |
|---|---|
| 1992 | IETF设立了IPng(下一代IP)工作组 |
| 1996 | RFC1883发布,正式定义了IPv6协议标准 |
| 2001 | Cisco公司的路由器和三层交换机支持IPv6 |
| 2003 | ICANN在DNS顶级服务器中加入了IPv6地址记录 |

续表

| 年　份 | 描　　述 |
| --- | --- |
| 2009 | Google over IPv6 发布,为兼容网络提供支持 |
| 2010 | Facebook 公司提供 IPv6 的访问 |
| 2011 | ICANN 宣布,IPv4 地址全部分配完毕 |
| 2019 | 全球互联网用户中 IPv6 用户占比大于 15% |

### 3. P2P

传统客户/服务器(Client/Server,C/S)模式中,所有服务都集中在少数几台服务器上,在计算能力和带宽上都会造成瓶颈。而对等(Peer to Peer,P2P)技术则充分利用了所有网络参与者的计算能力和带宽,负载更为均衡。P2P 网络通常采用自组织方式连接,有些 P2P 结构也存在少量服务器。视音频文件的传播是 P2P 网络广泛应用的主要推动力。

### 4. 网络安全

网络系统的硬件、软件、服务和数据应当受到保护,不因偶发或恶意原因而遭受破坏、更改及泄露,网络系统和服务可连续、可靠地运行。网络安全涉及计算机科学、通信、密码学、信息安全、应用数学和信息论等多种学科知识。

网络安全包含物理设备安全和网络传输安全两方面。相比于前者,网络传输安全涉及的技术更复杂,面临的威胁也更多,存在的问题也难以得到彻底解决。人们通常关注信息的机密性、完整性、可用性和可控性等。

由于无线网络类型多样,技术进步日新月异,无线网络的安全问题不断涌现,需要引起高度的重视。第 12 章将着重介绍无线网络的安全问题。

### 5. 数据中心网络

数据中心是云计算和云服务商的核心基础设施。一个数据中心通常在一个多功能建筑物内,包含大量机架、服务器、通信网络、存储系统、冗余通信连接、环境控制、监控及安全设备等。大型数据中心有上万个机架,对能耗和制冷的要求非常高。

传统数据中心网络采用树状拓扑,如采用三层交换机互联各个子网。新型数据中心网络则分为以交换机为核心和以服务器为核心两种拓扑。前者的网络连接和路由功能主要由交换机完成,采用更多交换机或融合光交换机互联。后者的互联和路由功能主要放在服务器上,交换机只提供简单纵横式交换功能,服务器可通过多个接口接入网络,支持各种流量模式。

数据中心网络广泛采用 TCP 传输数据,但需改造传统 TCP。很多应用具有典型的多播特点,数据中心为多播提供了更理想的环境。考虑到不同数据中心可能运行不同的典型应用,因此可为特定数据中心定制传输协议。

### 6. 软件定义网络

随着网络覆盖范围、终端数量和流量与日俱增,日趋庞大的网络基础设施(路由器、交换机等)的固化对安全、管理、灵活性、可扩展性等的限制愈发明显。鉴于此,软件定义网络(Software Defined Network,SDN)的概念被提出,它是一种可编程网络架构,具有控制平面和数据平面分离、控制平面可编程两个特性。尤其是后者,可通过软件方便地对网络进行管理、调整、升级等。SDN采用开放式接口,以控制器为逻辑中心,北向(即向上)与应用层通信,南向(即向下)与数据层通信。考虑单一控制器机制可能失效,SDN还采用多控制器的东西向通信(即控制器间的交互)。

目前南向数据通信接口是主要研究内容,OpenFlow协议较具代表性,其基于流概念来匹配规则。交换机维护流表并按流表转发数据,而流表的建立、维护及下发均由控制器完成。用户可通过API在控制器编写静态或动态路由策略。

### 7. 网络功能虚拟化

2012年,AT&T、英国电信、德国电信等运营商提出网络功能虚拟化(Network Functions Virtualization,NFV)的概念,此后NFV在全球范围内得到迅速发展。NFV从硬件设备中解耦出软件可实现的网络功能,网络设备功能不再依赖于专用硬件(如路由器、交换机、宿主位置寄存器、节点、无线控制器、网关、NAT等),资源可充分灵活共享,实现新业务的快速开发和部署,并基于实际业务需求实现自动部署、弹性伸缩、故障隔离和自愈等。在具体实现上,将大容量服务器、大容量存储器及数据交换机等网络硬件设备标准化,并利用可编程的软件平台实现虚拟化的网络功能。

### 8. 边缘计算

云计算已逐渐普及。雾计算(fog computing)是云计算的延伸,由性能较弱、更分散的各类计算机设备组成,如本地微型数据中心。而边缘计算(edge computing)则指在网络边缘的一种新型计算模式,即在靠近物体或数据源头的一侧,采用集网络、计算、存储、应用核心能力于一体的开放平台,就近提供最近端服务。应用程序在边缘侧发起,网络服务响应更快,以满足实时业务、应用智能和安全与隐私保护等的需求。云端可以访问边缘计算的历史数据。

## 1.7 相关标准化和权威组织

网络最大的特点是连接各种不同的系统,这就要求这些不同的系统遵循统一标准。而技术标准往往由一些权威组织制定,下面对这些组织予以简要介绍。

### 1. ITU

国际电信联盟(International Telecommunication Union,ITU)成立于1865年,目前为联合国的专门机构,总部在日内瓦。ITU下设3个部门:电信标准化部(ITU-T)、无线通信部(ITU-R)和开发部(ITU-D)。其中ITU-T最具影响,其建于1993年,下设14个研究组,涉及网络运营、电信管理、外设、电视、终端传输和多媒体等方面。

ITU的成员主要是各国电信主管部门,而私营电信机构、工业和科学组织、金融机构、开发机构和电信实体等也可参与活动。ITU每4年各召开一次代表大会、世界电信标准大会和世界电信发展大会,每两年召开一次世界无线电通信大会。

### 2. ISO/IEC

国际标准一般由国际标准化组织(ISO)制定和颁布。ISO成立于1946年,是自愿的、非条约性的组织,其成员包括160多个国家和地区。ISO已发布了17 000多个标准,包括ISO/OSI模型。ISO有近千个涉及各个专门领域的技术委员会。

在电信领域,ISO和ITU通常相互协调以避免矛盾;而在电工电子领域,则由国际电工委员会(International Electrotechnical Commission,IEC)颁布国际标准。IEC成立于1906年,总部设在日内瓦。根据ISO和IEC的协议,两个组织在法律上相互独立,IEC负责有关电工、电子领域的国际标准化工作,其他领域由ISO负责。

### 3. IEEE和IEEE 802委员会

IEEE(电气和电子工程师学会)是世界上最大的专业技术学会,已有100多年的历史。最初是为电子信息领域的科学家、工程师、厂商等提供信息交流、专业教育等服务。它一直引领着电子电气、计算机、通信和自动化等领域的技术革新,现在的领域已扩充到制造业、航空、海洋、核能、地学和车辆等。

IEEE拥有会员超过40万人。下设38个分会,最大的是计算机分会和通信分会。IEEE拥有规模巨大的论文数据库Xplore,包含了200多种权威学术期刊和每年上千个学术会议发表的学术论文,库内论文总数超过500万篇。许多论文对技术革新和发展有重要意义。IEEE已经和正在制定上千项技术标准。

IEEE的学术期刊和学术会议影响很大。在无线网络技术领域,IEEE主办的权威学术期刊有*IEEE Communications Surveys & Tutorials*、*IEEE Network Magazine*、*IEEE/ACM Transactions on Networking*、*IEEE Communications Magazine*、*IEEE Transactions on Mobile Computing*、*IEEE Transactions on Wireless Communications*和*IEEE Journal on Selected Areas in Communications*等。在网络通信领域的国际学术会议中,IEEE INFOCOM、IEEE ICC和IEEE ICNP等较具权威性。

需要强调的是IEEE下属的IEEE 802委员会,它成立于1980年2月,最初的工作重心主要围绕有线局域网的数据链路层和物理层,现在则承担了各种无线网络技术的标准制定工作。IEEE 802委员会下设许多工作组,如表1.4所示,各工作组承担了不同的工作。

表1.4　IEEE 802委员会的工作组

| 工作组代号 | 主　　题 | 备　　注 |
|---|---|---|
| IEEE 802.1 | 桥接和网络管理 | |
| IEEE 802.1q | 虚拟局域网(VLAN) | |

续表

| 工作组代号 | 主　题 | 备　注 |
|---|---|---|
| IEEE 802.1x | 端口支持的网络访问控制 | |
| IEEE 802.2 | 逻辑链路控制 | |
| IEEE 802.3 | 以太网 | |
| IEEE 802.5 | 令牌环 | 不再使用 |
| IEEE 802.11 | 无线局域网(WLAN)和WiFi | 见第3章 |
| IEEE 802.15 | 无线个域网(WPAN) | 见第8章 |
| IEEE 802.16 | 宽带无线城域网(WiMAX) | 见第4章 |
| IEEE 802.18 | 无线电技术咨询组,针对IEEE 802.11/15/16/20/21/22 | |
| IEEE 802.19 | 多种技术共存 | |
| IEEE 802.21 | 介质独立切换 | |
| IEEE 802.24 | 智能网格 | |
| IEEE 802.25 | 全向无线电区域网络 | |

**4. ISOC/IAB/IETF**

由于互联网规模太大,已超越了国家边界,与其相关的政治、经济、法律等活动较少受到限制。但是在技术上,互联网仍有其相应的管理部门。

国际互联网协会(Internet Society,ISOC)就是主管互联网的非政府、非营利的国际组织,其宗旨是促进互联网的开放发展,处理困扰互联网未来发展的问题,负责制定网络架构标准。ISOC下设互联网架构委员会(Internet Architecture Board,IAB)和互联网工程任务组(IETF)。

IAB从宏观角度探讨和确认与互联网架构有关的问题,包括架构设计、技术标准和地址分配等。具体标准制定由IETF负责,而地址、编号等由互联网编号分配机构(Internet Assigned Numbers Authority,IANA)负责。IETF下设多个工作组,涉及互联网相关标准的制定和更新、技术研究成果推广、信息交流等。

**5. ACM**

美国计算机协会(Association for Computing Machinery,ACM)创立于1947年,是世界上最大的科学及教育性计算机学会。ACM专注计算机科学与技术的创新发展。每年的ACM图灵奖影响力堪比诺贝尔奖,值得一提的是,2000年度图灵奖被授予理论计算机科学家姚期智,他是迄今唯一的华裔获奖者。

ACM分设35个特殊兴趣组(Special Interest Group,SIG),关注不同领域的技术发展。ACM的数字图书馆提供了其学术会议和期刊发表的学术论文。ACM的国际学术会议影响力很大,例如SIGCOMM和MOBICOM是网络和无线网络领域全球最高水平的学术会议。

另外,ACM主办的国际大学生程序设计竞赛极具影响力,该竞赛旨在展示大学生的创新能力、团队精神以及编写程序、分析和解决问题的能力。

**6. 3GPP**

3GPP(The 3rd Generation Partnership Project)即移动通信领域的第三代伙伴计划，其最初的工作范围是为 3G 移动通信制定全球适用的技术规范和技术报告。其成员包括全世界主要国家的电信研究机构。3GPP 下辖 3 个技术规范组，分别负责无线接入网、服务和系统、核心网和终端。它自成立以来一直主导移动通信网络的标准制定，包括 3G、4G、5G 和未来的 6G，已经成为事实上的移动通信领域国际标准化组织。

**7. ETSI**

欧洲电信标准化协会(European Telecommunications Standards Institute，ETSI)是欧盟主导的电信标准化组织，主要负责电信业、信息及广播技术领域的欧洲标准化活动。

**8. 中国计算机学会**

中国计算机学会(China Computer Federation，CCF)是我国计算机专业领域的学术团体，开展学术会议、论坛、评奖、学术出版、竞赛、培训、科普、工程教育认证等工作，在计算机专业人士中拥有很大的影响力。其下属的不同领域的专业委员会共 30 余个，发行《中国计算机学会通讯》等学术刊物 10 余种。

## 1.8 本书概要

本书旨在介绍无线网络技术的原理、应用及实验，对当前各种主流的无线网络技术进行详细的介绍和讨论分析。全书共分 12 章，理论内容如下。其中部分章节加了 * 号，表示内容较深，供研究生或学有余力的本科生学习阅读。

第 1 章是全书引论，简要介绍计算机网络和无线网络的基础知识。

第 2 章是无线通信和网络仿真技术基础。讲解无线通信知识，如无线电频谱、传输介质和方式、损耗和衰落、调制、扩频、复用和多址、天线、MIMO、认知无线电、可见光通信、无线充电等，然后介绍网络仿真技术和相关软件。

第 3 章是无线局域网，围绕 IEEE 802.11 标准，介绍无线局域网基本概念、发展、分类、代表性协议原理和主要应用等。

第 4 章是无线城域网和蜂窝移动通信，介绍其发展、原理、协议体系、工作场景和应用等，重点是 5G 技术标准。

第 5 章介绍卫星网络和空天信息网络，包括相关概念、特点、原理、体制、关键技术、应用、发展前景等，重点展示北斗等系统的技术应用。

第 6 章介绍无线自组织网络，包括相关背景和定义、MANET 的体系结构和相关协议原理、发展和应用等。

第 7 章介绍无线传感器网络，包括传感器、无线传感器网络的特性、网络和节点体系结构、相关协议原理、应用、研究进展、水声通信和水下无线传感器网络等。

第8章介绍无线个域网,包括IEEE 802.15的概念和原理,尤其是蓝牙和ZigBee的相关协议、特点和应用等。

第9章介绍物联网,包括物联网的基本概念、技术标准、架构、中间件、支撑技术、主流技术协议、操作系统、硬件平台、应用和低功耗广域物联网等,重点是RFID/NFC、6LoWPAN、RPL、CoAP、LoRa和NB-IoT等技术。

第10章介绍无线车载网络和智能交通,包括车内网络、车载网络、智能交通系统架构和标准、相关协议原理、挑战和研究进展、自动驾驶汽车等。

第11章介绍无线体域网、无线室内定位和无线家居网等应用技术,包括相关概念、技术原理、应用示例等。

第12章介绍无线网络安全,包括安全威胁、防御手段、物联网安全、蜂窝通信网络安全、量子保密通信等。

附录B为配套实验指南,为每一章都提供了和理论知识相对应的实验内容,分别从仿真和实测两个方面展开,帮助读者对相关知识形成更深入的认识和体会。

## 习题

1.1 如何理解计算机网络在现代社会的作用?

1.2 给出计算机网络协议的整体架构。

1.3 目前的骨干网络大多为光纤传输,部分城市实现了光纤到户,是否可以完全用光纤网络取代所有其他类型的有线网络?试给出分析。

1.4 为什么网络协议栈都以分层形式实现?各层主要完成哪些功能?

1.5 无线网络近几年迅速发展,试分析其原因并给出你对未来无线网络发展的看法。

1.6 从应用目的角度,无线网络可以分成哪两大类?列举各种无线网络技术,并分别归入这两大类。

1.7 分析和比较无线网络和有线网络,可从传输方式、组网结构等方面进行比较。

1.8 列出你在生活中接触到的有关无线网络的应用实例,至少3个以上。

1.9 为什么现阶段IPv6必须与IPv4共存,而非直接取代?它们各有什么特点?

1.10 针对本书介绍的无线网络标准化和权威组织,上网搜集相关资料,了解发展动态。

## 扩展阅读

1. 中国互联网络信息中心,http://www.cnnic.net.cn。
2. 国际电信联盟,https://www.itu.int。
3. IEEE 802委员会,http://www.ieee802.org。
4. 中国计算机学会,https://www.ccf.org.cn。

# 参考文献


[1] KLEINROCK L. History of the Internet and its Flexible Future[J]. IEEE Wireless Communications, 2008,15(1): 8-18.

[2] 谢希仁. 计算机网络[M]. 7 版. 北京: 电子工业出版社,2017.

[3] 汪涛. 无线网络技术导论[M]. 北京: 清华大学出版社,2008.

[4] TANENBAUM A. 计算机网络[M]. 4 版. 潘爱民,译. 北京: 清华大学出版社,2004.

[5] KUROSE J, ROSS K. 计算机网络[M]: 自顶向下方法. 4 版. 陈鸣,译. 北京: 机械工业出版社,2009.

[6] 吴功宜. 计算机网络[M]. 4 版. 北京: 清华大学出版社,2017.

[7] 徐恪,吴建平,徐明伟. 高等计算机网络——体系结构、协议机制、算法设计与路由器技术[M]. 北京: 机械工业出版社,2009.

[8] 张朝昆,崔勇,唐翯祎,等. 软件定义网络(SDN)研究进展[J]. 软件学报,2015,26(1): 62-81.

[9] 李丹,陈贵海,任丰原,等. 数据中心网络的研究进展与趋势[J]. 计算机学报,2014,37(2): 259-274.

[10] 金光,江先亮,苏成龙. 无线网络技术: 从章节到独立课程[J]. 中国计算机学会通讯,2016,12(9): 25-30.

第2章

# 无线通信和网络仿真技术基础

读者需掌握作为无线网络技术支撑基础的无线通信技术基本原理。无线通信技术发展很快，其原理深邃，内容繁多。限于篇幅，本章仅简要介绍无线电频谱、无线传输介质和方式、损耗和衰落、调制、扩频、复用和多址、天线、MIMO、认知无线电、可见光通信和激光通信、无线充电等。其中许多技术正在迅速发展，读者可参阅相关文献。

本书后续各章提供了许多网络仿真实验示例，为此，本章也介绍了网络仿真技术和工具软件，便于读者熟悉和完成后续的各项网络仿真实验操作。

## 2.1 无线电频谱

无线电作为一种电磁波，其频谱范围较广，而常用的仅占其中一小部分。无线电频谱资源是全人类共享的自然资源，在一定时间、空间、地点是有限的。我国已颁布了专门法规来保护、开发和管理无线电频谱资源，由专设机构予以执行。

无线电频谱的特点如下：

- 有限性。无线电业务不能无限使用较高频段的频率，目前暂无3000GHz以上频率的应用。尽管无线电可根据时间、空间、频率和编码等方式进行复用，但就单一频段和频率而言，在一定区域、时间和条件下能使用的频率是有限的。
- 排他性。无线电频谱资源在一定时间、地区和频域内，一旦被某个设备使用，就不能再被其他设备使用。
- 复用性。虽然无线电频谱有排他性，但在一定时间、地区、频域和编码条件下，无线电频率可被重复利用，即不同无线电业务和设备可复用和共用。
- 非耗尽性。和不可再生资源不同，无线电频谱资源可被重复利用而不会耗尽。但使用不当会造成浪费，以至于产生干扰而造成危害。
- 传播性。无线电波传播不受国界和行政地域限制，但受自然环境影响。
- 易干扰性。无线电频率使用不当，会受到其他无线信号源、自然或人为噪声的干扰而无法正常工作，或干扰其他无线系统，使其不能正常传输信息。

根据无线电波传播及使用的特点，国际上将其划分为 12 个频段，通常的无线电通信只使用其中的第 4～12 频段。无线电频谱和波段的划分如表 2.1 所示。

**表 2.1　无线电频谱和波段划分**

| 序　号 | 频 段 名 称 | 频段范围(含上限不含下限) | 波 段 名 称 |
|---|---|---|---|
| 1 | 极低频(ELF) | 3～30Hz | 极长波 |
| 2 | 超低频(SLF) | 30～300Hz | 超长波 |
| 3 | 特低频(ULF) | 300～3000Hz | 特长波 |
| 4 | 甚低频(VLF) | 3～30kHz | 甚长波 |
| 5 | 低频(LF) | 30～300kHz | 长波 |
| 6 | 中频(MF) | 300～3000kHz | 中波 |
| 7 | 高频(HF) | 3～30MHz | 短波 |
| 8 | 甚高频(VHF) | 30～300MHz | 超短波 |
| 9 | 特高频(UHF) | 300MHz～3GHz | 分米波 |
| 10 | 超高频(SHF) | 3～30GHz | 厘米波 |
| 11 | 极高频(EHF) | 30～300GHz | 毫米波 |
| 12 | 至高频 | 300～3000GHz | 丝米波 |

表 2.1 中的许多波段目前都有广泛应用。极低频用于潜艇通信。甚低频用于海岸潜艇通信、远距离通信和超远距离导航等。低频采用地波，用于越洋通信、中距离通信、地下岩层通信和远距离导航等。中频用于船用通信、业余无线电通信、移动通信和中距离导航等。高频用于远距离通信、国际定点通信等。甚高频采用空间波，即电离层散射，多用于空间飞行体通信和移动通信。特高频用于大容量微波中继通信、数字通信和卫星通信等。超高频用于卫星通信、雷达、陆地微波等。极高频用于无线本地环和波导通信。

值得一提的是 ITU 规定的 ISM(Industrial，Scientific，and Medical，工业、科学和医疗)频段，开放给工业、科学和医疗 3 类机构使用，无须许可证授权，可免费使用。ISM 频段在各国的规定并不统一。例如，在美国有 3 个频段：902～928MHz、2.4～2.4835GHz 和 5.725～5.850GHz，其中 2.4GHz 频段为各国通用，而欧洲的 ISM 低频段为 868MHz 和 433MHz。在使用 ISM 频段时需遵守一定的发射功率限制(一般低于 1W)，且不能干扰其他频段。

美国联邦通信委员会(Federal Communications Commission，FCC)专门负责管理其国内及对外的无线电广播、电视、电信、卫星和电缆等业务，涉及美国各州及所属地区。各种无线通信和数字产品进入美国市场，都需 FCC 认可。

我国的工业和信息化部无线电管理局是专业无线电管理部门，依据《中华人民共和国无线电管理条例》等法律法规负责无线电管理。其具体职责包括：频率使用和管理，固定台站的布局规划，台站设置认可，频率分配，电台执照管理，公用移动通信基站的共建共享，监督无线电发射设备的研制生产销售，无线电波辐射和电磁环境监测，等等。

## 2.2 无线传输介质和方式

作为基础的无线传输介质在无线通信过程中扮演着重要角色。下面介绍常见的传输介质和传输方式。

### 1. 无线传输介质

无线传输空间主要是地球大气层和外层空间,人们可以在这个空间利用电磁波发送和接收信号,进行无线通信。地球大气层为大部分无线传输提供物理通道。无线传输使用的频段很广,已有多个频段用于通信,但紫外线和更高频段目前尚不能用于通信。

传输介质指数据传输系统中发送方和接收方之间的物理路径。传输介质可分导向和非导向两类。导向传输介质一般指有线通信的双绞线、同轴电缆(粗缆和细缆)、光纤等,而无线通信和无线网络一般使用非导向传输介质,如无线电波。

无线电波指在无线传输空间传播的射频(Radio Frequency,RF)频段的电磁波。其基本原理是:导体中电流强度的改变会产生无线电波。利用这一现象,通过调制可将信息加载于无线电波中。当电波通过空间传播到达接收方时,电波引起的电磁场变化又会在导体中产生电流。再通过解调将信息从电流变化中提取出来,即可实现信息传递。

微波的一般频率为300MHz～300GHz,波长为1m～1mm,包括分米波、厘米波和毫米波。微波频率较一般无线电波频率高,也称超高频电磁波。

红外线是太阳光线中的一种不可见光,存在于太阳光谱中红光的外侧。红外线的波长为0.75～1000$\mu$m,大于可见光线。红外线可分为3部分:近红外线(波长0.75～1.5$\mu$m)、中红外线(波长1.5～6$\mu$m)、远红外线(波长6～1000$\mu$m)。

### 2. 微波通信

微波频率高,波长很短,在空中的传播特性与光波相似,即直线传播,遇到阻挡会被反射或阻断。因此,微波通信的主要方式是视距(Line of Sight,LOS)通信,超过视距则需中继转发。微波通信的特点是容量大、质量好、传输距离很远。它是一种重要的通信手段,适用于各种专用通信网。微波传输覆盖了电磁波谱中的很大一部分,常用传输频率范围为2～40GHz。使用频率越高,可用带宽就越大,相应的数据传输速率也越高。

和其他传输系统一样,微波传输的主要损耗源于衰减。对于微波及无线电广播频段,其损耗$L$(单位dB)可表示如下:

$$L=10\times\lg\left(\frac{4\pi d}{\lambda}\right)^2 \tag{2.1}$$

其中,$d$是距离,$\lambda$是波长,二者单位相同。微波的损耗随距离的平方而变化,而有线(如双绞线和同轴电缆)的损耗随距离呈指数变化。微波系统的中继器或放大器可彼此相距很远,如10～100km。但下雨时微波衰减增大,雨水对高于10GHz频段的影响明显。

由于频带宽、容量大,微波通信可用于广播电视和电话、数据、传真等各种电信业务传输。微波通信有良好的抗灾性能,一般不受水灾、风灾和地震等自然灾害影响。但微波经空中传输，易受电磁干扰，在同一电路的同一方向上不能使用相同频率，因此微波电路的分配必须受到无线电管理部门的严格管理。鉴于微波在视距范围内直线传播的特性，在城市规划中要对此充分考虑，避免因高楼阻隔而影响通信质量。

目前的微波通信主要分为两大类：地面微波通信和卫星微波通信。

1）地面微波通信

地面微波通信通常在视距范围内进行，收、发双方一般为两个互相对准的抛物面天线。地面的微波中继站和中继链路可互联多个局域网，以扩大网络范围。如果两个在视距内但相距较远的大楼局域网可通过地面微波通信互联，其成本要低于有线链路互联方式。图 2.1 是地面微波通信示意图。

地面微波通信所用天线的形状一般为抛物面的锅形，直径多为几米。天线大多固定，发送方天线将电磁波聚集成波束，向视距范围内的接收方天线发送信号。天线常安装在距地面较高处，以避开地面障碍物和扩展视距范围。更长距离传输需使用多个中继站，多个微波链路两两串联。图 2.2 为常见的地面微波通信站天线。

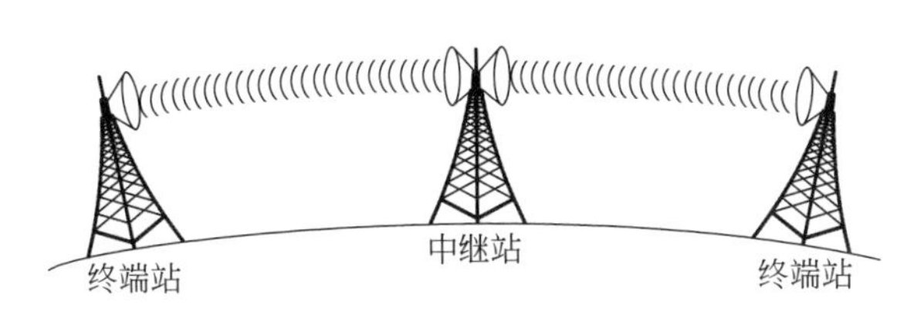


**图 2.1　地面微波通信示意图**

**图 2.2　地面微波通信站天线**

地面微波通信的优点如下：

- 容量大。波段频率高，频段范围宽，信道容量大。
- 质量高。一般工业干扰和电干扰的频率要低得多，对微波通信的影响较小。
- 成本低。与相同距离和容量的有线电缆通信相比，微波通信投资少，见效快。

当然地面微波通信也存在一些明显不足：

- 易失真。微波不能有效穿越建筑物。此外，其虽在收、发天线处汇聚，但在空气中仍会有发散。通信双方视距范围内不能有障碍物。有时发送方天线的信号可能分几条不同路径到达接收方天线，称为多径衰减，会造成失真。
- 易受环境影响。恶劣天气（如雨水）会吸收波长仅几厘米的微波。
- 安全保密性差。无线微波通信的隐蔽性和保密性弱于有线网络通信。
- 维护成本较高。需耗费一定的人力、物力用于中继站的使用和维护。

2）卫星微波通信

卫星微波通信由卫星和地球站两部分组成。卫星在空中起中继作用，连接两个或多个地球站的地面微波发射器或接收器。一般卫星接收一个频段（如 5.925～6.425GHz）的上行传输信号，放大后，在另一频段（如 3.7～4.2GHz）下行发送。一个卫星可操作多个频段。地球站是卫星通信中地面网络的接口,地面用户通过地球站连入卫星链路。

卫星通信的适宜频率是1～10GHz频段,大多数卫星通信使用4GHz/6GHz频段。但该频段已趋于饱和,加上干扰的存在,人们开始使用更高频率,12GHz/14GHz频段(上行14～14.5GHz,下行11.7～12.2GHz)和20GHz/30GHz频段(上行27.5～30.0GHz,下行17.7～20.2GHz)也逐步得到应用。该频段需注意信号衰减问题,但允许更大带宽,且接收器更小、更便宜。

卫星微波通信由于距离远,两个地球站间传播时延可能达上百毫秒甚至更长,在普通语音通信中时延明显。卫星微波通信在差错检测和流量控制方面也有一系列问题。卫星微波属于广播型,许多地球站可向卫星发送信息,而卫星发送的信息也会被多个地球站接收。

卫星微波通信优点较多,例如,范围大,距离远,不易受地面灾害影响,建设快,通信费用和距离无关,易实现广播和多址通信,同一信道可用于不同方向和不同区域,等等。

卫星微波通信也存在一些不足:信号传输有时延,有些频带会受天气影响,天线受太阳噪声影响,安全保密性较差,卫星本身造价高,等等。

第5章将详细介绍卫星网络通信系统。

**3. 红外线通信**

红外线通信是以红外线为载体进行数据传输的通信方式。红外线通信技术在发展早期存在多个标准,不同标准的设备不能彼此通信。为解决设备互联互通的问题,1993年红外数据协会(Infrared Data Assoiciation,IrDA)成立,统一规定了红外数据通信协议及规范。

红外线通信使用收发器调制出互不相干的红外线,就可实现通信。无论直接传输,还是经由一个浅色表面(房间天花板)的反射,收发器之间的距离均不能超过视线范围。红外线能像可见光一样集中成很窄的光束反射,因此有两个突出优点:不易被发现和截获,保密性强;几乎不受电磁和人为干扰,抗干扰性强。此外,红外线通信机体积小,重量轻,结构简单,价格低廉。

但红外线通信必须在视距范围内进行,传播易受天气影响。

在不能架设有线线路,使用无线电又怕暴露的情况下,红外线通信是较好的选择。

## 2.3 损耗和衰落

**1. 传输过程中的损耗**

损耗会使接收方收到的信号不完全等同于初始信号。模拟信号损耗引发的随机改动降低了信号质量,数字信号损耗则会导致位差错。无线通信中的损耗主要包括衰减和衰减失真、自由空间损耗、噪声、大气吸收、多径和折射等。

1) 衰减和衰减失真

衰减指信号强度随所跨越的任一传输介质的距离增加而下降。有线传输介质中的衰减通常为指数值,常表示为每单位距离一个固定的分贝数;而无线传输介质中的衰减是一个更复杂的距离函数。一般应考虑以下3个因素的影响:

(1) 接收信号应有足够强度,以使接收方能检测并解释信号。

(2) 与噪声相比,信号必须维持较高强度,以便准确接收。

(3) 高频下的衰减更严重,会引起失真。

前两个因素可使用放大器或中继器解决。在点对点链路上,转发器的信号强度须足够强,使接收方易于接收。但强度过高会导致收发设备电路超负荷,而产生失真。超过一定距离的衰减将使信号难以接收,可按固定距离放置中继器或放大器。有多个接收端时,发送方到接收方的距离是变化的,问题会更复杂。

第3个因素是衰减失真。由于衰减变化为频率的函数,接收信号失真会影响对信号的理解。与传输信号的频率成分相比,接收信号的频率成分有不同的相对强度。对此可考虑跨频带的衰减均衡,或用放大器更多地放大高频部分。

2) 自由空间损耗

在无线通信过程中,离发射天线越远,接收的信号功率就越低。在卫星通信中这是一种主要的传播损耗。即使无其他衰减或损耗源,长距离的信号传输也会有衰减,因为信号随着距离的增加会在越来越大的范围内散布。该衰减称自由空间损耗,可表示为发射功率与天线的接收功率之比,或用该比率的对数值乘以10,单位为分贝。

3) 噪声

通信过程中的传输信号可能被传输系统的各种失真所影响和修改,还可能夹杂额外噪声,严重影响通信性能。噪声可分为如下4类:

(1) 热噪声。由电子热扰动产生,存在于所有电子设备和传输介质中,受温度影响。它在频谱上均匀分布,常称为白噪声。热噪声无法消除,在通信系统中会有一个上限。在卫星通信中热噪声影响较显著,使得地面站接收到的信号较弱。

(2) 互调噪声。不同频率的信号共享相同介质时,会产生互调噪声。新产生信号的某种频率是原来两个或多个频率的累加和或差。例如,频率 $f_1$ 和 $f_2$ 混合的信号可能会得到 $f_1+f_2$ 频率的能量,会干扰原始信号。

(3) 串扰噪声。它是不同信号路径间的融合,例如有线网络中相邻双绞线之间会因电子耦合而产生串扰噪声;在无线通信中会因为微波天线接收了不需要的信号而产生串扰噪声。尽管天线定向性较高,但微波能量在传播期间仍会扩散。串扰与热噪声具有同等(或较小)数量级的干扰作用。串扰在ISM频带中一般为主要成分。

(4) 脉冲噪声。常为不规则脉冲或短时噪声尖峰,且振幅较大。产生原因包括外部电磁干扰(如雷电)、通信系统中的错误和缺陷等。脉冲噪声对模拟数据影响不大,会短时降低通话质量;但在数字通信中可能导致严重错误,一般可检测发现,进行重传。

4) 大气吸收

大气吸收也会导致损耗,一般源于水蒸气和氧气。水蒸气产生的衰减峰值约为22GHz,频率低于15GHz时衰减会减小;氧气产生的衰减峰值约为60GHz,频率低于30GHz时衰减会减小。雨雾会散射无线电波,导致衰减。针对大气吸收的损耗,在降水量充沛的地区,可多用短路径,或使用低频带。

5) 多径

无线通信环境中的障碍物会反射信号,接收方会收到不同时延的同一信号的多路副本。极端情况下,可能没有直接收到的信号。依赖直接或反射波在路径长度上的不同,合成信号的强度会不同于直接收到的信号。在固定且位置较好的天线之间,或在卫星和固定地面站间的通信中可有效控制多径信号。但如果路径穿越水面,风会使水的反射表面处于运动态。而在移动通信和天线位置不佳的环境中,多径因素的影响较明显。

图 2.3 显示了在固定微波通信和移动通信中典型的多径干扰。在固定微波通信中,除视距传播外,穿越大气时的折射会使信号沿弯曲路径传播,还需考虑地面反射;而在移动通信中,建筑物和地形特征决定了反射表面会有所不同。

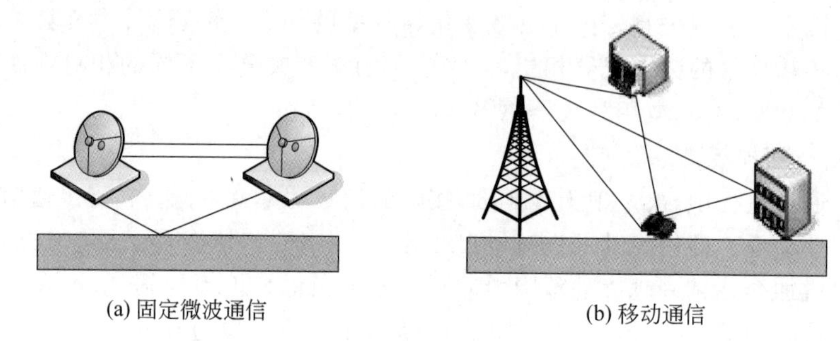

(a) 固定微波通信　　(b) 移动通信

**图 2.3　无线通信中典型的多径干扰**

6）折射

大气层会折射传播无线电波。信号高度的变化会引起信号速率改变,大气条件下空间的改变也会引起折射。通常信号速率随高度而增加,无线电波向下弯曲,而天气条件偶尔也会导致这种变化与典型变化不同。折射可使到达接收天线的直线波非常少甚至完全没有。

### 2. 移动环境中的衰落

衰落指因传输介质或路径改变引起的接收信号功率随时间的变化。固定环境中下雨等天气变化会引发衰落;而在移动环境中,一个天线相对于另一个在移动,使得各种障碍物的相对位置随时间而变化,传输结果更为复杂。

1）多径传播

多径传播机制分为 3 种：反射、衍射和散射。

电磁波信号遇到相对于该信号波长更大的表面时会发生反射。假设靠近移动单元的一个地面反射波被接收,由于地面反射波在反射后有 180°相移,地面反射波和直线波可能趋于抵消,使信号产生较大损耗。如果移动天线高度低于建筑物,会发生多径干扰,这些反射波将可能干扰接收方。

无线电波到达尖锐物体边缘时会发生衍射,波会沿着边缘弯曲并绕过障碍物。此时即使没有来自发送方的无障碍直线波,信号仍可被接收。

散射发生在传输路径中存在尺寸小于波长的障碍物且数量较多时,一个输入信号会被散射为几路弱输出信号。在蜂窝通信中,路灯柱、交通标志等障碍物都会引起散射。

2）衰落类型

移动通信中的衰落效果可分为快衰落和慢衰落。城市中的移动节点沿一条街道移动时，当超过大约波长一半距离时，信号强度会急剧变化。

以使用 900MHz 接收到的信号振幅空间变化为例，其振幅变化在一个短距离上高达 20～30dB，即为快衰落。当移动用户跨越超出一个波长的距离，即用户穿过不同高度的建筑物、空地、十字路口等时，接收到的发生快速波动的平均功率值会改变。图 2.4 描述了这种缓慢改变的波形，即为慢衰落。

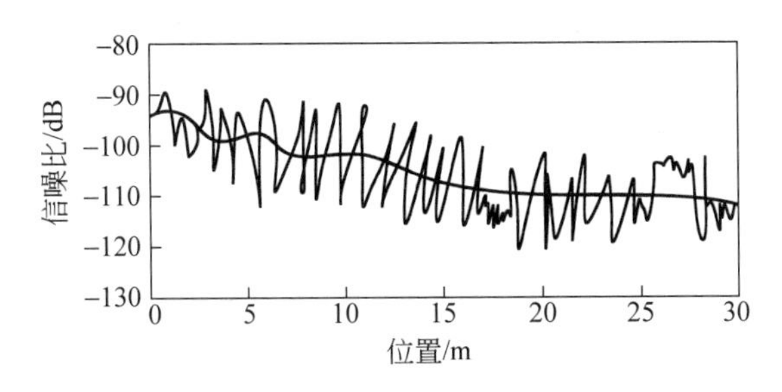


图 2.4　典型城市移动环境中的慢衰落波形

衰落效果也可分为平面衰落或选择性衰落。平面衰落(或称为非选择性衰落)指收到信号的所有频率成分同时按相同比例波动，而选择性衰落中这种影响并不相同。

## 2.4　调制

调制指将输入信息变换为适于信道传输的形式。信号源信息通常包含直流分量和频率较低的频率分量，称为基带信号。基带信号一般不能直接用于传输，需变换为一个远高于基带频率的信号，即已调信号。

调制过程改变了高频载波(即信息载体信号)的幅度、相位或频率，使其随基带信号幅度而变化。相逆的解调过程则将基带信号提取出来，使接收方能正确处理。

### 1. 常用调制方式

调制技术非常重要。一方面，频谱迁移可将调制信号的频谱迁至设定位置，从而将调制信号变换成适于传输的已调信号。另一方面，其对通信的有效性和可靠性有很大影响，调制方式很大程度上决定了通信系统性能。常用调制方式可以分为模拟调制、数字调制和脉冲调制三大类。

1) 模拟调制

模拟调制指用连续变化的信号调制一个高频正弦波。它包括以下几种调制方式：

(1) 幅度调制。包括调幅(AM)、双边带、单边带、残留边带和独立边带调制等。

(2) 角度调制。包括调频(FM)和调相(PM)。

2) 数字调制

数字调制指用数字信号对正弦或余弦高频振荡进行调制。它包括以下几种调制方式：

(1) 振幅键控(ASK)。用数字调制信号控制载波通断。如二进制 0 不发送载波，1 则发送载波。有时也指代表多个符号的多电平振幅调制。ASK 实现简单，但抗干扰性差。

(2) 频移键控(FSK)。用数字调制信号的正负控制载波频率。数字调制信号的振幅为正时载波频率为 $f_1$,为负时载波频率为 $f_2$。FSK 有时也指代表两个以上符号的多进制频率调制。FSK 能区分通路,但抗干扰性不如相移键控。

(3) 相移键控(PSK)。用数字调制信号的正负控制载波相位。数字信号的振幅为正时,载波起始相位取 0°;为负时,载波起始相位取 180°。PSK 有时也指代表两个以上符号的多相制相位调制。PSK 抗干扰性强,但解调时需正确的参考相位,即相干解调。

3) 脉冲调制

脉冲调制指用脉冲序列作为载波。它包括以下几种调制方式:

(1) 脉幅调制(PAM)。用调制信号控制脉冲序列的幅度,使其在均值上下随调制信号的瞬值变化。PAM 应用已久,不足是已调波在传输途径中衰减大,抗干扰性差。PAM 现已很少直接使用,一般作为连续信号采样的中间步骤。

(2) 脉宽调制(PDM)。用调制信号控制脉冲序列中各脉冲的宽度,使单脉冲持续时间与该瞬时调制信号值成比例。此时脉冲序列幅度不变,被调制的是脉冲前沿和后沿,使脉冲持续时间发生变化。由于发射机平均功率不断变化,PDM 使用较少。

(3) 脉位调制(PPM)。用调制信号控制脉冲序列中各脉冲的相对位置(即相位),使各脉冲的相对位置随调制信号变化。此时序列中脉冲幅度和宽度均不变。PPM 已得到长期应用,传输性能较好,常用于视距微波中继通信系统。

(4) 脉码调制(PCM)。首先对信号采样,再予以量化,最后进行编码。其本质是数字编码,因此能保证传输质量。编码得到的数字信号可根据需要再对高频振荡载波进行调制。PCM 不用改变脉冲序列参数,而用参数固定的脉冲的不同组合来传输信息,抗干扰性强,失真小,大量用于现代通信技术。

(5) 脉频调制(PFM)。用调制信号控制脉冲重复频率,使频率随调制信号变化。此时序列中脉冲幅度和宽度均不变。PFM 多用于仪表测量等,较少直接用于无线通信。

**2. 典型数字调制技术**

1) 相移键控调制

相移键控调制根据数字基带信号,使载波相位在不同数值间切换。PSK 调制时,载波相位随调制信号状态不同而改变。如果两个频率相同的载波同时开始振荡,两个频率同时达最大正值、零值、负值,即为同相;如果一个达最大正值,另一个达最大负值,则称反相。信号振荡一次(一个周期)为 360°。如果一个波比另一个波差半个周期,二者相位差 180°,即为反相。传输数字信号时,用 1 码控制发 0°相位,0 码控制发 180°相位。

PSK 在数据传输尤其是中高速数据传输中应用广泛。其抗干扰性强,在衰减信道中效果亦佳。PSK 分为二相、四相、八相、十六相等,简介如下。

二相 PSK(BPSK)的载波相位只有 0 和 $\pi$ 两种取值,分别对应调制信号的 0 和 1。传 1 时,载波起始相位为 $\pi$;传 0 时,起始相位为 0。由 0 和 1 组成的二进制调制信号经电平转换后,变成由 −1 和 1 表示的双极性 NRZ(非归零)信号,然后与载波相乘,形成 BPSK 信号。

四相 PSK(QPSK)利用载波的 4 种不同相位差表征输入信息,规定 45°、135°、225°、

315°共 4 种载波相位。调制器输入数据是二进制数字序列，为配合四进制载波相位，需把二进制数据变换为四进制数据，二进制序列中每两位为一组，即 00、01、10、11 共 4 种组合。QPSK 中每次调制可传输两位信息，通过载波的 4 种相位来传递。解调器根据星座图及收到的载波信号相位来判断发送方发送的信息位。

多相 PSK(MPSK)采用多个相位将一次传输的位扩展到超过两个。如果使用 8 个不同相位角度，可一次传输 3 比特信息。

2) 正交调幅

正交调幅(QAM)是移动通信技术中的一种重要信号调制方式。调制过程中，同时以载波信号的幅度和相位来代表不同的比特编码，将多进制与正交载波技术相结合，进一步提高频带利用率。

QAM 信号有两个相同频率的载波，但相位相差 90°(1/4 周期)，分别称 I 和 Q 信号，可分别表示成正弦波和余弦波。两种被调制的载波在发射时被混合；到达接收方后，载波分离，数据被分别提取，然后和原始调制信息相混合。

QAM 具体包括二进制 QAM(4QAM)、四进制 QAM(16QAM)和八进制 QAM(64QAM)等，对应的空间信号矢量端点分布图称星座图，分别有 4、16、64 个矢量端点。例如，对于 4QAM，当两路信号幅度相等时，其产生、解调、性能及相位矢量均与 QPSK 相同。

## 2.5 扩频

扩频(Spread Spectrum，SS)是一种重要的通信技术，图 2.5 描绘了一种通用扩频系统的工作过程。发送方输入的数据首先进入信道编码器，生成模拟信号，该模拟信号围绕某个中心频率具有相对较窄的带宽。然后使用扩频码或扩展序列进一步调制，通常扩频码由伪随机序列生成器生成。调制后传输信号的带宽显著增加，即扩展了频谱。接收方使用同一扩频码进行解扩。解扩后的信号通过信道解码器，最终还原为数据。

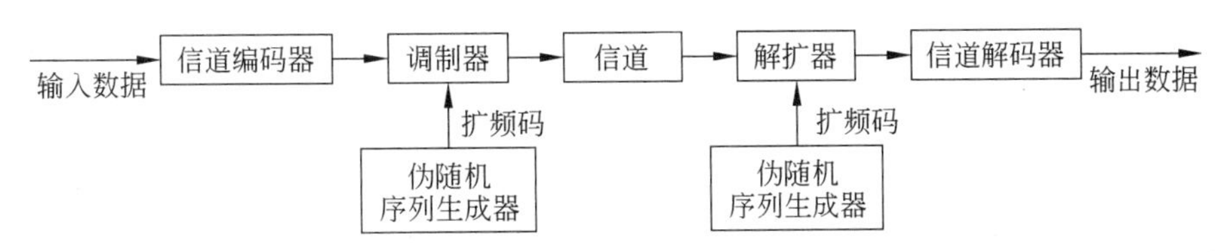


**图 2.5　扩频系统的一般模型**

以上扩频方法的优点如下：

- 对各类噪声(如多径失真)具有免疫性。
- 可用于隐藏和加密信号。接收方必须知道扩频码，才可恢复原始信息。
- 多个用户可独立使用同样的较高带宽，且几乎无干扰。

扩频技术最早用于军事和情报部门，通过将携带信息的信号扩展到较大的带宽中，以加大干扰和窃听的难度。目前主流的两个扩频技术是跳频扩频和直接序列扩频。

**1. 跳频扩频**

跳频扩频(Frequency Hopping SS,FHSS)是用一定的扩频码序列进行选择的多频率频移键控调制,使载波频率不断跳变。发送方用看似随机的无线电频率序列广播信息,并以固定间隔从一个频率跳至另一个频率;而接收方接收时也同步跳转频率。窃听者只能听到无法识别的杂音,即使试图在某一频率上干扰,也只能影响有限的几位信号。

图2.6为一个跳频信号示例,8个信道分配了跳频信号。载波频率的间隙及每个信道带宽通常对应输入信号带宽。发送器以固定时间间隔(在IEEE 802.11中为300ms)工作于某一信道上。该间隔内一些位采用某种编码机制传输,所使用的信道顺序通过一个扩频码来指示,发送器和接收器使用相同代码同步调入某一信道序列。

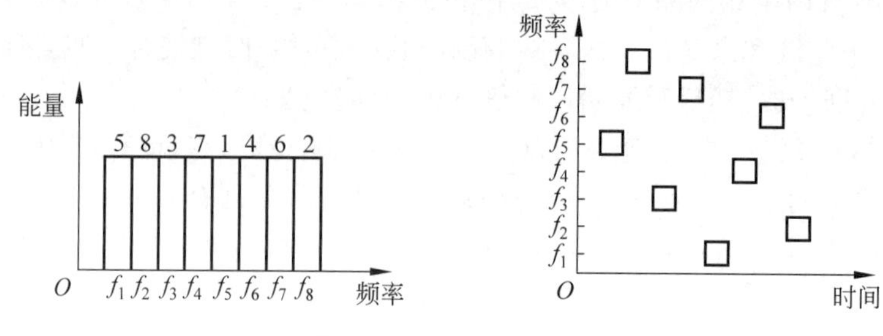


**图2.6 跳频扩频示例**

FHSS系统的框图如图2.7所示。需传输的数据输入到调制器,使用FSK或BPSK。得到的模拟信号$s_d(t)$以某个基本频率为中心频率。伪噪声(Pseudo Noise,PN)或伪随机数生成源为频率表的索引。所有载波频率中的每一频率用PN源中的多个位指定。在每个连续时间间隔(若干PN位)中,从频率中选取一个新载波频率$c(t)$。然后用由初始调制器产生的信号对该频率进行调制,生成一个新信号$s(t)$,该信号波形不变,但以被选载波频率为中心。扩频信号到达接收方时,先用与PN导出的频率表中相同的序列进行解调,再解调生成输出数据。

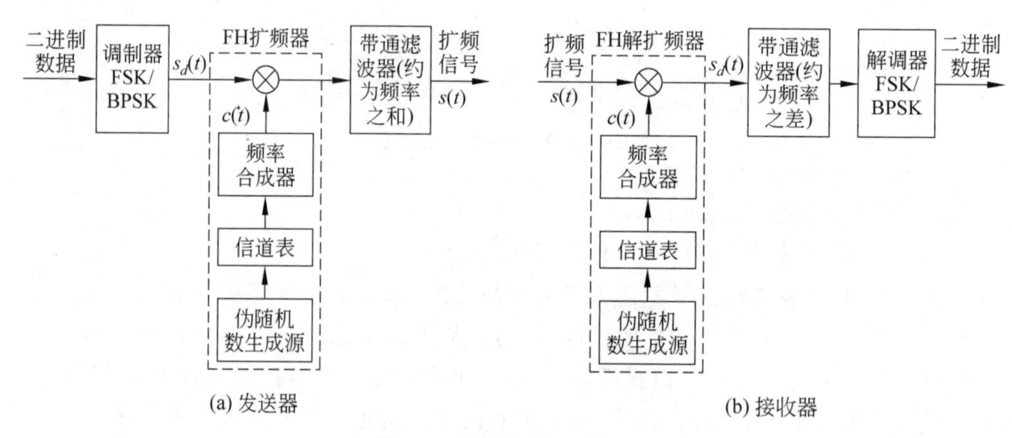


**图2.7 跳频扩频系统框图**

### 2. 直接序列扩频

直接序列扩频(Direct Sequence SS,DSSS)用高码率的扩频码序列在发送方直接扩展信号频谱,而接收方则用相同扩频码序列进行解扩,即把频谱拓宽的扩频信号还原成原始信号。原始信号中的每一位在传输中以多个码片表示,即使用扩展编码。这种扩展编码能将信号扩展至更宽的频带范围上,该频带范围与使用的码片位数成正比。

另一种 DSSS 技术是使用异或运算将数字信号流与扩展编码流相结合,如图 2.8 所示。结合过程中,数字信号流的位 1 使扩展编码位翻转,位 0 则不翻转而直接输出。结合后的位流与原扩展编码序列的数据率相同,因此其具有比信息流更高的带宽。

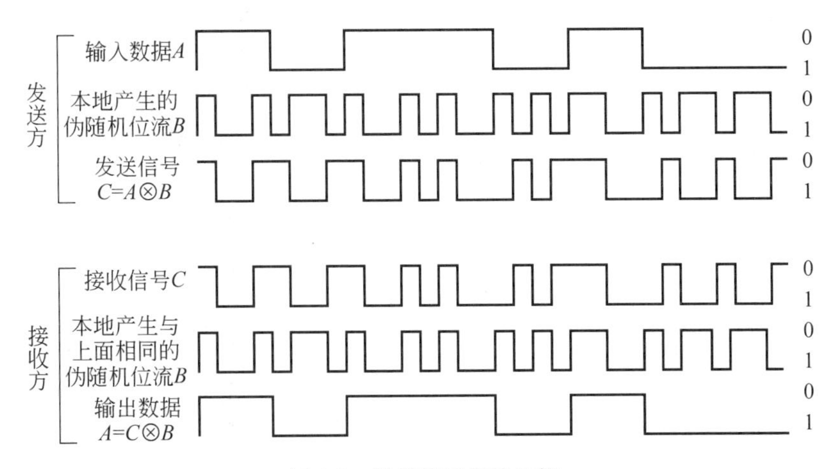


图 2.8　直接序列扩频示例

DSSS 的典型框图如图 2.9 所示。当需传输的数字信号经信号调制(一般为 PSK)后,获得窄带已调信号 $s_d(t)$。再与码片速率很高的扩频码 $c(t)$进行扩频调制,输出为频谱带宽被扩展的信号 $s(t)$,该过程称扩频。$s(t)$再变换为射频信号发射出去。接收方将射频信号经变频后输出中频信号,通常为 $N$ 个发射信号和干扰及噪声的混合信号。它与本地扩频码 $c(t)$(和发送方相同)进行扩频解调,$s(t)$变为窄带信号 $s_d(t)$。$s_d(t)$经解调器恢复成原始数字信号。

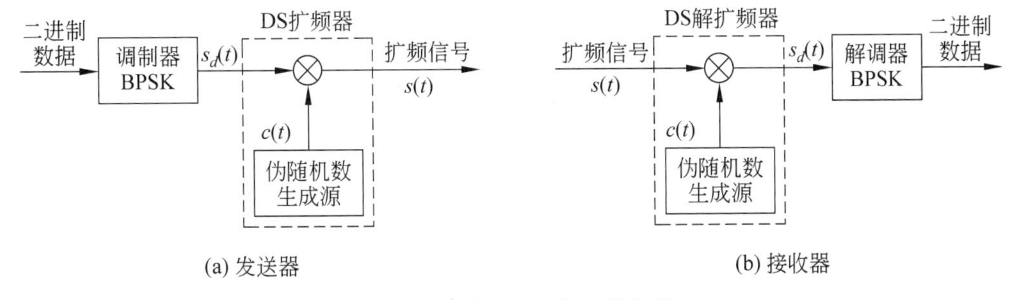


图 2.9　直接序列扩频系统框图

## 2.6 复用和多址

传输效率是通信技术的关键问题之一,提高传输速率就是要尽量充分利用信道资源,实际就是同时传输多个信号。在两点间的信道中同时传输互不干扰的多个信号称信道复用,而多点间实现互不干扰的多边通信称多址接入。其本质是信号分割,即赋予各信号不同特征或地址,然后根据特征间的差异来区分,按不同地址分发,以实现互不干扰的通信。

多点之间的通信和点对点通信在技术上有所不同,难点在于如何消除或避免冲突。复用或多址技术的关键是设计正交信号集合,使各信号彼此无关。实际较难实现完全正交和不相关,一般采用准正交,互相关很小。允许各信号间存在一定范围的干扰。

常见的复用方式有频分复用(FDM)、时分复用(TDM)、码分复用(CDM)和空分复用(SDM)等。此外还有极化复用和波分复用等,一般需结合其他方式。

多址通信的方式有频分多址(FDMA)、时分多址(TDMA)、码分多址(CDMA)和空分多址(SDMA)等。

### 1. TDMA

TDMA(Time Division Multiplexing Address,时分多址)给定频带的最高数据传输速率,将传递时间划分为若干时隙,每个用户使用某一规定时隙,以突发脉冲序列方式接收和发送信号。多用户按次序占用不同时隙,从而在一个宽带载波上以较高速率传递信息。接收方接收并解调后,各用户分别按次序提取相应的时隙信息。总的码元速率为各路之和,还有少量位帧同步等额外开销。图2.10为一帧8个时隙的示例。

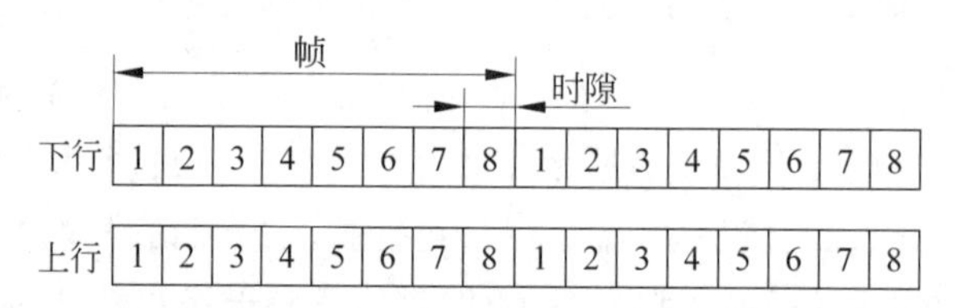


图2.10 TDMA时隙分配示例

TDMA中各用户占用同一频带的不同时间,符合时域的正交条件。实际传输时,由于多径等各种影响,可能破坏正交而形成码间串扰。TDMA要求整个系统精确同步,各站时钟需统一,才能保证准确地按同一时隙提取所需信号。此外,还需要一定开销供载波恢复、定时恢复、子帧同步、地址识别等使用。各时隙间应留有保护间隙,以减少码间串扰。信道条件差或码率过高时,需采用自适应和均衡措施。

### 2. FDMA

FDMA(Frequency Division Multiplexing Address,频分多址)常用于卫星通信、移动通信和微波通信等。其将传输频带划分为若干较窄且互不重叠的子频带,各用户分配一个固定子频带。信号调制到该子频带内,各用户信号同时传输,接收时分别按子频带提取。实际应用中,滤波器往往达不到理想条件,各信号间存在一定相关和干扰,所以各子频带间留有一定间隔,以减少串扰。

FDMA分模拟调制和数字调制,也可由一组模拟信号用频分复用方式或者由一组数字信号用时分复用方式占用一个较宽的频带,调制到相应子频带后传输到同一地址。模拟信号数字化后所占的带宽较大,可考虑采用压缩编码技术和先进的数字调制技术。

### 3. OFDMA

正交频分复用(Orthogonal Frequency Division Multiplexing,OFDM)将信道分为若干正交子信道,将高速数据信号转换成低速子数据流,调制至每个子信道上并行传输。接收方采用相关技术可区分正交信号,减少子信道间相互干扰。每个子信道上的信号带宽小于信道的相关带宽,每个子信道可看成平坦性衰落,从而消除符号间干扰。由于各子信道带宽仅是原信道带宽的一小部分,信道均衡相对容易。

正交频分多址(Orthogonal Frequency Division Multiplexing Address,OFDMA)与OFDM相比,每个用户可选择信道条件较好的子信道传输数据,而不像OFDM那样是在整个频带内发送,从而保证各个子载波都被对应信道条件较好的用户使用,获得了频率上的多用户分集增益。

### 4. CDMA

在CDMA(Code Division Multiplexing Address,码分多址)中,发送方用一个带宽远高于信号带宽的伪随机编码信号或其他扩频码调制需传输的信号,即拓宽原信号的带宽,再经载波调制后发送。接收方使用相同扩频码序列,同步后对接收信号作相关处理,解扩为原始数据。不同用户使用互相正交的码片序列,它们占用相同频带,可实现互不干扰的多址通信。由于是以正交的不同码片序列区分用户,故称码分多址,也称扩频多址(Spread Spectrum Multiplexing Address,SSMA)。

### 5. SDMA

SDMA(Space Division Multiplexing Address,空分多址)利用空间特征区分不同用户,以实现多址通信。最常用、最明显的空间特征就是用户位置。配合电磁波传播的特征,可使不同地域的用户同时使用相同频率且互不干扰。例如,可利用定向天线或窄波束天线,按一定方向发射电磁波,并局限在波束范围内。不同波束范围可使用相同频率,也可控制发射功率,使电磁波只作用于有限距离内。

由于依靠空间区分,电磁波影响范围以外的地域仍可使用相同频率,如无线电频率资源管理即是如此。蜂窝移动通信充分运用了SDMA,用有限频谱构成大容量通信系统,称为频率再用。卫星通信中采用窄波束天线实现空分多址以提高频谱利用率。但空间分割不可能太细,某一空间范围一般不会仅有一个用户,所以SDMA常结合其他多址方式。近来的研究发现,除了用户位置以外,一些以往未利用的空间特征也逐步得到使用。

### 6. NOMA

NOMA(Non-Orthogonal Multiple Access,非正交多址接入)是5G通信应用的新技

术方案。发送方采用非正交发送,主动引入干扰信息,接收方通过串行干扰删除(Successive Interference Cancellation,SIC)接收机以实现正确解调。SIC接收机复杂度较高,但可有效提高频谱效率。子信道传输仍然为OFDM,子信道之间正交,互不干扰,但一个子信道不再只分配给单一用户,而是多用户共享,不同用户之间并非正交传输,会产生用户间干扰,需要接收方采用SIC进行检测。发送方对同一子信道上的不同用户采用功率复用算法进行发送,到达接收方的每个用户信号功率都不一样。SIC接收机再根据不同用户信号功率大小,按一定顺序消除干扰,实现信号解调和用户区分。

## 2.7 天线

无线通信系统的外界传播介质接口是天线。发送方先将信号通过馈线(电缆)输送到天线,再以电磁波形式辐射出去;接收方则由天线吸收到达的电磁波,仅接收极小一部分功率,通过馈线送至无线电接收机。天线是发射和接收无线电波的重要设备。天线的型号、增益、方向图、驱动功率、配置和极化等都是影响系统性能的因素。

假设无线链路中,发射天线功率是 $P_t$,发射天线增益是 $G_t$,接收天线增益是 $G_r$,工作波长为 $\lambda$,收发天线之间距离为 $d$,根据弗里斯功率传输方程,接收天线功率 $P_r$ 为

$$P_r = P_t \frac{G_t G_r \lambda^2}{(4\pi d)^2} \tag{2.2}$$

### 1. 天线的分类

随着技术的发展,天线种类也不断增加,以适合不同频率、用途、场合和要求等情况。天线按用途分为通信天线、电视天线和雷达天线等,按工作频段可分为短波天线、超短波天线和微波天线等,按方向性可分为全向天线和定向天线等,按外形可分为线状天线和面状天线等。还有其他一些分类标准。图2.11所示为常见的天线。

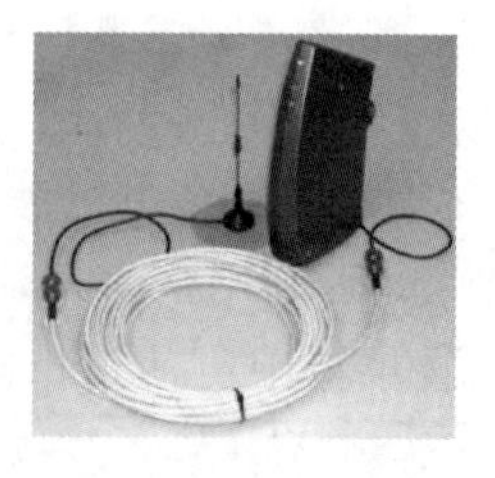

(a) WiFi天线

(b) 卫星天线阵列

(c) 单向增益天线

图2.11 常见的天线

### 2. 天线的主要指标

1) 天线增益

天线增益指输入功率相等时实际天线与理想辐射单元在空间同一处产生的信号功率密度之比。它定量描述了天线集中辐射输入功率的程度。增益受天线方向图影响,方向

图主瓣越窄，副瓣越小，则增益越高。增益与全向天线或半波振子天线有关。全向辐射器假设所有方向上的辐射均为等功率，在某一方向的天线增益是该方向的场强。

提高天线增益主要依靠减小垂直面向辐射的波瓣宽度，同时在水平面上保持全向辐射性能。蜂窝网络中的天线增益决定了网络边缘的信号电平，对移动通信系统性能至关重要。增加增益就可在一个确定方向上增大网络覆盖范围，或在确定范围内增大增益余量。任何蜂窝系统都有一个双向过程，增加天线增益能同时减少双向系统的增益余量。

2）方向图

天线辐射电磁场在固定距离上随角坐标的分布图形称为方向图。方向图用辐射场强表示时，称为场强方向图；用功率密度表示时，称为功率方向图；用相位表示时，称为相位方向图。天线方向图为空间立体图，但常用两个互相垂直的主平面内的方向图表示，称为平面方向图。

线状天线由于地面影响较大，采用垂直面和水平面为主平面；面状天线则采用 E 和 H 平面为主平面。归一化方向图取最大值为 1。方向图中包含最大辐射方向的辐射波瓣称天线主波瓣，也称天线波束。主瓣之外的波瓣称副瓣、旁瓣或边瓣，与主瓣相反方向上的旁瓣称为后瓣。全向天线外形为圆柱，定向天线外形为板状。

3）极化

极化是描述电磁波场强矢量空间指向的一个辐射特性，习惯上以电场矢量的空间指向作为电磁波的极化方向，而且指在该天线最大辐射方向上的电场矢量。

电场矢量的空间指向在任何时间均不变的电磁波称直线极化波。以地面为参考，电场矢量方向平行于地面的波称水平极化波；垂直于地面的波称垂直极化波。水平极化波和入射面垂直，又称正交极化波；垂直极化波的电场矢量与入射平面平行，称平行极化波。电场矢量和传播方向构成的平面称极化平面。

电场矢量的空间指向有时并不固定。如果矢量端点描绘的轨迹为圆，称圆极化波；为椭圆，则称椭圆极化波。圆极化波或椭圆极化波均可由两个互相垂直的线性极化波合成。如果两者大小相等则合成为圆极化波，否则合成为椭圆极化波。

天线可能会在非预定的极化方向上辐射不需要的能量，该能量称为交叉极化辐射分量。线性极化天线的交叉极化方向和预定极化方向垂直。而圆极化天线的交叉极化方向与预定极化旋向相反，交叉极化称正交极化。

4）其他技术指标

（1）电压驻波比。天线输入阻抗与特性阻抗不一致时，反射波和入射波在馈线上叠加形成驻波，其相邻电压最大值和最小值之比即为电压驻波比。比值过高将缩短通信距离，反射功率将返回发射机功放器件，易烧坏功放管，影响系统正常工作。

（2）端口隔离度。指多端口天线（如双极化天线、双频段双极化天线等）在收发共用时不同端口间的抗互相干扰的程度。端口间隔离度应大于 30dB。

（3）回波损耗。天线接头处的反射与入射功率之比，反映了天线的匹配特性。

（4）无源互调。指接头、馈线、天线和滤波器等无源部件工作在多个载频的大功率信号条件下，由于部件本身存在非线性引起的互调效应。

（5）功率容量。指平均功率，包括匹配、平衡、移相及其他耦合装置，承受功率有限。

天线还有其他一些指标,如防护能力、工作温度和湿度、外观尺寸等。

**3. 天线的关键技术**

1) 天线分集技术

衰落效应是影响通信质量的主要因素之一。快衰落深度可达30～40dB,而通过加大发射功率、增加天线尺寸和高度等方法来消除快衰落并不现实,且会干扰其他通信。分集技术由此而生,在若干支路上接收彼此相关性很小的同一数据信号,然后将各支路信号合并输出,即可在接收方降低快衰落概率。还可采用分集接收技术减轻衰落影响,获得分集增益,提高接收灵敏度。

分集是通过多信道(时间、空间、频率)接收到载有相同信息的多个副本。由于各信道传输特性不同,各副本衰落相关性较小,即各副本同时出现快衰落的概率较小,这样即可提高接收性能。如不采用分集,在噪声受限条件下,发射机须使用较高功率,才能保证信道较差时链路正常。移动通信中手机能量有限,反向链路中获得的功率也较有限,分集可降低发射功率,效果较好。

分集技术有以下两个特点:一是分散传输,接收机能获得多个携带同一信息的独立衰落信号;二是集中处理,接收机将收到的多个独立衰落信号合并,以降低衰落影响。

分集技术包括空间分集、时间分集、频率分集、极化分集等。

(1) 空间分集利用场强随空间的随机变化实现。空间距离越大,多径传播差异越大,接收场强的相关性就越小。空间分集分发送和接收两部分。在接收时,在空间不同垂直高度上设置几个天线,同时接收一个发射天线信号,合成或选择其中最佳者。

(2) 时间分集是将同一信号在不同时间多次重发,只要各次发送间隔足够大,则各次发送间隔出现的衰落在统计上相互独立。利用这些衰落在统计上互不相关的特点,时间分集实现了抗时间选择性衰落。

(3) 频率分集采用两个及以上具一定频率间隔的微波频率,同时发送和接收同一信息,然后合成或选择。利用位于不同频段的信号经衰落信道后在统计上的不相关性,即不同频段衰落统计特性上的差异,来实现抗频率选择性衰落的功能。

(4) 极化分集利用两个在同一地点且极化方向正交的天线发出的信号呈现出不相关的衰落特性的特点,在收发方分别配备垂直极化天线和水平极化天线,可得到两路衰落特性不相关的信号。

2) 波束赋形技术

波束赋形(beamforming)指根据系统性能指标,形成对基带(中频)信号的最佳组合或分配。其任务是:补偿无线传播过程中由空间损耗、多径效应等导致的信号衰落与失真,同时降低同信道用户间的干扰。其过程为:先为系统建模,描述系统中各处的信号;再根据性能要求,将信号的组合或分配转化为一个数学问题,寻求其最优解。

波束赋形直接建立在信道参量基础上,其算法描述、性能分析及仿真都依赖无线移动信道的建模与估计。根据无线传播理论和各种通信环境的实际测量,建立合理的信道模型,可降低波束赋形算法对实时测量的要求,能在较小的系统复杂度下使性能更优。

以蜂窝通信系统为例，波束赋形的实现方法是：基站将天线功率主瓣指向用户，调整各天线收发单元幅度和相位，使得天线阵列在特定方向上的发射/接收信号相互叠加，而其他方向的信号则相互抵消。这样在手机接收点形成电磁波的有效叠加，产生更强的信号增益来克服损耗，以实现提高接收信号强度的目的。

3) 智能天线技术

智能天线指基站的双向天线，它通过一组有可编程电子相位关系的固定天线单元获取方向性，并同时获取基站和移动终端间各链路的方向特性。图 2.12 为智能天线，它可以通过调整接收或发射特性来增强天线性能。智能天线最初应用于雷达、声呐等军事领域，现代无线通信利用数字信号处理技术和 DSP 芯片在基带形成天线波束。智能天线的优点有：提供最佳增益来增强接收信号，控制天线零点来抑制干扰，利用空间信息增大信道容量。

图 2.12　智能天线

智能天线分为多波束天线和自适应天线阵列。

(1) 多波束天线利用多个并行波束覆盖整个用户区，每个波束指向固定，波束宽度由天线孔径决定。用户移动时，基站在不同波束中进行选择，使接收信号最强。用户信号位于波束边缘且干扰信号位于波束中央时，接收效果最差，所以多波束天线并不能实现最佳接收。其特点为：结构简单，无须判定用户信号到达方向。

(2) 自适应天线阵列一般采用 4～16 天线阵元结构，一般阵元间距为半个波长。阵元分布方式有直线式、圆环式和平面式。自适应天线阵列能识别用户信号的到达方向，并在此方向形成天线主波束，而在干扰方向形成零陷抑制干扰。

此外，传统天线电磁波辐射较大，电磁污染较重，而智能天线能有效降低辐射。

以蜂窝移动通信为例，其天线的演化过程如下。1G 系统几乎都使用全向天线，用户很少，传输速率也很低，属于模拟系统。2G 系统的天线逐渐演变成定向天线，一般波瓣宽度包含 60°、90°和 120°，天线以单极化天线为主，开始引入阵列。全向天线也有阵列，但只是垂直方向阵列，单极化天线则出现了平面和方向性天线。20 世纪 90 年代中后期，双极化天线(±45°交叉)出现，在 3G 系统和 4G 系统中大量使用。GSM 和 CDMA 等制式共存，使多频段天线成为主流。21 世纪初期，MIMO 技术(参见 2.8 节)得到应用，天线也从最初的单天线发展到阵列天线和多天线。

## 2.8　MIMO

MIMO(Multiple Input Multiple Output，多入多出)指利用多发射、多接收天线进行空间和时间分集，利用多天线来抑制信道衰落。如果无线通信系统的发送方和接收方均采用了多天线或天线阵列，就构成了无线 MIMO 系统。

多径传输会引起衰落,但 MIMO 利用了多径因素。图 2.13 为 MIMO 系统原理图,其在发射方和接收方均采用多天线(或阵列天线)和多通道。传输数据流 $S$ 经过空时编码形成 $n$ 个数据子流 $S_i, i=1,2,\cdots,n$。这 $n$ 个子流由 $n$ 个天线发射出去,经空间信道后由 $m$ 个接收天线接收。多天线接收机利用空时信号处理分开并解码这些数据子流,实现优化处理。

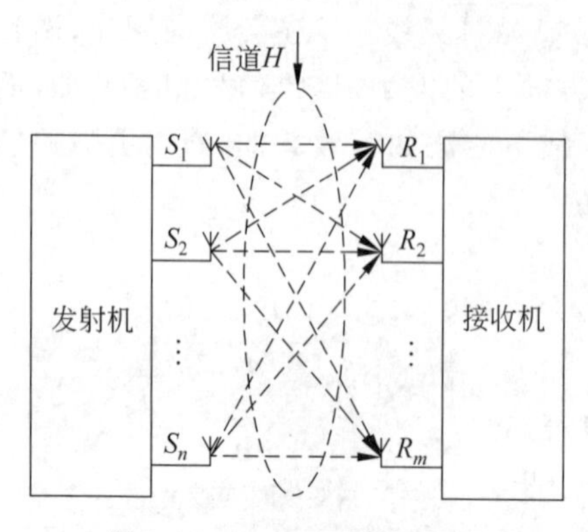

图 2.13 MIMO 系统原理图

MIMO 的关键技术包括信道估计、空时信号处理、同步和分集等。

(1) 信道估计。采用空时编码时,接收方需准确知道信道特性才能有效解码,因此信道估计尤为重要。目前信道估计有两类。一类是训练序列或导频,在时变信道中需周期性发送训练序列。训练序列发送要占用信道容量,降低信道利用率。其优点是误差小、收敛快。另一类是采用盲算法辨别信道,分为全盲和半盲。盲方法可提高信道利用率,更适于高速数字通信。全盲算法运算量相对较大,且收敛速度慢,目前尚难实用;半盲算法是盲算法和导频法的折中,降低了运算复杂度。

(2) 空时信号处理。从时间和空间同时进行信号处理,分为空时编码和空间复用。空时编码在发射端对数据流进行联合编码,减小信道衰落和噪声引起的错误率,同时增加信号冗余度,使接收端获得最大分集增益和编码增益。常见的空时编码方式有分层空时码、空时格形码、空时分组码和空时频编码。其缺点是无法提高数据传输速率。空间复用指通过不同天线尽可能多地在空间信道上传输独立数据。MIMO 使用多天线,充分利用空间传播中的多径分量,在同一信道上使用多数据通道,使信道容量随天线数量线性增加。其不占用额外带宽,不消耗额外发射功率,能有效增强信道和系统容量。空间复用结合空时编码,能获得较好的频谱效率和传输质量。

(3) 同步。包括载波同步、符号同步和帧同步等。载波频率不同步会破坏子载波间的正交性,造成输出信号幅度衰减及信号相位旋转,还影响符号定时和帧同步性能。符号同步是为了找到离散傅里叶变换窗的起始位置,使子系统保持正交,可采用特殊训练序列或用循环前缀的相关特性进行符号定时。帧同步是在 OFDM 符号流中定位帧起始,接收机检测出帧首部后,根据帧结构处理帧中信息。

(4) 分集。前面提到天线分集技术对克服多径衰落较有效。MIMO 利用了时间、频率和空间 3 种分集技术,有效增强了对噪声、干扰和多径的容忍。

## 2.9 认知无线电

无线通信频谱资源有限,通常由国家统一管理和授权使用。每个无线通信系统独立使用一个频段,可互不干扰。这种授权且固定的分配方式可有效避免干扰。但随着无线通信应用和需求快速增长,频谱资源日显缺乏。而实际中,有些频带大部分时间无用户使用,另一些频带只是偶尔使用,而剩余频带的使用则竞争激烈。因此,可考虑在不同时空充分利用空闲频带，提高频谱利用率。

### 1. 认知无线电简介

认知无线电(Cognitive Radio，CR)由 Joseph Mitola 于 1999 年提出，也称为智能无线电，可看作一种对环境极度敏感的软件无线电。CR 可感知周围环境特征，实时调整自身内部状态和收发参数，选择合适的载波频率、传输功率和调制方式，实现最佳系统性能。CR 已应用于多种无线网络技术中。其体系结构如图 2.14 所示。

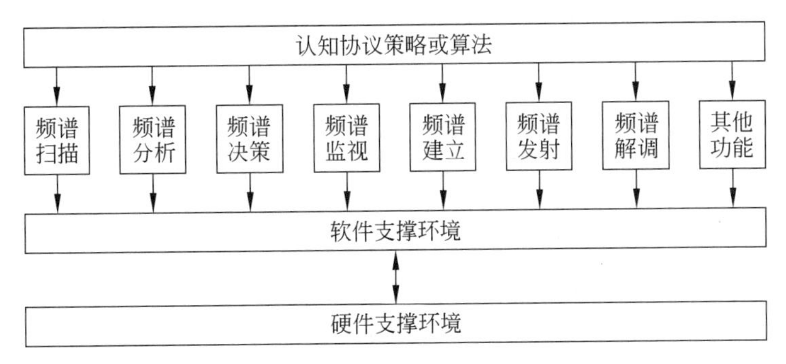


图 2.14　认知无线电体系结构

CR 的目标是提高频谱利用率。这不仅是技术问题，由于涉及改变传统的无线电资源分配状态，需要政府法规上的支持。美国于 2004 年开始允许在不影响授权用户(如电视接收者)的前提下，通过 CR 使用电视广播频段中的未授权无线资源，放宽了 CR 实用化的限制。

CR 有多种不同定义、概念模型及体系架构，图 2.15 所示为加州大学伯克利分校提出的层次结构，注意其链路层和物理层与传统网络结构的不同。该结构考虑了对波形、频谱、网络和状态的感知，未考虑地理位置、本地可用业务、用户需求和语言等。

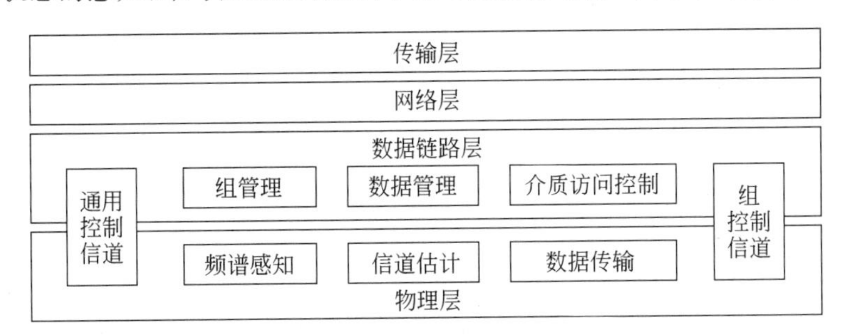


图 2.15　加州大学伯克利分校提出的认知无线电网络层次结构

### 2. 认知无线电的功能和关键技术

认知无线电的感知能力涵盖了很多方面，如波形、频谱、网络、地理位置、本地可用业务、用户需求、语言、状态和安全策略感知等。其中频谱感知目前较受关注。

CR 可自动观察无线电环境，分析信息内容，评估选择，产生计划，监控服务，通过模型推理来获得特定能力。CR还能从错误中学习,包括有监督和无监督的机器学习。而目前绝大多数手机只能在用户预设频率上交换数据和执行指令。CR不仅需要可编程的软件无线电平台,还包括计算模型、用户模型、网络模型和射频传输环境。

CR的基本功能包括:分析无线环境,包括估计空间电磁环境中的干扰温度和检测频谱空洞;信道状态估计及容量预测;功率控制和动态频谱管理。

CR通过空间射频激励来分析电磁环境,寻找满足干扰温度要求的频段,如果该频段信道状况满足要求,则向网络发送资源分配请求。获取资源后即启动通信过程。

在通信过程中,要避免干扰正在使用的信道的主用户。次级用户只能利用主用户未使用的频段,一旦发现主用户要使用该频段,要尽快让出该频段而切换到其他空白频段。这样既避免了干扰主用户,也不会中断CR的通信过程。当然也不要过于频繁地切换频段,以保障次级用户的服务质量,保持频谱利用率。

CR的关键技术包括频谱检测、频谱管理和功率控制等。

频谱检测就是寻找合适的频谱空洞并反馈至发送端进行频谱管理和功率控制。频谱空洞指分配给某授权用户但在一定时间和位置空闲的频谱。可将待检测频谱分成3种:黑色区域,常被高能量局部干扰占用;灰色区域,部分时间被低能量干扰占用;白色区域,仅有环境噪声而无射频干扰占用。一般白色区域和有限的灰色区域可被等待用户所使用。典型的频谱检测技术有两种:发射机的能量检测,基于接收机的干扰温度检测。

(1) 能量检测。检测频带是否被授权用户所占用,如果接收机不能接收足够的主用户信息,而只接收到随机高斯噪声,则需进行能量检测。注意,能量检测不能检测信号类型,而仅能检测信号是否存在。

(2) 干扰温度检测。通常的无线电环境以发送方为中心,发送信号功率在设计中大于某一噪声阈值。由于环境中常出现不可预测的干扰而增大噪声,影响传输性能。CR引入新的度量标准——干扰温度,表征在某个频带和特定地理位置的无线电环境。使得无线电环境转变为以发送方和接收方的自适应实时交互为中心。干扰温度检测包括:准确测得干扰源导致的干扰;准确设计合适的干扰阈值,如果引入干扰低于该值,则系统可正常工作。

频谱管理是指CR采用动态频谱分配。例如频谱池策略,其基本思想是:将一部分用于不同业务的频谱合成一个公共频带,将整个频带划分为若干子信道。其主要目的是使信道利用率最大化,同时考虑用户接入的公平性。

功率控制指在多用户传输的CR系统中,发送功率控制受到给定的干扰温度和可用频谱空洞数量的限制,需采用分布式功率控制来扩大通信系统的工作范围。

其他研究领域包括:检测无线电和频谱规则协议的新算法方案,基于CR的自适应无线网络体系结构的设计,大规模CR系统应用的详细评估,CR硬件和软件平台,等等。

作为未来的智能通信技术,CR将广泛应用于各类无线通信系统,有效改善通信系统性能,并推动无线频谱规划体系的根本性改变。

## 2.10　可见光通信和激光通信*

前面介绍的各种无线通信技术主要基于无线电波、红外线等，都属于不可见光。而现在利用可见光的数据通信方式也正从设想逐步变为现实。

可见光通信(Visible Light Communication，VLC)指使用 380～780nm 光谱的可见光进行短距离无线通信，通过可调节强度的可见光源(如发光二极管和激光二极管)进行数据传输。传统无线射频通信工作在 6GHz 以下频段，高数据率通信会迅速耗尽频谱带宽。而 VLC 工作频率可达 300THz，能在短距离内提供每秒几千兆比特的数据传输速率。此外，传统射频通信要实现传输、采样和处理每秒千兆比特的数据率，需要大功率的传输设备，而 VLC 仅需简单的发光二极管(Light Emitting Diode，LED)和光电探测器即可。图 2.16 所示为 VLC的两个典型应用场景。VLC 的通信和定位功能可帮助车辆构建周围环境的地图信息，不仅能获取其他车辆的距离信息，还可通过前灯和尾灯向周围车辆广播其实时车速，其他车辆可根据这些信息相应调整车速，应用于未来自动驾驶汽车中，将有助于降低能耗和事故风险。

(a) 路口交通指示灯和刹车自动感应

(b) 机场跑道调度和交通管制

**图 2.16　可见光通信应用场景示例**

而在射频通信受限区域，如民航飞机中，飞行时手机或移动设备的无线信号会干扰正常的航空无线电通信，通常这些设备被禁止使用。而 LED 光源发出的可见光波段就不存在干扰，旅客可通过座位上方的阅读灯进行 VLC 通信，从而使用电话和网络。

虽然 VLC 潜力较大，但面临两大技术挑战。一个挑战是闪烁，即光亮度波动，光源产生的潜在闪烁现象应尽可能小，以免伤害人眼。为避免闪烁，可见光亮度的变化须在最大闪烁时间周期范围内，定义为人眼感知不到光的改变的最大时间周期。虽然尚无公认的最佳闪烁频率的标准，但频率高于 200Hz 即闪烁周期小于 5ms 通常被认为是安全的。VLC 调制过程中必须无任何明显闪烁，无论是单帧中还是多帧之间。另一个挑战是调光，主要考虑节能和环保问题。

可见光通信已受到广泛关注。2000 年，日本庆应大学和 SONY 公司的研究组首次提出设想，利用 LED 照明灯作为通信基站，进行无线传输。2007 年，日本电子信息技术产业协会推动“可见光身份系统”。2008 年，可见光通信联盟制定了规范标准。而美国政府也设立了“智能照明”项目。2011 年，英国学者进行了效果显著的 VLC 演示，并被《时代周刊》评为 2011 年全球 50 大科技发明之一。

可见光通信已被列为IEEE 802.15.7标准，其支持对等和星形等多种不同拓扑结构。IEEE 802.15.7提供了3类物理层的VLC，其中物理层Ⅰ速率为11.67～266.6kb/s，物理层Ⅱ速率为1.25～96Mb/s，物理层Ⅲ速率为12～96Mb/s。物理层Ⅰ和物理层Ⅱ为单一光源，支持通断键控(On-Off Keying，OOK)和可变脉冲位置调制(Variable Pulse Position Modulation，VPPM)。物理层Ⅲ采用不同频率(颜色)使用多个光源，并使用了一个被称为色彩偏移键控(Color Shift Keying，CSK)的特定调制方式。上述3类物理层可同时降低闪烁并支持调光，且实现了共存。

英国爱丁堡大学的Hass研究组利用普通灯泡实现了无线传输数据，该技术也称为LiFi(Light Fidelity，光保真)。用户可通过LiFi连接互联网，实现无线数据传输。其原理是：通过可见光闪烁进行信息编码和传输，如LED开表示1，关表示0，而通过快速的开关变化就能传输信息。LED的闪烁频率可达每秒百万次，即可快速传输二进制编码。但这种闪烁对肉眼并不可见，LED的发光强度使肉眼不会注意到光的快速变化，只有光敏接收器才能探测和接收。目前LiFi的传输速率已达到Gb/s数量级，应用场景可扩展到街头、机场、水下等。

VLC还可用于液晶显示屏和摄像头传感器的设备间通信，例如手机、笔记本和广告牌的液晶屏发送图像时可嵌入信息，摄像头读取图像时可识别和解码该信息，实现数据传输。人机交互领域也可利用VLC，如使用LED和光电二极管等设备来识别和检测人体的运动姿态、手势等，帮助用户控制运动和可穿戴设备等。

近几年一些企业和行业组织成立了LiFi联盟，以推动VLC技术研发与市场应用。例如，美国PureVLC公司已推出了一些VLC商用产品。

不过VLC技术也有自身的局限。一个明显问题是可见光无法穿透障碍物，如果接收器被阻挡，那么信号将中断。另一个局限是移动性差，较难用电灯泡向快速移动的物体发送数据。当然，LiFi技术也带来了较高的安全性，因为可见光只能沿直线传播，只有处在光线传播直线上的节点才可能截获信息。

激光通信的历史则要早得多。20世纪50年代，研究者发现物质受到与其分子固有振荡频率相同的能量激发时会产生不发散的强光，即激光。随后激光被用于通信中，基本原理是：发送端将信息先送至与激光器相连的光调制器中，将信息调制在激光上，通过光学发射天线发射激光；而接收端的光学接收天线接收激光信号，然后送至光探测器，将激光信号转为电信号，经放大和解调后恢复为原始信息。

激光通信的优点是传输损耗小，传输距离远，通信质量高；缺点是限于视距，不能有障碍，以及空间长距离的发射点和接收点之间的瞄准较为困难。

2013年9月，美国国家航空航天局完成了月球激光通信演示试验，用激光代替无线电射频实现了双向通信。其使用脉冲激光束在地球和月球间384 000km的距离传输数据，下载速率达622Mb/s，而从新墨西哥州地面站向绕月轨道航天器的有效上传速率达20Mb/s。

人类以往进行深空星际通信时依赖传统无线电射频信号，而随着数据容量需求增加和无线电频谱资源的有限性之间的矛盾加大，研究者的目光转向激光通信。虽然其开发和部署成本较高，但具有巨大的技术优势和潜力。

## 2.11 无线充电*

无线充电即向电子设备无线传递能量。面对越来越多的无线和移动设备,这项技术的应用价值巨大,三星、苹果和华为等公司已发布了内置无线充电功能的设备。

相比传统的有线充电,无线充电有下列好处:

- 不需要电线,提高了用户友好性。不同品牌型号的设备可使用同一充电器。
- 不需要电池,可设计、制造更小的设备。
- 无接触,可提供更好的产品耐久性(防水和防尘)。
- 增强设备灵活性和隐蔽性,尤其是需更换电池或连接受限的设备(如体内传感器)。

无线充电技术目前朝两个主要方向发展:辐射无线充电、无辐射无线充电(磁场耦合)。辐射无线充电采用典型的射频电磁波,基于电磁波的电场进行能量传输。由于暴露于空中的射频信号存在安全问题,射频无线充电通常仅在低功率下应用,例如全向射频辐射只适于 10mW 能耗的传感器节点。而无辐射无线充电是通过一定距离的两个线圈间的磁场耦合进行能量传递。由于磁场比电场衰减更快,所以传输距离受限。无辐射无线充电已得到较多应用,如电动牙刷、电动汽车等。

1864 年,麦克斯韦描述了电场和磁场的相互作用。1896 年,特斯拉实现了较长距离的微波信号转化。1964 年,布朗实现了通过整流二极管天线将微波转换成电能。美国国家航空航天局的太阳能卫星计划也尝试收集太阳光能量,并穿越电离层传回地球。近年来无线充电技术进一步发展,例如无源 RFID 可在短距离内获得能量。目前多个无线充电技术联盟已成立,各种无线充电设备陆续上市。

限于篇幅,下面仅简单介绍辐射无线充电的技术原理。

在图 2.17 中,交流电先转化为直流电,然后直流信号转化为射频信号到达发射天线。通过空中传播,射频/微波信号被接收天线捕获,通过整流电路,将射频信号转化成直流电。微波辐射能够兼容现有通信系统,同时传递信息和能量。

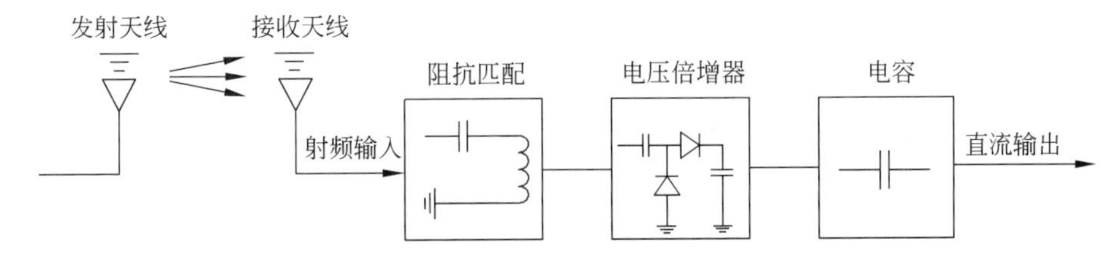


**图 2.17 远场微波辐射无线充电系统架构**

射频信号到直流电的转化效率高度依赖于接收天线的捕获密度、阻抗匹配准确性、功放效率等。射频/微波能量也可通过形成波束朝一个方向发射。相比广播式辐射,点对点发射波束的能量传输效率更高。而通过天线阵列生成一束波,可增加辐射的锐度。

再看基于电感耦合和磁共振耦合的近场充电。大功率近场充电的例子是电动汽车的电池充电,在 4~10cm 距离进行 1~10kW 功率的充电,其效率可达 90%以上。而中小功率近场充电(从几瓦到几十瓦)已应用于医疗设备和日常家电中,例如磁共振耦合充电可用于生物医学植入设备中。当充电距离远大于线圈尺寸时,磁共振耦合支持更小尺寸的植入设备。常见的家电和便携设备,如牙刷、电视、照明、墙壁开关、供暖系统等,可实现无线充电。

而远场辐射充电系统利用了无导向性的射频辐射波,对发射天线的位置不敏感,但充电效率较低。可再生的无线传感网和 RFID 系统都可广泛应用非导向无线充电,研究者已研发了基于远场充电的超低能耗传感网。通过射频波束,还可支持远距离和更大功耗的电子设备充电,如无人机、自动驾驶汽车、机载微波平台、固定高空中继系统等。

更进一步,未来甚至可以不再依靠专用无线充电器,而是收集周围环境能量进行充电。这种自我充电的无线传感网可从电视广播、调幅广播、WiFi、蜂窝通信和卫星通信中收集能量。射频充电传感器在医疗无线体域网以及可穿戴和植入设备中均可实现。通常体表传感器的功耗仅几十毫瓦,充电效率为几个百分点。相比之下,植入体内的设备充电效率更低,甚至低于 0.1%。

## 2.12 网络仿真技术简介

网络仿真是通过数学建模、统计分析方法,利用计算机软件来模拟真实网络行为的技术。通过建立网络设备和网络链路的统计模型,模拟网络流量的传输,从而获取协议设计、网络优化等网络性能数据。网络仿真不再单纯依赖数学计算,而是基于统计模型。统计复用的随机性能得到准确再现。

网络仿真技术具有以下特点:

- 在高度复杂的网络环境中能得到高可信度的结果。
- 预测功能是其他传统方法无法比拟的。
- 使用范围广,既可用于现有网络的优化和改进,也可用于设计新方案。
- 初期成本低,建好的网络模型可持续使用,后期投入会不断下降。

在具体技术中,OPNET、NS2、NS3、MATLAB、Mininet 和 OMNet ++ 使用得较多,简介如下。

### 1. OPNET 仿真平台

OPNET 主要面向专业研发人员,用于网络架构、设备和应用设计、分析和管理等。其主要针对网络服务提供商、设备制造商和一般企业等。该软件分为以下 4 个系列:

(1) Service Provider Guru,是面向网络服务提供商的智能化网管软件。

(2) OPNET Modeler,是网络技术和产品开发平台,帮助专业人员设计和分析网络、设备和通信协议。

(3) IT Guru,帮助专业人员预测和分析网络和网络应用的性能,诊断问题,查找影响系统性能的瓶颈,提出并验证解决方案。

(4) WDM Guru,用于波分复用光纤网络的分析评测。

OPNET 能满足大型复杂网络的仿真需要,其主要特点如下:

- 提供 3 层建模机制。底层为进程(Process)层,用状态机描述协议;中间层为节点(Node)层,反映设备特性;顶层为网络(Network)层,用于建立网络模型。这 3 层从上至下对应实际网络、设备、协议层次,能准确反映网络特性。
- 提供较齐全的基本模型库,包括路由器、交换机、服务器和客户机等。
- 采用离散事件驱动的仿真机理,与时间驱动相比,计算效率有很大提高。
- 采用混合建模机制,将基于包的分析方法和基于统计的数学建模方法相结合,既可得到细节的仿真结果,也可提高仿真效率。
- 具有统计收集和分析功能。可方便地收集各网络层次的性能统计参数,并编制报告。
- 提供和网管系统、流量监测系统的接口,能方便地利用现有拓扑和流量数据建立仿真模型,并验证仿真结果。

**2. NS2 仿真平台**

NS2(Network Simulator 2)是由加州大学伯克利分校开发的适于多种网络的权威仿真软件。它开放源码,可免费下载,得到了广泛应用和人们的认可。NS2 可用于有线或无线、本地连接、卫星连接等。它包括大量工具模块,涉及 TCP 协议、路由算法、多播协议和调度器等。NS2 可详细跟踪仿真过程,并用仿真动画工具 NAM 进行回放。

有很多研究小组对 NS2 的功能进行了扩展,使其支持各种新的网络技术。NS2 在分组级进行非常详细的仿真,接近于运行时的分组数量,尚难进行大规模仿真。

NS2 采用了分裂对象模型的开发机制,使用 C++ 和 OTcl 两种语言。二者间采用 TclCL 自动连接和映射。NS2 将数据通道和控制通道的实现相分离。为减少分组和事件处理时间,NS2 的仿真事件调度器和数据通道上的基本网络组件对象使用 C++ 语言编写,这些对象通过 TclCL 映射对 OTcl 解释器可见。仿真用户只要编写相对简单的 Tcl/OTcl 脚本代码,就可快速配置仿真拓扑、节点和链路等各种部件和参数。

NS2 是 OTcl 的脚本解释器,包含仿真事件调度器和网络组件对象库。前者控制仿真进程,在适当时间激活队列中的当前事件并执行。后者模拟网络设备或节点通信,通过制定仿真场景和仿真进程,交换特定分组来模拟真实网络,并将执行情况记录到 Trace 文件中以便分析。这种分裂对象模型提高了效率,加快了速度,使仿真更为灵活简便。

**3. NS3 仿真平台**

NS3 和 NS2 类似,也是离散事件网络仿真器。NS3 不再是 NS2 的兼容扩展,其核心代码和功能模块完全基于 C++,为降低编程复杂性,提供可选的 Python 扩展接口。

NS3 仿真层次类似 ISO/OSI 模型,数据按设备层、网络层、传输层、API 套接字和应用层的顺序封装,模拟 TCP/IP 的传输过程。事件由节点触发,内核中的事件处理器按对应仿真时间从队列中取出相应事件予以处理,数据包转发由指针交互完成,仿真进程占用内存资源较少且运行较快。NS3 的数据传输与物理网络的真实模型相似,仿真结果较可信。结果数据包括网络场景数据和统计数据。场景数据通过 NetAnim 或 PyViz 工具进行可视化展示和观测;统计数据可利用 Tracing 系统动态跟踪仿真生成的 Pcap 统计文件,通过 Wireshark 等工具分析输出。NS3 支持分布式处理和并行仿真。

### 4. MATLAB 仿真平台

MATLAB 是用于数值计算和图形处理的科学计算软件。它集成了程序设计、数值计算、图形绘制、输入输出、网络仿真、人工智能/神经网络和工业控制等各领域的研究功能,并提供了人机交互的系统环境,其基本数据结构为矩阵。与 C、FORTRAN 等相比,MATLAB 可节省大量编程时间。该系统由 5 个主要部分组成:

(1) 语言体系。提供高层次的矩阵/数组语言,具有条件控制、函数调用、数据结构、输入输出和面向对象等程序设计语言特性。既可进行小规模编程,完成算法设计和算法实验的基本任务,也可进行大规模编程,开发复杂的应用程序。

(2) 工作环境。包括管理工作空间中的变量数据输入输出的方法,以及开发、调试和管理文件的各种工具。

(3) 图形图像系统。包括 2D/3D 图示、图像处理、动画、图形等功能的命令,也包括用户控制图形图像等低层 MATLAB 命令,以及开发 GUI 应用的各种工具。

(4) 数学函数库。包括各种初等函数和矩阵运算、矩阵分析等高等数学算法。

(5) 应用程序接口。用户能在 MATLAB 环境中使用 C、FORTRAN 程序,包括调用程序(如动态链接库)、读写 MAT 文件。

MATLAB 扩展功能很强,可配备各种工具箱,完成各种特定任务。MATLAB 在学术研究和仿真领域应用广泛,涵盖了 IT 的许多领域。其存在的一些不足是:语言为解释执行,且基础是矩阵运算,运算量大,因此效率较低,不能实现端口操作和实时控制。

### 5. Mininet 仿真平台

Mininet 是斯坦福大学开发的基于 Linux Container 架构的网络仿真平台,采用轻量级虚拟化技术,能创建具有虚拟主机、交换机、控制器和链路的网络,在单一系统中虚拟出完整网络并运行。也可将其理解为软件定义网络(SDN)系统中的一种基于进程虚拟化的平台。Mininet 最初为测试 SDN 而开发,支持 SDN 构件,代码可移植到真实环境中运行。其主要特点如下:

- 支持 OpenFlow、OpenvSwitch 等 SDN 部件。
- 支持系统级的还原测试,支持复杂拓扑、自定义拓扑等。
- 提供 Python API,便于协同开发。
- 具有良好的硬件移植性与高扩展性。
- 支持数千台主机的网络结构。

### 6. OMNeT++ 仿真平台

OMNeT++ 是一款多协议离散事件仿真软件,提供可扩展、模块化和基于组件的 C++ 仿真库和框架,主要用于建立网络仿真器。该软件已有很多扩展应用,如通信网络之间的流量建模、协议仿真、排队网络和复杂网络等。

OMNeT++ 的基本组件是模块,采用嵌套层次结构,模块包含其他子模块,模块之间可通信。OMNeT++ 基于面向对象的设计思想,采用 C++ 编程,组件和模块编写通过调用 C++ 类库中的仿真内核、随机数发生器、数据采集器等实现,灵活性和扩展性较好。

为降低难度,配置网络模型时不一定使用 C++ 编程,OMNeT++ 支持更易掌握的网络描述语言 NED,最底层模块需用 C++ 编写。OMNeT++ 有 GUI 支持,便于调参、修改模型和观察结果。

OMNeT++ 通过信息传递接口 MPI 和并行虚拟机 PVM3 实现并行仿真,可扩展。程序兼容性较好,其他软件编写的仿真程序经少量修改可移植应用。

# 2.13 NS2 和 NS3 基础知识和示例

## 2.13.1 NS2 基础知识和示例

### 1. NS2 基础知识

NS2 支持 Windows,但最适合在 Linux 中运行。可在 Windows 中通过两种方式运行 NS2:一是 Cygwin,即 Windows+Cygwin+NS2;二是虚拟机,即 Windows+虚拟机+Linux+NS2。

NS2 中的 C++ 和 OTcl 两种语言的对象和变量通过 TclCL 关联,C++ 对应编译类和编译对象,而 OTcl 对应解释类和解释对象。OTcl 是在 TclCL 基础上的封装。图 2.18 描述了 Tcl、OTcl 和 TclCL 之间的关系。

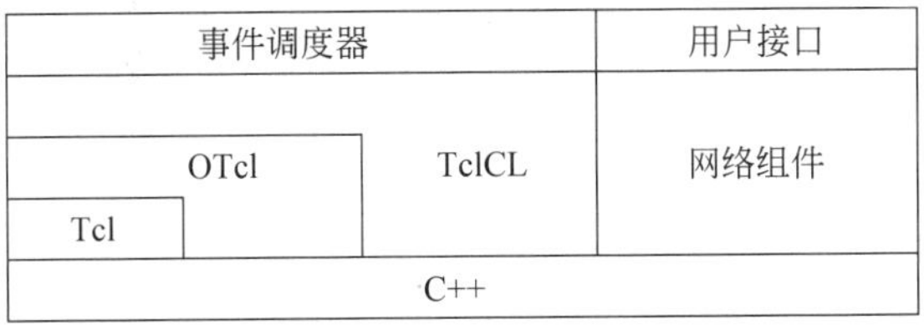

事件调度器
用户接口
OTcl
TclCL
网络组件
Tcl
C++

图 2.18 NS2 系统的基本框架

NS2 由事件驱动,支持 4 种调度器:链表、堆、事件队列和实时。调度器选择下一个最早事件,执行完成后返回,继续执行下一事件的工作。调度器负责处理分组时延和充当定时器,调度时间单位是秒。现有 NS2 为单线程,任一时刻只能执行一个事件。如果同一时刻有多个事件需执行,按先调度先分配的原则执行。

NS2 有丰富的构件库,能完成各种建模工作。它支持广域网、局域网、个域网、传感网、移动通信网和卫星网络等,支持层次路由、动态路由和多播路由等。它提供了跟踪和检测对象,可记录网络中的状态和事件以便分析。它还提供了随机数产生、随机变量和积分等大量数学功能。图 2.19 给出了 NS2 构件库的部分类层次结构。

仿真常用的类库有节点(Node)、链路(Link)、应用(Application)、队列(Queue)、代理(Agent)和跟踪(Trace)等。节点主要是主机和各种网络设备等,节点属性包括节点类型、地址类型和路由算法等。链路是连接节点的通路,有队列和时延,可仿真实际网络的包缓冲和传输时延等。代理可仿真传输层协议,如TCP/UDP,也可用于仿真CBR等网络业务流量。跟踪用于存储仿真结果和配置需跟踪的参数,并将其写入跟踪日志文件中。应用可用来仿真各种应用层对象如FTP、HTTP等。

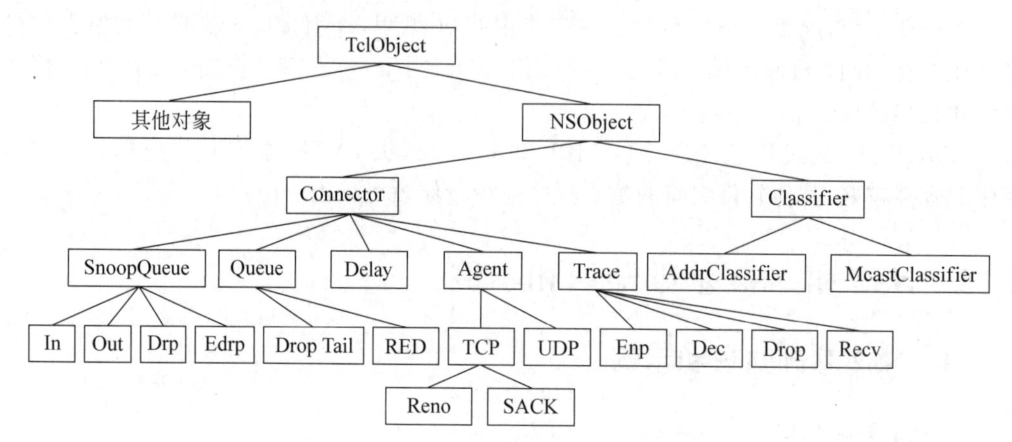


图2.19 NS2构件库的部分类层次结构

**2. NS2程序示例**

NS2采用两种语言,C++侧重设计功能模块,Tcl则用于网络配置和仿真过程设置。Tcl是Tool Command Language的缩写,是一种解释执行的脚本语言,依赖内部C++函数。Tcl在扩充命令和功能时需添加新的C++函数,扩展性良好。Tcl只有字符串类型,所有整型、浮点型等变量均以字符串形式存储。Tcl解释器分为Parser和Executer。运行时先用Parser将指令分析成多个字符串,再用Executer执行,最后以字符串形式返回结果。

下面介绍一个简单的NS2仿真程序示例。

```
1:   set val(chan)      Channel/WirelessChannel;      #信道类型
2:   set val(prop)      Propagation/TwoRayGround;     #射频传输模型
3:   set val(netif)     Phy/WirelessPhy;              #网络接口类型
4:   set val(mac)       Mac/802_11;                   #MAC类型
5:   set val(ifq)       Queue/DropTail/PriQueue;      #接口队列类型
6:   set val(ll)        LL;                           #链路层类型
7:   set val(ant)       Antenna/OmniAntenna;          #天线模型
8:   set val(ifqlen)    50;                           #接口队列最大包数量
9:   set val(nn)        2;                            #移动节点数量
10:  set val(rp)        DSDV;                         #路由协议
11:  set ns_            [new Simulator]
12:  set tracefd        [open simple.tr w]
13:  $ns_ trace-all     $tracefd
14:  set topo           [new Topography]
15:  $topo              load_flatgrid 500 500
16:  create-god $val(nn)
```

```
17:  $ns_ node-config -adhocRouting $val(rp) \
              -llType $val(ll) \
              -macType $val(mac) \
              -ifqType $val(ifq) \
              -ifqLen $val(ifqlen) \
              -antType $val(ant) \
              -propType $val(prop) \
              -phyType $val(netif) \
              -channelType $val(chan) \
              -topoInstance $topo \
              -agentTrace ON \
              -routerTrace ON \
              -macTrace OFF \
              -movementTrace OFF
18:  for {set i 0} {$i <  $val(nn) } {incr i} {
19:        set node_($i) [$ns_ node]
20:        $node_($i) random-motion 0
21:  }
22:  $node_(0) set X_ 5.0
23:  $node_(0) set Y_ 2.0
24:  $node_(0) set Z_ 0.0
25:  $node_(1) set X_ 390.0
26:  $node_(1) set Y_ 385.0
27:  $node_(1) set Z_ 0.0
28:  $ns_ at 50.0 "$node_(1) setdest 25.0 20.0 15.0"
29:  $ns_ at 10.0 "$node_(0) setdest 20.0 18.0 1.0"
30:  $ns_ at 100.0 "$node_(1) setdest 490.0 480.0 15.0"
31:  set tcp [new Agent/TCP]
32:  $tcp set class_ 2
33:  set sink [new Agent/TCPSink]
34:  $ns_ attach-agent $node_(0) $tcp
35:  $ns_ attach-agent $node_(1) $sink
36:  $ns_ connect $tcp $sink
37:  set ftp [new Application/FTP]
38:  $ftp attach-agent $tcp
39:  $ns_ at 10.0 "$ftp start"
40:  for {set i 0} {$i <  $val(nn) } {incr i} {
41:        $ns_ at 150.0 "$node_($i) reset"
42:  }
43:  $ns_ at 150.0 "stop"
44:  $ns_ at 150.01 "$ns_ halt"
45:  proc stop {} {
46:        global ns_ tracefd
47:        $ns_ flush-trace
```

```
48:        close $tracefd
49:   }
50:   $ns_ run
```

代码说明：第1～10行定义仿真需要使用的参数值；第11行获取NS2实例；第12、13行设置trace数据输出文件；第14～16行实例化并设置网络拓扑；第17行配置节点参数；第18～21行实例化节点；第22～30行设置节点位置和移动模式；第31～39行设置传输层TCP和应用层FTP并在10s时开始发送数据；第40～42行重置节点；第43～49行设置仿真停止时间，并进行相关处理，如关闭trace文件；第50行启动仿真。关于模块的C++源码修改部分，请读者自行参阅相关文献资料。

### 2.13.2 NS3基础知识和示例

NS3架构由一系列基于C++类开发的功能模块组合而成，各模块可实现不同功能，如移动模型、路由协议等，模块之间有一定的调用和依赖关系，其基本模块及组织结构如图2.20所示。其中，Core是核心模块，包含事件调度、随机变量、回调(Callback，简化函数调用)和日志(Logging，输出内部模块执行过程和调试信息)等核心功能；Network、Mobility等模块实现数据分组、节点移动等功能；Helper包含模块的Helper类代码；Test模块包含模块的测试代码。为便于管理和编译源码，由Waf工具编译运行所有仿真代码。

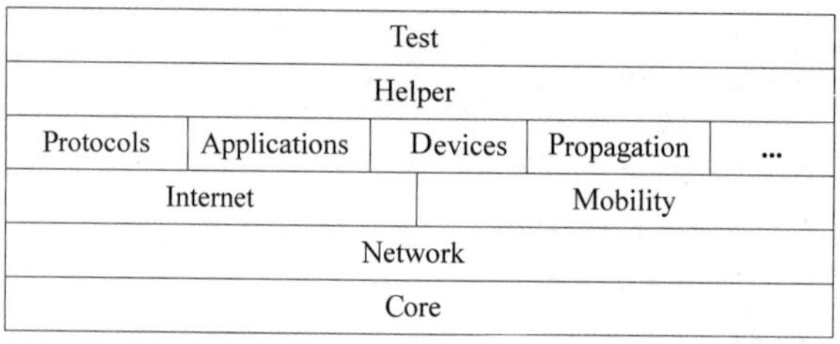

<table>
<tr><td colspan="5">Test</td></tr>
<tr><td colspan="5">Helper</td></tr>
<tr><td>Protocols</td><td>Applications</td><td>Devices</td><td>Propagation</td><td>...</td></tr>
<tr><td colspan="2">Internet</td><td colspan="3">Mobility</td></tr>
<tr><td colspan="5">Network</td></tr>
<tr><td colspan="5">Core</td></tr>
</table>

图2.20 NS3基本模块及组织结构

NS3安装可参考https://www.nsnam.org/wiki/Installation。仿真的构建顺序一般包括选择相应模块、配置Logging和Trace、解析和设置命令行参数、创建节点、安装网络设备、安装协议栈、安装应用层协议、启动仿真等步骤。下面简单介绍一个源码示例。

```
1: #include "ns3/core-module.h"
2: #include "ns3/network-module.h"
3: #include "ns3/internet-module.h"
4: #include "ns3/point-to-point-module.h"
5: #include "ns3/applications-module.h"
6: using namespace ns3;
7: NS_LOG_COMPONENT_DEFINE ("Example");
8: int main (int argc, char * argv[]) {
9:   CommandLine cmd;
```

```
10: cmd.Parse (argc, argv);
11: Time::SetResolution (Time::NS);
12: LogComponentEnable ("UdpEchoClientApplication", LOG_LEVEL_INFO);
13: LogComponentEnable ("UdpEchoServerApplication", LOG_LEVEL_INFO);
14: NodeContainer nodes;
15: nodes.Create (2);
16: PointToPointHelper pointToPoint;
17: pointToPoint.SetDeviceAttribute ("DataRate", StringValue ("5Mbps"));
18: pointToPoint.SetChannelAttribute ("Delay", StringValue ("2ms"));
19: NetDeviceContainer devices;
20: devices = pointToPoint.Install (nodes);
21: InternetStackHelper stack;
22: stack.Install (nodes);
23: Ipv4AddressHelper address;
24: address.SetBase ("10.1.1.0", "255.255.255.0");
25: Ipv4InterfaceContainer interfaces = address.Assign (devices);
26: UdpEchoServerHelper echoServer (9);
27: ApplicationContainer serverApps =  echoServer.Install (nodes.Get (1));
28: serverApps.Start (Seconds (1.0));
29: serverApps.Stop (Seconds (10.0));
30: UdpEchoClientHelper echoClient (interfaces.GetAddress (1), 9);
31: echoClient.SetAttribute ("MaxPackets", UintegerValue (1));
32: echoClient.SetAttribute ("Interval", TimeValue (Seconds (1.0)));
33: echoClient.SetAttribute ("PacketSize", UintegerValue (1024));
34: ApplicationContainer clientApps =  echoClient.Install (nodes.Get (0));
35: clientApps.Start (Seconds (2.0));
36: clientApps.Stop (Seconds (10.0));
37: Simulator::Run ();
38: Simulator::Destroy ();
39: return 0;
40: }
```

代码说明：第 1～5 行导入模块，如第 4 行的点对点传输模块；第 6 行使用 NS3 命名空间；第 7 行定义输出日志；第 9、10 行解析命令行参数；第 11 行设置时间精度为 1ns；第 12、13 行开启日志记录，输出调试、警告和错误信息；第 14、15 行创建两个网络节点；第 16～18 行实例化PointToPointHelper 以连接点对点传输信道和设备；第 19、20 行创建网络设备并安装到节点(点对点信道连接)；第 21、22 行实例化并安装网络协议栈；第 23～25 行为节点的网络接口分配地址；第 26～36 行实例化并配置网络应用，包括仿真时间/参数值等；第 37 行启动仿真；第 38、39 行结束仿真并返回。

为运行上述程序，在 NS3 源码根目录中执行以下命令：

```
cp examples/tutorial/first.cc scratch/myfirst.cc;
```

然后执行以下两个命令,分别进行编译并运行仿真:

```
./waf
./waf --run scratch/myfirst
```

## 2.14 用NS2和NS3进行无线网络仿真

### 1. NS2仿真流程

使用NS2进行无线网络仿真的基本流程如图2.21所示。首先要进行问题定义,考虑需仿真什么内容、场景的拓扑结构如何、是否需修改或添加C++源码等。如需修改或添加源码,则转向"修改源码"方框,然后重新编译和调试;如不需修改源码,而采用已有构件即可完成仿真,那么主要任务就是编写Tcl仿真脚本,生成一个.tcl脚本文件,并用NS2执行该文件进行仿真。仿真程序结束后会生成相应的trace文件,即仿真结果。用户可根据需要,使用不同的工具分析trace文件内容。如结果符合预期,仿真过程可顺利结束;否则,应分析问题所在,重新考虑问题定义、源码修改以及Tcl仿真脚本修改等环节。

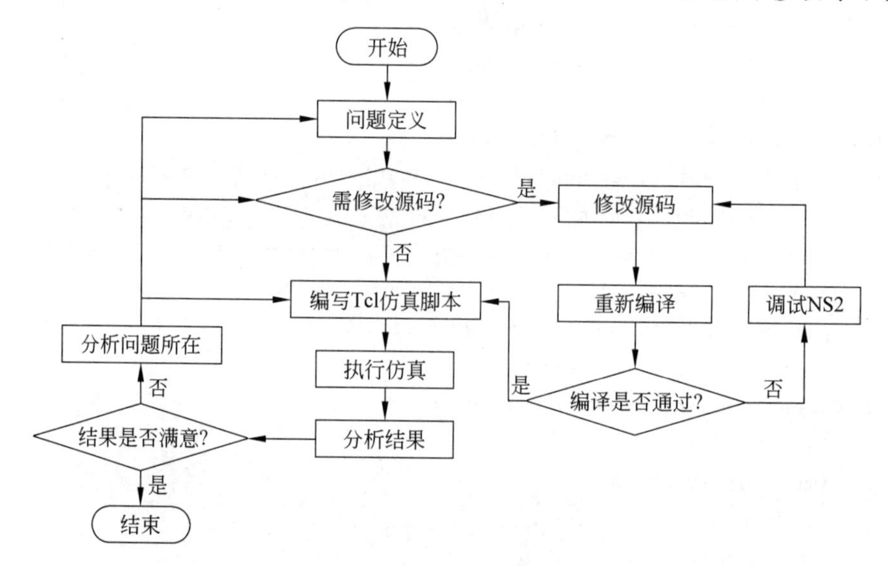


图2.21 NS2仿真基本流程

整个仿真过程包括如下3部分。

(1) 修改C++源码。这一步仅在仿真需修改源代码时才进行。修改C++源码是一项较具挑战性的工作,用户需要一定的编程和调试水平。注意,由于NS2采用C++和OTcl两种语言编写,因此修改源代码时需修改相应的OTcl代码。

(2) Tcl/OTcl仿真代码编写。这是NS2仿真中最重要和必不可少的一环。许多情况下的仿真实际就是编写Tcl代码来定义网络结果、网络构件属性和控制调度网络仿真事件的启停过程。因此,用户需要对NS2中的网络构件较为熟悉。

(3) 仿真结果分析。这一步真正体现仿真工作的成效。要求用户熟悉trace文件的结构，并能够使用一些工具分析该结果文件，及根据分析结果绘制相应的数据图表等。

**2. NS3 仿真流程**

NS3 的仿真流程包括以下 3 步。

(1) 模块选择/开发。

按实际仿真任务要求，如有线(CSMA)或无线(WiFi)、节点移动性、传输层可靠性(TCP/UDP)、应用层需求、是否支持能量管理、路由协议类型和是否支持可视化动画演示等，选择或开发模块。

(2) 编写网络仿真脚本。

搭建网络仿真环境。NS3 支持 C++ 和 Python，两种语言 API 接口相同，部分 API 可能暂无 Python 接口。编写 NS3 仿真脚本过程如下：①生成节点；②安装网络设备；③安装协议栈；④安装应用层协议；⑤完成其他配置；⑥启动仿真。

(3) 仿真结果分析。

仿真结果有两种：

① 网络场景，如拓扑结构或移动模型等，可通过可视化工具(PyViz 或 NetAnim)观测。

② 网络数据，通过专门的统计框架或 Tracing 收集，统计和分析相应的网络数据，如数据分组的时延、网络流量和分组丢失率等。

**3. 本书的无线网络仿真实验介绍**

后面各章中将针对各种不同无线网络技术给出具体仿真实验示例。实验目录见本书附录 B，具体操作和说明详见本书配套电子资源。

读者请下载本书配套电子资源，解压缩资源文件，按照配套实验手册的提示，配置完成虚拟机系统环境，做好各项仿真实验的准备并熟悉实验内容。

## 2.15 构建无线网络仿真实验环境和无线信号测量实验

**1. 构建无线网络仿真实验环境**

本实验将安装和了解无线网络仿真实验环境。本书配套电子资源提供了无线网络仿真实验环境。首先在 Windows 系统中安装虚拟机系统，然后在虚拟机中安装 Linux (Ubuntu)，最后在 Ubuntu 中安装仿真实验环境。实验目录提供了各章相关的无线网络仿真实验文件。

为便于读者操作，上述实验环境已制作成镜像文件，读者可下载配套电子资源，完成虚拟机配置即可。具体操作步骤请见配套电子资源中的实验手册。

**2. 无线网络信号测量实验**

本实验主要学习了解无线电信号的测量，利用常见的笔记本电脑和手机，通过

WiFi无线局域网测试各种不同环境因素(如各种距离、高度、障碍物和天气等)对无线网络信号接收质量的影响程度。具体操作过程和实验步骤见配套电子资源中的实验手册。

## 习题

2.1 无线电频谱如何划分?简单介绍ISM频段。

2.2 不同无线网络采用的无线通信介质各异。列举常见的几类,并进行对比。

2.3 假设有一个波长为0.5mm的微波发射器,最大传输距离为50m,则其满足最大传输距离的损耗为多大?

2.4 常见的信号干扰和损耗有哪些?如何解决?

2.5 简述信号的调制过程,并对比常见的调制技术。

2.6 跳频扩频和直接序列扩频技术各有什么特点?

2.7 复用和多址技术能提高无线传输的效率,试比较分析常见的几种复用和多址技术。

2.8 天线技术在无线网络通信中起到了重要作用,试分析天线的主要技术指标。

2.9 MIMO包括哪些关键技术?

2.10 认知无线电的功能和关键技术是什么?

2.11 了解可见光通信的前沿进展,提出和分析一种新颖的可见光通信应用场景。

2.12 调研无线充电在消费电子产品中的应用现状。

2.13 针对网络仿真技术,列举不少于3种仿真平台,分析对比其技术特点。

2.14 假设有一个4个节点的网络,拓扑和链路的带宽、队列长度、时延等设置如图2.22所示。S节点设置为FTP+TCP,工作起始时间为1~9s;A节点设置为CBR+UDP,工作起始时间为4~7s。在NS2中利用OTcl编程实现该网络仿真。

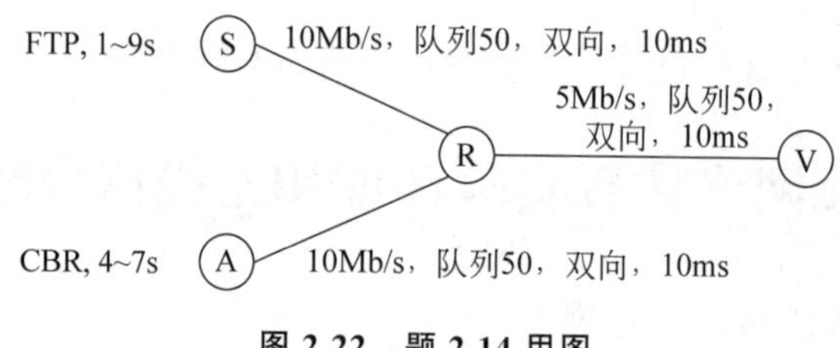


图2.22 题2.14用图

## 扩展阅读

1. 中国国家无线电频谱管理中心|国家无线电监测中心,http://www.srrc.org.cn。
2. NS2网络仿真器,https://www.isi.edu/nsnam/ns/。
3. NS3网络仿真器,https://www.nsnam.org。

# 参考文献

[1] STALLINGS W. 无线通信与网络[M]. 何军,译. 北京：清华大学出版社，2005.
[2] 邹涛. 网络与无线通信技术[M]. 北京：人民邮电出版社，2004.
[3] RACKLEY S. 无线网络技术原理与应用[M]. 吴怡,译. 北京：电子工业出版社，2008.
[4] 李文元. 无线通信技术概论[M]. 北京：国防工业出版社，2006.
[5] 陈光桢,PRASAD R. 认知无线电网络[M]. 许方敏,译. 北京：机械工业出版社，2011.
[6] 张平，冯志勇. 认知无线网络[M]. 北京：科学出版社，2010.
[7] RAJAGOPAL S. IEEE 802.15.7 Visible Light Communication：Modulation Schemes and Dimming Support[J]. IEEE Communications Magazine，2012，50(3)：72-82.
[8] PATHAK P，FENG X，HU P，et al. Visible Light Communication，Networking，and Sensing：A Survey，Potential and Challenges[J]. IEEE Communications Surveys & Tutorials，2015，17(4)：2047-2077.
[9] XIAO L，NIYATO D，PING W，et al. Wireless Charging Technologies：Fundamentals，Standards，and Network Applications[J]. IEEE Communications Surveys & Tutorials，2015，18(2)：1413-1452.
[10] 方路平，刘世华，陈盼，等. NS2 网络模拟基础与应用[M]. 北京：国防工业出版社，2008.
[11] 柯志亨，程荣祥，邓德隽. NS2 仿真实验：多媒体和无线网络通信[M]. 北京：电子工业出版社，2009.
[12] 金光. 网络技术实践教程[M]. 北京：电子工业出版社，2009.
[13] 杨林瑶，韩双双，王晓，等. 网络系统实验平台：发展现状及展望[J]. 自动化学报，2019，45(9)：1637-1654.

第3章

# 无线局域网

无线局域网(WLAN)已很常见,其原理、结构、应用和传统有线局域网较为接近,因而本书将WLAN作为第一种无线网络;重点介绍IEEE 802.11系列标准的技术原理、性能特点、发展趋势和主要应用,最后提供相关实验。

## 3.1 无线局域网概述

WLAN类似传统的有线局域网,可以是客户机/服务器类型,也可以是无服务器的对等网。WLAN脱离了线缆,用户能方便地通过无线方式连接网络和收发数据。

### 1. 无线局域网的定义

WLAN是计算机网络与无线通信技术相结合的产物,通常指采用无线传输介质的计算机局域网。它利用无线电和红外线等无线方式,提供对等或点对点的数据通信。从技术角度分析,WLAN利用无线多址信道和宽带调制技术提供统一的物理层平台,以此来支持节点间的数据通信,为通信的移动化、个性化和多媒体应用提供可能。

WLAN的覆盖范围较为有限,距离差异使数据传输的性能不同,导致网络在具体设计和实现上有所区别。WLAN能在几十米到几百米范围内支持较高数据率,可采用微蜂窝(microcell)、微微蜂窝(picocell)或非蜂窝(Ad Hoc)结构。图3.1是WLAN与有线网络的集成部署示意图。图3.2为常见的WLAN设备。

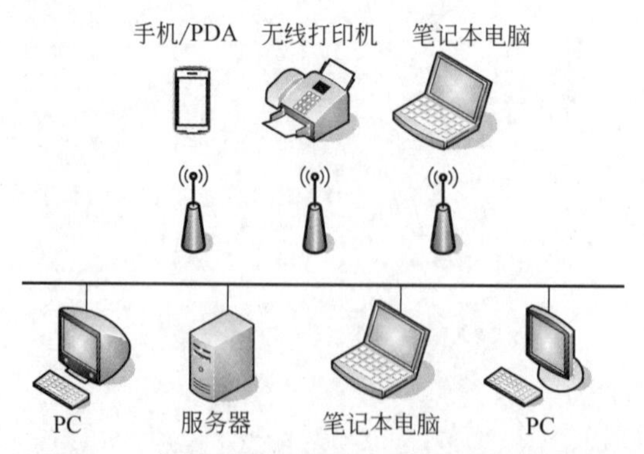


图3.1 典型WLAN和LAN集成部署示意图

(a) PCMCIA无线局域网卡　(b) USB无线局域网卡　(c) 室内AP　(d) 室外AP

**图 3.2　常见的 WLAN 设备**

WLAN 领域主要有两个标准：IEEE 802.11 和 HiperLAN。

IEEE 802.11 系列标准由 IEEE 802.11 工作组提出，包括多个子标准。IEEE 802.11g 工作于 2.4GHz 频率，采用补码键控(Complementary Code Keying，CCK)、OFDM 和分组二进制卷积码(Packet Binary Convolutional Coding，PBCC)等技术，可提供 54Mb/s 的速率。IEEE 802.11ax 进一步使用 MIMO 和 OFDM 等技术，将速率提升至几个 Gb/s。WiFi 是 IEEE 802.11 的商业名称，由 WiFi 联盟持有。很多场合下 WiFi 和 IEEE 802.11 概念相同。

HiperLAN 标准由欧洲电信标准化协会(ETSI)制定，包括 HiperLAN1、HiperLAN2、室内无线骨干网 HiperLink 和室外接入有线基础设施 HiperAccess 4 种标准。HiperLAN 致力于实现高速无线连接，降低无线技术复杂性，采用了移动通信中广泛使用的高斯最小频移键控(Gaussian Filtered Minimum Shift Keying，GMSK)调制技术。

### 2. 无线局域网的特点

1) 无线局域网的优点

WLAN 是在有线局域网的基础上发展而来的，主要特点如下：

(1) 移动性。网络和主机迁移方便。通信范围不再受线路环境的限制，扩大了覆盖范围，为便携式设备提供有效的网络接入功能，用户可随时随地获取信息。

(2) 灵活性。安装简单，组网灵活，可将网络延伸到线缆无法连接的地方。

(3) 可伸缩性。放置或添加接入点(Access Point，AP)或扩展点(Extend Point，EP)，可扩展组网。

(4) 经济性。可用于难以进行物理布线或临时性布线的环境，节省了线缆、附件和人工费用，同时省去布线工序，快速组网，快速投入使用，成本效益显著。

2) 无线局域网的局限性

WLAN 尽管有很多优点，也存在一些不足，具体如下：

(1) 可靠性。传统 LAN 的信道误码率小于 $10^{-9}$，可靠性和稳定性极高。而 WLAN 的无线信道并不十分可靠，各种干扰和噪声会引起信号衰落和误码，进而导致吞吐性能下降和不稳定。此外，无线传输的特殊性还会产生“隐藏节点”“暴露节点”等现象。

(2) 兼容性与共存性。兼容性包括：兼容有线局域网；兼容现有网络操作系统和网络软件；多种 WLAN 标准互相兼容；不同厂家的无线设备兼容。共存性包括：同一频段的不同制式或标准共存，如 2.4GHz 的 IEEE 802.11 和蓝牙系统共存；不同频段、制式或标准共存，如 2.4GHz 和 5GHz 的 WLAN 共存。

(3) 带宽与系统容量。由于频率资源匮乏,WLAN的信道带宽常小于有线网络带宽。即使进行复用,其系统容量通常也小于有线网络。

(4) 覆盖范围。WLAN的低功率和高频率限制了其覆盖范围。为扩大覆盖范围,可引入蜂窝或微蜂窝网络结构,或采用中继与桥接等措施。

(5) 干扰。外界干扰可影响无线信道和设备,WLAN内部会形成自干扰,也会干扰其他无线系统。因此,在规划和使用WLAN时,要综合考虑电磁兼容和抗干扰性。

(6) 安全性。包括两方面:一是信息安全,即信息传输的可靠性、保密性、合法性和不可篡改性等;二是人员安全,即电磁波辐射对人体的影响。不同于有线封闭信道,WLAN中无线电波可能遭受窃听和恶意干扰。WLAN系统也会存在一些安全漏洞。

(7) 能耗。WLAN的终端多为便携设备,如笔记本电脑、智能手机等,为延长使用时间和提高电池寿命,网络应有节能管理功能。当设备不进行数据收发时,应使收发功能处于休眠状态;而要收发数据时,再激活收发功能。

(8) 多业务与多媒体。已有WLAN标准和产品主要面向数据业务,而由于语音、图像等多媒体业务的需求,要进一步开发保证多媒体服务质量的相关标准和产品。

(9) 移动性。WLAN虽支持站的移动,但对大范围移动和高速移动的支持机制尚不完善,小范围低速移动也会对性能造成一定影响。

### 3. 无线局域网的分类

WLAN可从多个角度进行分类。

(1) 根据频段,WLAN可分为专用频段和自由频段两类,如图3.3所示。

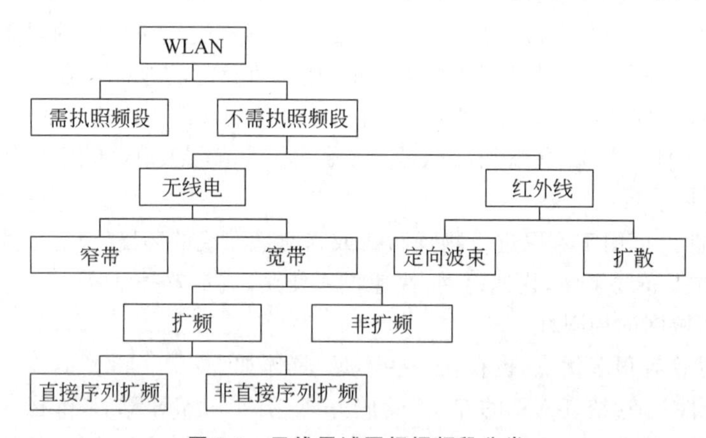


**图3.3 无线局域网根据频段分类**

(2) 根据业务类型,WLAN可分为无连接和面向连接两类,如图3.4所示。前者常用于高速数据传输,如IP分组;后者常用于语音等实时性较强的业务以及基于TDMA等技术的业务。

(3) 根据网络拓扑和应用要求,WLAN可分为对等、基础架构、接入和中继等类型。

WLAN应用可分室内和室外两类。室内包括家庭或小型办公室、大型建筑物、企事业单位、工商业等，室外包括园区和较远距离的无线网络连接以及更远距离的网络中继。公共 WLAN 接入近年来发展较快，主要部署在热点(hot spot)场所。

WLAN 主要有 3 种应用：WLAN 接入、无线网络互联和定位。前两种应用较普遍，而定位应用近年来才发展起来。第 11 章将介绍无线室内定位技术。

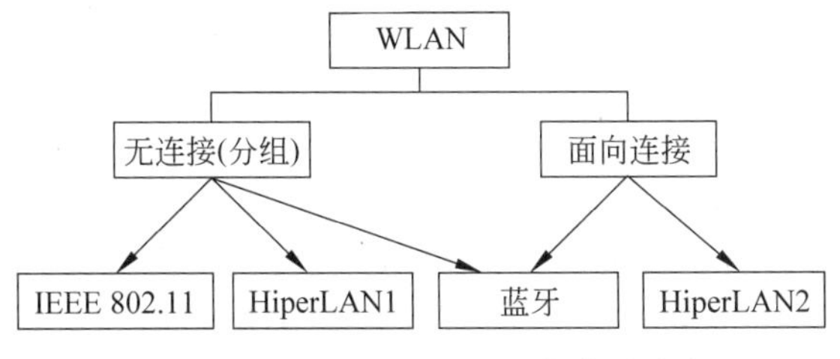


图 3.4　无线局域网根据业务类型分类

# 3.2　无线局域网的组成、拓扑结构与服务

## 3.2.1　无线局域网的组成

WLAN 由站、无线介质、无线接入点或基站、分布式系统等组成。

### 1. 站

站(Station，STA)也称主机或终端，是 WLAN 的基本组成单元。站一般作为客户端，是具备无线网络接口的计算机设备，通常包括终端用户设备、无线网络接口和网络软件 3 部分。

站如果移动，称为移动主机或移动终端。站按移动性可分为固定站、半移动站和移动站。固定站的位置固定不动；半移动站要经常改变地理位置，但移动时并不要求保持网络连接；而移动站则要求在移动状态保持连接，典型移动速度为 2～10m/s。

站之间的通信距离由于天线辐射能力有限和应用环境不同而受限制。WLAN 能覆盖的区域范围称为服务区(Service Area，SA)，由移动站的无线收发信机及地理环境确定的通信覆盖区域称基本服务区(Basic Service Area，BSA)或小区(cell)，是网络的最小单元。一个 BSA 内相互联系、相互通信的一组主机组成了基本服务集(Basic Service Set，BSS)。

### 2. 无线介质

无线介质(Wireless Medium，WM)是 WLAN 中站或 AP 间通信的传输介质，空气是无线电波和红外线传播的良好载体。WLAN 中的无线介质由物理层标准定义。

### 3. 无线接入点

无线接入点(AP)类似于移动通信网络的基站(BS)，常处于 BSA 中心，固定不动。其功能如下：

(1) 完成其他非 AP 站的接入访问和同一 BSS 中的不同功能。

(2) 作为桥接点,完成 WLAN 与分布式系统间的桥接功能。

(3) 作为 BSS 的控制中心,控制和管理其他非 AP 站。

无线 AP 是具有无线网络接口的网络设备,一般包括以下几个部分:与分布式系统的接口,无线网络接口和相关软件,桥接、接入控制、管理等 AP 软件和网络软件。

### 4. 分布式系统

单个 BSA 受环境和主机收发信机特性的限制。为覆盖更大区域,可将多个 BSA 通过分布式系统(Distributed System,DS)连接,形成一个扩展服务区(Extended Service Area,ESA),而通过 DS 互连的属同一 ESA 的所有主机组成一个扩展服务集(Extended Service Set,ESS)。

用来连接不同 BSA 的通信信道称为分布式系统介质(Distributed System Medium,DSM)。DSM 可分为有线信道和无线信道。无线分布式系统(Wireless Distributed System,WDS)可通过无线连接不同的 BSS。DS 通过入口(portal)连接骨干网。WLAN 和有线网络的数据传输都需经过入口。入口能识别有线网络和 WLAN 的帧,它是一个逻辑接入点,可以是单一设备,也可集成于 AP 中。

## 3.2.2 无线局域网的拓扑结构

WLAN 的拓扑结构可从几方面分类。根据物理拓扑可分为单区网和多区网;根据逻辑拓扑可分为对等式、基础架构式和总线型、星形、环形等;根据控制方式可分为无中心分布式和有中心集中控制式两种;根据与外网的连接性可分为独立和非独立两种。

BSS 是 WLAN 的基本构造模块,有两种基本拓扑结构或组网方式:分布对等式拓扑和基础架构集中式拓扑。单个 BSS 称单区网,多个 BSS 通过 DS 互连构成多区网。

### 1. 分布对等式拓扑

分布对等式网络是独立 BSS(Independent BSS,IBSS)。它是典型的自治方式单区网,任意站之间可直接通信而无须依赖 AP 转接,如图 3.5 所示。由于无 AP,站之间是对等的、分布式的或无中心的。由于 IBSS 网络不必预先计划,可按需随时构建,因此也称为自组织网络。该结构中各站竞争公用信道,如果站点数过多,竞争会影响网络性能,因此,较适合小规模、小范围的 WLAN,多用于临时组网和军事通信。注意,IBSS 是一种单区网,但单区网并不一定就是 IBSS。另外,IBSS 不能接入 DS。

### 2. 基础架构集中式拓扑

一个基础架构除 DS 外,至少要有一个 AP。只包含一个 AP 的单区基础架构网络如图 3.6 所示。AP 是 BSS 的中心控制站,其他站在该中心站的控制下互相通信。

与 IBSS 相比,基础架构 BSS 的可靠性较差,如 AP 发生故障或遭破坏,整个 BSS 就会瘫痪。此外,中心站 AP 较复杂,成本也较高。

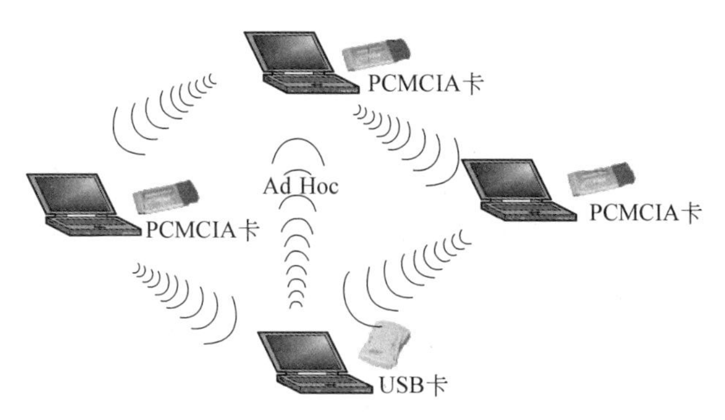


图 3.5　分布对等式网络工作模式

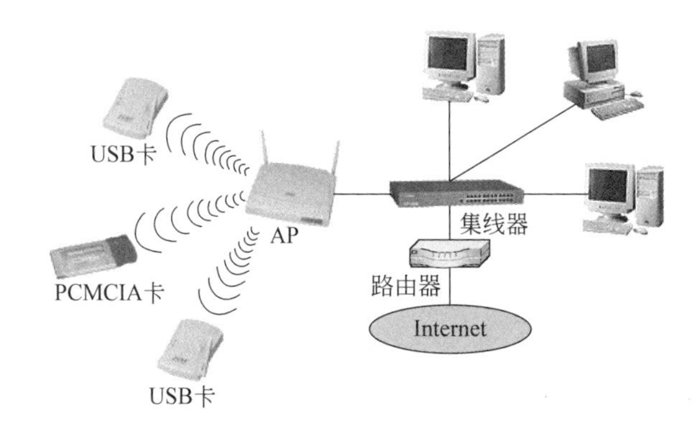


图 3.6　单区基础架构网络工作模式

基础架构 BSS 中的某个站在与另一站通信时,须经源站→AP→目标站的两跳过程,由 AP 转接。这种方式占用了链路,增加了传输时延,但与两站间直接通信相比仍有以下优势:

(1) BSS 内的所有站都需在 AP 通信范围之内,而对各站间的距离无限制,即网络中的站点布局受环境限制较小。

(2) 由于各站不需保持邻居关系,其路由复杂性和物理层实现复杂度较低。

(3) AP 作为中心站,控制所有站点对网络的访问,当网络业务量增大时,网络吞吐和时延性能的恶化并不剧烈。

(4) AP 可对 BSS 内的站进行同步、移动和节能管理等,可控性好。

(5) 为接入 DS 或骨干网提供了逻辑接入点,可伸缩性较强。可通过增加 AP 数量、选择 AP 位置等扩展容量和覆盖区域,即将单区的 BSS 扩展成为多区的 ESS。

**3. ESS 网络拓扑**

ESA 是多个 BSA 通过 DS 连接形成的扩展区域,范围可达数千米。同一 ESA 的所有站组成 ESS。在 ESA 中,AP 除完成基本功能外,还可确定一个 BSA 的地理位置。ESS 是一种由多个 BSS 组成的多区网,每个 BSS 都有一个 BSS 标识(BSSID)。如果网络由多个 ESS 组成,每个 ESS 都有一个 ESSID,所有 ESSID 组成一个网络标识(NID)以区分不同网络。

**4. 中继或桥接型网络拓扑**

两个或多个网络(LAN或WLAN)或网段可通过无线中继器、网桥或路由器等连接和扩展。如中间只经过一个设备,称单跳网络;如经过多个设备,则称多跳网络。

### 3.2.3 无线局域网的服务

WLAN的不同层次都有相应服务。与WLAN体系结构密切相关的服务有STA服务和DS服务。这两种服务均在MAC层。IEEE 802.11标准中定义了9种服务,其中,3种用于传输数据,6种为管理操作。下面介绍STA服务和DS服务。

**1. STA服务**

1) 认证

WLAN无法像有线局域网那样用物理接口来实现授权接入,因为其传输介质没有精确边界。所以考虑通过认证(authentication)服务控制接入,所有站均可用认证获取其他站的身份。如果两站间未建立交互式认证,则无法建立连接。站间认证可为链路级认证,也可为端对端或用户到用户的认证。认证过程和方案可自由选择。IEEE 802.11支持开放系统认证和共享密钥认证,后者可使用有线等效保密(Wired Equivalent Privacy, WEP)机制。

2) 解除认证

如欲终止已存在的认证,需唤醒解除认证(deauthentication)服务。由于认证是连接的先决条件,因此解除认证将使站间解除连接。解除认证服务可由任一连接实体唤醒,是通知型而非请求型服务,另一方不能拒绝。AP将解除认证通知发给已连接的站时,连接就会终止。

3) 保密

有线局域网中只有物理连接的站可侦听局域网通信。而无线共享介质则不同,任何一台符合标准的站均可侦听到其覆盖范围内的所有物理层通信。因此,某个WLAN的无保密(privacy)通信会严重影响该WLAN的安全性能,应考虑安全机制。

**2. DS服务**

DS提供的服务称为分布式系统服务(Distributed System Service,DSS)。在WLAN中,DSS通常由AP提供,包括以下几种。

1) 关联

为在DS内传输信息,对于给定站,DSS需知道接入哪个AP。这种信息由关联(association)提供给DS,以支持BSS的切换移动。关联是必要而非充分条件,仅支持无切换移动。

站通过AP发送数据前,首先关联至AP。欲建立关联,先唤醒关联服务,该服务提供了站到DS的AP映射。DS使用该信息完成其消息分布业务。在任一瞬间,一个站仅能和一个 AP 关联。一旦关联完成,站就能充分利用 DS(通过 AP)进行通信。关联通常由移动站激活,一个 AP 可在同一时间关联多个站。

2) 重新关联

BSS 切换移动需重新关联(reassociation)服务,即当前关联从一个 AP 移动到另一 AP。当站在 ESS 内从一个 BSS 移动到另一 BSS 时,它保持了 AP 与站之间的当前映射。当站保持与同一 AP 的关联时,重新关联还能改变已建关联的属性。重新关联总是由移动站激活的。

3) 解除关联

终止一个已有关联时会唤醒解除关联(disassociation)。关联任一节点均可唤醒解除关联服务,解除关联是通知型服务而非请求型服务,关联的任一方都不能拒绝。AP 可解除站间关联,使 AP 从网络中移走。站也可试图在需要它们离开网络时解除关联,而 MAC 协议并不依靠站来唤醒解除关联服务。

4) 分布

分布(distribution)作为站使用的基本服务,由来自或发送到工作在 ESS(此时帧通过 DS 发送)中的 WLAN 站的每个数据消息唤醒,分布借助于 DSS 完成。

5) 集成

如果分布式服务确定消息的接收端为集成 LAN 成员,则 DS 的输出点是端口而非 AP。分发到端口的消息使得 DS 唤醒集成(integration)功能,集成功能负责完成消息从 DSM 到集成 LAN 介质和地址空间的变换。

## 3.3 IEEE 802.11 协议技术标准

### 3.3.1 IEEE 802.11 协议标准简介

#### 1. IEEE 802.11 标准的发展

1990 年 IEEE 802.11 工作组成立,1993 年形成基础协议,此后该协议标准不断发展和更新,迄今形成了许多子标准,如表 3.1 所示。

表 3.1 IEEE 802.11 协议标准系列

| 协议子标准名称 | 发布年份 | 简要说明 |
|---|---|---|
| IEEE 802.11 | 1997 | 2.4GHz 微波和红外线标准,传输速率为 1Mb/s 和 2Mb/s |
| IEEE 802.11a | 1999 | 5GHz 微波标准,传输速率为 54Mb/s |
| IEEE 802.11b | 1999 | 2.4GHz 微波标准,传输速率为 5.5Mb/s 和 11Mb/s |
| IEEE 802.11c | 2000 | IEEE 802.11 网络和普通以太网之间的互通 |
| IEEE 802.11d | 2000 | 国际间漫游的规范 |
| IEEE 802.11e | 2005 | 服务质量控制,包括数据包脉冲 |
| IEEE 802.11f | 2003 | 服务访问点间通信协议 |

续表

| 协议子标准名称 | 发布年份 | 简要说明 |
| --- | --- | --- |
| IEEE 802.11g | 2003 | 2.4GHz 微波标准,传输速率达 54Mb/s |
| IEEE 802.11h | 2003 | 5GHz 微波频谱管理(欧洲) |
| IEEE 802.11i | 2004 | 增强安全机制 |
| IEEE 802.11k | 2008 | 微波测量规范 |
| IEEE 802.11n | 2009 | 使用 MIMO 技术,传输速率为 100Mb/s |
| IEEE 802.11p | 2010 | 车载环境的无线接入(见 10.5 节) |
| IEEE 802.11r | 2008 | 快速的 BSS 切换 |
| IEEE 802.11s | 2010 | 网状网络的扩展服务集 |
| IEEE 802.11u | 2010 | 和非 IEEE 802 类型的网络协同 |
| IEEE 802.11v | 2010 | 无线网络管理 |
| IEEE 802.11w | 2009 | 被保护的网络管理帧 |
| IEEE 802.11y | 2008 | 3650～3700MHz 微波(美国) |
| IEEE 802.11z | 2011 | 扩展到直接链路建立 |
| IEEE 802.11aa | 2011 | 音视频流的鲁棒性 |
| IEEE 802.11ac | 2012 | 使用 MIMO 技术对 IEEE 802.11n 的改进 |
| IEEE 802.11ad | 2012 | 60GHz 微波标准,最高理论传输速率达 7Gb/s |
| IEEE 802.11ah | 2014 | 1GHz 无线传感子网,智能表计量 |
| IEEE 802.11ai | 2015 | 快速初始链路设置 |
| IEEE 802.11aj | 2016 | 针对中国毫米波频段的下一代 WLAN |
| IEEE 802.11ax | 2019 | IEEE 802.11ac 的升级版 |
| IEEE 802.11ay | 2017 | IEEE 802.11ad 的升级版 |
| IEEE 802.11az | 2021 | 定位 |
| IEEE 802.11bb | 2021 | 可见光通信 |

**2. IEEE 802.11 若干子标准简介**

2018 年,WiFi 联盟宣布将新一代的 IEEE 802.11ax 更名为 WiFi 6。同时将以前的 IEEE 802.11b 更名为 WiFi 1,将 IEEE 802.11a 更名为 WiFi 2,将 IEEE 802.11g 更名为 WiFi 3,将 IEEE 802.11n 更名为 WiFi 4,将 IEEE 802.11ac 更名为 WiFi 5。更名的目的是让普通消费者对 WiFi 型号的辨识度更高。

IEEE 802.11g 的载波频率为 2.4GHz,原始传输速率为 54Mb/s,净传输速率约为 24.7Mb/s。它采用 OFDM 等技术,兼容性和高数据速率使其应用较广。

IEEE 802.11n 将传输速率增至 100Mb/s 以上，最高可达 600Mb/s。该标准为双频(2.4/5GHz)模式，兼容以往标准。它结合 MIMO 与 OFDM 等技术，提高了无线资源的利用率，扩大了无线信号的传输范围，提高了系统容量。

作为 IEEE 802.11n 的后继，IEEE 802.11ac 和 IEEE 802.11ax 标准的性能进一步提升。

表 3.2 对上述子标准进行了简单的性能比较。

IEEE 802.11e 协议加入了 QoS 功能，以改进和管理 WLAN 的服务质量，可进行音视频多媒体传输以及增强的安全应用、移动访问应用等。

IEEE 802.11i 则在安全性上弥补了 WEP 的不足。它包括数据加密与用户身份认证，定义了基于 AES 的加密协议 CCMP、向前兼容 RC4 的加密协议 TKIP 等。

**表 3.2　一些 IEEE 802.11 子标准性能比较**

| 子 标 准 | 发布年份 | 频　带 | 传输速率 | 传输距离 |
|---|---|---|---|---|
| IEEE 802.11n/WiFi 4 | 2009 | 2.4/5GHz | 最高 600Mb/s | 室内 70m，室外 250m |
| IEEE 802.11ac/WiFi 5 | 2012 | 5GHz | 最高 6.77Gb/s | 35m |
| IEEE 802.11ax/WiFi 6 | 2019 | 2.4/5GHz | 最高 9.6Gb/s | 和 WiFi 4 相近 |

IEEE 802.11k 提供测量信息以提高网络效率。它能实现站点报告，列出移动客户。它还能实现无破坏连接转移漫游时有效选择接入点，从而帮助用户实现无间断的网络连接。

IEEE 802.11s 包括网状网络中的拓扑学习、路由与转发、安全性、测量、发现与联系、介质访问协调、服务兼容性、互联、配置及管理等。

### 3. IEEE 802.11 层次结构

IEEE 802.11 的层次结构如图 3.7 所示。

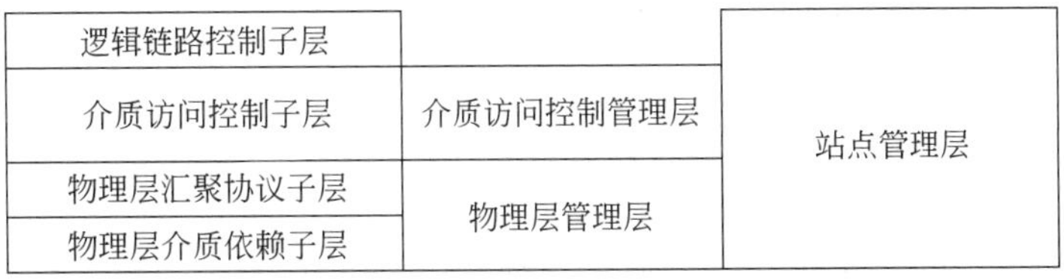

<table>
<tr><td>逻辑链路控制子层</td><td></td><td rowspan="5">站点管理层</td></tr>
<tr><td>介质访问控制子层</td><td>介质访问控制管理层</td></tr>
<tr><td>物理层汇聚协议子层</td><td rowspan="2">物理层管理层</td></tr>
<tr><td>物理层介质依赖子层</td></tr>
</table>

**图 3.7　IEEE 802.11 层次结构**

物理层介质依赖(PMD)子层识别相关介质传输信号使用的调制与编码。

物理层汇聚协议(Physical Layer Convergence Protocol，PLCP)子层主要侦听载波和对不同物理层形成不同格式的分组。

介质访问控制(Media Access Control，MAC)子层主要控制节点的信道访问权。

逻辑链路控制(Logical Link Control，LLC)子层负责建立和释放逻辑连接，提供高层接口、差错控制、添加帧序号等。

与PMD子层和PLCP子层对应的物理层管理(PHY Management)层为不同物理层选择信道。

与MAC子层对应的介质访问控制管理(MAC Management)层负责越区切换、功率管理等。

站点管理(Station Management)层负责协调物理层和链路层交互。

IEEE 802.11较完整的协议体系如图3.8所示。

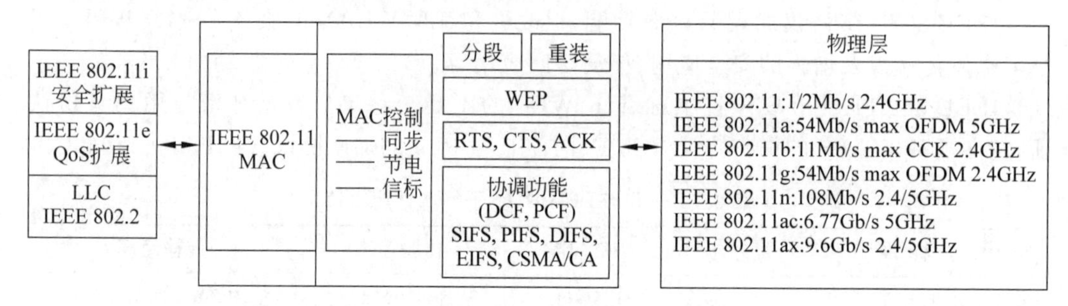


图3.8 IEEE 802.11较完整的协议体系

## 3.3.2 IEEE 802.11ac标准的物理层规范

### 1. 信道频段

以往的IEEE 802.11标准一般都使用2.4GHz频段,作为世界通用的ISM频段,各国具体可用信道互不相同,取决于无线电频谱分配的规定。如图3.9所示,2.4GHz频段包括14个载波频道,每个占用22MHz。中国、欧洲和澳大利亚允许使用1～13信道,美洲允许使用1～11信道,日本允许使用所有14个信道。

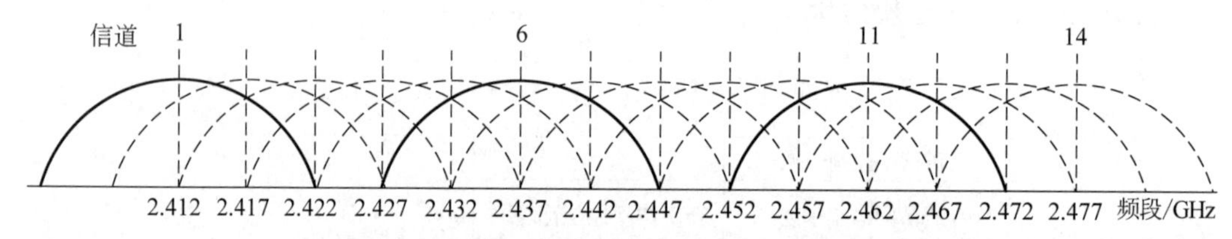


图3.9 IEEE 802.11使用的2.4GHz ISM频段信道

2.4GHz频段已在家庭和商业领域广泛使用,WLAN、无线USB、蓝牙、ZigBee和微波炉等也工作在该频段上,使该频段日趋拥挤,互扰日益严重。我国于2002年开放了5.725～5.850GHz频段,IEEE 802.11ac将使用该频段。如图3.10所示,我国的5.8GHz频段共5个信道。

2012年我国又开放了5.150～5.350GHz频段资源用于无线接入系统,如图3.11所示,共分为8个信道,但仅限于室内使用。

5GHz频段的13个非重叠信道可支持高带宽WLAN,充分发挥了网络多频点、高速率、低干扰的优势,可有效缓解无线网络拥堵。在同等发射功率前提下,5GHz频段的传输距离和覆盖范围比2.4GHz频段要小,更适合室内的高密度部署场景。

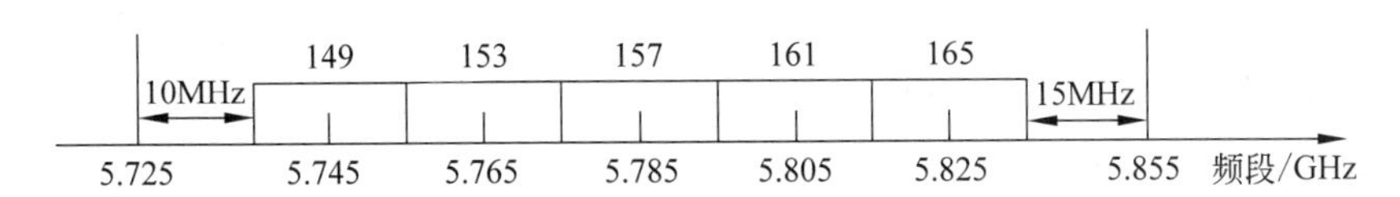


**图 3.10　我国的 5.8GHz 频段信道划分**

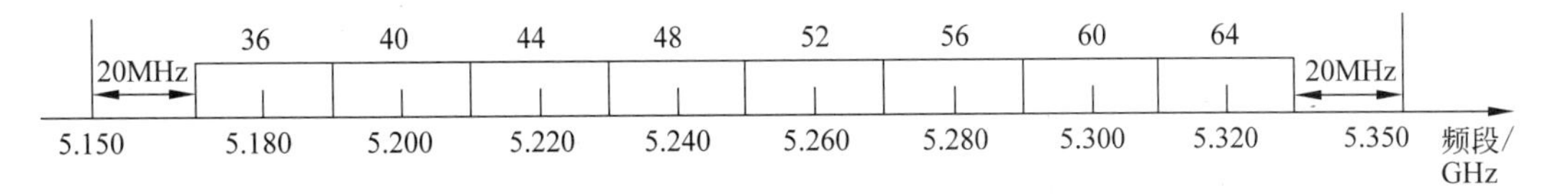


**图 3.11　我国的 5.150～5.350GHz 频段信道划分**

为使工作于 5GHz 频段的无线系统与雷达和其他同类系统不发生互扰，2003 年发布的 IEEE 802.11h 标准就引入了两项关键技术：动态频率选择和发射功率控制。

动态频率选择机制是指：当检测到存在使用同一无线信道的其他设备时，AP 和终端可结合当前信道状况，根据需要转到其他信道，以避免互扰，并协调对信道的利用。

发射功率控制指所有设备的发射输出应符合要求，通过降低设备的无线发射功率，减少与其他通信的互扰。发射功率控制还可用于管理设备功耗以及限制 AP 与终端间的距离。

### 2. 信道带宽

数字信道吞吐量可由下面的香农公式计算：

$$C = B \cdot \log_2(1 + S/R) \tag{3.1}$$

其中，$C$ 是信道吞吐量，$B$ 是信道带宽(Hz)，$S$ 是信号功率(W)，$N$ 是噪声功率(W)。信道带宽与信道吞吐量间呈线性相关性。

IEEE 802.11ac 采用了物理层 OFDM 技术，将给定信道分成许多正交子信道，每个子信道使用子载波调制，并行传输，频谱可相互重叠，减小子载波间互扰，提高了频谱利用率。IEEE 802.11ac 可支持 20/40/80/160MHz 带宽模式。其中可选的 160MHz 带宽远超过 IEEE 802.11n 的最高 40MHz 带宽，理论数据传输速率可提高 3 倍。在所有带宽模式下，子载波间距均不变，子载波数量随带宽增大而增加。信道带宽与 OFDM 子载波配置之间的关系如表 3.3 所示。

**表 3.3　IEEE 802.11ac 信道带宽与 OFDM 子载波配置的关系**

| 信道带宽/MHz | 子载波间距/kHz | 子载波总数 | 数据子载波数 | 导频子载波数 |
|---|---|---|---|---|
| 20 | 312.5 | 64 | 52 | 4 |
| 40 | 312.5 | 128 | 108 | 6 |
| 80 | 312.5 | 256 | 234 | 8 |
| 160 | 312.5 | 512 | 468 | 16 |

在需要与 IEEE 802.11n 等旧标准兼容时,实际场景中可能难以提供高带宽的空闲信道。为有效利用信道带宽,IEEE 802.11ac 引入了空闲信道检测(Clear Channel Assessment,CCA),以动态调整所用带宽。

**3. 调制与编码**

调制方案 P-QAM 的调制阶次 $P$ 与每个符号承载的比特位数 $Q$ 之间的关系如式(3.2)所示。在简单的 BPSK 调制中,每个符号可承载 1b 数据;而在更加复杂的 64QAM 调制中,每个符号可承载 6b 数据。调制机制越复杂,调制阶次越高,则每个符号所承载的比特数越多,可以实现更高的数据传输速率。

$$Q = \log_2 P \tag{3.2}$$

以往的 IEEE 802.11 标准最高使用了 64QAM 调制,而 IEEE 802.11ac 引入了 256QAM 调制,每个符号可承载 8b 数据,数据传输速率比 64QAM 提高 33%。

调制阶次及码率的提高可有效提升数据传输速率,但同时,为确保将数据误码率控制在一定范围内,对发射机精度提出了更高要求。IEEE 802.11 标准规定了相对星座误差参数及其阈值。调制阶次及码率越高,对发射机精度要求越高,即允许的相对星座误差越小。当设备精度较低时,相对星座误差超过阈值,设备无法使用高阶次方式,只能使用较低阶次。

高阶次的调制编码方式对接收机灵敏度要求也更高。当接收机离发射机较远或信道条件较差时,应选用低阶次的调制编码方式,以提高数据成功发送概率。

**4. 波束赋形**

WLAN 的波束赋形技术主要在 AP 中实现。AP 通过与终端交互协议报文,获取信道状态信息(Channel State Information,CSI),相应调整天线上发送信号的振幅与相位,通过波束赋形使接收端处于最佳信号接收状态。

IEEE 802.11n 并未包含波束赋形技术,尽管有些厂商在产品中自行实现了该技术,但各自的专属算法互不兼容。IEEE 802.11ac 将波束赋形技术纳入标准,采用通用波束赋形算法。

实现波束赋形的关键是获取 CSI,为此需要进行探测。在发送端发送空数据包(Null Data Packet,NDP)之前,先发送一个 NDP 声明,说明即将发送 NDP,然后发送 NDP 供接收端检测。接收端收到 NDP 后,分析其各子信道相位,将 VHT(Very High Throughput,极高吞吐量)压缩波束赋形帧反馈给发送端,其中包含了压缩过的信道矩阵信息。发送端依据探测过程获取的 CSI 调整发送矩阵,从而实现波束赋形。

**5. 下行多用户 MIMO**

在 MIMO 技术中,数据使用多天线同步传输,通过不同反射路径或穿透路径,到达接收端的时间会不一致。为避免数据不一致而无法重新组合,接收端可用多天线接收,利用 DSP 重新计算,根据时间差因素,重新组合还原数据。在发射天线数为 $N$、接收天线数为 $M$ 的 MIMO 系统中,假定信道为独立的瑞利衰落信道,且 $N$ 和 $M$ 较大,可根据式(3.3)

计算信道吞吐量。其中 $B$ 是信道带宽，$\rho$ 是信噪比。显然，当信道带宽和接收端平均信噪比确定时，不增加带宽和发送功率，可增加收发天线数来提高信道吞吐量。

$$\text{Throughput} = \min(M, N) \cdot B \cdot \log_2 \frac{\rho}{2} \tag{3.3}$$

IEEE 802.11n 最高支持 4×4 的 MIMO 天线架构，而 IEEE 802.11ac 最高可支持 8×8 的 MIMO 天线架构，与蜂窝移动通信的 LTE-A 类似。IEEE 802.11ac 还引入了下行多用户 MIMO 技术，AP 可将不同数据通过不同的空间传输给不同站点。AP 通过波束赋形，将不同数据的波束指向不同接收端，从而同时向不同站点发送不同数据。

### 3.3.3 IEEE 802.11ac 标准的 MAC 子层规范

MAC 子层协议对网络吞吐率、时延等性能有重要影响，还影响小区结构、频谱利用率、系统容量、设备成本和复杂度等。需要合理选择 MAC 子层规范，并根据网络业务特征有效配置信道资源，以提高无线信道效率、系统吞吐量和传输质量。

#### 1. 分布式协调功能和帧间间隔

MAC 子层的功能首先是提供可靠的数据传输。通过 MAC 帧交换协议来保障无线介质上的数据传输可靠性。MAC 子层还能实现共享介质访问的公平控制，通过两种访问机制来实现：基本访问机制，即分布式协调功能(Distributed Coordination Function, DCF)；集中控制访问机制，即点协调功能(Point Coordination Function，PCF)。MAC 子层的安全服务具体使用 WEP 等保护数据传输。

DCF 是基础协议，核心是载波侦听多路访问/冲突避免(Carrier Sense Multiple Access/Collision Avoidance，CSMA/CA)，包括载波检测、帧间间隔和随机退避。DCF 在自组织网和基础架构网中超帧的竞争期使用，支持异步服务。每个节点使用 CSMA 分布接入算法，各站在竞争信道时使用。PCF 用于超帧无竞争期，支持时限服务，是可选协议。

为避免冲突，MAC 子层规定所有站在完成发送后必须等待一个短时间(继续监听)才能发送下一帧，该时间称为帧间间隔(InterFrame Space，IFS)。IFS 的长短取决于该站即将发送的帧的类型。高优先级的等待时间较短，可优先获得发送权，而低优先级则需等待较长时间。若低优先级帧尚未发送而其他站的高优先级帧已发送，则介质被占用，低优先级帧推迟发送以避免冲突。IEEE 802.11 规定了 4 种 IFS，以实现不同的访问优先级别，其时间长度关系为 SIFS<PIFS<DIFS<EIFS。

(1) SIFS (Short IFS)。它是最小的 IFS，采用 SIFS 的节点具有最高访问优先级。一些特殊帧要求使用 SIFS 访问介质，如应答帧(ACK)、清除发送帧(CTS)、MAC 服务数据单元(MSDU)的非头分段、被轮询到的站回应帧等。

(2) PIFS (PCF IFS)。PIFS 为 SIFS 和时隙时间之和，AP 在无竞争期开始时获得介质访问权的时间间隔，即 AP 总比普通节点具有更高的访问信道的优先级。

(3) DIFS (DCF IFS)。DIFS 为 SIFS 和两倍时隙时间之和，工作在 DCF 模式的终端通过载波监听到介质空闲超过 DIFS，且本终端随机退避结束，可立即发送。

(4) EIFS (Extended IFS)。EIFS 为 ACK 帧传输时间和 SIFS、DIFS 的时间之和,在前一帧出错的情况下,发送节点不得不延迟 EIFS 时间后再发送下一帧。若在 EIFS 内收到正确帧,将使得该站重新同步并结束 EIFS,进入正常介质访问状态。

DCF 有两种工作模式:CSMA/CA 和 RTS/CTS。下面分别予以介绍。

**2. CSMA/CA**

IEEE 802.11 与 IEEE 802.3 的 MAC 子层采用不同策略。IEEE 802.3 采用载波侦听多路访问/冲突检测(Carrier Sense Multiple Access/Collision Detection,CSMA/CD)机制。但是,无线网络中的冲突检测较难,原因在于:信号强度衰减,无法准确检测出冲突;节点隐藏,如两个相反方向的工作站共同使用一个中心接入点进行连接时,可能因障碍或距离原因无法感知对方存在,而会导致冲突。所以 IEEE 802.11 采用 CSMA/CA。

在 CSMA/CA 方式中,节点检测到信道空闲期间大于某一 IFS 后立即开始发送帧,一旦开始发送就要发送完;否则就要延迟发送,直到检测到所需 IFS,然后选择退避时间并进入退避,结束后重新开始上述过程。

CSMA/CA 的基础是载波侦听,存在两种不同的侦听机制:虚拟载波侦听(Virtual Carrier Sense,VCS)和物理载波侦听(Physical Carrier Sense,PCS)。

VCS 依靠网络分配向量(Network Allocation Vector,NAV),而 NAV 由根据时间设置的位于数据帧的 Duration/ID 域值决定。NAV 提供给其他站关于信道需被某个站占用的时间信息。而 PCS 是一个由物理层向 MAC 子层发送警报信号的机制,以表明目前是否有信号被侦听到。结合 VCS 和 PCS,MAC 子层协议使用了冲突避免机制。发送数据前先进行 VCS,然后进行 PCS 一个 DIFS 的时间长度。

发送方和接收方使用确认机制来判断传输是否正确,称为 CSMA/CA+ACK。发送方先检测信道,通过物理层直接进行载波侦听,根据收到的相对信号强度是否超过一定阈值判定是否有其他站使用本信道。源站发送首帧时,若检测到信道空闲,则等待 DIFS 后就可发送。目标站若正确收到该帧,则经过 SIFS 后就可向源站回复 ACK 帧。若源站在规定时间内未收到 ACK 帧,该帧重传,直至正确接收为止,或若干次失败后放弃。

源站检测到正在信道中传输的 MAC 帧首部的持续时间字段,就调整自身 NAV。因此,当信道从忙变为空闲,任何站要发送帧时,不仅需等待一个 DIFS 间隔,还要进入竞争窗口,并计算随机退避时间,退避间隔(Backoff Interval,BI)是从竞争窗口 $CW_{min}$ 和 $CW_{max}$ 中随机选择的。CW 为 $CW_{max}$ 与 $CW_{min}$ 的差值。两个以上站选择相同 BI 会发生冲突,很多站一起竞争信道时尤甚。为减少冲突,每次冲突后 CW 加倍,直至 $CW_{max}$。

进入退避后,站继续侦听信道,只要信道空闲,退避计时器就开始递减至零。当侦听到信道正忙,则冻结退避计时器,一直等到信道空闲再重新激活它。为防止传输中断,接收站或 AP 等待一个 SIFS 并回应一个 ACK 以确认每一次成功传输。

图 3.12 所示为 CSMA/CA 传输时序。

**3. RTS/CTS**

如前所述,当一个站只能侦听到部分其他站时,就存在隐藏节点问题。为解决该问

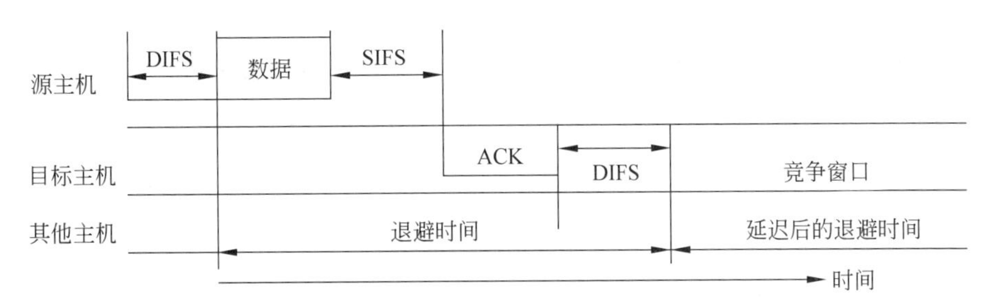


图 3.12 CSMA/CA 传输时序

题，IEEE 802.11 提供了另一个机制，即 RTS/CTS 方案，对使用信道进行预约。

四次握手的 RTS/CTS 方式的工作过程为：假设站 A 要向站 B 发送数据，A 先向 B 发送 RTS 帧，表明自己准备向 B 发送数据，将使用信道。B 收到 RTS 帧后，会向周围广播 CTS 帧，表明准备接收就绪，信道可供使用。接下来 A 可发送数据，其余站暂处于静止态。B 接收完数据后，即向周围广播 ACK 帧。所有站又开始侦听信道，启动新一轮信道竞争。

传输数据前发送 RTS/CTS 帧，意味着额外开销，尤其对短数据报文影响明显，所以 RTS/CTS 帧都很短。RTS 帧包含帧控制(2B)、持续时间(2B)、接收方地址(6B)、发送方地址(6B)、FCS(4B)，共 20B。而 CTS 帧包含帧控制(2B)、持续时间(2B)、接收方(即 RTS 发送方)地址(6B)、FCS(4B)，共 14B。

站可灵活选择发送方式，设置了 RTS 阈值，决定在传输某个数据帧时是否要启动 RTS/CTS。如果分组大于 RTS 阈值，为提高传输效率则启动 RTS/CTS 会话，否则使用基本方式。图 3.13 为 BSS 中 RTS/CTS 机制的示意图，W-CTS 指等待目标主机的 CTS 帧，W-ACK 指等待目标主机的确认，W-DATA 指等待和接收源主机的数据。

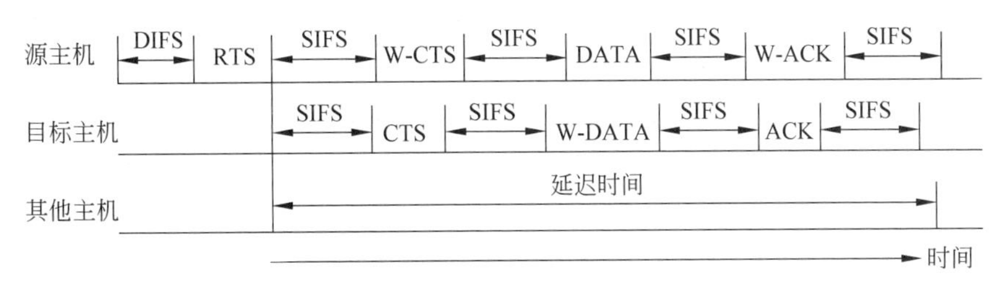


图 3.13 BSS 中 RTS/CTS 机制示意图

#### 4. 点协调功能

PCF 是一种集中式协调的信道接入技术。AP 中的点协调器建立一个周期性的无争用周期(Contention Free Period，CFP)，CFP 中无线信道的无争用接入由点协调器协调。在 CFP 期间，所有邻近站点的 NAV 都被设为 CFP 的最大期望时长。所有在 CFP 期间的帧传输使用同一帧间隔。该帧间距小于在 DCF 下接入信道时的帧间隔，以防止站点使用争用机制获取信道接入权。

点协调器定期使用信标帧建立一个 CFP，其最大时长由信标帧中的参数设定。若

CFP时长大于信标间隔,点协调器会在CFP期间合适的时刻传输信标。CFP实际时长与CFP期间交换的数据量有关,但时长不会超过信标帧设定的最大值。在最大时长结束前,通过发送一个CFP结束帧以终止CFP。点协调器在CFP结束后重置所有站点的NAV,以允许争用接入。

在CFP期间,点协调器可向站点发送单播数据。AP同时轮询各站点,查看它们是否需要传输数据。轮询可作为单独帧或捎带在数据帧中。

PCF的站点在一个CFP结束通信时,可能在下一个CFP中才会被轮询。同样,需要在DCF时段内被发送,而在CFP时段内被接收到的通信须等到CFP结束,获得信道接入时才能被发送,不利于时延敏感类型通信。PCF的局限性使其并未被广泛使用,基于争用的DCF更为简单,基本满足一般网络应用需求。

**5. IEEE 802.11e 增强分布式通道存取**

实时多媒体等业务对WLAN提出了更高要求。MAC层需提供可靠传输,同时时延低,抖动小。IEEE 802.11e对MAC协议作了改进,使其可支持有QoS要求的应用。IEEE 802.11e对DCF和PCF在QoS支持方面进行了加强,通过设置优先级,既保证大带宽应用的通信质量,同时又能向下兼容IEEE 802.11设备。

对DCF的修订称为增强分布式通道存取(Enhanced Distributed Channel Access, EDCA)。为提供更高的QoS,EDCA把数据流按设备不同分成8类,定义了8个队列访问类别(Access Category,AC),其优先级不同。优先级越高,等待时延越小。另一个参数为竞争窗口,实际也是一个时间段,长短为一个不断递减的随机数。竞争窗口先减至0的设备就可发送数据。

EDCA的主要特点如下:

(1) 使用AIFS代替DIFS。在EDCA中,传输数据前的等待称为仲裁帧间间隔(Arbitration IFS,AIFS)。AIFS值根据不同业务类型变化,低优先级的AIFS值要大于高优先级的AIFS值,即优先级越低就等待越久。小AIFS值意味着实时多媒体比一般数据能更快地获得信道。

(2) 最大最小竞争窗口改变。等待一个AIFS后,每个退避过程将计时器设置成[1,CW+1]的任意值,不同于DCF的[0,CW]。最小竞争窗口 $CW_{min}$ 和最大竞争窗口 $CW_{max}$ 与AC有关。越小的 $CW_{min}$ 和 $CW_{max}$ 意味着站以越大的概率接入信道,优先级越高。

不同的参数设置如表3.4所示,可让这些队列在竞争信道时的优先级有差异。各队列的传输优先级为音频>视频>尽力而为>背景。

**表3.4 IEEE 802.11 各队列参数设置**

| 访问类别 | AIFS | $CW_{min}$ | $CW_{max}$ | 访问类别 | AIFS | $CW_{min}$ | $CW_{max}$ |
|---|---|---|---|---|---|---|---|
| 0(背景) | 7 | 31 | 1023 | 2(视频) | 2 | 15 | 31 |
| 1(尽力而为) | 3 | 31 | 1023 | 3(音频) | 2 | 7 | 15 |

为访问信道,各站的AC都基于上面的参数独立竞争。一旦某个AC侦测到信道处

于长为 AIFS 的空闲时间状态，便启动退避过程，退避时间减为 0 的站有权发送帧。如有多个 AC 的退避时间减至 0，则高优先级 AC 将获得发送机会。

EDCA 通过设置不同优先级，实现了统计意义上的节点区分服务。其优势如下：

(1) 划分了不同优先级的业务流。

(2) 等待信道空闲的时间间隔为 AIFS。AIFS 与 AC 呈反相关。

(3) 不同 AC 的业务流等待信道空闲以后，退避时的初始窗口大小也不同。优先级越高，初始最小退避窗口也越小。

(4) 增加了时间受限的发送机会的概念。限制时间内，两个站之间可传输多帧交换序列，帧间隔仅为 SIFS。

### 6. IEEE 802.11ac 的 MAC 子层机制特点

IEEE 802.11ac 的 MAC 帧格式如图 3.14 所示，基本保留了 IEEE 802.11n 的帧格式。主要有两点改变。一是将帧体(Frame Body)字段长度上限从 7955B 增至 11 426B。二是扩展了高吞吐量控制(HT Control)字段。若该字段首比特为 0，则帧格式与 IEEE 802.11n 相同；若该字段首比特为 1，则转为极高吞吐量控制(VHT Control)字段。

| 2 | 2 | 6 | 6 | 6 | 2 | 6 | 2 | 4 | 0~11 426 | 4 |
|---|---|---|---|---|---|---|---|---|---|---|
| Frame Control | Duration/ ID | Address1 | Address2 | Address3 | Sequence Control | Address4 | QoS Control | HT Control | Frame Body | FCS |

图 3.14 IEEE 802.11ac 的 MAC 帧格式

在传统 IEEE 802.11 标准中，拟发送的 MAC 服务数据单元(MSDU)加上 MAC 首部和帧校验等构成物理层业务数据单元(Physical Service Data Unit，PSDU)，再加上 PLCP 前缀和 PLCP 头后构成物理层协议数据单元(Physical Protocol Data Unit，PPDU)，然后发送。接收方收到后，回复 ACK 帧。

IEEE 802.11n 引入帧聚合机制，分为 MSDU(MAC Service Data Unit，MAC 子层业务数据单元)的聚合(A-MSDU)和 MPDU(MAC Protocal Data Unit，MAC 子层协议数据单元)的聚合(A-MPDU)。前者是多个 MSDU 聚合成一个 A-MSDU，再封装为一个 MPDU；后者是多个 MPDU 聚合成一个 A-MPDU，再加上 PLCP 前缀和 PLCP 头后形成 PPDU。接收地址和优先级相同的单播帧可被聚合，只用一个帧头，以减少 ACK 帧数量，降低负荷，提高吞吐量。

IEEE 802.11ac 对帧聚合功能进行增强，帧聚合为必选项，每个帧都是 A-MPDU 帧。由于物理层速率很高，表示帧长度时所需比特数相应较大，因此最大传输长度用时长表示，最大传输时间为 5.484ms。

IEEE 802.11n 曾引入了精简帧间间隔(Reduced IFS，RIFS)，时长 2$\mu$s。数据突发时，由于站点在突发期间保持在发送状态，所以不需要在帧间维持较长的 SIFS(2.4GHz 频段为 10$\mu$s，5GHz 频段为 16$\mu$s)，而仅等待 RIFS 时长，可减小连续传输之间的帧间间隔。在连续发送的情况下，帧间间隔只需要足够让接收机重新启动以接收新信号即可。但当发送端有多个数据帧需发送时,使用帧聚合更为高效,开销更小。因此,IEEE 802.11ac 未使用 RIFS,而使用 A-MPDU 帧。

IEEE 802.11ac 还引入了动态带宽接入,包括辅信道检测及扩展 RTS/CTS 机制。当高带宽信道空闲时,可用高带宽传输数据,反之则退至使用低带宽。

在辅信道检测方案中,假设全部信道带宽为 80Mb/s,部分已被占用。AP 可先使用空闲的 20Mb/s 作为主信道进行传输,接下来如果检测到其余辅信道也出现空闲,则可获取辅信道权限,使用更高带宽进行数据传输。

传统 RTS/CTS 机制仅用于在占用信道前进行声明,而扩展 RTS/CTS 机制可用于信道带宽检测。假设发送端想利用 80MHz 信道传输数据,发送前在各个 20MHz 信道上发送 RTS 帧进行探测。如果 4 个信道均空闲,接收方成功收到各 RTS 帧后可在各信道上反馈 CTS 帧,以声明即将占用信道。发送方在各信道中收到 CTS 帧后,则占用全部信道进行传输。而如果部分信道已被其他站点占用,则发送方仅能在收到 CTS 帧的空闲信道上传输。

### 3.3.4 IEEE 802.11ax(WiFi 6)标准的技术特点

WiFi 6 的最大传输速率理论值可达 9.6Gb/s,其通过提升频谱效率、更好的抗干扰能力、优化信道访问等措施来实现性能改进,也是 WiFi 经过 20 余年发展之后从单一追求提升传输速率转向更多关注用户使用场景的体现。

WiFi 6 在物理层支持 OFDMA(正交频分多址)来改善密集用户的接入,相比 IEEE 802.11ac 使用 OFDM,WiFi 6 首次将已用于 4G/5G 的 OFDMA 引入无线局域网标准。将各种不同大小的数据包从调制角度予以组合,通过共享降低系统开销,同时支持上行和下行,提高效率,有效利用可用频谱。

用户数据的传输信道不再限于以往通过固定频宽(20/40/80/160MHz)进行通信,而可使用不同数量的相邻 OFDM 子载波的组合来传输数据,既减少了用户信道争用现象,又提高了信号与干扰加噪声比(Signal to Interference plus Noise Ratio,SINR)。WiFi 6 除了下行 MU-MIMO(Multi-User MIMO,多用户 MIMO),也支持上行 MU-MIMO,提高了多用户的上行接入效率。针对调制方式则定义了比 IEEE 802.11 ac 更高阶的 1024QAM,每个符号可传输 10b 数据,数据传输速率进一步提高。

不同于蜂窝网络,WiFi 6 的 OFDMA 传输基于帧,由 AP 来统一协调多用户传输,上下行用户传输通过包含多个用户的资源单元(Resource Unit,RU)组合的数据帧来通信。上行 OFDMA 发送时,考虑到时间同步,由 AP 负责协调各终端发送。AP 先向各个终端发送一个 Triggerframe 帧,定义了上行多用户传输的参数,如持续时间、保护间隔 GI、终端所分配的 RU 及终端的调制编码参数等。经 SIFS 后,终端向 AP 发送上行多用户的数据帧。然后 AP 即可响应多个终端。

Triggerframe 中指明了 AP 支持的发射功率和期望终端上行发送的信号强度,据此,终端计算其到 AP 间的路径损耗及上行发射功率,并在其上行发送信息中同样指明终端支持的发射功率及当前调制编码方案下的发射功率。AP 可根据终端性能调整对应的 RU 分配或发射功率，例如，对性能较好的终端降低发射功率，对性能较差的终端增强发射功率，从而提升整体下行吞吐量。对上行而言，AP 可对发射功率较低的终端重新调整 RU 资源分配来改进其上行性能。

以往 WiFi 基于 EDCA 或 DCF，存在多个终端时，AP 如果要发送 Triggerframe，需先争用信道访问权限。在 WiFi 6 中，AP 可为支持 WiFi 6 的终端单独设置 EDCA 的 $CW_{min}/CW_{max}$ 参数值，使 AP 帧发送能获得争用窗口的最大权限。

AP 在 Triggerframe 中可设置终端进行 OFDMA 传输前是否需要载波检测。如需要，则终端至少在包含子载波的 20MHz 信道上进行虚拟或物理载波检测。如果检测过程中发现部分或全部子信道忙碌，即取消上行发送。如果终端发现上行数据发送持续时间超过了 Triggerframe 定义的持续时间，也取消上行发送。

WiFi 6 引入了 BSS 颜色机制，使用 6b 的 BSS 颜色位来区分不同 BSS 的数据帧。如果发现到达帧并非自身的 BSS，则停止把帧上传给 MAC 层。AP 通过信标来向所有站通告将要更新的 BSScolor 值信息。终端支持两种网络分配向量(NAV)，即自身所属 BSS 的 NAV 及其他 BSS 的 NAV，可分别被修改和更新。

针对自组织或终端间两两直接通信，WiFi 6 建议终端向 AP 发出 QTP(Quiet Time Period，缄默时间)请求，为其预留时间间隔，使其他终端在该间隔期间不能访问信道进行通信。WiFi 6 还使用了动态灵敏度控制和传输功率自适应调整等优化机制。

在 MAC 层方面，WiFi 6 使用新的 RTS/CTS 处理机制。传统 RTS/CTS 中根据传输数据长度进行判断，如数据帧长超过了 RTS 阈值，则在传输数据前先进行握手。但在较高速率情况下，即使是较长的数据帧也能很快被传输。新机制不再依据帧长，而是利用传输机会来处理握手。AP 可根据网络情况来调整连接终端的阈值。如果在终端密集使用环境中存在隐藏节点的干扰，则降低时长阈值，允许 RTS/CTS 机制发挥作用；否则提高时长阈值，减少传输吞吐量的开销，优化网络资源。

在 WiFi 6 中，AP 还可与其接入设备协调目标唤醒时间(Target Wake Time，TWT)，定义个别基站访问介质的特定时间或一组时间。接入设备可在无数据传输时进入休眠态，等待自身的 TWT 到来。这样，能使众多物联网设备获得较多的休眠时间，节能效果明显。

### 3.3.5　IEEE 802.11ad/ah/ay 标准

IEEE 802.11ad 标准也称为 WiGig。它针对高清多媒体音视频传输，采用高频载波的 60GHz 频带，RF 带宽达 2.16GHz，通过 MIMO 实现多信道同时传输，每个信道带宽都可超过 1Gb/s，多信道传输带宽可达 7Gb/s。但该标准的高频信号受到很多限制，如载波绕射能力差，在空气中信号衰减大，导致传输距离、覆盖范围都受影响，有效连接往往只能局限在一个很小的范围内，如 5m 左右。一般考虑采用 IEEE 802.11ad 技术在单个房间内的各个设备间提供高速无线连接。

IEEE 802.11 ay标准则继续探索在60GHz毫米波频段的传输,单节点的传输速率进一步提升到20Gb/s以上。它采用波束赋形产生定向波束进行通信,不仅增加了通信距离,定向波束也降低了用户间可能的干扰,提高了空间复用率。它支持下行多用户MIMO,即同时采用MIMO与多个定向超千兆工作站建立通信链路,并行传输下行数据。

IEEE 802.11ah标准致力于提供更长的传输距离,而非更高的传输速率。它采用低于1GHz的频带(我国为755~787MHz),最大RF带宽为8MHz。通过中继AP来扩展传输距离,预定义唤醒/休眠机制来节能,多个站分组以减少空间信道争用。它可覆盖长达1km的传输半径,不易受干扰,穿透建筑物能力更强,传输速率维持在100kb/s,单个AP可支持多达上千个设备。显然,它更适合智慧城市和户外物联网的应用。

## 3.4 IEEE 802.11测量及工具

### 1. IEEE 802.11测量的参数和步骤

WLAN的通信质量受很多因素影响,如节点隐藏、多径效应、衰退、分散和干扰等导致可能的高丢包率。通常仿真可在完全可控的动态环境下学习和分析新协议,但仿真不能精确反映传输协议的实际表现,需在真实环境下进行协议测试。

无线网络的测量实验需要复杂的配置,并且需监控和分析大量参数,可分为如下4个方面:

(1) 每个分组的参数,包括物理层的时间戳、接收信号强度指示(Received Signal Strength Indication,RSSI)、信道、噪声级别、数据率、前缀,以及MAC子层的类型、分片、重传、功率管理、保护、持续时间、地址、序号控制、帧校验序列等。

(2) 每个流的参数,包括吞吐量、数据丢失率、时延、失真、空中传输时间、重传概率等。

(3) 每个站的参数,包括活动标志、关联状态、关联持续期、关联AP的地址、当前RSSI、当前的物理层数据率等。

(4) 每个基本服务集的参数,包括信道容量、整体数据吞吐量、整体信号吞吐量、丢包空间关联、负载级别、可用带宽等。

测量分析WLAN最重要的信息源是信道上的数据分组,基站可使用分组嗅探器被动侦听无线介质中的全部分组。下面介绍测量的步骤:

(1) 嗅探,即搜索和记录所有无线传输帧。在硬件方面,依赖网卡的探测、解码、缓存和复制功能;在软件方面,驱动程序将收到的全部分组发送到内核分组过滤器。无线网卡应处于监控(混杂)模式。嗅探器生成事件日志,包含所有嗅探到的分组。

(2) 归并,即生成精确的分组记录。无线的空间差异性使单嗅探器监控所有信道并不可行,因此,需在信道中重新构建多个空间分布嗅探器。如果存在嗅探器太少、放置不合适、使用不合适的硬件等问题,会造成丢包、乱序以及时间戳错误等。而使用多个嗅探器,需将各自独立的记录结合起来,以微秒级的间隔进行同步,以建立所有帧传输的记录。

(3) 处理,即对完成的分组记录进行实际过滤处理。首先删除记录中与分析无关的一些分组。然后解析相关参数,需与其他统计数据相结合。最后是各种计算,如均值计算,以向用户呈现结果。

### 2. IEEE 802.11 的典型测量工具

目前的许多 IEEE 802.11 评测工具可用于监控网络、探测拓扑、识别异常和安全漏洞等,其中一些可用于无线网络实验。本节结合几个有代表性的工具进行分析说明。

1) Wireshark

Wireshark(http://www.wireshark.org/)是流行的网络数据包分析软件,可捕获数据包,详细分析数据包各层内容。它是开源的网络协议分析器,综合了多用途的包嗅探器和分析工具,可用于几乎所有类型的网络,支持数百种不同协议,可针对捕获包的不同字段建立特定过滤器。但它缺少后期处理和分析工具,只提供基础统计数据和图形。

Wireshark 是应用层软件,在 Windows 上由底层的 WinPcap 提供捕获包支持,而在 Linux 上则依赖 libpcap 捕获包。图 3.15 是 Wireshark 捕获和分析包的示例。

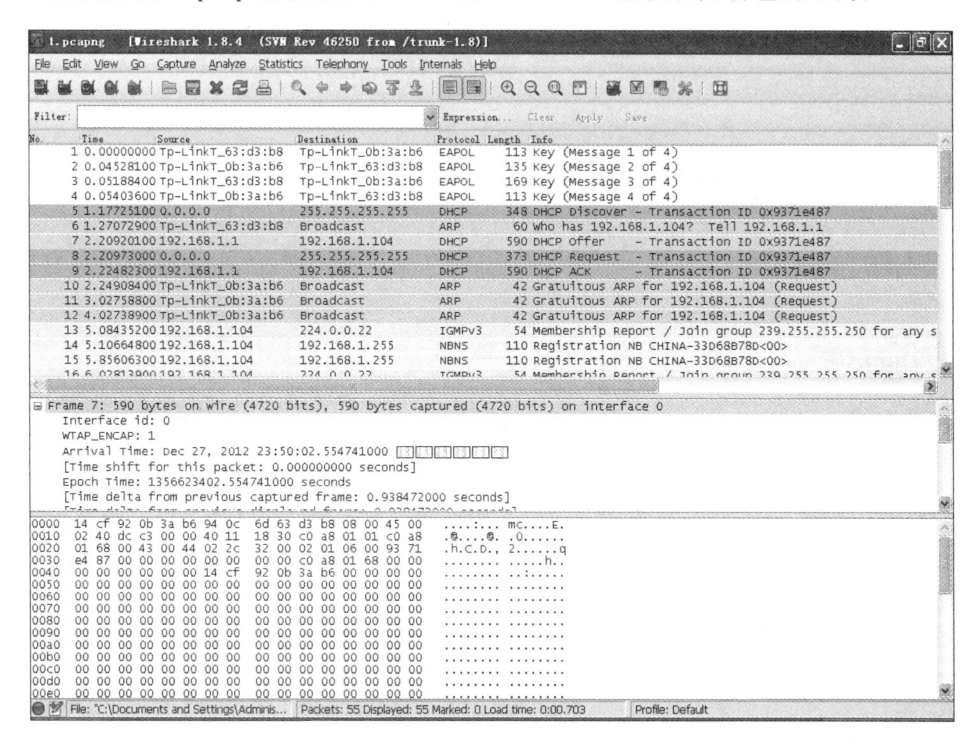

图 3.15　Wireshark 捕获和分析包示例

2) Xirrus

Xirrus(http://www.xirrus.com/Products/Wi-Fi-Inspector.aspx)是一款 WiFi 网络扫描和信号测量软件,能提供无线网络信号搜索和各网络热点信息,包括 AP 的 SSID、MAC 地址、信号强度和访问加密方式等,还有网速测试、网络质量测试等功能,能全面测量无线网络的性能。该免费软件可在 Windows 环境下运行,如图 3.16 所示。

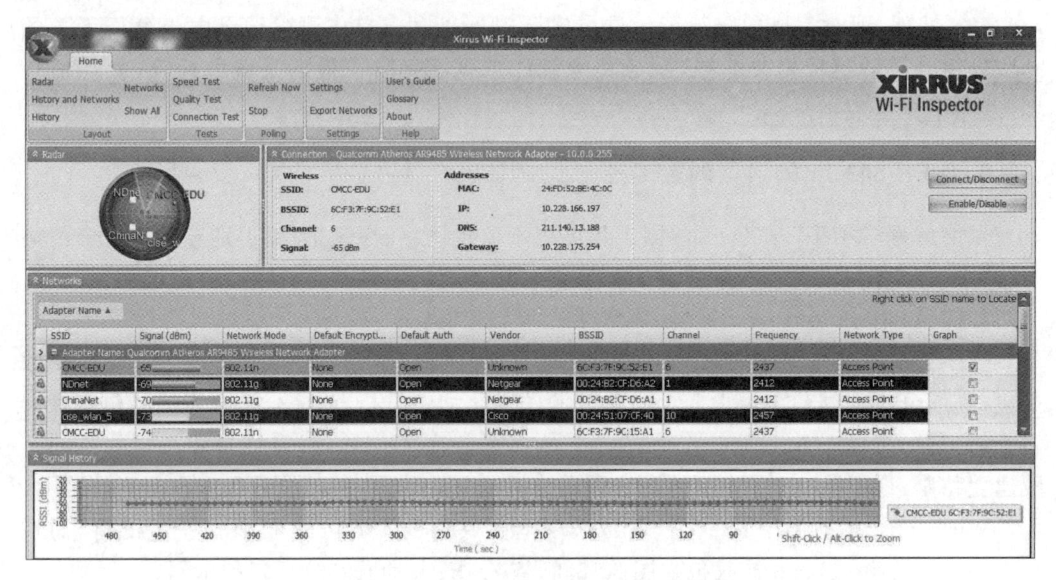


图 3.16 Xirrus 软件测量无线网络示例

其他工具软件还有 inSSIDer、Kismet 等工具,读者可自行了解。

## 3.5 其他无线局域网标准

除了前面重点介绍的 IEEE 802.11 技术外,还有其他一些 WLAN 技术,简介如下。

### 1. HomeRF

HomeRF 标准用于在家庭范围内使计算机与其他电子设备实现无线通信。它使用 2.4GHz 频段,跳频速率为 50 跳/秒,共 75 个带宽为 1MHz 的跳频信道,室内覆盖范围为 45m。调制方式为 FSK,2FSK 方式速率为 1Mb/s,4FSK 方式速率为 2Mb/s。HomeRF 2.x 标准采用了宽带跳频,跳频信道由原来的 1MHz 增至 3～5MHz,跳频速率也增加到 75 跳/秒,数据峰值达 10Mb/s。其主要特点包括:有效支持流媒体;采用 TDMA 技术交互式话音数据;采用 Blowfish 加密算法提供基本和增强两种保密级别;抗干扰能力强;有较强的电源管理功能。

### 2. HiperLAN2

HiperLAN2 使用 5GHz 频段,最大传输速率为 54Mb/s。但 HiperLAN2 不是建立在以太网基础上的,而是采用 TDMA,形成一个面向连接的网络。面向连接的特性使其容易满足 QoS 要求,可为每个连接分配一个指定 QoS,确定该连接在带宽、时延、拥塞和误码率等方面的要求,从而保证了视频、语音和数据等不同序列同时进行高速传输。

#### 3. 蓝牙

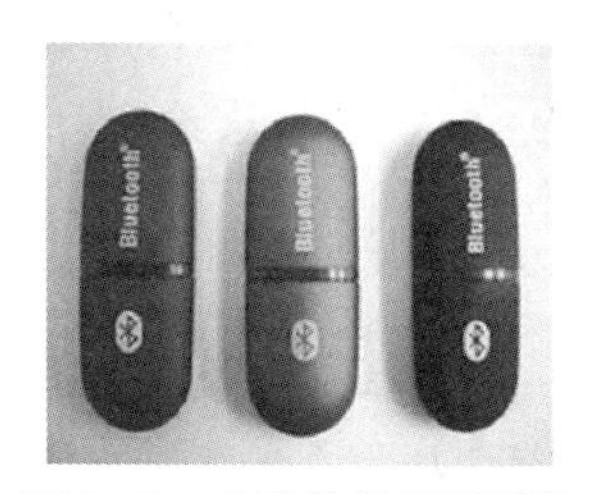

图 3.17 典型的蓝牙适配器

蓝牙是一种短距离(低版本一般小于10m)无线通信技术，能在移动电话、PDA、无线耳机、笔记本电脑、外设等之间交换信息。蓝牙能有效简化终端设备间的通信，使数据传输更高效。蓝牙采用分散式网络结构、快跳频、短包等技术，支持点对点及点对多点通信。图3.17是典型的蓝牙适配器。蓝牙技术的具体技术细节见第8章。

## 3.6 无线局域网的应用

WLAN的特点使其迅速应用于需要在移动中联网和网间漫游的场合，并为不易布线的场所和远距离节点提供了良好的网络支持。WLAN未来将会继续向更高的传输速率、更大的漫游范围、更快的移动速度、更广的应用领域等方向发展。

### 3.6.1 无线局域网的应用领域

WLAN目前主要应用于以下几个方面：

(1) 难以使用传统布线的场所，如风景名胜区、古建筑等。

(2) 采用无线网络成本较低的区域，如相距较远的建筑物、有强电设备的区域、公共通信网不发达的地区。

(3) 临时性网络，如展览会场、大型体育场馆和救灾现场等。

(4) 人员流动性大的场合，如机场、仓库、超市和餐厅等。

下面对WLAN的部分应用领域予以简单介绍。

#### 1. 矿山采掘

油矿区地形起伏不平，敷设线缆存在实际困难，而线缆穿过炼油厂本身存在潜在危险。无线网络可提供从钻井台到压缩机房的数据链路，以传输和处理由钻井获取的重要数据。而海上钻井平台由于水域阻隔，数据传输更为困难。敷设海底光缆费用高，施工难度大。使用无线网络，成本低，效率高，性能好。

#### 2. 运输物流

在铁路运输货场和码头货场中，大型吊车、运输道路和货物通道等不便于敷设电缆，使用手机报告货位和货号易产生差错。WLAN可将货物情况和资料直接传给计算机系统进行处理，能有效提高工作效率和服务质量，避免不必要的差错。

#### 3. 医疗卫生

很多医院都配备了计算机信息管理系统，还有大量病人监护、电子医疗和视频监控等系统设备。无线网络使得在医院任何地方使用移动或手持设备均可便捷地访问这些信息。利用WLAN,医生和护士在病房、诊室或急救中进行查房、手术时,可快速记录医嘱、传递处置意见、会诊、查询病历、检索药品和判断药物反应等。

#### 4. 制造业

许多工厂车间环境不利于铺设传统网络线缆,起重机无法在空中布线,零备件及货物运输通道也不便于地面布线。而数控制造设备、数字采集装置和机器人设备等应用无线网络非常合适,工程师和技术人员检修设备、更改产品设计、讨论工程方案以及进行其他技术处理时,可利用WLAN在车间或厂区任何地方查阅技术档案、工程工艺和过程图,或发出技术指令,请求技术支援,和厂外专家讨论问题。

#### 5. 零售业

仓库备件、货物发送和储存注册等环节可使用WLAN,连接条形码阅读器、移动终端和系统主机等,高效完成货物清查、更新存储记录、出具清单等工作。工作人员可使用手持设备进行库存管理和数据采集。收银终端也可用WLAN以降低成本,提高效率。

#### 6. 金融服务业

银行、证券和期货等业务已部署有线网络,但为避免可能的故障,可使用WLAN作为后备。而为方便客户,可利用手机、笔记本电脑等移动设备输入指令,通过WLAN迅速接入交易报价服务系统,更加准确及时。

#### 7. 饮食旅游业

使用WLAN,服务员可通过手持终端将顾客需求输入计算机系统,将菜单立即提交给厨房,菜品一旦完成立即通知服务员,手持终端也便于及时结账。旅馆采用WLAN,除了可提供便利的互联网接入服务外,还可使服务消费更便捷。登记后,顾客在酒吧、健身房、娱乐厅和餐厅等的活动都可用手持终端实时记账。

#### 8. 比赛场馆

WLAN可用于大型体育场馆的各种竞赛记分的处理、统计、发送和存储工作。WLAN也适用于一些大型文艺及其他活动的记分系统,尤其是场地不规范、多用途的场合。

#### 9. 移动办公环境

在办公环境中使用WLAN,可使办公计算机具有移动能力,在网络范围内实现漫游。业务人员、部门负责人、工程技术专家和管理人员无论在办公室、会议室、洽谈室还是休息室均可通过WLAN随时获取和处理信息。

### 3.6.2 无线局域网应用于公众图书馆

中国国家图书馆(见图3.18)是综合性的研究图书馆,收藏国内出版物和大量外国出版物,并负责编制国家书目和联合目录。它是面向全国的中心图书馆、全国书目中心和图书馆信息网络中心，为各级机关、重点科研、教育、生产单位和社会公众提供服务。

图 3.18　中国国家图书馆老馆和新馆

为改善服务环境，提升办公效率，中国国家图书馆二期工程暨中国国家数字图书馆建设工程中，要对文津街古籍馆、一期老馆和二期新馆所有阅览室、读者服务区、公共区域、办公区域以及部分室外广场区域进行 WLAN 信号覆盖。

结合中国国家图书馆建筑结构复杂、覆盖区域广泛、安全性要求高、现有信息系统复杂等特点，最终的 WLAN 组网方案如图 3.19 所示。

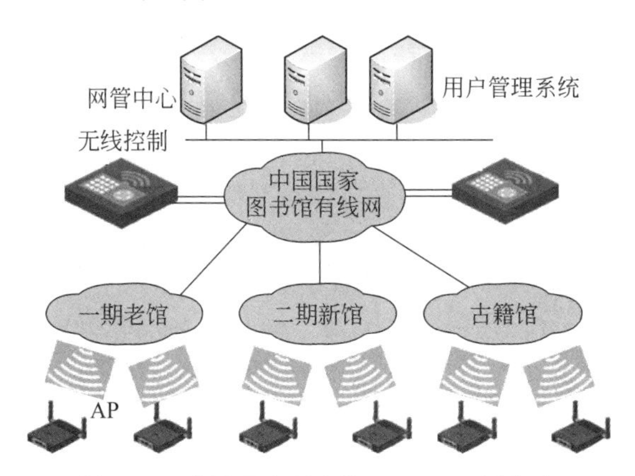


图 3.19　中国国家图书馆 WLAN 组网方案

网络核心采用两台高端万兆无线控制器，互为备份，快速切换，以保证网络的可靠性。瘦 AP 架构实现 AP 零配置，自动从无线控制器加载。无线控制器动态监测全网 AP，确保无线信号全面覆盖，同时又能减少 AP 间的干扰，提高 WLAN 的可靠性。

在网络安全方面采用了 IEEE 802.11i+WAPI 的解决方案。IEEE 802.11i 为国际标准，能满足普通用户接入网络的需求，提供了广泛的兼容性；WAPI（Wireless LAN Authentication and Privacy Infrastructure，无线局域网鉴别和保密基础设施）为国家标准，具更高的安全性，能承载 OA、借阅等关键业务。

### 3.6.3　无线局域网应用于矿山采掘

采矿行业危险性极高，各种灾害，如崩塌、火灾、爆炸、有毒气体和水灾等，极易造成人员的致命或严重伤害，且矿难发生时响应困难。传统有线网络很难布设到复杂的多层矿井中的所有弯道角落。而 WLAN 不受线缆束缚,且有足够带宽。远程监视和控制等通信技术不仅可以提高采掘、运输等环节的生产效率,还可在发生意外时提高救援效率。

例如,基于 WiFi 的实际环境现场测试发现,直线隧道下覆盖范围能达到 450m,而通过多路效应和优化天线设置等,WiFi 可用于地下矿井中的无线定位。图 3.20 是 WLAN 部署于矿井内的实际场景,固定于矿井中的无线设备组成网络。

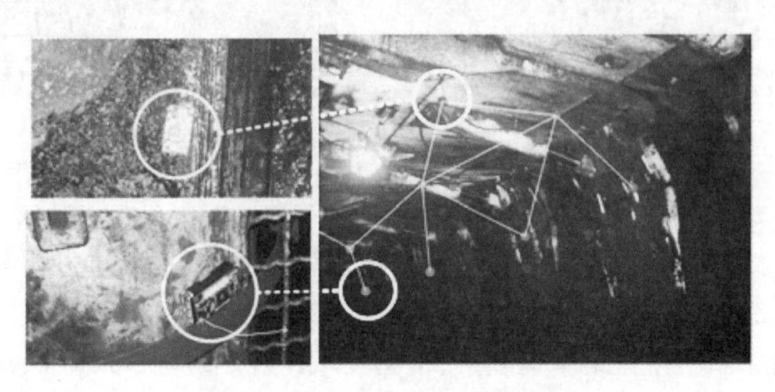

图 3.20 WLAN 应用于矿井通信

一个典型的矿井 WLAN 监控系统的应用需求如下:

(1) 可靠的 WLAN 连接,从地下矿井到地上控制中心实时覆盖所有采矿操作。

(2) 合适的频段操作,避免信号干扰。

(3) 较大的数据传输范围,信息能直接传输到地上控制室。

(4) 较高的视频数据传输速率,能够实现清晰的视频监控。

(5) 针对复杂的地下矿井条件进行设计。

该系统在工作站与 AP 间使用无线连接,AP 间与地面控制室也通过无线连接,可铺设有线线缆(双绞线)作为备份。采矿区域中的各种设备(如挖矿车、装载机等)以及部署的监测节点等通过 WLAN 连接 AP。实际部署中需要考虑节点功耗问题,这一点在应急和救援操作中更显重要。可考虑使用可充电电池,并及时更换。

### 3.6.4 WiFi 雷达和信道状态信息感知*

随着 WiFi 应用的普及,热点越来越多,空间中无线电信号也越来越密集。在室内环境中,这些信号经直射、反射、散射等多径传播,会在信号接收端形成多径叠加。受传播物理空间的影响,叠加信号将会携带反映物理环境特征的信息,包括可能来自人的因素(位置、特征、姿势、动作等)和来自其他物体的因素。

在早期的雷达系统中,通过分析雷达发射的、经飞行器反射后回到雷达天线的无线电波或飞行器发出的无线电波,可判断飞行器的出现、种类及运动等信息。与其原理相似,WiFi 无线电信号也可用来感知空间环境的特征,即所谓"WiFi 雷达"。

较常见的无线电信号特征是接收信号强度指示(RSSI),可用以判断接收机与发射机的距离或表征接收机的位置。它在一定程度上反映了信道质量,多种无线网络终端设备可获取 RSSI 信息,以根据当前信道质量调整通信策略。RSSI 已广泛应用于室内定位等领域。但是,因信号多径传播导致的小尺度阴影衰落会使 RSSI 不再随传播距离增加而单调递减,从而限制测距精度。

为描述多径传播,可利用信道冲击响应(Channel Impulse Response,CIR)建模。考虑多径传播在频域上表现为频率选择性衰落,还可通过信道频率响应(Channel Frequency Response,CFR)描述多径传播,CFR包括幅频响应和相频响应。近年来的研究使得普通WiFi网卡也能以信道状态信息(Channel State Information,CSI)的形式获取采样CFR,即从每个接收数据包中获取一组CSI,每组CSI代表一个OFDM子载波的幅度和相位。普通WiFi设备可获得30个OFDM子载波上的CFR采样,而软件无线电设备可获得全部56个OFDM子载波上的均匀CFR采样。

CSI可同时测量多个子载波的频率响应,而非全部子载波叠加的总体幅度响应,即更精细地描述频率选择性信道。可测量每个子载波的幅度和相位信息。将单值RSSI扩展至频域,并附加相位信息,从频域上为无线感知提供了更丰富、细粒度的可用信息。

信号经过处理,不同传播环境的CSI可呈现不同子载波幅度和相位特征。而相同传播环境的CSI整体结构特征可保持相对稳定。结合机器学习技术,可从CSI中提取更精细且鲁棒的信号特征,在时域/频域上感知更细微或更大范围的环境信息,提升环境感知能力。

RSSI常被作为某个特定位置的信号特征指纹来标识该位置,以区分其他位置。例如,将RSSI用于测距,根据信号传播模型计算出被定位端与AP间的距离,再通过三边定位方法进行定位。而CSI可被当作信息更丰富的指纹(包括多个子载波上的信号幅度和相位两方面的信息),也可依赖频率选择性衰减模型,用于更精确的测距。

即使人员未配备电子设备,也可通过分析环境中WiFi信号的变化来判断和检测人员。CSI具有一定的多径分辨能力,能察觉视距或非视距路径上信号的微弱波动,从而提高感知灵敏度,扩大感知区域,增强感知可靠性。有研究利用单发射机/接收机链路实现了接收机附近的全向人员检测,即人从任意方向靠近接收机都能被发现。还有研究利用CSI实现了人体姿势、手势、呼吸等细粒度运动及复杂环境变化模式的检测。

## 3.7 无线局域网的仿真实验

隐藏节点和暴露节点是无线网络冲突避免的经典问题,弄清这两者对理解无线网络技术很有帮助。本节以这两个问题为例,通过实际场景,采用NS2进行仿真。

NS2对WLAN有较好的支持。WLAN的仿真有特定结构,底层模型中节点传输采用特定模型,通过计算来仿真实际的信号衰减、分组接收、丢弃、判定等。MAC子层的处理冲突实现了CSMA/CA机制,真实反映了MAC子层的实际情况。路由层在处理分组转发和丢弃时也实现了兼容实际情况的路由协议仿真。其他模块也进行了相应完善。

WLAN仿真主要涉及以下模块:

(1) 无线信道模块,采用Channel/WirelessChannel模块仿真无线信道,WirelessChannel是Channel的子类。

(2) 无线传输模块,NS2主要包含Propagation/TwoRayGround和Propagation/Shadowing两类。本节实验采用前者。

(3) 无线物理接口模块,类似于真实情况下的网络接口,本节实验采用 Phy/WirelessPhy。

(4) 无线局域网 MAC 层模块,实现 MAC 层的功能,完成 CSMA/CA。不同的无线网络具体采用的形式可能不同,本节实验采用 Mac/802_11 模块。

(5) 无线天线模块,模拟真实天线的接收和发送,天线模块为 Antenna/OmniAntenna,能较好地满足仿真需求。

(6) 无线路由协议,负责无线环境下的数据包转发和路由,普遍采用的路由协议有 DSDV、AODV 和 DSR。

(7) 其他无线模块,包括无线队列模块、无线逻辑链路模块等。

### 3.7.1 隐藏节点问题仿真实验

如图 3.21 所示,节点 A 和 C 同时要发送数据给节点 B,但 A 和 C 均不在对方传输范围内。所以,当 A 发送数据给 B 时,C 并未检测到 A 在发送数据,认为目前网络信道空闲,也会将数据发送给 B。这样,A 和 C 同时将数据发给 B,使得数据在 B 处产生冲突,导致传输失败。这种因传输距离而发生误判的问题称为隐藏节点问题。

为解决隐藏节点问题,可使用前面介绍的 RTS/CTS 机制来避免冲突。当发送方发出数据前,先送出一个 RTS 包,通知传输范围内的所有节点不要有任何传输操作。如果接收方目前空闲,则响应一个 CTS 包,告诉发送方可开始发送数据,此 CTS 包也会提示所有在接收方信号传输范围内的其他节点不要进行任何传输操作。其过程如图 3.22 所示。

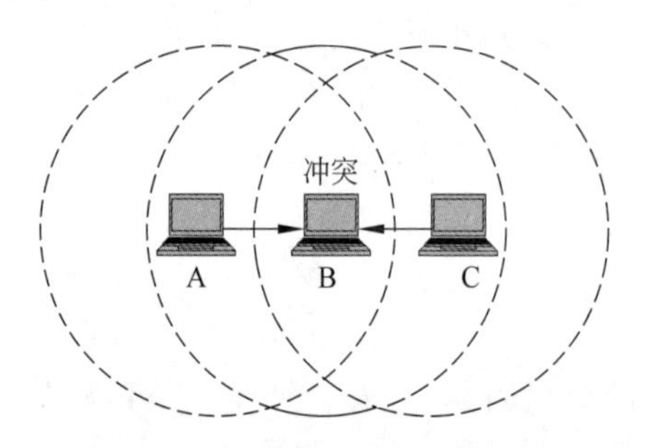


图 3.21 隐藏节点问题示意图

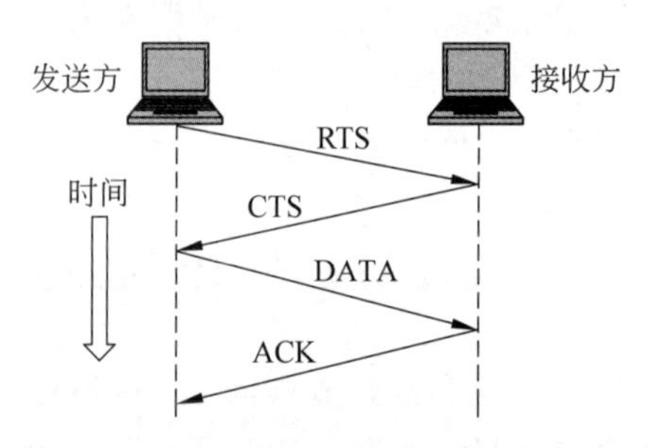


图 3.22 使用 RTS/CTS 解决隐藏节点问题

节点隐藏仿真拓扑结构如图 3.23 所示,数据发送方向是 $n_0 \rightarrow n_1$ 及 $n_2 \rightarrow n_1$,因此 $n_0$ 和 $n_2$ 节点之间会产生相互的节点隐藏效应,影响数据传输。本书的配套电子资源提供了相关实验手册和源代码,请读者自己查阅和执行仿真。

动画演示工具 NAM 可将仿真过程可视化,可观察仿真过程中网络拓扑、数据包传输时延及队列拥塞情况等。仿真结束后,能产生 trace 和 nam 文件,进而可使用 NAM 软件进行动画演示,以及对 trace 文件进行分析处理。

开始仿真时,节点 0 首先发送一个探测报文,用于获知网络中的邻居节点信息,并建立相应路由,如图 3.24 所示。同理,图 3.25 展示了节点 2 的探测过程。

图 3.23　节点隐藏仿真拓扑结构

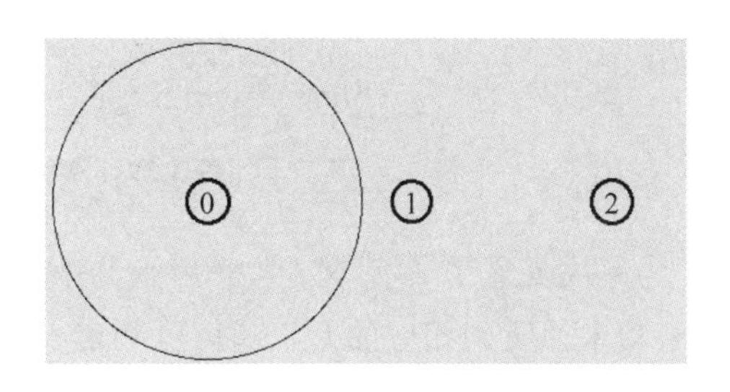


图 3.24　节点 0 进行探测

图 3.26 中节点 0 开始发送数据给节点 1。节点 0 发送一段时间后，节点 2 继续探测网络是否空闲及邻居情况，如图 3.27 所示。

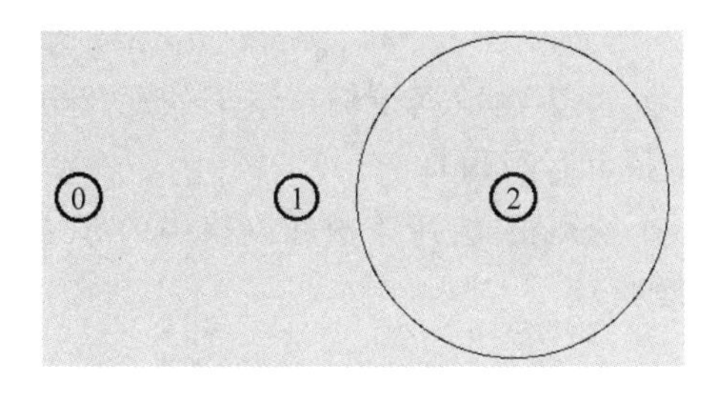


图 3.25　节点 2 进行探测

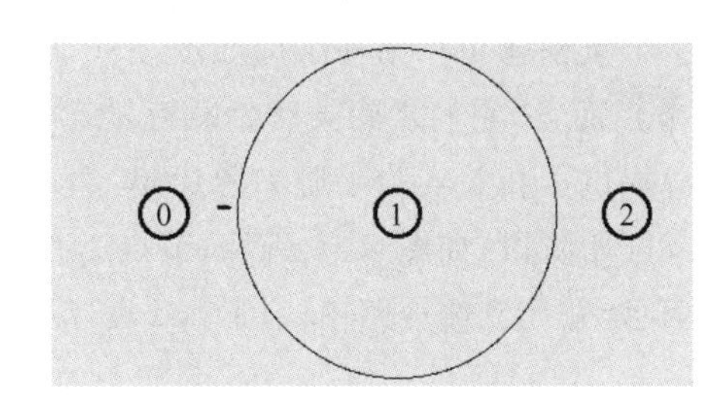


图 3.26　节点 0 发送数据

节点 0 停止发送，节点 2 获知网络空闲，并开始向节点 1 发送数据，如图 3.28 所示。

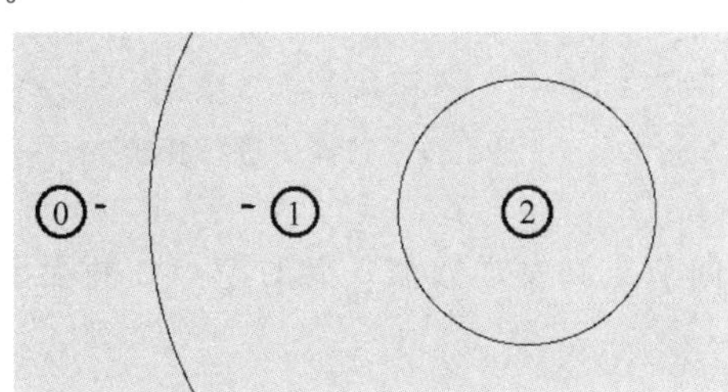


图 3.27　节点 2 继续探测

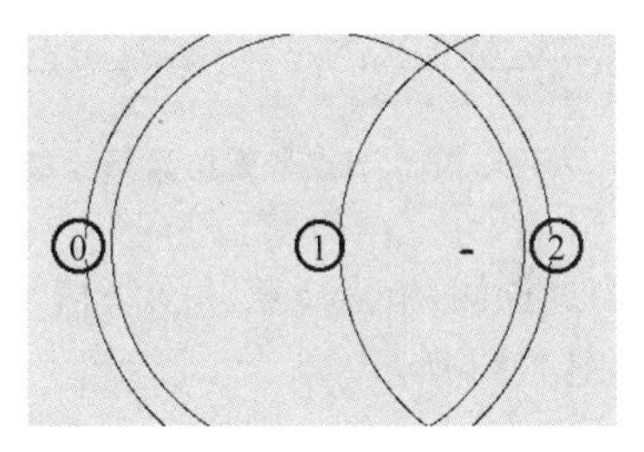


图 3.28　节点 2 发送数据

与未采用 CTS/RTS 机制的同时传输不同，采用上述机制之后，仿真时节点 0 和节点 2 表现为轮流进行数据传输。

### 3.7.2　暴露节点问题仿真实验

在暴露节点问题中，当某节点要发送数据给另一节点时，因邻居节点也正在发送数据，影响了自身的潜在传输。图 3.29 中有 4 个节点 $S_1$、$S_2$、$R_1$、$R_2$，其中 $R_1$、$R_2$ 均不在对方的传输范围内，而 $S_1$、$S_2$ 均在对方的传输范围内。因此，当 $S_1$ 发送数据给 $R_1$ 时，$S_2$ 却不能将数据发送给 $R_2$，因为 $S_2$ 会检测到 $S_1$ 正传输数据，如果 $S_2$ 也发送数据，则会影响 $S_1$ 的传输。而事实上，$S_2$ 可以将数据传输给 $R_2$，因为 $R_2$ 并不在 $S_1$ 的传输范围内。

图 3.29 暴露节点问题示意图

为解决暴露节点问题,也采用 RTS/CTS 机制。当某节点侦听到邻居节点发出的 RTS,却未侦听到相应的 CTS 时,可判定自身为暴露节点,所以允许发送数据到其他邻居节点。当 $S_2$ 收到 $S_1$ 发出的 RTS,但未收到对应的 CTS 时,可推测自己是暴露节点,可发送数据。但此时尽管 $S_2$ 发出的数据不会与 $S_1$ 发出的数据相冲突,其他节点发给 $S_2$ 的数据(CTS/ACK)却可能与 $S_1$ 发出的数据发生冲突,影响传输质量,可见,即使用 RTS/CTS 也不能完全解决暴露节点问题。

节点暴露仿真拓扑结构如图 3.30 所示,数据发送方向是 $n_1 \rightarrow n_0$ 及 $n_2 \rightarrow n_3$。对 $n_1$ 和 $n_2$ 节点而言,它们之间会产生相互的节点暴露效应,并影响数据传输。本书的配套电子资源提供了相关实验手册和源代码,请读者自己查阅和运行仿真。

开始阶段,如图 3.31 所示,节点 1 首先发送一个探测报文,用于获知网络中的邻居节点信息,并建立相应路由。图 3.32 是节点 2 的探测过程。

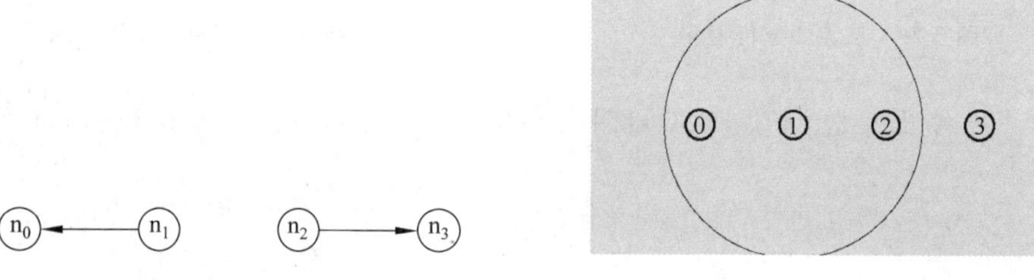


图 3.30 节点暴露仿真拓扑结构

图 3.31 节点 1 进行探测

经过探测,节点 1 获知网络信道空闲,则向节点 0 发送数据。此时节点 2 暂无数据发送,如图 3.33 所示。

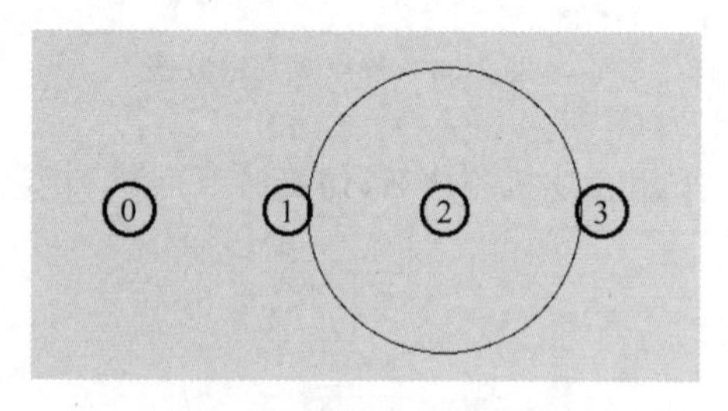


图 3.32 节点 2 进行探测

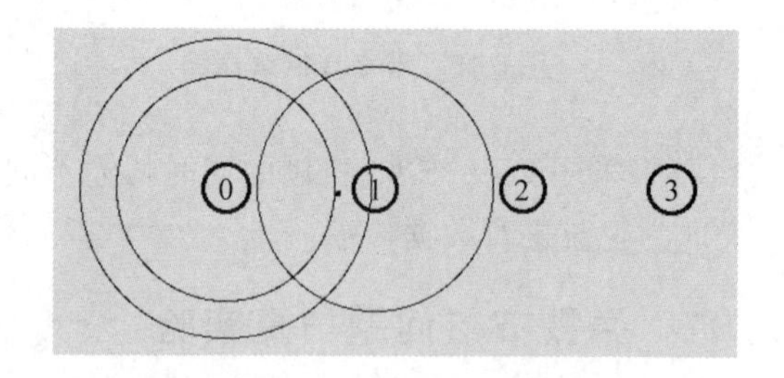


图 3.33 节点 1 发送数据

节点 1 发送了一段时间数据后,节点 2 开始探测网络邻居节点的信息。节点 2 探测到网络信道不空闲,但依靠 RTS/CTS 机制,发现节点 3 空闲,可以发送数据给节点 3,如图 3.34 所示。图 3.35 所示为节点 1 和节点 2 同时发送数据的情形。

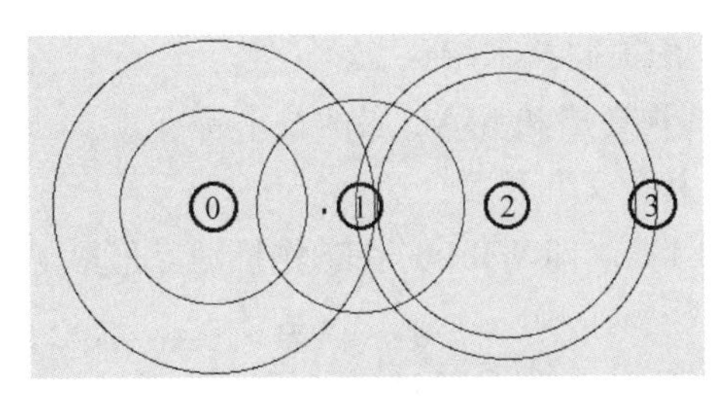

图 3.34　节点 2 继续探测

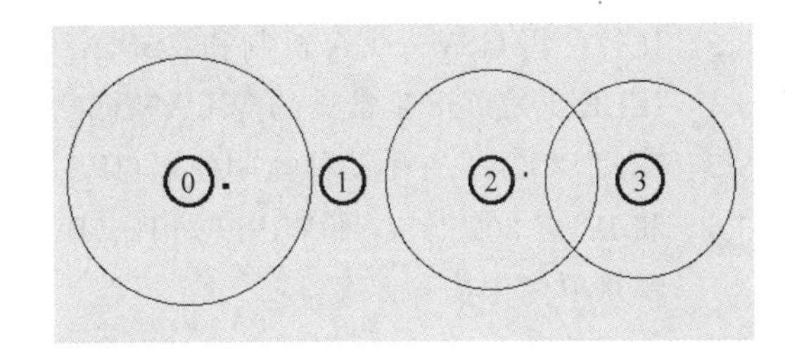

图 3.35　节点 1 和节点 2 同时发送数据

## 3.8　无线局域网的实测实验

### 1. 无线局域网组网与管理实验

本实验学习如何配置和管理常见的 WiFi 路由器(AP)。使用带无线网卡的笔记本电脑，首先对 AP 进行配置操作，设置相关参数，组建 WLAN，为多个用户提供 WiFi 接入。然后对该网络的信号强度、信道、数据传输速率等参数进行测量，检测当前信道是否繁忙，进而决定是否改选其他空闲信道。

具体的实验环境、操作说明和实验过程等详见配套电子资源和实验手册。

### 2. 无线局域网数据包捕获与分析实验

本实验学习 WiFi 数据包的测量和分析。使用带无线网卡的笔记本电脑，在 Windows 和 Linux 环境中分别安装数据包捕获和分析软件，如 Wireshark 和 Kismet 等，使用这些软件查看捕获的数据包格式和无线信道等信息，进行相关分析。

具体的实验环境、操作说明和实验过程等详见配套电子资源和实验手册。

### 3. 无线局域网信号测量软件开发实验

本实验学习在 Windows 系统中基于 Visual Studio 开发一个无线局域网的 WiFi 信号测量软件，可以获知周围环境中的 WiFi 信号，并予以图形化展示。

具体的实验环境、操作说明和实验过程等详见配套电子资源和实验手册。

### 4. 无线局域网数据包分析软件开发实验

本实验学习在 Windows 系统中基于 Visual Studio 开发一个网络数据包分析软件，即类似 Wireshark 的分析工具。

具体的实验环境、操作说明和实验过程等详见配套电子资源和实验手册。

## 习题

3.1　无线局域网具有什么特点？无线局域网存在哪些局限性？

3.2　阐述无线局域网的组成和结构。

3.3 比较分析 CSMA/CA 机制和 CSMA/CD 机制的不同技术特点。

3.4 IEEE 802.11ac 是常见的 WLAN 标准,分析其物理层和 MAC 层的技术特点。

3.5 IEEE 802.11 有哪几种帧间间隔(IFS)？分析其含义和长度。

3.6 和 IEEE 802.11ac(即 WiFi 5)相比,IEEE 802.11ax(即 WiFi 6)在工作机理上采取了哪几项优化技术方案?

3.7 使用某种测量工具,测试你身边的 WLAN,对信道、数据包等进行分析。

3.8 如图 3.36 所示,无线节点 A 和 C 同时想与 B 通信,此时会产生什么问题? 如何解决?

3.9 如图 3.37 所示,无线节点 B 想与 A 通信,同时无线节点 C 想与 D 通信,此时会产生什么问题? 如何解决?

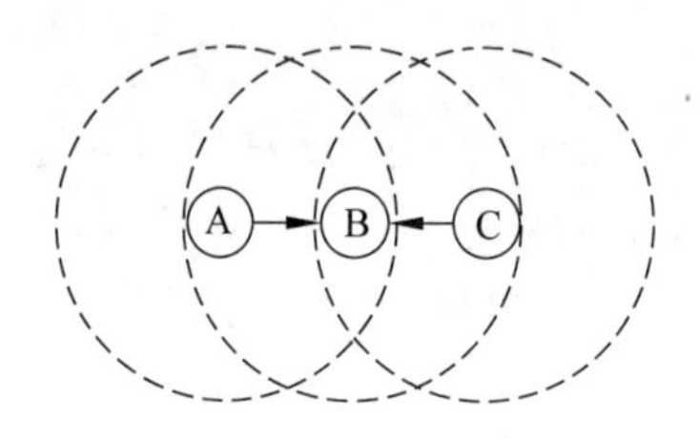


图 3.36 题 3.8 用图

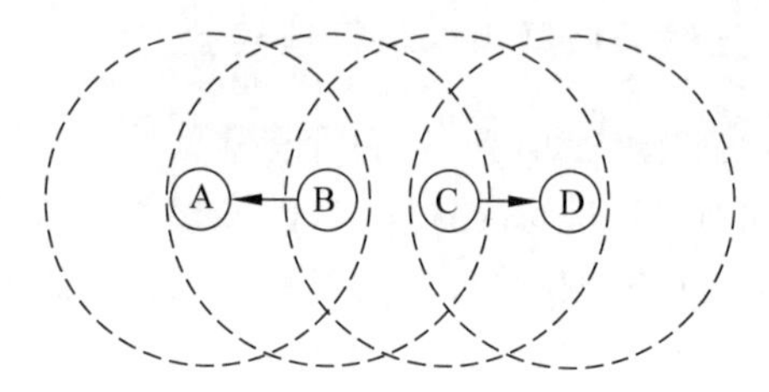


图 3.37 题 3.9 用图

3.10 列举两个你熟悉的无线局域网应用实例,分析其各项功能和技术特点。

3.11 利用 NS2 设计和实现有 20 个节点的 WLAN,要求 MAC 子层采用 IEEE 802.11 相关协议,其他参数自行设定。对仿真过程、结果等情况进行分析。

# 扩展阅读

1. IEEE 无线局域网工作组,http://www.ieee802.org/11/。

2. IEEE 802.11ac 技术标准,https://ieeexplore.ieee.org/document/6687187。

3. IEEE 802.11ax 项目,http://grouper.ieee.org/groups/802/11/Reports/tgax_update.htm。

# 参考文献


[1] 金纯,陈林星,杨吉云. IEEE 802.11 无线局域网[M]. 北京:电子工业出版社,2004.

[2] 姚程. 无线网络媒体访问控制协议研究[D]. 合肥:中国科技大学,2009.

[3] 潘翔. IEEE 802.11ac 无线网络性能分析与优化研究[D]. 北京:北京邮电大学,2015.

[4] KHOROV E, KIRYANOV A, LYAKHOV A, et al. A Tutorial on IEEE 802.11ax High Efficiency WLANs[J]. IEEE Communications Surveys & Tutorials, 2019, 21(1):197-216.

[5] 成刚. WiFi 标准 IEEE 802.11ax 关键技术[J]. 电子技术与软件工程, 2019(14): 15-18.

[6] DUJOVNE D,TURLETTI T,FILALI F. A Taxonomy of IEEE 802.11 Wireless Parameters and

Open Source Measurement Tools[J]. IEEE Communications Surveys & Tutorials, 2010, 12(2): 249-262.

[7] YARKAN S, GUZELGOZ S, ARSLAN H, et al. Underground Mine Communications: A Survey [J]. IEEE Communications Surveys & Tutorials, 2009, 11(3): 125-142.

[8] 杨铮,刘云浩. Wi-Fi 雷达:从 RSSI 到 CSI[J]. 中国计算机学会通讯, 2014, 10(11): 55-60.

[9] 柯志亨,程荣祥,邓德隽. NS 仿真实验:多媒体和无线网络通信[M]. 北京:电子工业出版社, 2009.

第4章

# 无线城域网和蜂窝移动通信

无线局域网范围通常较小，如果考虑几千米、几十千米或更长距离的宽带接入问题，需要无线城域网或无线广域网(蜂窝移动通信)技术。本章先介绍IEEE 802.16(WiMAX)技术，然后详细介绍ITU主导的蜂窝移动通信(2G/3G/4G/5G/6G)技术。

## 4.1 IEEE 802.16(WiMAX)标准

### 4.1.1 无线城域网和无线广域网概述

无线城域网(WMAN)是以无线方式构建的城域网，提供高速互联网接入，它是在WLAN的基础上发展而来的，是为了满足宽带无线接入的市场需求，解决城域网的"最后一公里"接入问题，代替电缆(Cable)、数字用户线(xDSL)和光纤等而提出的技术。IEEE主导的IEEE 802.16标准也称WiMAX(World wide interoperability for Microwave Access，全球微波接入互操作性)，能达到30～100Mb/s或更高速率，其移动性优于WiFi。

WMAN力图解决有线方式无法覆盖地区的宽带接入问题，有较完备的QoS机制，可根据业务需要提供不同速率下实时/非实时要求的数据传输服务，为各种宽带接入业务提供无线方案。图4.1是一个简单的WMAN宽带接入应用。

无线广域网(WWAN)是一种覆盖范围更大的无线网络，提供更方便和灵活的无线接入，用户能在大范围移动中灵活接入和访问互联网，IEEE 802委员会成立了IEEE 802.20工作组，负责制定无线广域网移动宽带接入标准，该工具组最初由思科公司等主导。

由于和ITU主导的蜂窝移动通信存在重度的市场竞争，IEEE 802.20发展并不顺利，工作组于2002年成立，最初进行了一系列标准制定工作，到2011年之后工作限于停滞。

IEEE 802.16的发展相对好一些，作为WiFi的延伸，WiMAX受到计算机厂商(如Intel公司等)阵营的力推。2007—2009年，WiMAX在日本、韩国、东南亚等地区陆续开始商用。2010年，ITU将IEEE 802.16m列为4G技术候选标准之一(和LTE并列)。

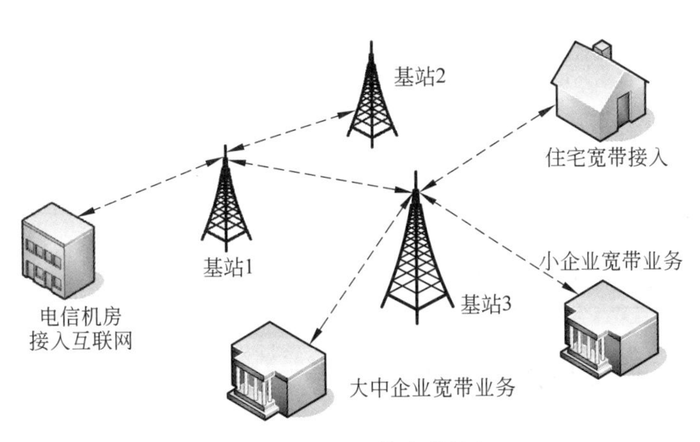

图 4.1　WMAN 的宽带接入

然而,由于传统电信厂商和运营商在蜂窝通信上的巨大投入,且 LTE/LTE-A 获得了巨大的市场成功,IEEE 802.16 也被边缘化,逐渐由兴转衰,在 5G 标准中已难觅踪影。

## 4.1.2　IEEE 802.16 标准简介

1999 年,IEEE 802.16 工作组成立,目标是建立一个统一的宽带无线接入标准。作为线缆和 DSL 的无线末端,或作为 WiFi 热点,将企业与家庭网络连接到互联网。

IEEE 802.16 初期标准工作在 10～63GHz 频段(不能穿透建筑物和树等障碍物),要求基站和终端是视距链路,对终端天线安装要求较高,且系统性能受雨水影响较大。

此后各个标准陆续做了改进,详见表 4.1。IEEE 802.16a 标准支持 2～11GHz 工作频段。能以更低成本覆盖更广大的用户,支持非视距环境链路。MAC 子层提供 QoS 机制,支持语音和视频等实时业务。IEEE 802.16e 标准在 2～6GHz 频段上支持移动性,提供高速数据的移动宽带无线接入解决方案。IEEE 802.16 技术发展的顶峰是在 2010 年,IEEE 802.16m 被 ITU 确定为 4G 的技术标准之一。

表 4.1　IEEE 802.16 系列标准的技术领域

| 标　　准 | 相 应 技 术 |
|---|---|
| IEEE 802.16 | 10～66GHz 固定宽带无线接入系统空中接口标准,仅用于视距范围 |
| IEEE 802.16a | 2～11GHz 固定宽带无线接入系统空中接口标准,具有非视距传输的特点 |
| IEEE 802.16c | 10～66GHz 固定宽带无线接入系统关于兼容性的增补 |
| IEEE 802.16d | 2～11GHz 固定宽带无线接入系统空中接口标准,相对成熟和实用 |
| IEEE 802.16e | 2～6GHz 固定和移动宽带无线接入系统空中接口标准 |
| IEEE 802.16f | 固定宽带无线接入系统空中接口 MIB 要求 |
| IEEE 802.16g | 固定/移动无线接入系统管理平面流程和服务要求,移动性和频谱管理 |
| IEEE 802.16h | 在免许可的频带上运作的无线网络系统 |
| IEEE 802.16i | 移动宽带无线接入系统空中接口 MIB 要求 |

续表

| 标　　准 | 相应技术 |
|---|---|
| IEEE 802.16j | 针对IEEE 802.16e的移动多跳中继组网方式的研究 |
| IEEE 802.16k | 针对IEEE 802.16的桥接进行的修改 |
| IEEE 802.16m | 成为ITU的IMT-Advanced技术标准,适于4G网络 |
| IEEE 802.16n | 更高可靠性的网络 |

## 4.1.3 IEEE 802.16标准技术特点

### 1. 无线工作特性

表4.2给出IEEE 802.16若干重要标准的特点。

表4.2 IEEE 802.16若干重要标准的特点

| 技术关键点 | 指标或特性 | | | |
|---|---|---|---|---|
| | IEEE 802.16a | IEEE 802.16d | IEEE 802.16e | IEEE 802.16m |
| 工作频率 | 2～11GHz | 2～11/11～66GHz | <6GHz | <3.5GHz |
| 移动性 | 无 | 无 | 中低速 | 高速 |
| 业务定位 | 个人用户,游牧式数据接入 | 中小企业用户的数据接入 | 个人用户的宽带移动数据接入 | 个人用户的高速移动数据接入 |
| QoS | 支持 | 支持 | 支持 | 支持 |

IEEE 802.16系统可工作在频分双工或时分双工模式,前者需成对频率,可灵活地动态调整上下行带宽。终端采用半双工频分方式,以降低收发器的性能要求和成本。

IEEE 802.16标准主要规定了两种调制方式:单载波和OFDM。10～66GHz频段要求视距传输,多径衰落可忽略,采用单载波调制,如QPSK和16/64QAM。而2～11GHz频段可进行非视距传输,通过划分子信道方式对抗多径衰落,OFDM调制成为首选,子载波调制可选用BPSK、QPSK、16/64QAM等。

### 2. 信道编码技术

IEEE 802.16支持多种信道编码,可按不同业务的QoS和传输速率灵活选择,不同参数组合可得到不同数据速率,从而提高频谱利用率。信道编码类型包括以下3种:

(1) 咬尾卷积编码,强制支持。信道编译码复杂度低,处理时延小,适合小编码块、控制消息和时延敏感的数据传输。帧控制消息采用该编码,便于快速解调。

(2) 归零卷积编码,可选支持。编译码复杂度低,处理时延小。相比咬尾卷积编码,归零卷积编码的每个编码块需一字节,对小编码块传输不利,但译码略简单,性能更好。

(3) 低密度奇偶校验码,更适合大编码块数据传输。针对其编码复杂度较高的特点,IEEE 802.16采用结构化构造方法,有效降低了编码复杂度。

**3. 链路自适应技术**

链路自适应技术包括自适应调制编码和混合自动重传。

(1) 自适应调制编码。基站根据用户信道状况等条件,自动调整对该用户的调制和编码方式。在信道条件较好时使用高阶调制/高编码速率,以获得较高传输速率;在信道条件较差时使用低阶调制/低编码速率,以保证信号传输质量。

(2) 混合自动重传。利用前向纠错和自动重传请求,提高传输可靠性和系统吞吐量。基于信道条件提供精确的编码速率调节,自动适应信道瞬时变化,且对时延和误差不敏感。这种技术既能减少自动重传平均次数、降低数据传输时延,也能减少每次传输过程中信道编码的冗余信息量,提高编码效率。

**4. 多天线技术**

多天线技术支持 MIMO 和自适应天线阵。前者包括空时发射分集模式、复用模式、分集与复用的混合模式,而后者可提高系统容量,扩大覆盖范围,提高可靠性,降低成本。

**5. 安全性分析**

WiMAX 和 WiFi 使用的认证加密方法相似。WiMAX 使用 3DES、AES、EAP 等,称为 PKM-EAP。而 WiFi 的 WPA2 则使用典型的 PEAP 认证与 AES 加密。

### 4.1.4 IEEE 802.16 标准体系结构

IEEE 802.16 标准描述了点到多点的宽带无线接入系统的空中接口,包括 MAC 层和物理层。MAC 层分为汇聚子层、公共部分子层和安全子层。汇聚子层负责将接入点收到的数据转换和映射到 MAC 业务数据单元,并传递到业务接入点。公共部分子层是 MAC 层的核心,负责系统接入、带宽分配、连接建立、连接维护等,将汇聚子层的数据分类到特定 MAC 连接。安全子层负责认证、密钥交换和加解密处理。图 4.2 为 IEEE 802.16 空中接口协议模型。

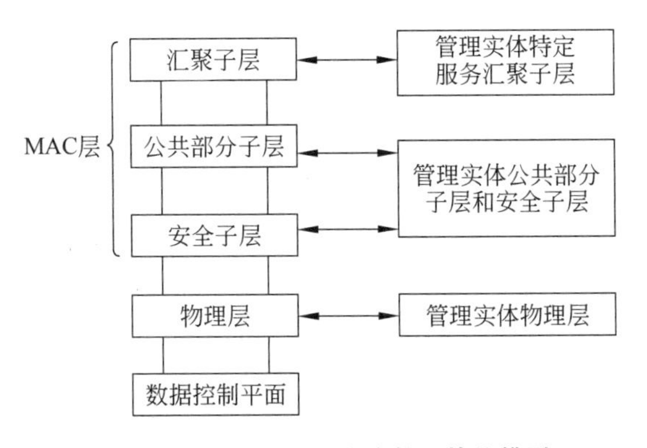


**图 4.2 IEEE 802.16 空中接口协议模型**

考虑到带宽资源、传输干扰、链路可靠性、电池能量、移动性切换等问题的影响,IEEE

802.16设计了QoS机制,将MAC层传输与业务流对应起来,包括业务流分类、带宽请求和带宽分配等。

### 4.1.5 IEEE 802.16系统组成

WiMAX网络可在需牌照的频段或公用无线频段运行。尤其是在授权频段运行时,WiMAX可使用更多频宽、时段和更强功率。WiFi的传输功率为1～100mW,而一般的WiMAX系统的传输功率可达100kW,这也是WiMAX的传输距离比WiFi大得多的原因之一。

WiMAX系统通常由两部分组成:

(1) WiMAX发射塔,如图4.3所示。与移动通信网络系统的发射塔相似,单台WiMAX发射塔可覆盖面积达数千平方千米。发射塔站可使用宽带有线链路连接互联网,也可使用视距微波连接另一个发射塔。

(2) WiMAX接收机,如图4.4所示。接收机和天线可以是一个小盒子或一张PCMCIA卡,也可像IEEE 802.11一样内置到笔记本电脑中。

图4.3 WiMAX发射塔

图4.4 WiMAX接收机

WiMAX可提供两种形式的无线服务:

(1) 非视距服务。在该形式下,WiMAX使用较低频率范围(2～11GHz)。较低波长的传输不易受物理干扰,传输可衍射、弯曲或绕过障碍物。

(2) 视距型服务。安装在屋顶或电杆上的固定抛物面天线和发射塔采用视距连接。这种服务形式功率更大,更稳定,误码更少。视距型服务使用较高频率,可达66GHz。

非视距服务半径为6～10km,而视距型服务半径可达50km。

### 4.1.6 WiMAX应用场景分类

WiMAX的应用场景包括固定、游牧、便携和移动。

(1) 固定应用场景。作为WiMAX运营网络中最基本的业务模型,包括用户互联网接入、传输承载业务和WLAN热点回程等。

(2) 游牧应用场景。终端可从不同接入点接入到运营商网络中,在每次会话连接中用户终端只能进行站点式接入。在两次不同网络接入中,传输数据不被保留。游牧式及便携、移动应用场景均支持漫游，并具备终端电源管理功能。

(3) 便携应用场景。用户可在步行中连接网络，除小区切换外，连接不会中断，终端可在不同基站间切换。用户静止时，业务应用模型等效于固定和游牧应用场景，终端切换时将经历短时中断或延迟，切换结束后，TCP/IP 应用可刷新或重建 IP 地址。

(4) 移动应用场景。用户使用无线接入时能步行、驾驶或乘坐汽车等。但当终端移动速度达 60～120km/h 时，数据传输速率将下降。相邻基站间切换过程中的分组丢失将控制在一定范围内，最差情况下 TCP/IP 会话不中断，但应用层业务可能中断。切换完成后，QoS 重建到初始级别。

## 4.2　蜂窝通信网络技术概述

前面讲述的 IEEE 802.16 无线城域网和 IEEE 802.20 无线广域网都是由最初的 IEEE 802.3 技术发展而来的，秉承了计算机网络的特征。相比之下，蜂窝移动通信技术则是在 ITU 的传统电信领域内由最初的电话网络逐步发展而来的。

蜂窝移动通信的发展主要有以下几个阶段：模拟蜂窝通信、以 GSM 为代表的 2G、以 GPRS 为代表的 2.5G、以 CDMA 为核心的 3G、4G/LTE、5G 和未来的 6G。

WiMAX 的一个基站能覆盖数十平方千米，广播电视通信系统则往往将微波站放置在山顶或在城市中建设较高的广播电视塔，以扩大覆盖范围。与此不同，蜂窝移动通信系统则将地理区域分割成许多蜂窝单元，即小区，每个小区半径视用户分布密度为 1～10km 不等，每个小区由一个小功率发射基站为本小区内的用户服务。每一小区使用同一信道频率，相邻小区使用不同频率，相距较远的若干不相邻小区可复用同一频率(信号衰减消除了可能的冲突)。例如，图 4.5 中的多个 A 为同频小区。若干个相邻的小区组成一个无线区群，一个典型的无线区群中包含 4/7/12 个小区，若干个相邻的无线区群构成一个服务区。

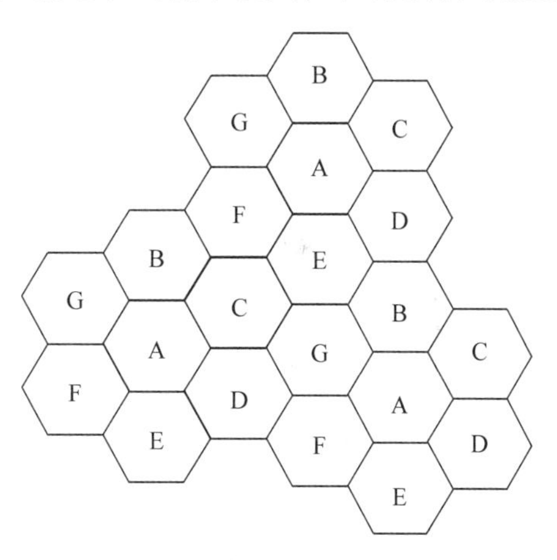


图 4.5　蜂窝移动通信小区示例

蜂窝移动通信的服务覆盖分为两种：

(1) 带状。如在公路、铁路、沿江、沿海等地带，基站使用定向天线，许多细长的小区横向排列，覆盖整个服务区。

(2) 面状。在一般的陆地平面，若地形地貌相同或接近，基站采用全向天线，一个小区的覆盖范围可看作一个圆。考虑到相邻小区的范围重叠，一个小区的有效覆盖可看作一个圆的内接六边形。而由于地形地貌起伏和遮挡环境等的实际影响，小区的无线覆盖往往是一个不规则的多边形。

蜂窝移动通信系统关注的技术细节包括信道分配、小区分裂、天线扇区化、同信道和相邻信道干扰消除、移动性和漫游管理等。

## 4.3 2G和3G技术

### 1. 2G技术

GSM(Global System for Mobile Communication，全球移动通信系统)是2G蜂窝通信的代表技术，相比模拟移动通信，GSM具有以下特点：

- 由若干子系统组成，可与PSTN等各种公用通信网互联互通。
- 提供跨国界自动漫游功能，移动用户可进入GSM系统而与国别无关。
- 除话音业务外，还可开放各种承载业务、补充业务等。
- 有加密和鉴权功能，确保通信保密和网络安全。
- 组网结构灵活方便，频率复用率高，交换机的话务承载能力较强。
- 抗干扰能力强，覆盖区域内的通信质量高。
- 终端手机向小型化、轻巧和增强功能趋势发展。

美国高通公司最早提出了窄带CDMA(CDMA IS95)技术。CDMA采用更先进的无线扩频技术，提高了移动通信容量和品质，具有频谱利用率高、话音质量好、保密性强、掉话率低、电磁辐射小、容量大、覆盖广等特点，可减少投资和降低运营成本。CDMA在2G时代的全球市场占有率仅次于GSM。

### 2. 3G技术

3G移动通信技术将无线通信与互联网多媒体通信相结合，能处理图像、音频流、视频流等多种媒体，提供浏览网页、电话会议、电子商务等多种信息服务。ITU在2000年确定了WCDMA、CDMA2000和TD-SCDMA三大技术标准。

WCDMA的支持者主要是欧洲厂商，包括爱立信、阿尔卡特、诺基亚、朗讯、NTT等。系统能架设在GSM网络上，在GSM普及地区具有优势。

CDMA2000由高通公司主导，是从窄带CDMA标准发展而来的，可从原有的CDMA直接升级，建设成本相对低廉。

TD-SCDMA是由我国主导的3G标准，由原邮电部电信科学技术研究院提出。

这三种主流3G标准的部分技术比较见表4.3。

表4.3 WCDMA、CDMA2000和TD-SCDMA技术比较

| 技术关键点 | 指标或特性 | | |
|---|---|---|---|
| | WCDMA | CDMA2000 | TD-SCDMA |
| 载波间隔 | 5MHz | 1.25MHz | 1.6MHz |
| 码片速率* | 3.84Mcps | 1.2288Mcps | 1.28Mcps |
| 帧长 | 10ms | 20ms | 10ms(分为两个子帧) |
| 基站同步 | 不需要 | 需要 | 需要 |
| 下行发射分集 | 支持 | 支持 | 支持 |

* 码片速率的单位Mcps表示百万个码片每秒。

续表

| 技术关键点 | 指标或特性 | | |
|---|---|---|---|
| | WCDMA | CDMA2000 | TD-SCDMA |
| 频率间切换 | 支持,可用压缩模式测量 | 支持 | 支持,可用空闲时隙测量 |
| 检测方式 | 相干解调 | 相干解调 | 联合检测 |
| 信道估计 | 公共导频 | 前向,反向导频 | DwPCH、UpPCH、Midamble |
| 编码方式 | 卷积码、Turbo 码 | 卷积码、Turbo 码 | 卷积码、Turbo 码 |

## 4.4　4G/LTE 技术

4G 技术在 3G 技术的基础上继续提高了移动通信网络的性能。ITU 代表传统电信运营商的看法,认为 4G 是基于 IP 协议的高速蜂窝移动网,各种移动通信技术从 3G 不断演进,并在 LTE 阶段完成标准统一,要求 4G 传输速率达到 100Mb/s 或更高。

4G 网络结构可分为物理网络层、中间环境层、应用网络层。物理网络层提供接入和路由选择功能,无线网和核心网结合。中间环境层负责 QoS 映射、地址变换和完全性管理等。各层间接口开放,便于开发和提供新应用及服务。4G 技术提供无缝、高速率的数据服务,并运行于多个频带。4G 技术能自适应多个无线标准及多模终端能力,跨越多个运营商,提供大范围服务。ITU 将 LTE-Advanced 和 WirelessMAN-Advanced 确定为 4G 标准。

### 1. LTE

LTE 是 3G 技术的演进,改进并增强了 3G 技术的空中接入,可分为 FDD(Frequency Division Duplexing,频分双工)和 TDD(Time Division Duplexing,时分双工)两种制式。FDD-LTE 在国际上应用广泛,而 TDD-LTE(也称 TD-LTE)则在我国占主导地位。中国移动主推 TD-LTE,占用频段为 1880～1900MHz、2320～2370MHz 和 2575～2635MHz,共 130MHz。中国联通和中国电信则同时支持 TD-LTE 和 FDD-LTE,前者获批使用 1755～1765MHz、1850～1860MHz、2300～2320MHz 和 2555～2575MHz,后者获批使用 1765～1780MHz、1860～1875MHz、2370～2390MHz 和 2635～2655MHz。

LTE 的具体技术细节如下:

(1) 多址复用。下行采用 OFDM,同一小区用户信号间保持正交;而上行采用单载波频分多址(Single Carrier FDMA,SC-FDMA),用户信号的频域分量进行 OFDMA,比普通 OFDMA 简化了终端的功放设计,能够更有效地利用终端的功放资源。

(2) 高阶调制。上行、下行均自适应使用 QPSK、16QAM 和 64QAM 等调制技术,支持更高峰值速率,当信道条件足够好和功率资源足够时能更有效地利用系统资源。

(3) 混合自动重传请求(Hybrid Automatic Repeat reQuest,HARQ)。下行为异步自适应 HARQ,上行为同步 HARQ。

(4) 多天线。灵活使用MIMO、空分多址、波束成型和接收/发送分集等。

(5) 快速同步。使用主、次两种同步信号，每一个物理帧(10ms)的两个固定子帧上等间隔广播两次，使终端在5ms内获同步。终端利用主同步信号获取次同步信号的相位参考，再用次同步信号获取物理帧边界定时，最后确定小区ID。

(6) 控制信道设计。下行物理控制信道和业务信道被时分复用在每个子帧(1ms)的不同OFDM符号上，基站可根据负载情况和信道条件等动态地为下行控制信道分配资源，包括占用OFDM符号数和使用功率。业务信道使用Turbo码，控制信道使用卷积码或块编码。

(7) 自适应资源分配。资源最小单位是一个OFDM符号上的一个子载波，实际分配以资源块为单位，一个资源块由一个时隙(0.5个子帧，0.5ms)的12个子载波(总带宽12×15kHz=180kHz)组成。可结合业务类型对资源予以自适应分配。

(8) 干扰抑制。OFDMA和SC-FDMA基本消除了小区内干扰，基站间引入X2接口，除实现切换外，还可使相邻小区共享负载信息和协作调度，减少小区间干扰。

(9) 网络扁平化。网络由基站、移动性管理实体、服务网关/分组数据网关构成，原有无线网络控制器的功能被相应分散，大部分由基站承担。

(10) FDD和TDD最大共用。两种技术差异主要体现在双工方式和部分子帧设计上。FDD-LTE上行和下行采用相同帧结构，占用不同频率；TDD-LTE上行和下行采用不同子帧，占用同一频率。二者帧结构相同，一个无线帧(10ms)由10个子帧(各1ms)组成。两种技术差异最小化，便于设备厂家的同时开发和运营商的同时部署。

**2. LTE-Advanced**

LTE-Advanced是LTE的增强，完全兼容LTE，在LTE上的升级过程类似于从WCDMA升级到HSPA，峰值速率可达下行1Gb/s、上行500Mb/s。其主要技术如下：

(1) 聚合多载波。例如聚合5个20MHz载波，载波可连续或离散，可在同一频段或不同频段。运营商可有效利用自己拥有的不同载波，使部署更灵活。载波聚合时应该根据上下行需求灵活考虑上下行载波带宽，多载波间应协同调度和控制。

(2) 高阶MIMO。下行引入8×8甚至更高阶MIMO，上行引入4×4的MIMO，改进单用户/多用户MIMO、多码MIMO等，实现更高峰值速率。

(3) 智能中继。中继类似一个使用无线回程的微基站，只放大信号而不放大噪声和干扰。中继站支持层1到层3基本协议，有自身ID和调度功能，就像一个普通基站，与终端间的通信和与基站间的回程通信通过TDMA在同一频带上进行。

(4) 异构网络。综合使用宏蜂窝、微蜂窝、微微蜂窝、家庭基站、中继等提供泛在服务，节省部署和运营成本。异构网络间协调、移动性管理和干扰控制很关键。

(5) 协调多点发送。包括合作干扰抑制、协调波束成型和联合处理等。合作干扰抑制指分割资源，对特定资源不使用或降低功率，以避免或减少干扰。协调波束成型是通过扩展基站间接口来协调相邻基站的天线波束，实现波束对准本小区用户并避开使用相同资源的邻区用户。联合处理指分布式基站/天线间协同和联合处理，为用户实现分布式MIMO。

(6) 干扰管理。引入更多干扰抑制技术，包括不同场景下选择干扰最低基站、小区间干扰协调和负载均衡、终端和基站协同的干扰管理策略等。

### 3. WiMAX-Advanced

WiMAX-Advanced 即 IEEE 802.16m，是 WiMAX 的增强，移动接收下行与上行最高速率可达 300Mb/s，静止定点接收速率可高达 1Gb/s。其优势包括：提高网络覆盖，提高频谱效率，提高数据和 VoIP 容量，实现低时延与 QoS 增强，降低功耗。

# 4.5　5G 技术

## 4.5.1　5G 技术概述和标准背景

### 1. 5G 技术概述

第 5 代移动通信技术(5G)是 4G 的进一步演进，定义了增强型移动宽带(Enhanced Mobile Broadband，eMBB)、大规模机器类通信(Massive Machine Type of Communication，mMTC)和超可靠低时延通信(Ultra Reliable Low Latency Communication，uRLLC)三大应用场景。

eMBB 面向高带宽移动互联网应用，相比于 LTE-A，其峰值速率提高 10 倍以上，控制面时延、频谱效率、单位区域数据流量和移动速度等指标也有数倍提升。mMTC 面向智慧城市中的大规模万物互联应用，连接密度是 LTE-A 的几十倍，可达每平方千米上百万个设备。uRLLC 面向虚拟现实(Virtual Reality，VR)/增强现实(Augmented Reality，AR)、车联网和工业 4.0 等时间敏感应用，用户面时延甚至低至 0.5ms。

5G 频段大致分两部分：一是低频段 Sub 6G，最大信道带宽 100MHz；二是高频段毫米波，最大信道带宽 400MHz。

Sub 6G 频段即 6GHz 以下的常规无线通信频段。截至 2019 年年底，国内三大运营商 5G 商用频段如下：中国移动为 2515～2675MHz 和 4800～4900MHz，两段共 260MHz；中国电信为 3400～3500MHz，共 100MHz；中国联通为 3500～3600MHz，共 100MHz。

ITU 为 5G 确定的高频段毫米波频谱包括 24.25～27.5GHz、37～43.5GHz、45.5～47GHz、47.2～48.2GHz 和 66～71GHz。FCC 规定 27.5～28.35GHz、37～38.6GHz 和 38.6～40GHz 为 5G 授权频段。

### 2. 5G 技术标准背景

3GPP 制定了多个 Release 来推进 5G 的研发和标准化(Release 可理解为工作规划，各参与方按照预定规划实施工作)。

Release 15 是 5G 第一阶段标准，2019 年已完成并冻结。它分为如下 3 部分：

- Early drop(早期交付)。支持 NSA(Non-Stand Alone，非独立组网)模式，即利用已有 4G 核心网，增加 5G NR(New Radio，新空中接口)载波，提供网络覆盖。
- Main drop(主交付)，支持 SA(Stand Alone，独立组网)模式，基于全新的核心网架构(包含网络切片、更精细的 QoS 及更先进的安全机制)独立组网,大规模采用 NFV、SDN 等技术,支持 eMBB、mMTC 和 uRLLC 等各类业务。

- Late drop(延迟交付):在原有 NSA 与 SA 基础上进一步拆分,包含部分运营商升级 5G 需要的系统架构选项、NR 双连接等。

在全球范围首先启动的 5G 商用服务主要基于 Release 15 的 NSA 模式,而 Release 15 的 SA 模式将首先在中国商用。

Release 16 是 5G 第二阶段标准,计划在 2020 年完成并冻结。主要关注垂直行业应用及整体性能提升,面向自动驾驶汽车和智能交通领域的 5G V2X(Vehicle to Everything,车载网)、工业物联网和 uRLLC 应用等,涉及载波聚合大频宽增强、提升多天线技术、终端节能、定位应用、服务化架构、智慧化营运、切片安全、蜂窝物联网安全等。

Release 17 是 5G 第三阶段标准,计划在 2021 年完成并冻结。它涉及 NR Light(轻量级 MTC、可穿戴设备等)、小数据传输优化、Sidelink(D2D 直连用于 V2X/紧急通信等)、52.6GHz 以上频段、多 SIM 卡操作、NR 多播/广播(V2X/公共安全应用等)、覆盖增强、非陆地网络 NR(卫星通信等)、定位增强(V2X 定位/3D 定位/厘米级精度/低时延/高可靠等)、无线接入网数据收集增强、窄带蜂窝物联网和 eMTC 增强、工业物联网和 uRLLC 增强、MIMO 增强、综合接入与回传增强、非授权频谱 NR 增强、节能增强等。

在 5G 研发和标准制定过程中,国内企业如华为、中兴、中国移动和中国电信等,国外企业如高通、三星、爱立信和 Intel 等都踊跃参与,研发投入巨大。

### 4.5.2 5G 的网络结构

如图 4.6 所示,5G 网络在传统蜂窝小区基础上设立了离用户更近、更小尺寸的基站,以提升性能和支撑各种新应用。

基站可分为 4 类:宏基站(Macro Cell)、微基站(Micro Cell)、皮基站(Pico Cell)和飞基站(Femto Cell)。宏基站通常安装在铁塔上,功率一般为几十瓦,覆盖大片区域。微基站即微型化基站,功率一般为几瓦,通常在楼宇中或密集区安装。皮基站则比微基站更小,功率一般为几百毫瓦,用于公共区域盲区覆盖和热点容量增强。飞基站也称家用基站,功率和 WiFi 相近,一般为几十毫瓦。

图 4.7 为 5G 网络结构示意图,包括无线接入网(Radio Access Network,RAN)、云核心网、IP 骨干网、城域网和固定接入网。图中 AR 是接入路由器,BR 是汇聚路由器,CR 是核心路由器,SR 是业务路由器,FW 是防火墙,MSTP 是多业务传输平台,

移动手机通过基站接入 RAN,通过 RTN(Remote Terminal Network,远程终端网)、IPRAN(IP Radio Access Network,IP 无线接入网)或 PTN(Packet Transport Network,分组传输网)等将信号传给 BSC(Base Station Controller,基站控制器)/RNC(Radio Network Controller,无线网络控制器),再将信号传给核心网。

固定网络连接的家庭/集团客户通过光纤设备接入,如图中的 ONT(Optical Network Terminal,光网络终端)、ODN(Optical Distribution Network,光分配网)和 OLT(Optical Line Terminal,光线路终端)。数据分组从接入网进入城域网(接入层/汇

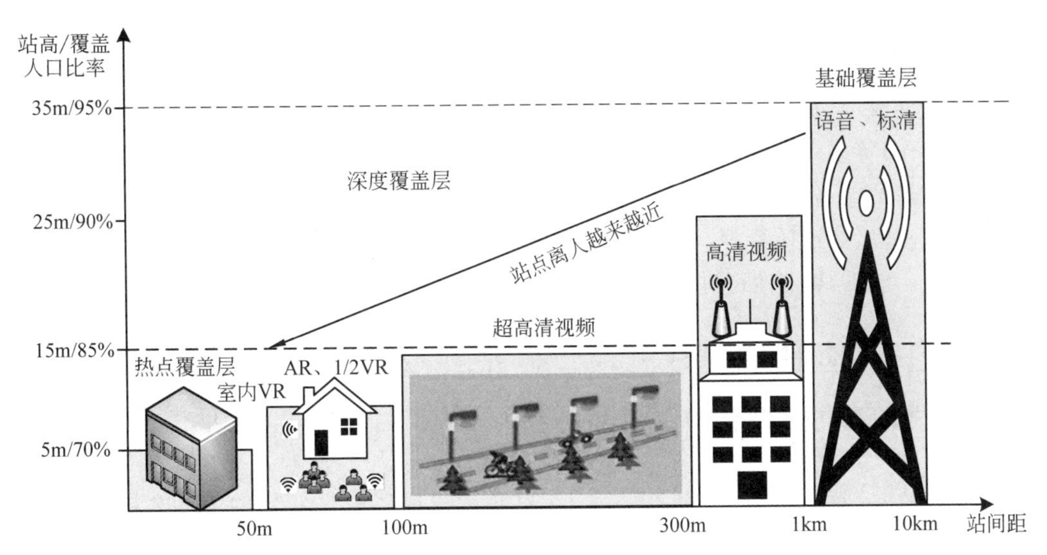


图 4.6　从基站角度看 5G 的覆盖和应用

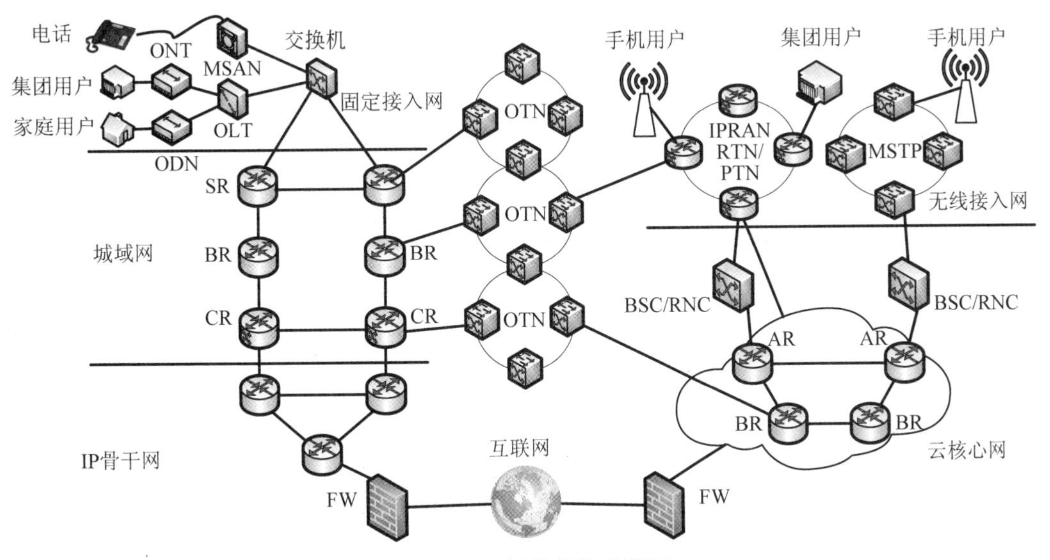


图 4.7　5G 网络结构示意图

聚层/核心层),进行认证和计费等,然后到达骨干网(接入层/核心层)。

无线接入网和固定接入网之间通过光纤进行远距离信号传输,例如 OTN(Optical Transport Network,光传输网络)基于 WDM(波分复用)和 SDH(Synchronous Digital Hierarchy,同步数字体系)。

## 4.5.3　5G 的接入网和承载网

在 4G 网络中,基站包含 BBU(Building Baseband Unit,建筑物基带单元)、RRU(Remote Radio Unit,远程射频单元)和天馈系统。BBU 置于基站内机柜中。RRU 包含中频、收发信机、功放和滤波模块,一般靠近天线放置。一个BBU支持多个RRU,形成分布式无线接入网(Distributed RAN,D-RAN)。

为降低成本,提高效能,5G引入C-RAN,C指Centralization/Cloud/Cooperation(集中/云/协作)等多含义。BBU统一置于运营商中心机房,形成基带池,便于调度。

这种基站端弱化可看成将实体基站转为虚拟基站。所有虚拟基站在BBU基带池中共享数据收发、信道质量等。联合调度将小区间的干扰变成协作,以提高频谱效率,提升用户感知。BBU基带池可进行NFV操作,进一步提高效率。

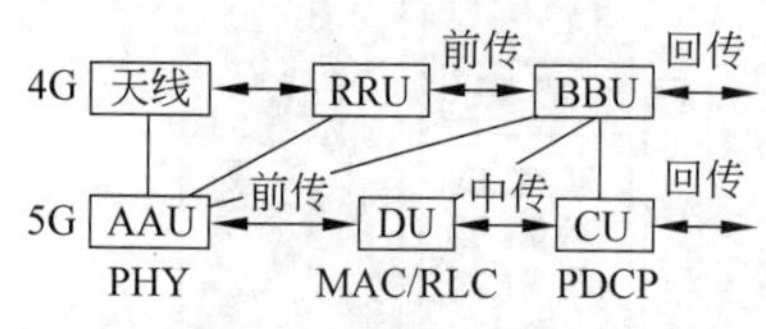


**图4.8 从接入网角度对比4G和5G**

在5G网络中,接入网不再由BBU、RRU、天线等组成,而被重构为CU(Centralized Unit,集中单元)、DU(Distributed Unit,分布单元)和AAU(Active Antenna Unit,有源天线单元),如图4.8所示。CU负责完成实时性较低的PDCP层功能,DU完成实时性较高的RLC/MAC/PHY层功能。图中PDCP(Packet Data Convergence Protocol)是分组数据汇聚协议,RLC(Radio Link Control)是无线链路控制协议。

进一步看图4.9,原先的EPC(4G核心网)被分为New Core(5G核心网)和MEC(Mobile Edge Computing,移动边缘计算)平台两部分,后者和CU一起下沉到中心机房,离基站更近。

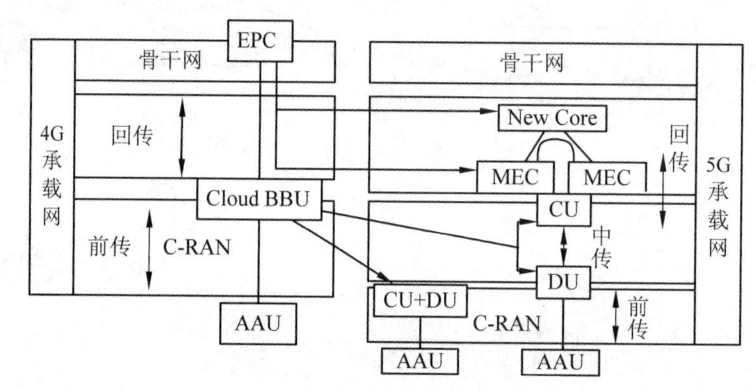


**图4.9 从承载网角度对比4G和5G**

BBU功能被拆分,核心网部分下沉,以满足不同场景需要。5G不仅传输速率高,还具备低时延、海量连接和高速移动等特点。不同场景的要求(如网速、时延、能耗、连接数等)差异较大。例如,视频直播要求高清画质,但允许少量时延;而车联网和自动驾驶汽车安全性第一,时延尽量低,传输数据率要求略宽松。

以非独立组网模式为例:锚点载波一般位于较低载频,使用4G/LTE为终端提供控制面和移动性管理;而5G载波一般位于较高载频,为终端提供数据服务。一个锚点载波会为若干个5G载波提供控制面服务,此时无线网本身就呈现集中-分布的结构,使用CU+DU结构能较好地与此契合。而对任何异构网(宏基站+微基站)的部署场景,CU+DU结构能使多基站协同发挥作用，提升空中接口性能。

考虑到实际部署，CU-DU 可采用灵活方式，既可合设，也可分离。合设时可采用专用硬件，类似传统 BBU，由主控板和基带板组成。例如，将 CU 功能承载在主控板上，DU 功能承载在基带板上。后续需分离时，去掉 CU（主控板）即可作为 DU 使用。

通过 CU、DU 和 AAU 的分离或合设，可形成如图 4.10 所示的多种网络部署形态。例如，形态 1 类似传统 4G 网络传输模式，而形态 3 更适合车联网的低时延场景。

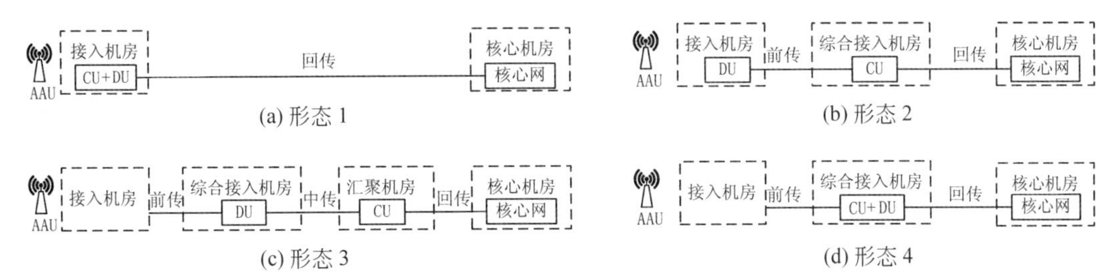


**图 4.10 各种 5G 网络部署形态**

承载网主要指前传、中传和回传，其中前传（AAU↔DU）主要分 3 种方式：

- 光纤直连。每个 AAU 与 DU 间均采用光纤点对点直连组网。易实现，光纤资源占用多。由于 5G 基站和载频数量剧增，适于光纤资源丰富的区域。
- 无源 WDM。将 WDM 模块安装到 AAU 和 DU 上，通过无源设备完成，只需一对光纤连接。这种方式节约光纤资源，但不易管理，运维较难。
- 有源 WDM/OTN。AAU 站点和 DU 机房中配置相应 WDM/OTN 设备，多个前传信号通过 WDM 共享光纤资源。组网灵活且节约光纤资源。

中传（DU↔CU）和回传（CU 以上）对带宽、组网灵活性、网络切片等的需求基本一致，可统一方案如下：

- 分组增强型 OTN＋IPRAN。利用分组增强型 OTN 设备组建中传网络，回传继续使用现有 IPRAN。
- 端到端分组增强型 OTN。中传与回传全部使用分组增强型 OTN 设备组网。

如光纤难以部署或成本过高，可考虑无线回传（点对点微波、毫米波等）。

### 4.5.4 5G 的数据帧结构*

4G/TD-LTE 时域中，以周期方式同时传输且标准配置上下行子帧数的帧结构分无线帧和半帧两种，无线帧时长 10ms，半帧时长 5ms，一个无线帧包含两个半帧。一个半帧包含 5 个 1ms 时长的子帧，一个子帧包含两个 0.5ms 时长的时隙。每个时隙根据循环前缀（Cyclic Prefix，CP）的不同时长，由 6 或 7 个 CP＋OFDM 符号组成，一个 OFDM 符号时长为 66.7$\mu$s，CP 分为常规 CP 和扩展 CP。每个 OFDM 符号包含的二进制脉冲信息量由基带调制方式决定。

TD-LTE 中的特殊子帧由 3 个称为 DwPTS、UpPTS 和 GP 的不同时长的特殊时隙组成：①DwPTS（3～12 个 OFDM 符号）用于下行控制信道和共享信道传输；②UpPTS

(1～2个OFDM符号)承载物理随机接入信道和Sounding导频信号;③GP(1～10个OFDM符号)既可作为保护间隔,以避免时域同频上下行链路间互扰,又可确定小区有效辐射半径,对应时长为71～714μs,对应小区半径为7～100km。

5G帧则采用分层结构,如图4.11所示,包含固定架构和灵活架构两部分。

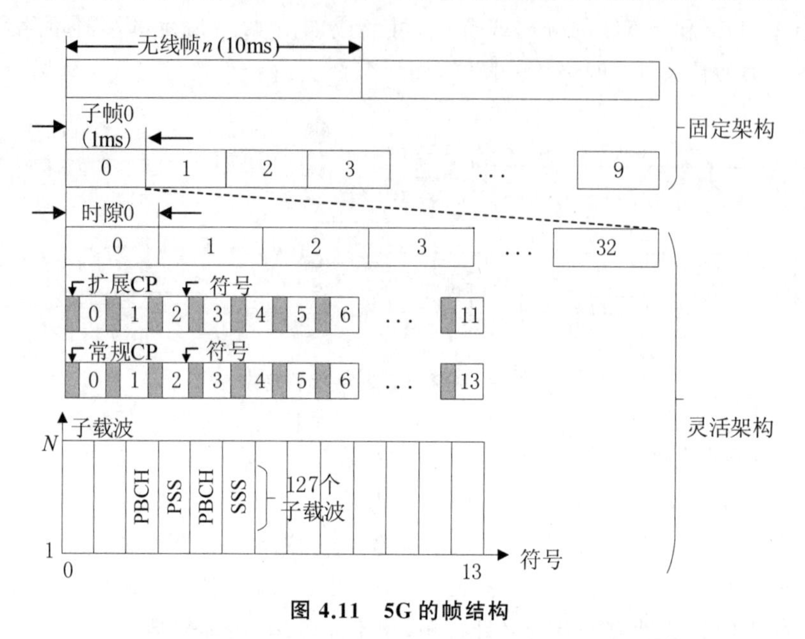


图4.11 5G的帧结构

固定架构沿用4G,包括时长10ms的无线帧和时长1ms的子帧,但取消了半帧,将帧结构的选择灵活性下移到灵活架构中,提高了固定架构传输效率。

灵活架构中的每个子帧包含的时隙数有更多选择,每个时隙包含的符号数是4G帧结构中的2倍,也分常规CP和扩展CP两种。

5G采用同时包括TDD和FDD的同频同时全双工传输,收发天线分离,收发信号可承载于空中接口同一子载波上的同一符号中,子帧传输需同步,但子帧之间类似FDD子帧一样无须隔离。时隙中的第4和第6个符号对应子载波承载的同步信号,使同步精确到每个时隙。而5G并非独立TDD,同一个无线帧中上下行子帧并不共存,则特殊子帧亦无必要。

在灵活架构中,每个子帧中时隙数和符号数可灵活选择,可根据子载波间隔灵活调整。由于子帧时长为1ms,当子帧包含时隙数和时隙包含符号数改变时,定义的时隙和符号时长灵活可变。4G常规子帧包含两个固定时隙,5G子帧的时隙数有6种选择。

5G时隙和符号的宽度随子载波间隔宽度的变化而变化,当子帧时长为1ms时,一个子帧时隙数为$2^{\mu}$($\mu$=0、1、2、3、4、5),一个无线帧的时隙数为$10\times2^{\mu}$,一个子帧的常规CP符号数为$14\times2^{\mu}$,扩展CP符号数为$12\times2^{\mu}$,一个时隙长$1/2^{\mu}$ms,常规CP的“符号+CP”长为$1/(14\times2^{\mu})$,扩展CP的“符号+CP”长为$1/(12\times2^{\mu})$,单位均为ms。

$\mu=0$ 时,5G 帧结构等效于 4G 的常规帧结构,即向下兼容 4G。当 $\mu$ 分别取 1、2、3、4、5 时,5G 形成时长不同的短帧,以对应 eMBB、uRLLC 和 mMTC 3 种场景。$\mu$ 的不同取值可改变时域帧结构,调整频域子载波间隔,改变资源粒子的大小。该机制既能灵活调整承载信息,又可提高系统性能。帧结构的控制量为 $\mu$,子载波间隔正比于 $2^\mu$,符号宽度正比于 $1/2^\mu$,计算控制效率高,控制过程简单,技术实现难度较低。

5G 固定架构的帧结构中只有无线帧和子帧,结构简单,可更好地与 4G 共享资源,便于 4G 和 5G 并存模式下的时隙与帧结构同步。灵活架构设计中只包括时隙和符号,每个子帧中可包含的时隙数最少 1 个,最多 32 个。选择方式有 6 种,每个时隙中既有包含 14 个符号的常规 CP,也有包含 12 个符号的扩展 CP。灵活架构不仅使系统选择更加灵活多样,还可实现与 4G 帧结构的共享与兼容。

### 4.5.5　5G 的核心网

互联网的骨干核心设备是路由器。几十年来,TCP/IP 技术不断成熟和普及,而路由器功能变化不大。蜂窝通信持续演进,其核心网设备则在不断升级。

2G 的核心网设备称为 MSC(Mobile Switching Center,移动交换中心)。一个 MSC 可管理几十个、上百个基站。

3G 的核心网进行了两大改进:一是 IP 化;二是网元设备功能细化拆分,如承载和控制平面分离。

4G 的核心网设备称为 ATCA(Advanced Telecom Computing Architecture,先进电信计算平台),有处理器、内存和硬盘等,接近刀片服务器。

在 5G 中大量应用 NFV(网络功能虚拟化)技术,硬件采用 x86 处理器平台的通用刀片服务器,软件基于 OpenStack 等开源云平台,可开发各种虚拟化平台,提供传统核心网功能。

5G 核心网采用基于服务的架构,体现模块化、软件化。5G 借鉴了服务计算领域的微服务理念:原来具备多功能的整体,被分拆为多个具独立功能的个体,不同个体实现不同微服务,如接入管理、认证服务管理、移动性管理、会话管理、用户平面功能、统一数据管理、策略管理、网络存储管理、网络开发管理等。

5G 还引入了网络切片概念:基于一个 5G 物理网络的元素连接,切出多张虚拟网络,即网络切片。它们彼此间逻辑独立,互不影响,从而面向不同应用场景,支持更多业务,满足多样化需求。不同切片从无线接入网到承载网再到核心网,逻辑隔离,且每个切片至少包括无线子切片、承载子切片和核心网子切片,以适配各类业务,体现了端到端的按需定制和隔离性。

实现端到端网络切片的关键是 NFV,例如,在核心网中,NFV 先从传统网络设备中分离软硬件,硬件由通用服务器统一管理,软件则体现不同网络功能,共享物理和虚拟资源池,灵活地进行资源重组,以灵活地满足不同业务需求。

### 4.5.6　5G 的关键技术

5G 应用了许多新颖的关键技术,部分技术列举在表 4.4 中。

表4.4 5G应用的部分关键技术

| 技术名称 | 技术含义 |
| --- | --- |
| 网络功能虚拟化(NFV) | 参见1.6节 |
| 软件定义网络(SDN) | 参见1.6节 |
| 移动边缘计算(MEC) | 利用无线接入网络,就近进行边缘计算,参见1.6节 |
| 云无线接入网(C-RAN) | 相比集中式无线接入网,提升设计灵活性、计算可扩展性等性能,降低成本。将无线接入网功能软件化和虚拟化,部署于标准云环境中,易实现协同多点传输和动态小区配置等优化方案 |
| 软件定义无线电(SDR) | 可在软件中定义部分或全部物理层功能,实现调制、解调、滤波、信道增益、频率选择等传统物理层功能,软件计算可在通用芯片、GPU、DSP、FPGA中完成 |
| 认知无线电(CR) | 参见2.9节 |
| 小小区(Small Cells) | 为宏基站消除覆盖盲点和补充容量。发射功率更低,覆盖范围更小(通常几十至几百毫瓦),可分为微基站、皮基站和飞基站 |
| 自组织网络(SON) | 依靠CR等自动协调相邻小区,自动配置和优化网络,降扰提效 |
| 设备间直接(D2D)通信 | 两个或多个移动终端设备直接通信,无须基站转发 |
| 大规模多入多出(M-MIMO) | 采用更大规模天线(如64×64),提升无线容量,扩大覆盖范围,但面临信道估计准确性、多终端同步、功耗和信号处理计算复杂性等挑战 |
| 毫米波 | 频率为30～300GHz,缺点是传播损耗大、穿透能力弱,但带宽大、速率高,结合M-MIMO,适合小小区、室内、固定无线、回传等场景 |
| 波形和多址接入 | 除抗多径干扰、MIMO兼容性外,还对频谱效率、系统吞吐量、时延、可靠性、并发接入终端数量、信令开销、实现复杂度等提出要求。使用循环前缀正交频分复用(CP-OFDM)波形并适配可变参数集,灵活支持不同子载波间隔,复用不同等级和时延的业务。对mMTC场景的超大连接密度,可考虑非正交多址(参见2.6节) |
| 信道编码 | 早期汉明、RM、CRC等基于分组的编码方案不适合高速实时通信。卷积码、Turbo码在2G、3G、4G中得到有效应用。5G选用LDPC对数据信道编码,选择Polar对广播和控制信道编码 |
| 带内全双工无线电 | FDD和TDD无法实现同频信道下同时发送和接收信号,而带内全双工传输速率是半双工的两倍,关键是消除自干扰,降低复杂度和成本 |
| 载波聚合 | 通过组合多个独立载波信道来增加带宽,提升数据速率和容量。载波聚合分带内连续、带内非连续、带间不连续3种方式 |
| 双连接 | 手机连接网络可同时使用至少两个不同基站资源(分主站和从站,如4G和5G共存),分组数据汇聚层将数据分流到两个基站,主站负责协议数据单元编号、主从站间数据分流和聚合等功能 |
| 低时延 | 面向自动驾驶、远程控制等超低时延场景,无线空口侧缩短发送时间间隔和增强调度算法,有线回传侧通过MEC使数据和计算更接近用户 |
| 低功耗广域物联网 | 参见9.8节 |

### 4.5.7 WiFi 6 和 5G 的性能对比

第 3 章介绍了 WiFi 6,它和 5G 在功能上有一定重叠。表 4.5 给出了二者的部分性能指标对比。考虑到 5G 还在持续演进,其各项性能指标也将不断变化。

表 4.5 WiFi 6 和 5G 的部分性能指标对比

| 性能指标 | WiFi 6 | 5G |
| --- | --- | --- |
| 适用场景 | eMBB/mMTC 场景下作为 5G 补充,室内为主 | 兼顾 eMBB、mMTC、uRLLC 场景,室外为主 |
| 工作频段 | ISM 免授权频段 | 授权频段 |
| 理论速率 | 9.6Gb/s(8 天线) | 20Gb/s(64 天线) |
| 室内单用户体验 | >1Gb/s | 100Mb/s~1Gb/s |
| 单设备覆盖范围 | 500~1000$m^2$(室内) | 5000~10 000$m^2$(室内)<br>千米级覆盖范围(室外) |
| 调制/带宽 | 1024QAM/160MHz | 256QAM/100MHz(sub 6GHz)<br>256QAM/400MHz(毫米波) |
| 调度和协调 | 协调(OFDMA+目标唤醒时间)+争用 | 基站协调(OFDMA+NOMA) |
| 物联设备连接 | 74 个设备同一时间内在线接入 AP,局域范围覆盖 | 10 万个连接数/站点,广域范围覆盖,超低功耗 |
| 建站成本 | 低廉 | 昂贵 |

可以看出,WiFi 6 在室内静态场景下可高速接入,加上成本低廉的优势,可作为 5G 的补充,一定程度上延续了过去 WiFi 和 3G/4G 共存互补的特征。

### 4.5.8 5G 的广泛应用

5G 的应用领域涉及各行各业,列举部分如下:

(1) 媒体直播。户外直播、固定场馆直播、VR 直播等。

(2) 智慧物流。园区智能安防、智慧停车、远程操控、智能 AGV(自动搬运车)、AR 拣选、无人机配送、货运跟踪等。

(3) 智能制造。生产过程可视化(远程控制、远程维护、预防维护)、云化 AGV、智能仓储、自动物料搬运、园区安防、园区虚拟网、AR/VR 培训等。

(4) 视频安防。视频监控接入、移动巡查、智慧警务、智慧工地、平安校园等。

(5) 智慧医疗。远程会诊、远程影像诊断、远程手术示教、远程急救、远程操控(超声、手术)、医院机器人、平安医院等。

(6) 智慧教育。远程互动教学、VR/AR 沉浸教学、VR/AR 实训教学、校园直播、校园设备管理、教育教学智能评测等。

(7) 智慧交通。道桥监测与安全感知、交通视频云、车辆主动安全防控、视频巡检、机坪异物检测、人员主动识别、车路协同、智慧公交、VR/AR远程维修、VR/AR远程培训、智慧公路协同感知、自动驾驶汽车等。

(8) 智慧能源。虚拟园区组网、施工现场远程作业、智能运输、危险行为自动识别和告警、工地施工安全、uRLLC远程控制、精准负荷控制、配网差动保护、智能巡检(机器人或无人机+AI)等。

(9) 智慧金融。电子货币、移动支付、自动银行等。

图4.12为5G技术支持的M2M通信应用场景和示意图。5G广泛应用于多种业务场景。

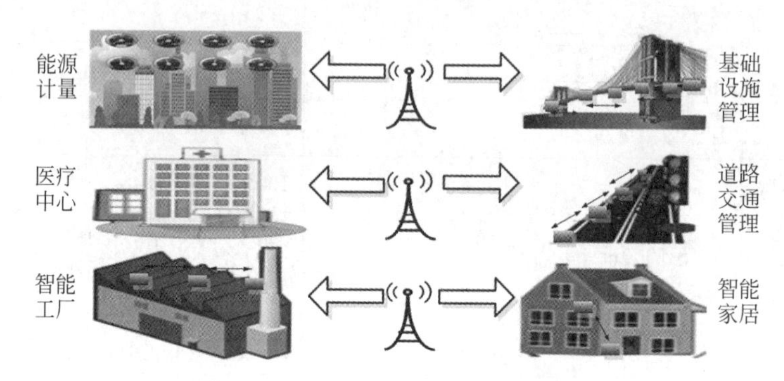


图 4.12　M2M 通信应用场景的示意图

图4.13为5G支持的智能制造应用场景的示意图。在环境监控与巡检、物料供应管理、生产监控与设备管理、产品检验等各个环节,5G融合视频监控设备、智能叉车、AR智能眼镜、工业传感器、智能巡检机器人等多种技术手段,可以实现生产可视化、远程控制、远程维护、无人质检、自动物料搬运等,能够有效提高生产、物流和管理效率。

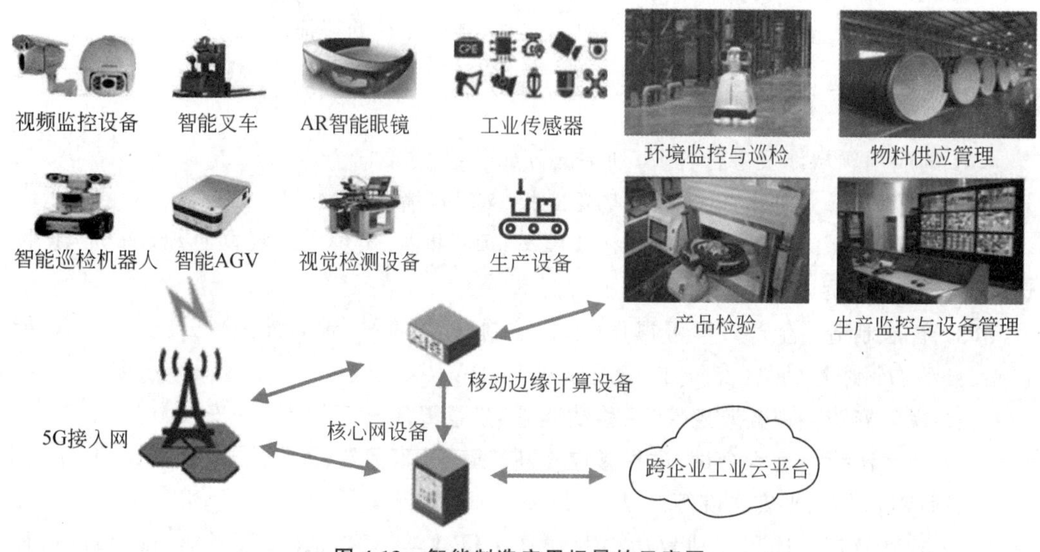


图 4.13　智能制造应用场景的示意图

# 4.6　6G技术展望*

研究者前瞻性地提出了6G网络设想，首先考虑到移动通信的10年周期法则：自20世纪80年代初的1G以来，大约每10年更新一代，从概念研究到成熟商用都需10年左右。预计2030年6G系统开始应用推广，满足彼时的信息社会需求。

2019年年底，ITU初步确定275～296GHz、306～313GHz、318～333GHz和356～450GHz频段共137GHz的带宽资源可用于未来6G的固定和陆地移动业务应用，这将为全球太赫兹(THz)通信产业发展和应用提供基础资源保障。

美国政府提出要尽快发展6G，将其视为事关未来竞争优势的关键领域。FCC开放面向6G的太赫兹频谱，首批实验频谱范围为95GHz～3THz，为数据密集型应用提供超高速网络接入。贝尔实验室、华为、三星、爱立信等也在积极布局6G。

## 4.6.1　国外6G旗舰研究计划的观点

### 1.《6G泛在无线智能的关键驱动因素及其研究挑战》白皮书

芬兰奥卢大学的6G旗舰研究计划(6G Flagship Research Program)《6G泛在无线智能的关键驱动因素及其研究挑战》(*Key Drivers and Research Challenges for 6G Ubiquitous Wireless Intelligence*)白皮书(以下简称“白皮书”)发布，提出未来6G愿景和目标是实现泛在无线智能——在任何地方，以无线连接方式，为人类和非人类用户提供情景感知智能服务和应用。白皮书注重对人性化(humanity)需求的满足，包括社会属性和经济属性。

白皮书提出：6G性能指标将比5G提升10～100倍，峰值传输速率达100～1024Gb/s；室内定位精度为10cm，室外为100cm；通信时延为0.1ms；超高可靠性，中断几率低于$10^{-6}$；超高密度，连接设备密度大于$100/m^3$。

### 2. 白皮书提出的6G发展和驱动因素

白皮书提出，驱动6G发展应考虑的因素包括4个方面：

(1) 实现全球可持续发展，解决人口持续增长与老龄化、气候变化、城市扩张及可持续发展、网络安全等问题应成为新一代技术发展的重要驱动力。

(2) 积极应对各类社会挑战，教育、社会服务、健康与民生、基础设施、数据安全与隐私、自动化和个性化等领域的创新与升级对6G提出了新要求。

(3) 不断涌现的新技术将推动移动通信从5G向6G演进，催生新的硬件和物理层技术。

(4) 满足垂直行业生产力增长需求。

6G的终端和设备更加多样，新设备形态将不断涌现。智能手机可能会被普及的扩展现实(Extended Reality，XR)所取代。高分辨率成像和感知、可穿戴显示器、移动机器人和无人机、专用处理器和下一代无线网络，将推动远程呈现(telepresence)成为可能。

**3. 白皮书列出的研究问题**

伴随无线网络、分布式AI和传感技术的进步,各类自动驾驶运载工具高速互联、协作分工,推动交通运输更高效、安全、绿色低碳。以下是需进一步研究的问题:

- 明确下一代XR系统的功能、性能和人体工程学需求。
- 确定下一代XR系统中不同组件之间如何分配算力和数据。
- 如何制定以人类感知为基准的体验质量标准?
- 下一代网络和设备能为人们之间的互动提供哪些新机会?
- 自动驾驶汽车的通信可靠性和交通安全应包括哪些因素?

以无线频谱领域为例,需进一步研究以下问题:

- 什么样的无线信道模型适合6G?如何建立从GHz到THz范围的统一模型?
- 在6G可行的频段范围内,100GHz以上商业用途需要哪些技术?
- 未来频谱分配和相关政策的实际需求和要求。

6G提出了新挑战。同步推进超高速低成本通信和先进传感系统的硬件技术发展;需要研发收发设备结构和计算新模式,半导体、光学和新材料等技术的发展和支撑极为重要;开源平台将成为下一代软硬件的重要解决方案。需进一步研究以下问题:

- 围绕"太赫兹间隙",如何融合电和光技术?
- 硅基技术能否满足太赫兹和太比特系统的要求,还需其他哪些技术?
- 在频率大于100GHz且距离大于10m的通信和传感中,如何实现足够的输出功率和可控天线阵列?
- 能否在机器学习等技术帮助下实现100GHz以上频率的可调谐天线和其他射频解决方案?
- 太赫兹频段的通信、传感、检测和成像的相互需求如何共存?

人工智能将在6G无线网络扮演重要角色,信号成形有助于实现高频谱效率,物理层需要强力安全保护,通过连接和计算的反向散射通信来实现超低功率通信。

6G组网需直接嵌入信任体系,可考虑身份标识(ID)与位置标识(Locator)分离,网络可灵活升级与扩展。AI和区块链将发挥重要作用。

6G还强调同步推进服务发展,所有特定用户的计算和智能都可移至边缘云,移动性的传感、成像、高精度定位可催生众多新应用。

### 4.6.2 我国学者的观点

北京邮电大学张平院士等提出6G的早期阶段是5G的扩展和深入,以AI、边缘计算和物联网为基础,实现智能应用与网络的深度融合,实现虚拟现实、虚拟用户、智能网络等功能。在AI理论、新材料和集成天线相关技术的进一步驱动下,6G的长期演进将产生新突破。6G不仅包含以往技术涉及的人、机、物3个核心元素,还包含第四维元素——灵(Genie),它基于实时采集的大量数据和高效机器学习技术,完成用户意图获取及决策制定任务。Genie可作为用户的AI助理,提供强大的代理功能,凌驾于虚拟物理空间之上并包含虚拟行为空间和虚拟社会空间的完备功能,为用户构建个性化的、自主的、沉浸式的、立体的代理，充分体现虚实结合、实时交互，实现人、机、物、灵协作应用场景。

东南大学王海明等学者提出，6G 的重要愿景是赋能智慧城市群。他们设想以陆地移动通信网络为核心，深度融合以地球同步轨道/中低轨道卫星通信为主的天基网络、以飞机/无人机通信为主的空基网络、以水声通信为主的海基网络以及光纤/双绞线/同轴电缆等有线接入方式。AI 深度融入 6G，统一接入无线和有线的多种媒介，使用户数据尽可能在底层实现交换，缩短路由选择/交换时延和用户的端到端时延。除 5G 的 3 种业务场景之外，6G 将支持第 4 种业务场景——广覆盖高时延通信业务，如中低轨卫星移动通信和水声通信。

中兴通讯公司赵亚军等学者提出的 6G 愿景为智慧连接、深度连接、全息连接和泛在连接，共同构成“一念天地、万物随心”。这个愿景强调实时性（无处不在的低时延和大带宽连接），体现思维与思维通信的深度连接，对应空天地海无处不在的泛在连接，针对海量智能对象，能随心所想，智慧连接，支持沉浸式全息交互连接。

- 智慧连接。充分应用 AI，实现全智能化网元与网络架构智能化、连接对象（终端）智能化、承载信息支撑智能化业务。
- 深度连接。深度感知，即触觉网络；深度学习，即深度数据挖掘；深度思维，即“心灵感应”（思维与思维的直接交互）。
- 全息连接。媒体交互形式从现在的平面多媒体为主发展为支持移动的高保真 AR/VR 交互为主，甚至完全沉浸式的全息交互。
- 泛在连接。物联范围扩展到更大空间，包括地下/深海/深空的无人探测器、中高空有人/无人飞行器、恶劣环境中的自主机器人、远程遥控的智能机器设备等，全地形、全空间的立体覆盖连接，形成空天地海一体化通信。

### 4.6.3　6G 的技术挑战

以下是 6G 面临的几大技术挑战。

- 峰值速率。6G 将实现太比特率，基于大数据的智能化应用普及，需要海量的数据传输能力以实现高保真 AR/VR/全息交互。
- 更高能效。6G 的超大规模移动通信网能耗和碳排放量巨大，超高吞吐量、超大带宽、超海量的无线节点需要更高效的绿色节能通信。
- 随时随地连接。人类活动空间进一步扩展到高空、外太空、远洋、深海、地下等，物联区域更广，将实现无所不在（空天地海）、无所不连（万物互联）、无所不知（各类传感器）、无所不用（大数据和 AI）。
- 全新理论与技术。潜在的关键技术包括全新信号采样、全新信道编码与调制、太赫兹通信、AI 与无线通信结合等。
- 自聚合通信架构。动态融合多种技术体系，实现不同技术智能动态自聚合、自适应满足复杂多样的场景及业务需求。
- 非技术性因素。6G 会全面渗透到社会生产和生活各个方面，需紧密配合其他垂直行业和领域，频谱分配、卫星轨道资源等需全球统一协调。

### 4.6.4　6G 的关键技术

本节简要介绍 6G 的 10 项关键技术。

### 1. 广义信息论

与基于概率测度的经典信息论不同，广义信息论需要对语义信息进行主观度量，构建融合语法与语义特征的信息定量测度理论，面向真实与虚拟通信重叠的场景，研究基于语义辨识的信息处理理论、基于语义辨识的信息网络优化理论等。

### 2. 太赫兹通信

0.1～10THz的电磁波波长为30～3000μm，介于微波与远红外光之间，位于宏观电子学与微观光子学的过渡区域。太赫兹通信频谱资源丰富，传输速率高，在高速短距离宽带无线通信、宽带无线安全接入、空间通信等方面应用前景广阔。太赫兹电波传播时易被水分吸收，适于高速短距离通信。其波束更窄，方向性更好，更抗干扰，可实现2～5km的保密通信。在外层空间，太赫兹波在多个波长附近存在相对透明的大气窗口，能实现无损传输，极小功率就可实现远距离通信，接收端易对准，量子噪声低，天线终端可小型化和平面化。可广泛应用于空间通信。

### 3. 可见光通信

详见本书2.8节。

### 4. 稀疏理论/压缩感知

根据奈奎斯特采样定理，信号先采样后压缩，以高于信号频率的速率对信号进行采样和处理。而压缩感知(Compressed Sensing，CS，也称压缩采样)理论实现了信号同时采样与压缩。从欠定线性系统中恢复稀疏信号，即信号的少量线性测量/投影包含用于重建的足够信息。如果信号在某个变换域是稀疏的或可压缩的，可使用与变换矩阵非相干的测量矩阵将变换系数线性投影作为低维观测向量，同时保持重建信号所需信息，进一步求解稀疏最优化问题，就能从低维观测向量精确地重建原始高维信号。发送方用数据观测或感知代替信号采样，接收方则用信号重建代替传统解码。

### 5. 全新信道编码

基于现有先进编码机制(Turbo、LDPC、Polar等)，探索适合未来通信系统应用场景的基本信道编码原则，进一步研究新的编解码机制及更强大的芯片实现方案。现有信道编码设计假设为点对点高斯信道，而实际通信是多用户复杂网络的干扰/衰落信道，未来通信网络的干扰关系更加复杂。6G要基于干扰信道假设并充分利用AI驱动进一步优化设计。

### 6. 超大规模天线

天线要进一步体现跨频段、高效率和全空域覆盖。可配置的大规模阵列天线与射频技术要突破多频段、高集成射频电路面临的低功耗、高效、低噪、非线性、抗互扰等关键挑战，研究新型大规模阵列天线设计、高集成度射频电路优化设计和高性能大规模模拟波束成型网络设计等技术。

**7. 灵活频谱**

实际频谱需求的不均衡性体现在不同网络之间、同一网络内不同节点之间、同一节点收发链路之间。由此，应考虑以下问题：频谱共享，解决不同网络间频谱需求不均衡；全自由度双工，解决同一网络内不同节点间和同一节点收发链路间的频谱需求不均衡。

**8. AI 驱动的无线通信**

AI 驱动的作用体现在以下 4 个方面：

(1) AI 将在未来 6G 网络占据主导地位，体现在智能核心网和智能接入网、智能手机和智能物联终端、智能业务应用等。

(2) AI 驱动自主进化，如可用性、可修改性、有效性、安全性、效率等。自主进化质量指标包括可测试性、可维护性、可重用性、可扩展性、可移植性、弹性等。

(3) 底层信号处理与通信机制将采用 AI 驱动，如基于深度学习的信道编译码、信号估计与检测、MIMO 机制、基于 AI 的资源调度与分配等。

(4) 网络基础设施的自组织、自优化要基于 AI 的自治来实现。

**9. 空天地海一体化通信**

扩展网络覆盖广度和深度，延伸到太空、空中、陆地、海洋等，实现天基（卫星、航天器）、空基（飞机、热气球、无人机等）、陆基（地面蜂窝）、海基（水下、近海沿岸、远洋船只、无人岛屿等）网络全覆盖。卫星通信和水下通信知识参见第 5 章和第 7 章。

**10. 无线触觉网络**

在 5G 实现万物互联与感知的基础上，6G 将连接普遍具备智能的对象。连接除了实现感知以外，还包括实时控制与响应，即触觉，即，能实时传送控制、触摸和感应/驱动信息的通信网络，以远程访问、感知、操作、控制实时的真实和虚拟对象或过程。关键技术包括物理实时交互（人和机器能实时访问、操作、控制对象）、支持远程控制的超实时响应基础设施、将控制和通信融入网络的应用程序等。

## 4.7 无线城域网和蜂窝通信网络的应用

**1. 低空无人机蜂窝通信基站**

为了改善蜂窝通信基础设施的部署和安装，Nokia 公司推出了 F-Cell 计划，设想利用低空无人机建立蜂窝网络的空中基站，如图 4.14 所示。这种基站使用太阳能供电，通过无人机部署在低空，可以便捷、灵活地部署到需要的区域。

**2. 无线城域网/蜂窝网络在视频监控中的应用**

由于社会发展和人员流动规模的增加，视频监控的应用需求越来越多。伴随计算机、

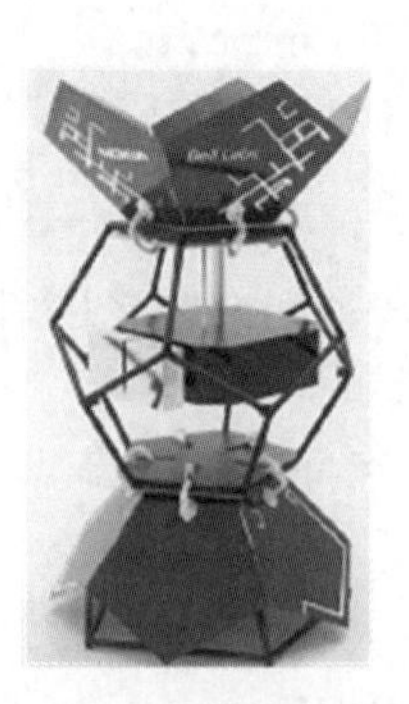

图 4.14 Nokia 公司的低空无人机基站

通信、网络和图像处理等技术的发展,视频监控系统迅速普及。视频监控具有观察准确及时、信息内容丰富、可重放、现场无人值守等特点,已广泛应用于许多场合。凭借数字化、压缩编码和实时传输等技术,视频监控已成为安防、生产自动化等系统的重要内容。

无线城域网/蜂窝网络的无线传输特性可使视频监控系统在接入层的部署更便捷,减少施工对环境的影响。而其高速率特性可保证较好的视频传输质量,满足绝大多数应用场景要求。

在实际组网中,可根据具体监控点分布方位,结合可安装基站的机房资源、网络节点分布情况和可用频率资源等情况,合理设计。选择合适位置设立基站,以各监控点作为远端站,通过无线链路连接基站,基站再通过高速有线链路接入有线网络。各监控点数据通过无线城域网/蜂窝网络传输到基站,然后汇聚到监控中心,如图 4.15 所示。

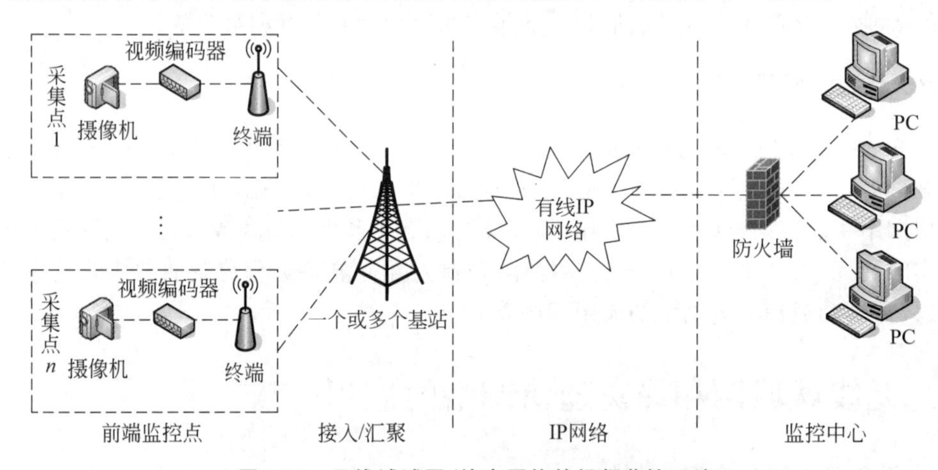


图 4.15 无线城域网/蜂窝网络的视频监控系统

无线视频监控系统包括视频采集前端、无线网络传输、视频流信息处理等系统。前端系统由视频服务器、摄像机、云台解码器、报警输入输出设备组成,将视频图像直接转化成压缩数字信息后传输。前端系统占用带宽小,能自动维护前端监控点。压缩后的视频流信息在被处理为射频信号后发往基站,再由基站通过有线 IP 网络传输到本地监控中心,统一进行监视和管理。无线视频监控系统还提供标准的控制接口,以实现远程的云台控制、网络视频服务器维护等。

**3. 蜂窝移动通信在公安巡逻执勤中的应用**

一线民警(如交警和巡警)需驾驶警车在路上执勤,处理交通违规等事件,检查来往车辆,经常需要迅速获取有关车辆及驾驶员的信息。以往一线民警采用对讲机与总部联系,只有语音信息,无法获取确切数据信息。此外,对违章驾驶员的罚款也需等到罚单汇总到系统中,给交通管理带来诸多不便。可采用无线网络有效解决上述问题。

例如,某市交管部门部署了一套端到端的无线交通管理解决方案。它采用蜂窝移动通信技术,覆盖了一线民警工作的地域。骑摩托车的民警可使用手持无线设备(如大屏幕手机或 PDA),而驾驶警车的民警则可使用车载无线笔记本电脑,直接在交通现场访问交通管理系统数据库,实时查询驾驶员信息,操作违章罚单系统。在解决方案中还应用了多种数据加密技术,以确保数据传输的安全和交通管理数据中心的安全。

方案中要考虑的因素包括网络类型、无线终端设备和交通管理数据中心。

先来看网络类型。一线民警每天工作的区域可能非常大,可能在一个城市中,也可能在跨地区的高速公路上。较早的思路是使用公安系统的 800/350MHz 集群对讲网络,其运营成本低,安全性高。但它也存在一些缺点:网络建设水平不一,不同地区条件不一,相对较好的网络未必能覆盖所有区域;目前网络大多只传输语音,要传输数据还需大规模升级和投资;数据终端由少数厂商提供,缺乏普遍性。所以,更好的选择是使用蜂窝移动通信,网络性能稳定,可覆盖绝大多数地区,收费低廉,带宽足以满足方案的性能需求。

再考虑无线终端设备,智能手机、PDA、笔记本电脑等均可。

交通管理数据中心是整个方案的核心,主要负责以下功能:

(1) 支持各种无线终端设备的接入和对后台数据的访问。

(2) 确保数据在公共网络和互联网中传输过程的安全保密。

(3) 根据无线终端的具体特点(屏幕尺寸、使用的浏览器等),自动提供最佳显示。

(4) 与交通管理应用系统后台有效集成。

**4. 蜂窝移动通信在高速列车上接入互联网的应用**

多个因素使列车上进行宽带通信较为困难,车厢的法拉第笼效应将导致渗透信号大量丢失,我国的高速列车时速可达 350km/h,基站切换极度频繁。高速列车对蜂窝移动通信的主要影响因素如下:

- 高振动环境,可能需要通信设备的机械分离。
- 具有热挑战性的环境,在列车某些特定部位温度影响较大。
- 恶劣的电环境,这是因为接近高电压,如在电气列车上。
- 高磁场,如在磁悬浮列车上,不能为计算机设备提供优质电源供应。
- 设备需要尽量少的维护,意味着设备要近乎军事级的标准。
- 轨道边的特征因素,如铁路信号设备对蜂窝移动通信的干扰。

- 列车的车厢数量经常增减,通信网络需自动发现这些变化。
- 列车车辆的连接器接触可能导致通信失败。
- 隧道会限制无线通信基站的能见度。
- 网络频繁切换会导致丢包和包重排列。
- 列车移动性导致不同网络流的 QoS 机制更复杂。

在全球越来越多的地区,高速列车已可接入互联网。图 4.16 所示为在高速列车上接入互联网的参考架构。

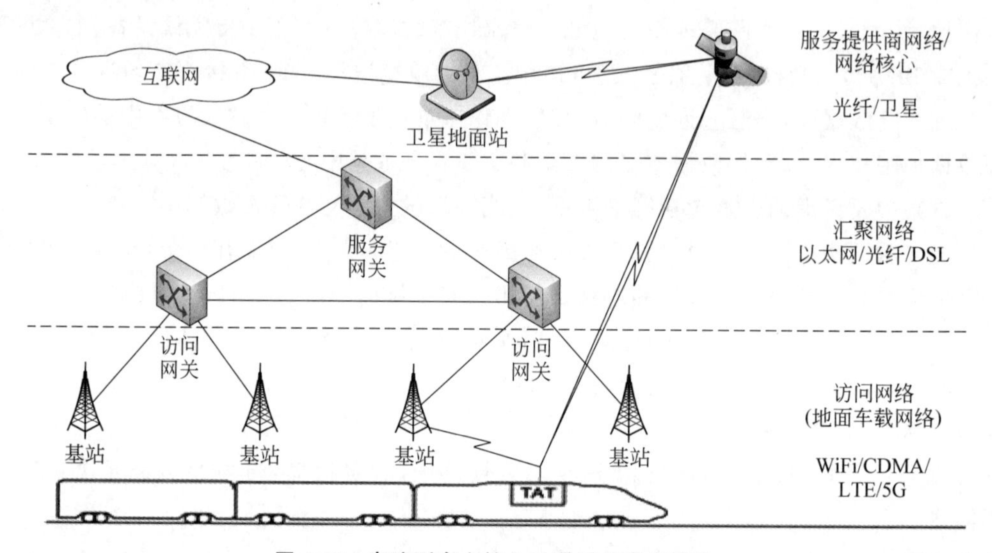


图 4.16 高速列车上接入互联网的参考架构

火车宽带接入网络系统通常沿铁轨部署,可使用带有基站的无线网络,如 GPRS、HSDPA、LTE、WiMAX、WiFi、FLASH-OFDM、卫星、5G 或光纤无线电等。

### 5. 我国高铁 TD-LTE 网络技术简介

下面介绍我国高铁 TD-LTE 网络的一些技术特点。

新型高铁列车采用全封闭结构,车厢体为不锈钢或铝合金等金属材料,车窗玻璃厚,室外无线信号在车厢内穿透损耗较大,给无线覆盖带来困难。信号垂直入射时穿透损耗最小,而当基站垂直位置距轨道较近时,覆盖区边缘信号进入车厢的入射角小,穿透损耗大。

高铁场景会产生明显的多普勒效应,即接收信号波长因信号源和接收机的相对运动而变化,其引发的附加频移称多普勒频移。终端高速移动速度达到 350km/h 时,多普勒频移超过 800Hz,会影响上行接入/切换功率、系统容量、覆盖等。基站需采用高速频移估计算法,预估高精度的频移值,精确估计多普勒频移的变化趋势。

终端高速移动的主要问题是快速切换。若切换带过小,终端在切换未完成之前与小区失去连接,业务将中断。对高铁沿线的网络,要根据切换启动阈值参数设计及完成切换流程所需时间统计，估算所需切换带大小。仅当两个小区切换带足够大时，才能使终端在将满足切换条件的测量事件上报后，有足够时间跨越整个切换带，进行正常切换。

再看不同地理位置的影响。如果高铁站台位于建筑密集的城区，就产生了与普通公网小区的切换问题。一方面信号阻挡较大；另一方面与公网小区重叠覆盖，产生互相干扰。而在高架桥梁附近，地势狭窄，基站的设备安装和电源配套困难较大。隧道最为复杂，地势狭窄，内部弯道易形成阴影衰落，易产生多普勒频移。

高铁线路属于典型的线状覆盖场景，应避免对沿线区域产生越区覆盖。为增加单基站覆盖距离，减少切换次数，可采用高增益窄波瓣天线，天线挂高应高出铁轨 10～20m。对较短的隧道(100～200m)，可在距离隧道口 50m 左右架设天线，对隧道内定向发射；而对较长的隧道(200m 以上)，可采用基带处理单元＋远端射频单元＋泄漏电缆的方式，远端射频单元间距可为 500m 左右。

高铁基站应尽量交错分布于铁路两侧，有助于改善切换区域，并利于车厢内两侧用户接收信号质量均匀。对拐弯区域应选择拐角内部署基站，有助于减小基站覆盖方向和轨道方向夹角，减小多普勒频移的影响。

高铁候车厅室网络应连接高铁专网，形成连续覆盖，并互相配置邻区，便于用户从候车厅进入站台和车厢的切换。候车厅室网络也应与公网小区形成连续覆盖并互相配置邻区，便于用户由外部小区进出候车厅的切换。而站台专网与公网小区之间不配置邻区关系，即站台用户占用专网小区。

铁路沿线专网之间互配邻区时一般为链状，仅配置切入与切出邻区，原则上不配置专网小区与公网小区间的邻区。由于公网用户可能随机占用高铁专网小区，为保证公网用户移动中不掉线，需配置高铁专网小区切换到公网小区的单向邻区，不配置反向邻区。如果线路上专网覆盖较弱而公网覆盖较强，应设置专网小区对公网小区较高的切换阈值，减少高铁用户的不必要切换。

### 6. 面向智能高铁的 5G 应用

1) 智能高铁与 5G 业务需求

智能高铁是智能交通的重要部分，包括智能装备与运营、面向旅客的智能服务、智能建设 3 方面。

- 智能装备与运营包括智能动车组、列车自动驾驶、智能供电、智能调度、智能防灾系统以及智能运营维护。
- 面向旅客的智能服务包括智能服务设施、车站运营智能感知、车站设备智能监测控制与管理等。
- 智能建设包括智能高铁工程建设管理、基础设施智能检测等。

铁路行业用户和商业用户都需要由 5G 技术提供高性能服务，在车地之间建立支持高速移动、高传输速率、高可靠性和高实时性的通信链路。表 4.6 列出了智能高铁 5G 业务需求。

表 4.6 智能高铁 5G 业务需求

| 业务属性 | 业务内容 |
| --- | --- |
| 列车控制及运行 | 智能控制、车载高清视频监测控制、分布式应急通信、远程监测与故障诊断 |
| 铁路物联网 | 智能行车编组调度、乘务组调度、移动票务、旅客/行李安防监测、货运管理、铁路集装箱联运 |
| 旅客车载移动宽带接入 | 旅客商务办公、车载高清视频娱乐、车载即时通信、车载在线游戏、旅客社交网络、移动远程急救等 |
| 列车综合服务 | 客运信息发布、定制化旅客服务等 |

2) 智能高铁中的5G关键技术

智能高铁中的5G关键技术如下。

(1) 大规模天线。

由于智能高铁场景中用户移动极快,小区频繁切换,可使用分布式大规模 MIMO 系统,减少控制信令交互,节省无线资源,提升用户体验。将配置一根或多根天线的接入点大量分布在铁轨两侧,通过回程将数据传给中央处理单元,利用同一时频资源服务多用户。用户与部分接入点距离近,可降低大尺度衰落影响,获得宏分集增益,可在轨道附近区域提供稳定、可靠的 QoS。接入点成本较低,且每个接入点天线数量少、尺寸小,可灵活部署于轨边电线杆等空间受限处。

(2) 超可靠低时延通信(uRLLC)。

智能高铁的 uRLLC 主要解决3方面需求:面向列车控制业务的车地间通信、面向旅客相关业务的车地间通信和面向小型化且分布式部署的设备间通信。挑战来自高速移动场景下信道环境快速变化与传输可靠性/传输时延间的矛盾,以及相对静止场景下高吞吐量/高可靠性与低时延的矛盾。

(3) 大规模接入。

高铁场景复杂,包含较多出入口和围栏,需大量传感器节点以实现无盲区覆盖。车站包含诸多无线通信应用场景,在车载视频、旅客信息服务、AI 识别和物联网等方面,大规模机器类通信(mMTC)具有大规模的设备数量、小数据包传输、低移动性、低活跃度及功耗受限等特点,应用前景广泛。

3) 智能高铁中的5G应用

智能高铁中的5G应用如下。

(1) 智能高铁车站。

智能高铁车站的业务需求包含室内导航、人员信息管理、视频通话、安防、站内运营、停车管理等。车站大厅面积可达数万平方米,上万人同时候车,数据流量密集,需高性能的室内覆盖及传输方案,以保证用户终端在静止或低速移动下正常通信。

中国移动在上海虹桥火车站启动了全球首个5G室内数字系统网络建设项目,峰值传输速率达1.2Gb/s,开展智能送餐机器人、导航问路、高清视频通话、云虚拟现实等应用。该项目使用了有源天线、光纤以太网、可视化运维和服务多样化等新方案，可满足服务增长、容量扩展、无缝覆盖、可视化运维等 5G 网络的多维需求。

(2) 物联网移动边缘计算应用。

通过边缘计算应用，实现车路协同，实时获取列车周围环境信息，将大部分传输流量和计算负载整合到轨道边缘层。例如，实时视频监测控制系统可将视频流就近上传边缘计算系统进行分析，识别轨道突发情况，及时下发调度指令，以保障安全。

在智能高铁 5G 应用中，将客运服务系统部分功能部署到本地，提供云售票机或互联网取票机、智能客服机和云票务平台等服务，满足电子支付等需求。车站智能安防系统可通过视频监测控制系统分析关键区域人群，判断拥挤度，从而有效调度人群流动。

## 4.8 无线城域网和蜂窝移动通信的实验

### 1. 无线城域网仿真实验

本实验主要对 WiMAX 进行分析，重点关注 MAC 层的 IEEE 802.16 模块。具体安装过程详见配套实验手册；如果已构建完成配套网络仿真实验环境，则无须重复。图 4.17 为本仿真实验拓扑图，包含了 11 个节点，其中，中心节点 0 与其周围 10 个节点分别进行通信，中心节点周围 10 个节点之间不直接进行通信。具体操作说明和实验过程详见配套电子资源和实验手册。

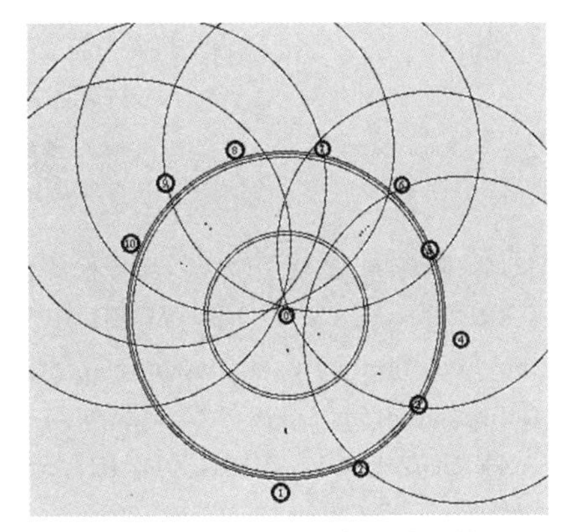

图 4.17　WiMAX 仿真实验拓扑图

### 2. 蜂窝移动通信网络的数据传输实验

本实验学习如何利用已有的蜂窝移动通信网络进行数据传输。具体方法是：在 PC 上利用串口调试助手控制 SIM900 模块，与移动终端进行数据传输，如图 4.18 所示。具体的操作说明和实验过程详见配套电子资源和实验手册。

图 4.18　蜂窝移动通信网络的数据传输实验示意图

## 习题

4.1　为什么说无线城域网解决了“最后一公里”的接入问题？

4.2　简单介绍 IEEE 802.16 系列技术标准和协议体系结构。

4.3 列举 WiMAX 和蜂窝移动通信的不同应用场景。

4.4 调查 WiMAX 的应用情况,为什么其应用不如蜂窝网络广泛?

4.5 蜂窝网络为什么比 WiFi 网络更能保证信号传输质量?

4.6 对蜂窝移动通信采用的 2G/3G/4G/5G 技术的特点进行分析和比较。

4.7 从多角度分析、比较 5G 和 WiFi 6 技术的优缺点。

4.8 搜集 6G 技术研发动态,对中外学者提出的未来 6G 网络设想表明你的看法。*

4.9 在乘坐高铁、动车旅行时,用手机测试蜂窝网络和 WiFi 网络的性能,列出结果并分析各种影响。

4.10 你最关心 5G 的哪种应用? 描述这种应用的场景。

## 扩展阅读

1. 3GPP Release 主页,https://www.3gpp.org/specifications/releases。

2. 3GPP 的 5G 协议标准下载,https://www.3gpp.org/ftp/Specs/archive/38_series/(对应协议编号可查找 https://www.3gpp.org/DynaReport/38-series.htm)。

3. 微信公众号"5G 通信"。

## 参考文献


[1] 张彦,陈晓华. 构建宽带无线城域网的移动 WiMax 技术[M]. 北京:电子工业出版社,2009.

[2] PAREIT D, LANNOO B, MOERMAN I, et al. The History of WiMAX: A Complete Survey of the Evolution in Certification and Standardization for IEEE 802.16 and WiMAX[J]. IEEE Communicaitons Surveys & Tutorials, 2012, 14(4):1183-1211.

[3] AKYILDIZ I, GUTIERREZ D, REYES E. The Evolution to 4G Cellular Systems: LTE-Advanced [J]. Physical Communication, 2010,3(4): 217-244.

[4] 傅洛伊,王新兵. 移动互联网导论[M].3 版. 北京:清华大学出版社. 2019.

[5] 万彭,杜志敏. LTE 和 LTE-Advanced 关键技术综述[J]. 现代电信科技,2009(9):33-36.

[6] 张长青. 5G 系统定义的帧结构分析[J].邮电设计技术,2019(6): 42-46.

[7] AGIWAL M, ROY A, SAXENA N. Next Generation 5G Wireless Networks: A Comprehensive Survey[J]. IEEE Communications Surveys & Tutorials, 2016, 18(3): 1617-1655.

[8] FOKUM D T, FROST V S. A Survey on Methods for Broadband Internet Access on Trains[J]. IEEE Communications Surveys & Tutorials, 2010, 12(2): 171-185.

[9] 徐鸿喜,邓芳. 高速铁路 LTE 网络优化研究[J]. 电信技术,2015(6): 54-59.

[10] 艾渤,马国玉,钟章队. 智能高铁中的 5G 技术及应用[J]. 中兴通讯技术(网络版),2019,25(6): 42-47,54.

[11] 张平,牛凯,田辉,等. 6G 移动通信技术展望[J]. 通信学报,2019,40(1):141-148.

[12] 赵亚军,郁光辉,徐汉青. 6G 移动通信网络:愿景、挑战与关键技术[J]. 中国科学:信息科学,2019,49(8): 963-987.

[13] 王海明. 6G 愿景:统一网络赋能智慧城市群[J]. 中兴通讯技术(网络版),2019,25(6): 55-58.

第5章

# 卫星网络和空天信息网络

和其他各种无线网络相比,卫星网络略显另类,主要原因是普通用户往往较少直接接触卫星网络。卫星网络同样是无线网络的重要分支,而且是范围最大、距离最远的无线广域网的典型代表。当传统卫星通信和计算机网络相结合时,卫星网络展现出更大的发展和应用空间。更进一步,人类开始逐步构建面向宇宙的空天信息网络。本章主要介绍卫星网络的基本原理、相关技术、主要应用、研究进展以及空天信息网络的一些技术和应用。本章仿真实验内容是对卫星网络的传输性能进行分析。

## 5.1 卫星网络概述

在大范围的地面无线通信中,为增加通信距离,往往采用中继接力方式克服地球曲率对电磁波传播的阻碍。通常建立多个地面中继站,进行接力式的数据传输。随着空间技术的发展,人们考虑把中继站放到距地面很高的人造卫星上,并使其天线对准地球表面的通信站。由于卫星视野开阔,可实现地面接力难以达到的长距离中继效果。在卫星的可通信范围内,不但可连接视角之内的任意两个点对点的通信站,而且在卫星天线波束所照射的广阔地域内,所有卫星地面站均可利用该波束进行接力通信。

### 1. 卫星网络通信的基本概念

卫星通信指利用人造卫星作为中继站,转发两个或多个地面站之间进行通信的无线电信号。这里的地面站指位于地球表面(陆地、水上和低层大气中)的无线电通信站,而转发地球站通信信号的人造卫星称为通信卫星。

如果在某个微波通信系统中,一些中继站由卫星携带,并且这些卫星之间及卫星与地面站之间能进行通信,则卫星在地域上空按一定轨道运行而构成的覆盖很广的通信网络就称为卫星网络。换言之,卫星网络是以人造地球通信卫星为中继站的微波通信系统。卫星通信是地面微波中继通信的发展和向太空的延伸。人造地球通信卫星是太空中无人值守的微波中继站,各地面站之间的通信可通过其转发而实现。图5.1所示为一个典型的卫星网络示意图。

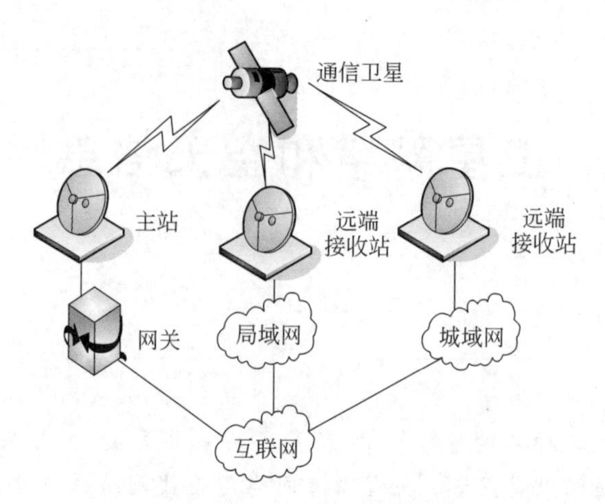


图 5.1 典型的卫星网络示意图

微波频段的信号是直线传输的,既不像中长波那样靠衍射传播,也不像短波那样靠电离层反射传播。所以,地面微波中继通信通常为视距通信,而通信卫星相当于离地面很高的中继站。当卫星运行轨道较高时,相距很远的两个地面站可同时看见该卫星,卫星可将一个地面站发出的信号放大、变换和处理后,再转发给另一个地面站。

### 2. 卫星网络的发展

1945 年,著名科幻作家阿瑟·克拉克在英国《无线电世界》杂志上发表了具有历史意义的关于卫星通信的科学设想论文——《地球外的中继》。他详细讨论了卫星通信的可行性,构想了一系列地球同步卫星,他指出,这些卫星可以接收和发射来自地面的无线电信号,实现信息的中继。该论文为此后卫星通信的发展奠定了理论基础。为纪念他,如今赤道上空的地球静止同步卫星轨道被命名为克拉克轨道。

地球静止轨道(Geostationary Orbit,GEO)卫星指位于地球赤道上方的正圆形地球静止轨道上的人造卫星,从地面看,GEO 卫星总是定位于地面某点的赤道上空,保持静止。GEO 卫星的绕地运行周期与地球自转周期相同,即与地球自转保持同步。地球静止轨道属于地球同步轨道(Geosynchronous Orbit,GSO)的一种。地球同步轨道需满足两个条件:一是卫星角速度与地球自转角速度相等,即不快不慢;二是卫星受到的向心力等于地球引力,以维持既不飞离地球又不落回地面的状态,即不上不下。通过引入地球质量、地球半径、万有引力常数等,对这两个条件列式计算,可解得地球同步轨道离地面约为 35 786km。

1957 年 10 月 4 日,苏联成功发射了人类第一颗人造地球卫星 SPUTNIK-Ⅰ,标志着人造卫星时代的开启。1958 年 1 月 31 号,美国成功发射了人造卫星“探索者 1 号”,该卫星的质量为 8.22kg,高 203.2cm,直径为 15.2cm,沿近地点 360.4km、远地点 2531km 的椭圆轨道绕地球运行,轨道倾角为 33.34°,运行周期为 114.8min。

美国在 1962 年 7 月和 1963 年 5 月成功发射了两颗真正实用的通信卫星——“电星 1 号”和“电星 2 号”。电星轨道穿越了多个高能辐射带,导致星载电子设备很快失效。电星证实了通信卫星的价值。从此，各国陆续开始研制能将有源卫星发送到静止轨道的运载火箭和具备有效通信能力的卫星。

国际通信卫星组织(Intelsat)的卫星于1965年4月首次升空。同年欧美开始了卫星商业运营，静止轨道卫星通信变成了现实。随着更多国家认识到卫星通信的价值，Intelsat取得了巨大成功，发展迅速，几十年来发射了大量通信卫星，仅退役的就已超过50颗。Intelsat已拥有143个成员，经营电视、电话和数据业务，到2007年，拥有在轨卫星51颗。

随着通信技术的发展，卫星系统也逐渐开始提供移动通信业务。美国在20世纪60年代末至70年代初进行了卫星与商船和飞机间的移动通信试验。1971年，ITU将1535～1542.5MHz和1635.5～1644MHz分配给海事卫星移动通信业务。1979年7月，国际海事卫星通信组织(Inmarsat，现改称国际移动卫星组织)成立。与Intelsat不同，Inmarsat提供卫星移动通信业务，其拥有的国际海事卫星通信系统是世界上首个提供全球性移动通信业务的卫星通信系统。Inmarsat覆盖全球，为陆地、海洋和空中用户提供商用、应急和安全救护等卫星移动通信业务。

进入20世纪80年代，为适应移动通信业务发展的需要，一些国家着手开发新的面向陆地移动通信业务的卫星系统，包括加拿大的MSAT、美国的LMS、欧洲的EUTELSAT等。这些系统多采用链路传播损耗大的GEO卫星，限制了移动终端的小型化，通常只能为各种舰载、机载或车载终端提供服务。为支持小尺寸的手持式终端，人们将注意力转向了非静止轨道(NGEO)卫星系统的研究。与GEO卫星相比，NGEO卫星较低的轨道高度意味着较小的传输衰减和传输时延，更适于手持终端。但由于NGEO卫星对地的相对移动性，通信系统的管理变得复杂。

1998年11月，铱星(Iridium)系统投入运营，开创了卫星通信的新时代。铱星系统采用高度为780km的低地球轨道，使用星载多点波束天线技术，支持低功率的手持终端。铱星系统是首个采用了星际链路的非静止轨道卫星系统，其成功运行证明了NGEO卫星星座和星际链路技术的可行性和先进性，也为卫星通信的发展指明了新方向。

而在地面移动通信市场上，2G、3G、4G、5G技术相继商用。地面无线通信网络的高速发展极大地冲击了卫星移动通信，并使其市场一度跌入低谷。但由于各种客观条件限制，地面无线通信网络只能覆盖有限的地表区域。对于广大农村和边远山区等业务量稀少地区，使用蜂窝网络覆盖既不经济也不现实。而在沙漠、海洋、湖泊和低空等区域，建设地面移动通信网络更为困难。因此，如何为地面移动通信网络不能覆盖的广大地区提供有效通信是迫切需要解决的问题。另一方面，地面移动通信网络将会出现越来越多的漫游用户，需要在网络难以覆盖的区域提供良好的漫游通信服务。

卫星移动通信系统以其独一无二的无缝覆盖能力成为新一代全球移动通信系统的重要组成部分。它可较好地解决稀疏业务量地区、边远地区和地面通信网络未覆盖地区的通信难题以及全球漫游问题。面对地震等无法避免的大规模自然灾害或突发事件时，卫星通信系统能有效保证受影响区域的正常通信。

21世纪10年代中期开始，伴随新一代无线网络通信技术的发展，新兴的卫星互联网星座系统也逐渐起步，此类系统规模巨大，是由成百上千颗运行在低地球轨道的小卫星构成的巨型星座。这些系统能提供宽带互联网接入,实现远距离的互联网数据传输。这些新兴系统的发展商主要是非传统航天领域的互联网企业,系统本身可视作全球互联网向太空延伸的空天信息网络的一部分。

自首颗卫星发射到2018年年底,全球累计实施5801次航天发射,累计发射8960个航天器,在轨运行航天器总数达2192个,10多个国家具备轨道发射能力。

我国的航天事业始于20世纪五六十年代。1970年4月我国成功发射了首颗卫星"东方红1号"。几十年来,我国卫星通信事业取得了长足进步。目前我国从事卫星通信的主要企业是中国航天科技集团(CASC),它拥有神舟、长征、北斗和嫦娥等著名品牌和自主知识产权,主要从事运载火箭、人造卫星、载人飞船和战略/战术导弹系统的研究、设计、生产和试验,为经济建设、社会发展、科技进步和国防现代化建设作出了很大贡献。2018年,CASC成功发射37次共103个航天器。

CASC下属的中国卫通集团专业从事卫星运行服务业,重点发展卫星空间段运营、地理信息与位置服务、通信广播地面运营三大业务。中国卫通集团拥有先进的卫星资源网络和民用卫星地面站,能提供高效、优质的广播电视、语音、数据多媒体、应急通信、互联网接入、企业专网和远程教育等通信广播服务。该集团拥有先进的导航地图制作核心技术和导航电子地图数据库,服务于消费电子导航、航空摄影和车辆定位监控等行业。

目前我国的卫星通信业务虽然面临有线光纤、蜂窝移动通信等的激烈竞争,但仍然有广阔的市场前景,特别是针对我国疆域辽阔,存在广大的偏远农村和山区,常规通信手段难以普及的国情,利用卫星建立覆盖全国的卫星通信网络更具重要意义。

### 3. 卫星网络的特点

与其他通信方式相比,卫星网络通信具有以下特点。

(1) 通信距离远,覆盖面积大,费用与通信距离无关。

相比其他手段,卫星通信在通信距离和覆盖面积两方面的优点尤为突出。应用地球静止轨道卫星的地面最大通信距离可达18 000km。一颗地球静止轨道卫星的可视区可达全球表面积的40%,在这个大面积覆盖区域内的地面站可利用卫星转发信号进行通信。卫星通信成为国际、国内或区域(尤其边远地区)通信、军事通信以及广播电视等领域极有效的现代通信手段。

(2) 便于实现多址连接通信。

常规地面长距离通信通常为点对点。而卫星为大面积覆盖,卫星天线波束覆盖区域内的任何地面站均可共享卫星,实现站点间双边或多边通信。范围内的任何地面站均基本不受地理条件或通信对象限制,一颗卫星相当于一条可通往任意一点的无形链路。

(3) 通信频带宽,传输容量大。

卫星传输频带很宽,一般为500～1000MHz,适合大容量语音、数据和多媒体等多种业务。一颗卫星的通信容量可同时传输数千甚至上万路数据信号,除光纤外,尚无其他通信手段能提供这样大容量的远程通信。大功率卫星技术的发展和新技术的不断应用,使卫星通信容量越来越大,传输业务类型也更加多样化。

（4）机动灵活。

卫星通信不仅能用于大型固定地面站之间的远距离干线通信，也可在车载、船载、机载等移动地面站间进行通信，还可为个人移动终端提供通信服务。

（5）通信线路稳定可靠，传输质量高。

卫星通信主要在大气层和宇宙空间中传输。宇宙空间接近真空状态，可视为均匀介质。电磁波传播特性比较稳定，不易受自然条件和人为干扰的影响，几乎不受天候、季节影响，即使在磁暴和核爆炸情况下，线路仍能畅通。由于卫星不像地面微波那样每隔数十千米就要设立一个中继站，所以不会因噪声叠加而使通信质量下降。

（6）成本与通信距离无关。

卫星通信建站和运行费用不受站之间距离及地面自然条件影响。相比于其他地面远距离通信方式，卫星通信优势明显，对边远农村和交通、经济不发达地区极为经济有效。

卫星通信以其众多优点而得到长足发展。应用范围广泛，可用于传输电话、传真、数据和广播电视等，还广泛用于气象、导航、军事、侦查、预警及科研等领域。

当然，卫星通信在技术上还有一些限制和不足，具体如下。

（1）高可靠和长寿命的要求难以满足。

卫星与地面相距甚远，一旦出现故障，难以维修。为控制通信卫星的轨道位置和姿态，需要消耗推进剂。而通信卫星的体积和重量有限，只能携带有限的推进剂，一旦推进剂耗尽，卫星就失去了工作能力，只能退出服务而沦为太空垃圾。

（2）发射与控制技术复杂。

卫星与地面相距成千上万千米，卫星发射时需精确定点，调整姿态，并长期保持位置和姿态的稳定，需要先进的空间技术，难度很大。另外，电磁波的传播损耗很大，一般上、下行线路的传播损耗高达200dB左右。因此，为保证通信质量，需采用高增益天线、大功率发射机、高灵敏度和低噪声接收机以及先进的调制解调设备等，要求高，技术复杂。

（3）信号传输时延和回声干扰较大。

地球静止轨道卫星通信系统的空地距离接近40 000km，地面站→卫星→地面站的单向传输时间约为0.27s，双向通信就达0.54s。如用于通话，会给人带来不自然的感觉。如不采取回波抵消等特殊措施，再加上混合线圈不平衡等因素，还会产生回波效应（即听到本人话音的回声），会对通话质量造成较大影响。

（4）存在日凌中断和星蚀现象。

每年春分和秋分前后，当地时间午后的一段时间里，地球静止轨道卫星处于太阳和地面之间，地面站天线对准卫星的同时也对准了太阳，强烈的太阳噪声会严重影响通信，该现象称为日凌中断。当地球静止轨道卫星进入当地时间午夜前后的十到几十分钟内（最长76min），卫星、地球、太阳处于同一条直线上，地球挡住了阳光，卫星进入地球的阴影区，此时卫星的太阳能电池不能工作，称为星蚀。日凌中断和星蚀会导致卫星通信暂时中断。

此外，地球静止轨道卫星通信系统在地球高纬度地区的通信效果不好，两极地区存在通信盲区，地面微波系统与卫星通信系统之间还存在着相互的同频干扰。

地球静止轨道卫星组成的全球通信系统如图5.2所示。

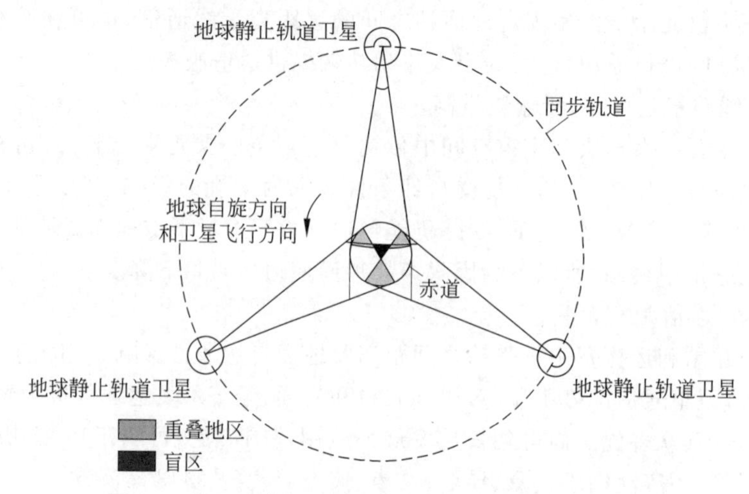


图5.2 利用地球静止轨道卫星建立全球卫星通信系统

### 4. 卫星网络的分类

目前全球已建成数以百计的卫星通信网络，其可分类如表5.1所示。

表5.1 卫星网络分类

| 分类方式 | 类别 |
|---|---|
| 按卫星制式 | 地球静止轨道卫星网络、随机轨道卫星网络、低轨道卫星网络 |
| 按覆盖范围 | 国际卫星网络、国内卫星网络、区域卫星网络 |
| 按用户性质 | 公用卫星网络、专用卫星网络、军用卫星网络 |
| 按业务范围 | 固定业务卫星网络、移动业务卫星网络、广播业务卫星网络、科学实验卫星网络 |
| 按信号制式 | 模拟制式卫星网络、数字制式卫星网络 |

### 5. 卫星网络的拓扑与组网

1）卫星星座拓扑结构

由于卫星节点不断运动，卫星网络的拓扑结构随时间不断变化，这使得卫星网络与其他通信网络有较大区别。其拓扑特点如下：

- 节点位置及节点间的相对距离都是以时间为变量的函数。
- 节点的邻居状况遵循一定规则。
- 一般情况下，整个网络节点总数不发生变化。
- 节点间距较大，且距离变化也较大，不能忽略。
- 节点间的拓扑关系呈周期性变化。

这里仅对卫星星座拓扑分类进行简单说明，介绍3种基本拓扑结构。

(1) 星形拓扑。通常以一颗卫星为中心节点，其他卫星通过中心节点进行通信。其优点是：结构简单，轨道设计和实现的难度相对较小，便于管理和控制。但该结构也有其固有缺点：所有通信必须通过中心节点，中心节点负载很大，存在单点失败的可能，容错性略差。

(2) 环形拓扑。同一轨道面内的每颗卫星都和相邻卫星相连，构成封闭环形链路。从设计角度看，这种拓扑的路由选择、通信接口和网络管理相对简单，实现较容易，且多个环形星座通过地面站互连，可形成较高地面覆盖率。其缺点是在节点较多时传输效率低、时延长。

(3) 网状拓扑。每颗卫星至少和两颗以上其他卫星连接，铱星、Teledesic 等系统都采用网状拓扑。其优点是星间链路有冗余备份，可靠性高，可实现全球覆盖，数据传输速率快，时延小。其缺点主要是需较多的卫星，建设成本高。

2) 卫星网络组网方式

确定拓扑结构后，进而可确定卫星网络的组网方式。有两种组网方式可供选择。

(1) 基于地面的组网方式。

网络功能主要由地面网络提供，每颗卫星都是一个位于外太空的中继器，接收地面用户发来的数据流，然后转发给地面站。地面站作为地面网络架构中的网关，而卫星则是扩展地面网络的无线网络的最后一跳。这种方式有全球星和 ICO。

由于卫星在整个系统中负责最后一跳的连接，所以该组网方式的拓扑结构较随意。卫星网络将网络功能与空间传输的数据相互分隔，允许各自考虑网络层和报文设计。

(2) 基于空间的组网方式。

网络功能主要由卫星网络提供，每颗都有独立的处理能力，而且卫星都作为网络路由器，可通过使用星际链路(Inter-Satellite Link，ISL)和相邻卫星进行通信。在该组网方式中，卫星必须支持星载路由和交换机制。此时该卫星星座实际上就是一个独立系统或自治系统。

在该组网方式中，卫星之间可直接进行网络互连和路由，减少了星地间的通信量，而星地间通信所依赖的信道资源往往很有限。

图 5.3 所示为低地球轨道(Low Earth Orbit，LEO)和中地球轨道(Medium Earth Orbit，MEO)卫星网络结构。

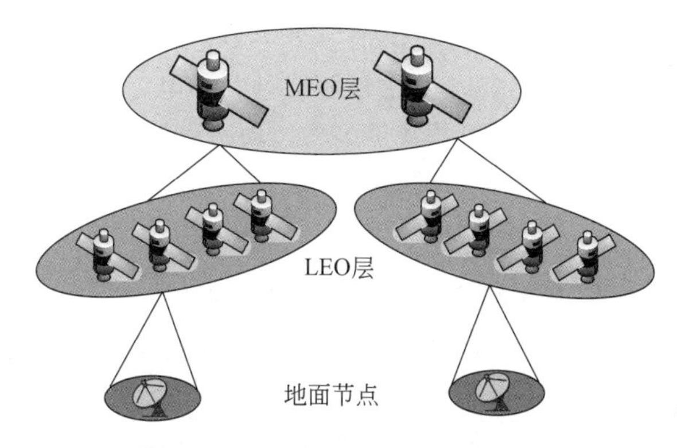


**图 5.3　LEO 和 MEO 卫星网络结构**

## 5.2 卫星网络原理

### 1. 卫星轨道

卫星轨道的形状和高度是确定覆盖全球所需卫星数量和系统特性的重要因素。目前,卫星网络系统采用的轨道从空间形状上看分两种:椭圆轨道和圆轨道。通常椭圆轨道仅在卫星相对地面运动速度较慢的远地点附近提供通信服务,适于为高纬度区域提供服务;圆轨道卫星则可提供较均匀的覆盖特性,通常用于提供均匀覆盖的卫星系统。

从轨道高度分类,可将卫星轨道分为低地球轨道(LEO)、中地球轨道(MEO)、地球静止轨道(GEO)和高椭圆轨道(Highly Elliptical Orbit,HEO)。图5.4给出了各种卫星轨道的高度比较示意图。

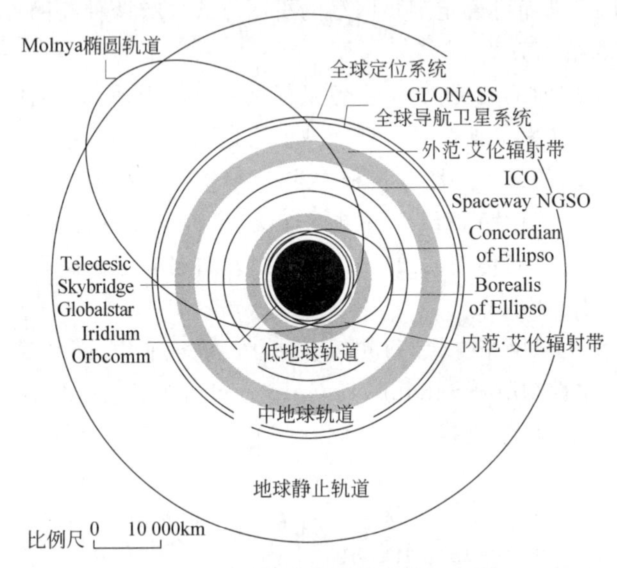


图5.4 卫星轨道高度的比较示意图

图5.4中两个灰色圆环分别表示内、外范·艾伦辐射带。范·艾伦辐射带是围绕地球的高能粒子辐射带,较低的内范·艾伦辐射带主要包含质子和电子混合物,较高的外范·艾伦辐射带主要包含电子。范·艾伦辐射带对电子电路破坏性很强,选择卫星轨道时应避开这两个区域,这也限制了可用轨道高度。而对高度较低的轨道,大气阻力的影响明显。通常轨道高度低于700km时,大气阻力会严重影响卫星飞行,缩短卫星寿命。而轨道高度高于1000km时,大气阻力的影响可忽略。卫星网络各种轨道的参数对比见表5.2。

表5.2 卫星网络各种轨道的参数对比

| 参数 | 轨道高度/km | 波束数 | 天线直径 | 卫星信道数 | 射频功率/W | 成本 |
|---|---|---|---|---|---|---|
| 低轨道 | <2000 | 6~48 | 约1m | 500~1500 | 50~200 | 高 |
| 中轨道 | 8000~13 000 | 19~150 | 约2m | 1000~4000 | 200~600 | 低 |
| 高轨道 | 35 800 | 58~200 | 8m以上 | 3000~8000 | 600~900 | 中 |

静止轨道卫星通信技术目前使用广泛，技术成熟。但它也存在以下不足：

(1) 轨道高，链路损耗大，终端功率和接收机要求高。如果要支持手持设备直接通信，需较大的星载天线（如 12m 以上的 L 频段天线），并采用点波束技术提高天线增益。

(2) 链路距离长，传播时延大。单跳时延达 250～270ms，加上处理时间，时延会更大，严重影响了某些实时性要求高的业务应用。多跳时延使该技术在很多实时业务中不适用。

(3) 覆盖有限。静止轨道固定在赤道上空，卫星通信系统实质上只能覆盖中、低纬度地区，无法有效覆盖高纬度地区，尤其是两极地区。

(4) 静止轨道资源有限。静止轨道位置非常紧张，是其继续发展的一个不利因素。

而高度相对较低的低轨和中轨卫星系统传播距离短，链路损耗小，降低了对用户终端的性能要求，便于支持手持设备通信。较小的传播时延允许端对端多跳通信，能实现真正的全球覆盖。因此，非静止轨道卫星在时延和链路损耗方面具有优势，有利于采用较小的卫星并支持低成本、小功率的手持式终端。由于非静止轨道卫星与用户间的位置处于相对变化中，需采用星群互补的方式为用户提供连续服务。由于非静止轨道卫星数量较多，当部分卫星失效时，系统能降级使用，一定程度上提高了系统鲁棒性。

低轨卫星信号传播时延短，单跳时延为 10～40ms，支持多跳通信，链路损耗小，降低了星上天线和用户终端的要求。但低轨卫星系统结构复杂，技术难度大。因轨道高度低，单颗卫星覆盖面积小，覆盖全球需数十甚至上百颗卫星，例如，铱星有 66 颗，全球星有 48 颗，Teledesic 则多达 288 颗，系统投资大。而由于低轨卫星对地运动速度快，单颗卫星可视时间短，用户通信会经历频繁的波束间和卫星间切换。

中轨卫星是静止轨道卫星和低轨卫星的折中，一定程度上克服了二者的不足。中轨星座的高度约为静止轨道卫星的 1/4，链路损耗和传播时延较小，仍可采用简单的小型卫星。由于其轨道高度较低轨卫星高，覆盖全球所需卫星数量比低轨系统少。用户远距离通信时，由于经历跳数较少，统计时延低于低轨系统。中轨系统是建立全球或区域性卫星移动通信系统较理想的方案。但在为地面移动终端提供宽带实时多媒体业务方面，中轨系统有一定困难，低轨系统更适宜高速多媒体业务。此外，中轨系统链路损耗较大。

### 2. 卫星网络的通信体制

卫星通信体制指卫星通信系统的工作方式，即信号传输、处理和交换方式等，具体包括多路复用、调制、编码、信道分配、多址连接与交换方式等。下面介绍信道分配和多址连接两种技术。

1) 信道分配技术

信道分配技术有预分配和按需分配两种方式。前者分固定和按时两种，后者包括全可变、分群全可变和随机等。较常见的是固定预分配，即两个地面站间信道为预先半永久性分配，连接方便，可看作专用。但实际上，业务量繁忙的信道会发生业务量过载，导致拥塞；而业务量空闲的信道则会闲置，浪费资源。应当针对实际业务量动态分配资源，减少拥塞和浪费，提高信道资源利用率。卫星通信信道分配技术如表 5.3 所示。

表 5.3 卫星通信信道分配技术

| 分配方式 | 类　型 | 特　点 |
|---|---|---|
| 预分配 | 固定预分配 | 通信线路的建立和控制非常简便,但信道利用率低 |
| | 按时预分配 | 信道利用率高 |
| 按需分配 | 全可变分配 | 信道可随时申请和分配,可获得转发器全部可用信道 |
| | 分群全可变分配 | 卫星信道被分成若干个群,在群内进行全可变分配 |
| | 随机分配 | 随机选取信道,信道利用率高,但易造成数据冲突 |

2）多址连接技术

多个地面站通过同一卫星通信建立连接,称为多址连接或多址通信。多个地面站利用同一卫星实现中继,同时建立信道,实现各站间的通信,并要求各信号互不干扰。合理选择卫星通信的多址连接技术,对充分利用资源、提高通信可靠性和有效性至关重要。卫星通信中应用的多址连接技术有 FDMA、TDMA、CDMA 和 SDMA,如表 5.4 所示。

表 5.4 卫星通信中应用的多址连接技术

| 多址连接技术 | 特　点 |
|---|---|
| 频分多址(FDMA) | 卫星转发器的可用射频频带分割成若干互不重叠的部分,分配给各地面站 |
| 时分多址(TDMA) | 卫星转发器的工作时间分割成周期性的互不重叠的时隙,分配给各地面站 |
| 码分多址(CDMA) | 具较强抗干扰能力,有一定保密性,改变地址较灵活。占用较宽频带,频带利用率一般较低,选择数量足够的可用地址码较困难;接收时,获取与同步地址码需耗时 |
| 空分多址(SDMA) | 卫星天线增益高,卫星功率利用高 |

### 3. 卫星网络的关键技术

可以预见,卫星网络将向宽带网络发展,传统语音和低速数据业务比例将逐步缩小,而互联网和宽带多媒体业务将成为主流。未来的目标是支持任何人在任何时间和任何地点进行通信,带宽和 QoS 均有保证。卫星网络的一些关键技术简介如下。

1）星座设计

静止轨道卫星覆盖广,易管理,但无法覆盖高纬度地区,链路损耗和时延较大,较难满足实时移动通信业务要求。而非静止轨道卫星传输损耗和通信时延较小,可实现区域覆盖、间断覆盖及真正的全球连续覆盖,因此非静止轨道卫星通信网络优势更大。

在非静止轨道卫星星座设计方面,先后涌现了很多方案,如极/近极轨道星座、δ 星座、Rosette 星座、σ 星座和 Ω 星座等。其中,δ 星座在全球星、ICO、Leo One、Celestri 等系统中得到采用,极/近极轨道星座被铱星系统和 Teledesic 系统等采用。

随着用户对通信带宽、服务类型和服务质量要求的不断提高,非静止轨道卫星星座设计趋于复杂化,从当初由单一类型卫星组成的星座向由多类型、多层次卫星组成的复杂星座发展,相应出现了很多具有分层结构的混合星座网络。

2）星际链路

未来宽带卫星移动通信系统倾向于使用星际链路。具有星际链路的星座系统在空间结构上比透明转发的卫星通信更复杂；但是，星际链路也有优势：可使卫星移动通信网不依赖地面网络而提供移动通信业务；卫星网络可成为地面网络的备份，提高整体可靠性；星上处理和星际交换功能减小了传输时延和时延抖动等，也有助于解决地面用户漫游问题。

星际链路为无线点对点方式，可采用微波、毫米波或激光链路。其中，激光链路在带宽、保密性和成本等方面具有优势，但其对卫星的姿态控制要求较高。

3）星上处理

互联网服务是宽带卫星业务的重要驱动力，相关的星上处理技术有星上信号处理、星上交换和星上路由等，分硬件和软件两方面。硬件包括快速开关切换、全数字化FFT（Fast Fourier Transform，快速傅里叶变换）信道化、波束成形、功放及信号再生等技术，软件包括快速查找、高效业务路由算法等。而MPLS、全IP网和软交换也将提高星上处理的功能和效率。

4）切换技术

由于卫星相对于地面的高速移动和用户终端的移动性，一次通信过程可能经历多次切换，包括波束间切换、卫星间切换和信关站切换等。切换导致的中断和时延对通信影响较大。不同切换策略直接影响切换时延、切换频率、频率利用率、QoS保证和呼叫阻塞率等。为获得高效的带宽利用率和QoS，针对切换的资源管理和呼叫接纳控制技术至关重要。

5）卫星TCP/IP

传统地面有线网络中的时延和误码率较低，TCP采用确认机制来实现端对端的流量和拥塞控制。但TCP在高时延带宽积（delay-bandwidth product）的卫星网络中性能会下降很多，其原因包括链路的长时延、高时延带宽积、链路的高差错率和不对称性等。已有解决方案包括端对端的解决方法和基于中间件的解决方法，但有待继续深入研究。

### 4. 卫星网络的组成和工作过程

1）卫星网络的组成

卫星通信系统分为空间部分和地面部分。空间部分以通信卫星为主体，包括用于卫星控制和监测的设施，即卫星控制中心、跟踪遥测指令站、能源装置等。地面部分包括所有地面站，通常通过地面网络或直接连接到终端用户设备。卫星通信网络系统通常包括通信地面站、跟踪遥测指令、监控管理和空间4个分系统。

（1）通信地面站分系统。一般由中央站、若干地面站、海上和空中地面站构成。中央站除具有普通地面站的通信功能外，还负责系统业务调度与管理，对普通地面站进行监测控制与业务转接等。用户通过地面站接入卫星通信系统，相当于微波中继通信的终端站。一般而言，地面站的天线口径越大，发射和接收能力就越强，功能越多。

（2）跟踪遥测指令分系统（测控站）。跟踪测量卫星，控制其准确进入轨道并到达指定位置。在卫星正常运转后，定期修正卫星轨道和保持位置，必要时控制卫星返回等。

(3) 监控管理分系统(监控中心)。对已定点轨道的卫星,在业务开通前后监测和控制其通信性能,如转发器功率、天线增益、各地面站发射信号的功率带宽和频率、地面站天线的方向图等基本系统通信参数。

(4) 空间分系统(通信卫星)。包括转发器、天线、星体遥测指令、控制系统和能源系统等。主体是其通信系统,辅助部分包括星体上的遥测、控制系统和能源等。

2) 卫星网络的工作过程

在卫星通信系统中,各地面站经过卫星转发可组成多条通信线路。在通信线路中,从发信地面站到卫星这一段称上行链路,而从卫星到收信地面站这一段称下行链路,两者构成一条简单的单工链路,如图5.5所示。两个地面站都有收发设备和相应的信道终端时,加上收发共用天线,便可组成双工卫星通信链路。

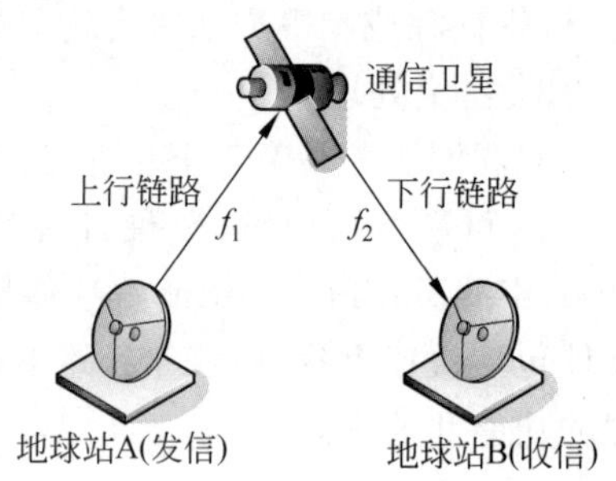

**图5.5 简单卫星通信工作过程示意图**

卫星通信线路分单跳和多跳两种,前者指发送信号只经一次卫星转发后就被对方站接收,后者指信号需经两次或多次卫星转发后才被对方接收。

### 5. 卫星链路

图5.6所示为典型卫星链路的构成。由于卫星到地面距离很远,电磁波传播路径很长,衰减很大,无论是卫星还是地面站收到的信号都较弱,所以噪声影响突出。卫星链路重点考虑接收的输入端载波与噪声功率的比值(载噪比)。模拟卫星通信系统的载噪比决定了输出端的信噪比,数字卫星通信系统的载噪比决定了输出端的误码率。

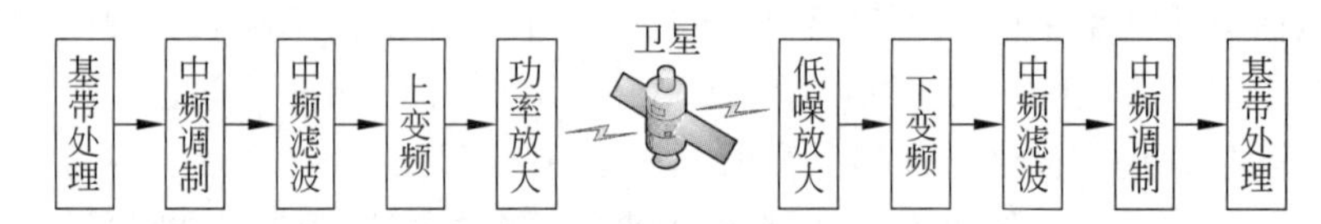

**图5.6 典型卫星链路的构成**

无论是模拟系统的输出信噪比,还是数字系统的传输速率和误码率,均与接收系统的输入信噪比有关。为满足通信容量和传输质量的要求,对接收系统输入端的信噪比有一定要求。由于卫星通信系统从发信到收信地面站的传输过程中,要经过上行链路、转发器和下行链路,为保证正常传输,应对通信线路中的有关设备有一定要求。

典型的卫星链路包括以下3种类型的全双工链路,如图5.7所示。

(1) 星间链路。包括两类:轨内星间链路(同一轨道面内星间链路)和轨间星间链路(不同轨道面内的星间链路)。前者可永久保持,而后者在极点区域无法保持。由于卫星间距离和视角的变化,后者会临时关闭。

(2) 轨间链路。MEO和LEO卫星通过轨间链路进行通信。

(3) 用户数据链路。地面网关与覆盖它的LEO卫星之间通过用户数据链路连接。一颗卫星通过用户数据链路可连接多个地面网关,同样,一个地面网关也可连接多颗卫星。

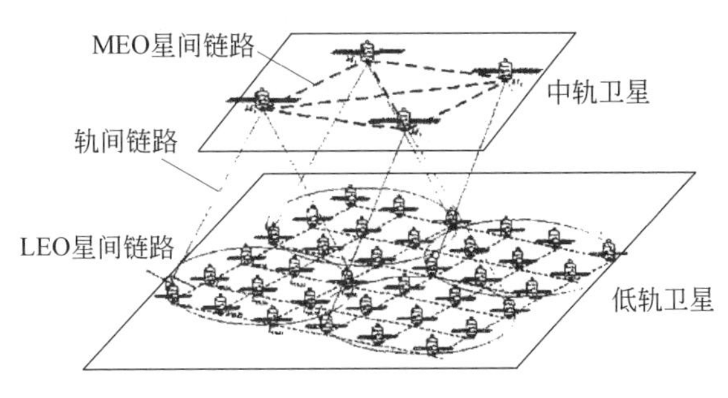


图 5.7 卫星链路示意图

例如,星间链路的使用使得铱星系统成为一个不依赖地面通信网络的全球移动通信系统,能支持全球任何位置的两个用户间的实时通信。图 5.8 为铱星系统卫星链路示例。Teledesic 卫星系统同样也采用星间链路,如图 5.9 所示。

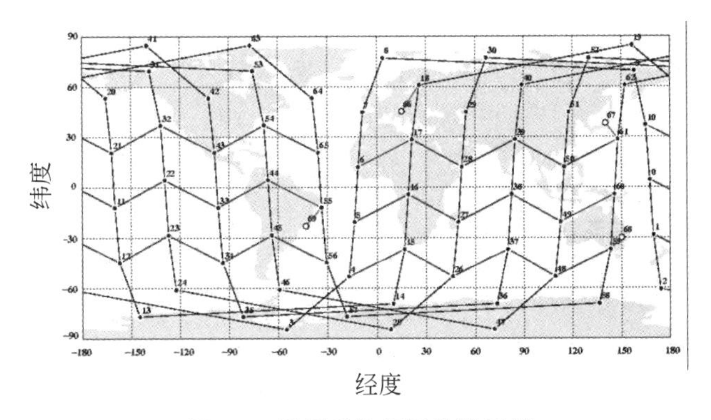


图 5.8 铱星系统卫星链路示例

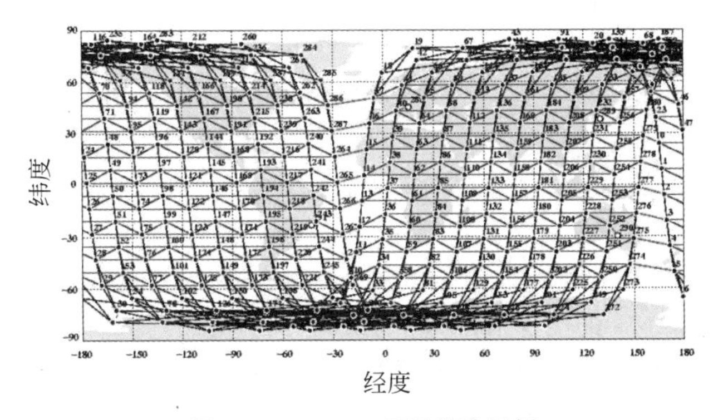


图 5.9 Teledesic 卫星链路示例

## 5.3 典型的卫星网络系统

从 20 世纪 60 年代中期起,卫星开始提供商业通信服务。随着卫星载荷、传输、天线和发射等技术的日益成熟,到 20 世纪 80 年代,逐步由多颗卫星构成卫星通信网络,提供对航空、地面移动网络和个人通信的多种业务类型支持。

随着新应用和需求的不断涌现,促使新一代卫星通信系统提供多媒体服务以及较强的星上处理和交换功能。伴随互联网的快速发展,一些提供多媒体业务和宽带传输的卫星移动通信系统方案陆续出现。

### 1. 铱星移动通信系统

自1997年5月到1999年6月,铱星移动通信系统共发射了88颗低轨卫星。由66颗卫星组成星座,轨道高733~785km。用户上下行频率为1.616~1.626GHz,关口站上行频率为27.5~30.0GHz,下行频率为18.8~20.2GHz。单颗卫星有3840个全双向信道,最小仰角为8.2°。卫星采用三轴稳定方式,转发方式为星上处理。卫星工作寿命5年。单颗星净重495kg。面向移动用户的天线是3个16波束相控阵天线。有4条星间链路,数据率为25Mb/s,工作频率22.55~23.55GHz。用户手机调制方式为正交相移键控(QPSK),误码率为$10^{-2}$(语音)和$10^{-5}$(数据),可支持速率为4.8kb/s(语音)和2.4kb/s(数据),采用TDMA/FDMA制式。图5.10为铱星系统示意图。

图5.10 铱星系统示意图

### 2. 全球星移动通信系统

1998—2000年全球星移动通信系统共发射了52颗卫星(含4颗备用卫星)。48颗卫星均匀分布在8个轨道平面内,轨道高1389~1414km。用户上行频率为1.610~1.625GHz,下行频率为2.4835~2.500GHz;关口站上行频率为6.484~6.5415GHz,下行频率为5.158 5~5.216GHz。单颗卫星全双向信道数为2800,最小仰角为10°。卫星采用三轴稳定方式,转发为弯管式。卫星工作寿命为7.5年。单颗星净重310kg。面向用户的天线是16波束相控阵天线,无星间链路。用户手机调制方式是QPSK,误码率为$10^{-3}$(语音)和$10^{-5}$(数据),可支持1.2~9.6kb/s(语音和数据)的速率,采用CDMA/FDMA制式。

### 3. Teledesic移动通信系统

Teledesic移动通信系统由840颗卫星组成,均匀分布于21个低轨道平面。每个轨道平面另有备用卫星,整个系统卫星数量达924颗。优化后卫星数降至288颗。每颗卫星可提供10万个16kb/s的语音信道,系统最高可提供100万个同步全双工E1速率连接。除高质量语音通信外,Teledesic移动通信系统还支持电视会议、交互式多媒体和实时高速数据通信等。

### 4. Inmarsat系统

国际海事卫星通信组织成立于1979年,起初称国际海事卫星组织,目前为企业、海运和航空用户提供移动电话、传真和数据通信服务。Inmarsat系统如图5.11所示,该系统包括一个GEO卫星星座,使用12颗GEO卫星。

Inmarsat的宽带全球区域网络(Broadband Global Area Network,BGAN)系统为固

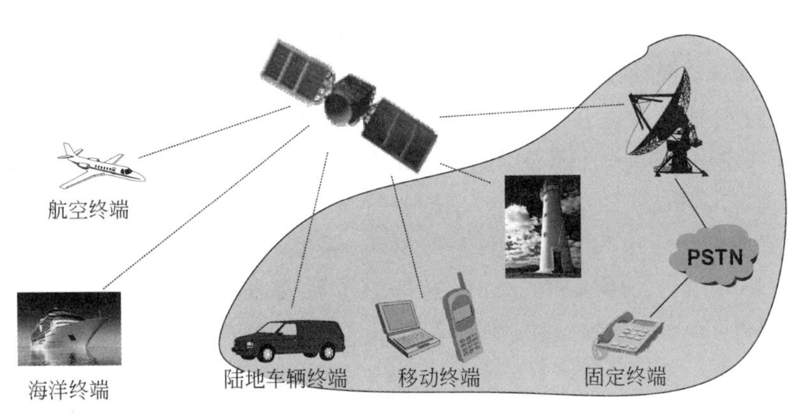


图 5.11　Inmarsat 系统

定和移动用户提供电话、互联网、数据和其他服务，与地面 3G 网络集成，具体使用 3 颗 Inmarsat-4 卫星。BGAN 卫星是弯管式，馈线链路使用 C 波段，拥有覆盖全球的波束。而用户链路位于 L 波段并采用高达 256 个波束的天线。典型配置中有 19 个宽波束(大覆盖面)、228 个窄波束(集中覆盖)和一个全球波束，窄波束用于陆地移动通信。系统支持 3 类便携式用户终端，1 类终端速率可达上下行最高 492kb/s，2 类终端速率可达下行 464kb/s 和上行 448kb/s，而 3 类终端速率可达下行 384kb/s 和上行 240kb/s。

BGAN 的专有 IAI2 空中接口取代了典型 3G 系统的 WCDMA 空中接口，支持电路交换和分组交换的语音和数据服务。BGAN 已在空客公司和波音公司的飞机航班上提供服务，乘客可使用自身手机通过基站和相关卫星链路连接互联网。

欧洲航天局的 BGAN-X 项目将终端扩展为 11 类，包括 3 个航空类、3 个海事类和 2 个陆地车辆类，使用全向和定向天线。BGAN 核心网络不支持多播业务，而 BGAN-X 遵循新的 3GPP 架构，将支持多媒体广播和多播业务。

Inmarsat 和欧洲航天局合作定义了增强的 Inmarsat-XL，加入到已有 BGAN 和 BGAN-X 服务中，实现更高吞吐率、优化多播/广播、单跳网状连接等性能。

2014 年 3 月 8 日，震惊世界的马来西亚航空公司 MH370 航班失联事件中，在飞机的通信寻址与报告系统关闭后，Inmarsat 距地面 35 400km 的卫星仍接收到飞机每小时自动传来的 ping 信号，相当于“握手”。飞机和卫星共发生了 6 次“握手”，当然这些简单的握手信号不含定位、时间、地点等信息。但是通过当时的卫星位置、ping 信号的发送和返回时间及仰角信息，Inmarsat 公司还是推测出 MH370 最后可能的两条飞行路线。首先确定为一个以接收到信号的卫星地球投射点为圆心、半径为 8000km 左右的圆形。然后，在考虑实际载油量、飞行时间及最大飞行距离，并略去多国雷达已监测过的范围后，推测出南北两条最后可能的飞行弧形路线：一条经印度尼西亚至南印度洋，另一条自泰国北部至哈萨克斯坦和土库曼斯坦边境。再分析飞机的多普勒频移效应，最终确定其位置在南印度洋。

**5. Thuraya 卫星系统**

Thuraya 卫星系统于 1997 年由阿联酋电信公司发起建设，网络覆盖欧洲、北美、中北非、中东、中亚和印度次大陆、亚太等地区。3颗卫星分别于2000年、2003年和2007年成功发射。系统目前包含两颗在轨运行的GEO卫星(Thuraya-2和Thuraya-3)。卫星配备了直径为12.25m的L波段收发反射面天线,每颗卫星可产生200～300个波束。卫星采用FDMA/TDMA空中接口,每个载波具有40ms的24时隙帧结构(每个电路需3个时隙)。

星上处理(On-Board Processing,OBP)支持在卫星任意波束之间移动端对端的链路。双模手机可集成访问陆地GSM网络或Thuraya系统,便于客户漫游。Thuraya手机提供的服务有GSM语音、2.4/4.8/9.6kb/s速率的传真/数据/短信等。该系统也通过小型便携式终端提供144kb/s的高速网络连接,基于IP的最高速率可达444kb/s。

#### 6. O3b卫星系统

为解决由于地理、经济等因素导致的全球还有30亿人未能接入互联网的问题,谷歌、汇丰银行等联合组建O3b网络公司。从2013年开始陆续部署了第一代星座,包括12颗MEO卫星,轨道高度为8062km,覆盖7个区域,采用Ka频段,用户接入互联网带宽可达500Mb/s。单星吞吐量约12Gb/s。还将新增30颗卫星构建第二代星座,引入70°的倾斜轨道,以实现近乎全球覆盖,初期设3万个宽带互联网服务点波束,总容量达10Tb/s。

O3b采用星形拓扑,使用透明转发,无星间链路,所有路由交换都在地面信关站进行,再连接到地面骨干网,用户之间通信需通过信关站中继。通过基于TCP/IP的性能增强代理和远端站本地缓存等技术进一步提高通信吞吐量。

## 5.4 移动卫星系统通信标准和网络设计

#### 1. 移动卫星系统通信标准

1) 全球移动通信系统

全球移动通信系统(Global System for Mobile Communications,GSM)是典型的2G移动通信技术,依靠GPRS支持分组数据交换。GSM可通过GEO卫星移动射频(GEO Mobile Radio,GMR)空中接口,实现移动卫星通信业务。ETSI规定了两组规范:应用于Thuraya系统的GMR-1和应用于亚洲蜂窝系统(ACeS)的GMR-2。GMR允许通过卫星访问GSM网络。GSM和GMR有许多技术细节相似,重点关注物理层协议。移动终端为双模,即使用地面GSM,无地面信号则可使用卫星接口。

2) 卫星-通用移动通信系统

UMTS(Universal Mobile Telecommunicatians System,通用移动通信系统)是一种3G陆地蜂窝技术,ETSI将其扩展到卫星环境下。卫星-通用移动通信系统(Satellite UMTS,S-UMTS)增设了基于宽带码分多址(WCDMA)与频分双工(FDD)的空中接口。S-UMTS的G规范集可实现卫星空中接口与地面WCDMA接口完全兼容,使用与地面3G系统所用相近的2GHz频段,支持用户速率达144kb/s。

3) 数字视频广播DVB-S2的移动扩展

DVB-S2是卫星广播传输的第2代标准,除广播服务外,也可用于互动点对点应用,如接入互联网。DVB-S2 标准原为固定用户设计，目前考虑支持 Ku/Ka 频段的飞机、列车、陆地上的移动用户，面对的技术挑战有严格的频率规定、多普勒效应、频繁切换、同步采集和维护的障碍等。目前已制定了支持移动用户的 DVB-RCS 标准新版本。

4）卫星数字多媒体广播标准

3G 网络的广播和多播服务主要面向用户娱乐服务。卫星数字多媒体广播标准（Satellite Digital Multimedia Broadcasting，S-DMB）作为 3G 网络的卫星广播补充，通过 GSM/3G 网络分发多媒体广播和多播服务。S-DMB 架构由 GEO 卫星和地面的中间模块中继器（Intermediate Module Repeater，IMR）组成，IMR 位于 3G 基站（如 WCDMA），以解决城市中的阴影问题。韩国已提供了 S-DMB 卫星数字广播服务，其视频服务使用 VHF 和 L 波段。

5）数字视频广播-手持设备（DVB-SH）

数字视频广播-手持设备（Digital Video Broadcasting Satellite Services to Handhelds，DVB-SH）是基于 OFDM 空中接口的一个 ETSI 移动广播标准，可为船舶、汽车、列车、行走的用户小型手持终端和设备提供音视频广播服务，通过结合卫星系统，实现了较大覆盖。地面中继为无法视距连接卫星的区域增加服务可用性。DVB-SH 可使用双模终端，在 S 波段（靠近地面 3G 系统，约 2.2GHz）和 UHF 波段接收。DVB-SH 主要针对广播服务，但支持数据传输和基于 IP 的交互服务，外部返回信道可使用 UMTS。

### 2. 移动卫星系统网络设计

1）相关介质问题

（1）频带和规定。

ITU 规定固定通信服务使用 C 和 K 频段，移动通信服务适合 L 和 S 频段。移动卫星系统长期利用 L/S 频段，由于信号衰减较低和大气影响较小，L/S 频段允许使用小型车载天线。但宽带服务的需求和可用 L/S 频段资源的有限性推动了 Ku 和 Ka 频段的使用。ITU 已分配 Ka 频段给所有移动卫星系统和固定卫星系统，还为移动卫星系统分配了 Ku 频段。目前 Ku 频段的移动卫星系统可为列车、轮船、飞机和汽车等移动环境提供宽带服务。

（2）移动终端天线。

固定终端使用定向天线，移动终端可使用全向天线或快速跟踪相控阵定向天线。一般移动终端可发射和接收所有方向的信号，所以也可能干扰其他卫星网络。终端天线的设计需考虑不同应用环境。例如，列车场景中 Ku 频段卫星服务较好，但列车天线要小（低方向性增益），导致相邻卫星间的更多干扰；而航空和航海中，飞机和船舶可能在点波束覆盖的边缘，要求合适的天线设计。当然，较大的船舶可使用大尺寸天线，设计限制少。

（3）卫星天线与频率复用。

移动卫星系统使用高定向多波束卫星天线，一般由一个大反射面和一个反馈系统组成。目前，GEO 卫星典型的大型天线直径可达 25m，而 LEO 卫星的天线直径约 2m。点波束需要高增益，以聚焦它所覆盖的地面区域。目前的移动卫星系统卫星天线能利用大容量波束，如 GEO 卫星天线多达数百束，而 LEO 或 MEO 卫星天线也达几十束。已分配频带划分为不同载波,分布于波束中,以避免相邻干扰,而载波可在远程波束得以重复利用。

簇是使用所有系统载波的一组波束。移动卫星系统的平均簇大小(即每个簇中的波束数量)如下:铱星系统为12,BGAN系统为27,Thuraya系统为21。地球同一区域上GEO卫星系统比非GEO卫星系统需要更窄的波束照射。在GEO卫星的天线上,波束彼此更接近,导致更大的互相干扰,需要更大的频率复用簇。波束彼此更接近意味着每单位多面角具有更大密度的卫星天线波束,GEO卫星的密度比非GEO卫星更大。

(4) 仰角。

决定通信质量的另一要素是移动终端能看到卫星的最小仰角。在固定卫星系统中,因为天线位置和方向可优化,可选择最佳站点位置以满足要求。而在移动卫星系统场景中,尤其是陆地移动用户,需要避免过小的最小仰角,否则会由于建筑物、树木、山体等原因引发频率阴影和信号阻塞。最小仰角对航空和海事用户影响不大,除非靠近卫星覆盖范围的边界,一般无信号阻塞。增加仰角减小了阴影或阻塞影响,可改善信号质量,但成本也会增加,要求更多的卫星星座。未来移动卫星系统中陆地移动用户的最小仰角约为20°。最小仰角要求对一个星座中的卫星数量有所限制,意味着GEO卫星不能为两极地区提供服务。

(5) 信道模型。

欧洲航天局已将Ku/Ka频段授权给移动卫星系统。对陆地移动用户而言,Ku和Ka频段的信道可定位为一个三态马尔可夫链模型,即视距、阴影和阻塞(非视距)条件。较低的L频段存在多径、阴影和阻塞的影响。一个典型L频段信道的选择是考虑二态(优/劣)的马尔可夫模型,模型参数取决于移动终端和仰角所处环境(市中心、郊区或农村)。

2) 物理层

移动卫星系统的关键是使用自适应空中接口应对用户移动,可选择若干调制和编码技术以适应信道变化。这意味着使用反馈信道,提醒发送方最佳的物理层传输参数,以保证接收质量。这仅适用于低速陆地移动用户。信号阻塞可能导致解调器重新同步过程中经历一个不可用的同步损失。相应的解决方案包括间隔填充(出现延伸或永久障碍时)、空间多样性(使用两个接收天线且其距离大于障碍长度)以及时间多样性(在持续衰落事件中使用时间交错器散布发生错误)。

3) MAC层

MAC层的资源分配需为切换管理提供高优先级。切换流量通常需要额外的切换时延,如网关变化时重新路由的时延。因此,目标小区的接收资源需要第2层的优先次序,否则相关会话可能被高层终止。

4) 网络层

针对星上IP路由,IETF的移动IP协议可支持切换过程,但切换时延较大。NASA和思科公司对基于IP的卫星网络开展了许多研究,以改善移动IP的切换。

波音公司开发了一个GEO面向空中用户的互联网连接服务,允许应用边界网关协议(Border Gateway Protocol,BGP)的全球IP移动性。将一个C类IP地址块分配给一个移动平台(配备数据收发器、路由器和WiFi接入的飞机或船只)。当飞机或船只经过相应地区时，这些地址由最接近的地面网关选择性公布，如有 4 个网关覆盖了北美、欧洲和亚洲。而当飞机或船只离开该地区时，网关停止使用该 IP 地址块，转由相邻网关管理。

另外，IEEE 802.21 介质独立切换（Media Independent Handover，MIH）协议可在基于 IP 的卫星网络和其他移动网络间管理切换，该功能由协议栈提供了一个新子层，位于第 2 层和第 3 层之间。

## 5.5　卫星网络系统的应用

卫星网络技术的不断发展催生了许多新应用。凭借覆盖范围广、不受地理条件影响等优势，它与地面通信系统形成互补，广泛应用于地面通信系统不易覆盖或建设成本过高的领域，如海事、渔政、水利、乡村、救灾、勘探科考和光缆备份等。

导航定位技术的发展使得卫星网络可有效用于车辆、舰船、飞机和个人等导航定位和移动目标监视等。而在防灾减灾、气象观测和环境监测等领域也得以广泛应用。卫星技术可预报、防御和减轻威胁人类的自然灾害，对防灾抗灾意义非凡。当灾害发生时，地面通信网络可能受到破坏，航空观测易受天气限制。而卫星网络不受普通灾害的影响，尤其是有空间微波遥感器的卫星能够全天候观测，优点更加显著。卫星网络的连续大面积覆盖观测与地面数据收集系统相结合，是获得各种灾情信息的有力手段。

### 1. 卫星定位系统

1）全球定位系统

全球定位系统（Global Positioning System，GPS）是 20 世纪 70 年代由美国军方研制的，目的是为陆海空军领域提供实时、全天候和全球性的导航服务，并用于情报收集、核爆监测和应急通信等军事目的，是美国全球战略的重要组成部分。到 1994 年，全球覆盖率高达 98%的 GPS 卫星星座布设完成。GPS 的空间部分由 24 颗工作卫星组成，位于距地表 20 200km 的上空，均匀分布于 6 个轨道面上（每个轨道面 4 颗），轨道倾角为 55°。在全球任何地方、任何时间都可观测到 4 颗以上 GPS 卫星，并能在卫星中预存导航信息。考虑到大气摩擦等问题，随着时间的推移，GPS 导航精度会逐渐降低。

2）伽利略定位系统

伽利略定位系统（Galileo Positioning System）是欧盟主导的卫星定位系统。它提供导航、定位、授时等基本服务和搜索、救援等特殊服务，扩展应用服务包括飞机导航和着陆系统应用、铁路安全运行调度、海上运输、陆地车队运输调度、高效农业等。该系统由 30 颗中高度圆轨道卫星和两个地面控制中心组成，其中 27 颗为工作卫星，3 颗为候补卫星。卫星高度为 24 126km，位于 3 个倾角为 56°的轨道平面内。

### 2. 卫星网络应用系统实例

这里介绍一个具体的卫星网络应用实例。

某林业局需建设卫星通信指挥系统，要求利用卫星网络连接通信指挥车和林业局，实现远距离的双向视频、语音和数据交互。

该系统由多个通信指挥车和远端卫星基站组成，其中通信指挥车上安装了车载卫星远端站，林业局本部安装了固定卫星远端站。车载卫星远端站和固定卫星远端站采用相同的卫星室内终端、话音终端和视频终端。车载卫星远端站采用具有自动对星和跟踪功能的天线和伺服设备，固定卫星远端站使用固定安装的天线。该系统组成结构如图5.12所示。

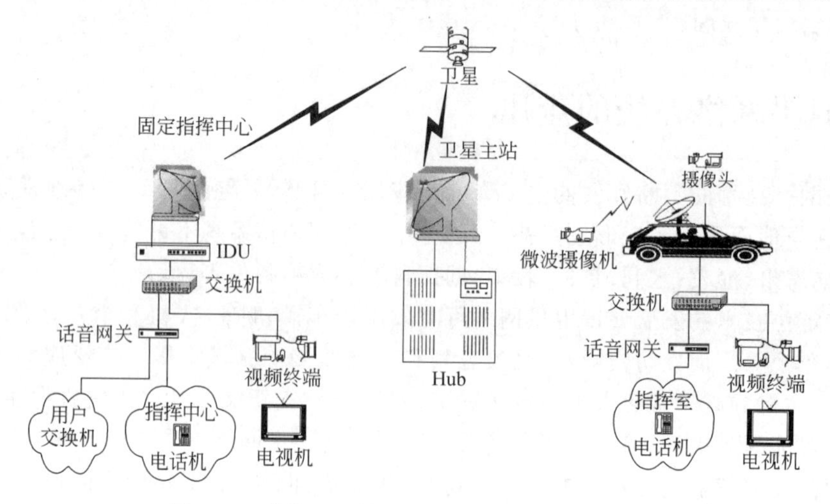


图5.12 某林业局的卫星通信指挥系统组成结构

## 5.6 北斗卫星导航系统

### 1. 北斗系统简介

作为我国正在建设的全球卫星导航系统，北斗卫星导航系统(简称北斗系统)的目标是建成独立自主、开放兼容、技术先进、稳定可靠的全球卫星导航系统，促进卫星导航产业的发展及其在社会各行业的广泛应用。北斗系统星座如图5.13所示。

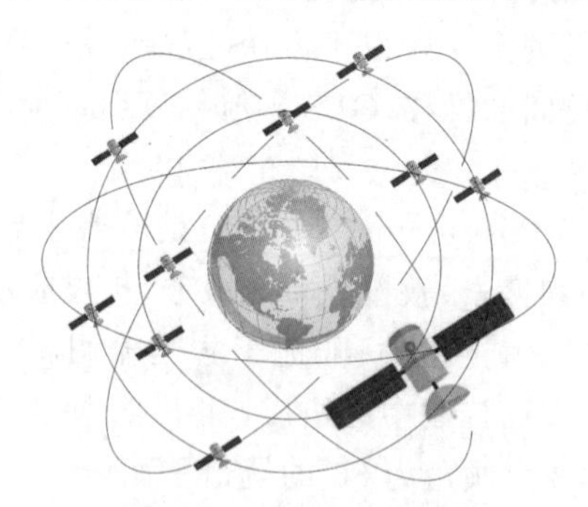

图5.13 北斗系统星座

北斗系统由空间段、地面段和用户段3部分组成。空间段由若干地球静止轨道卫星、倾斜地球同步轨道卫星和中圆地球轨道卫星组成；地面段包括主控站、时间同步/注入站和监测站等若干地面站以及星间链路运行管理设施；用户段包括北斗系统及兼容其他卫星导航系统的芯片、模块、天线等基础产品,以及终端设备、应用系统与应用服务等。

### 2. 北斗系统建设历程

北斗系统的建设历程分以下 3 步。

- 第一步：1994 年启动北斗一号系统建设。2000 年发射两颗静止轨道卫星并投入使用,采用有源定位体制,为中国用户提供定位、授时、广域差分和短报文通信服务。2003 年发射第 3 颗静止轨道卫星,系统进一步增强。
- 第二步：2004 年启动北斗二号系统建设。2012 年完成 14 颗卫星(5 颗静止轨道卫星、5 颗倾斜同步轨道卫星和 4 颗中圆轨道卫星)发射组网。增加无源定位体制,为亚太地区用户提供定位、测速、授时和短报文通信服务。
- 第三步：2009 年启动北斗三号系统建设。2020 年完成 30 颗卫星发射组网,全面建成北斗三号系统。使用有源服务和无源服务两种体制,为全球用户提供定位导航授时、全球短报文通信和国际搜救服务,为中国及周边地区用户提供星基增强、地基增强、精密单点定位和区域短报文通信等服务。

北斗系统的特点如下：一是空间段采用 3 种轨道卫星组成混合星座,与其他同类系统相比,高轨卫星更多,抗遮挡能力强,尤其在低纬度地区优势明显;二是提供多频点导航信号,通过多频信号组合等方式提高服务精度;三是融合了导航与通信功能,提供定位导航授时、星基增强、地基增强、精密单点定位、短报文通信和国际搜救等多种服务。

图 5.14 展示了在某区域分别用两款手机 App 观测到的定位导航卫星,这些卫星分别属于中国北斗、美国 GPS、俄罗斯 GLONASS 和日本准天顶系统。

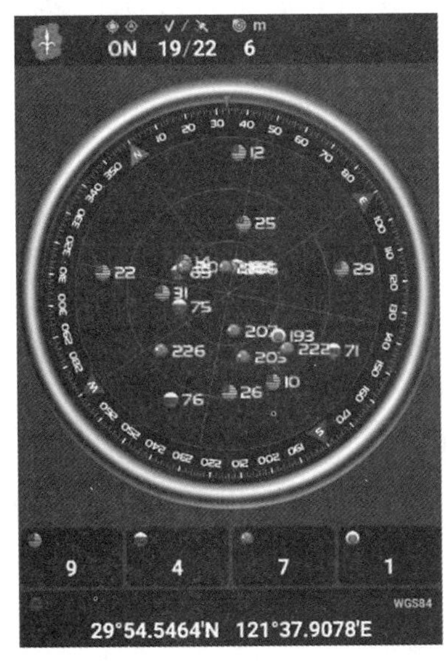


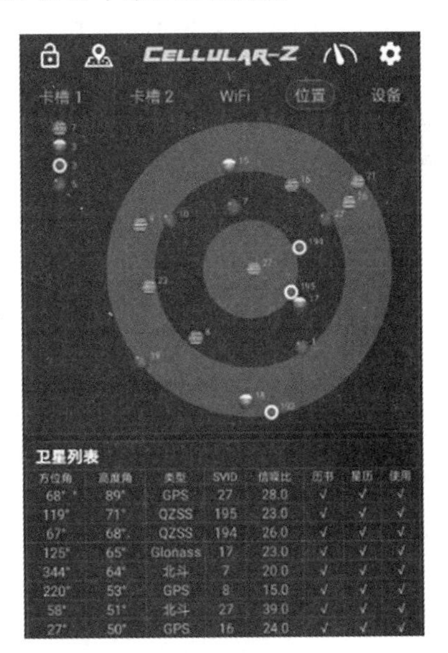

(a) AndroiTS GPS Test　　(b) CELLULAR-Z

图 5.14　手机 App 观测到的导航卫星

### 3. 北斗系统定位工作原理

北斗系统的定位包括无线电测定卫星服务(Radio Determination Satellite Service, RDSS)和无线电导航卫星系统(Radio Navigation Satellite System, RNSS)两种服务。

北斗一代提供的RDSS是有源服务。首先,地面中心通过两颗GEO卫星向服务区的用户广播询问(出站)信号;然后,用户同时向两颗卫星发送响应(入站)信号,经卫星转发回地面中心;接下来,地面中心再计算用户到两颗卫星的距离,根据中心存储的数字地图或用户自带的测高仪测出的高程计算出用户到地心的距离,再根据这3个距离,通过三球交汇测量原理确定用户位置;最后,通过出站信号将定位结果告知用户。

用户需响应服务波束并将观测数据回传到地面中心才能定位。考虑到卫星和地面通信链路的带宽容量有限,需限制用户服务频度。通过RDSS,地面中心能对用户的位置信息进行获取、汇集和统筹利用。RDSS可广泛应用于一些需集中指挥调度的行业。

北斗二代和GPS都属于典型的RNSS,是无源服务。北斗二代系统的基本工作过程如下:

(1) 测控系统负责导航星座的长期工程测控管理,包括日常管理、能源管理、轨控、姿控、服务舱设备切换等。

(2) 地面运控系统负责时间同步、卫星轨道观测及导航信号检测等,星地时间同步采用双向伪距码无线电测距法,信息上行注入和下行导航信号均采用伪距码扩频体制,所有通信链路均采用信道和信源加密体制。

(3) 在测控系统、地面运控系统的管理下,导航卫星连续发射导航信号,包含载波、伪随机测距码、导航电文(含卫星时间、卫星钟差、卫星轨道、电离层改正及广域积分、完好性等信息)。

(4) 用户机接收至少4颗卫星的导航信号,获得至少4个伪距观测量和导航电文信息,解算卫星位置,再利用4颗卫星位置、4个伪距观测量和导航电文信息解算用户位置和时间,还可通过多普勒测量进行测速。

假设用户收到某一卫星的导航信号,用接收时刻减去发射时刻所得的时间间隔即为信号从卫星到达用户的时间,传播速度为光速,由此可得出卫星到用户的距离。以卫星为球心,以距离为半径,此时该用户就位于该球面上。同样,收到第2颗、第3颗卫星的导航信号,就能确定用户在三球交汇的两个点上。排除一个不在地面的点,可唯一确定用户的三维位置。但由于时间的不同步,需要第4颗卫星提供时间基准。

伪距是指导航接收机到可见卫星的几何距离。在实际应用中,由于用户接收机不可能配备高精度原子钟,仅为一般石英钟,时间系统同步存在误差,因此所得并非真实距离。

### 4. 北斗系统性能指标

北斗三号系统采用有源和无源服务两种体制,能为全球用户提供基本导航(定位、测速、授时)、全球短报文通信、国际搜救服务,中国及周边地区用户还可享有区域短报文通信、星基增强、地基增强、精密单点定位等服务。

- 基本导航服务。面向全球用户,空间信号精度优于0.5m。全球定位精度将优于

10m，测速精度优于0.2m/s，授时精度优于20ns；亚太地区定位精度优于5m，测速精度优于0.1m/s，授时精度优于10ns。

- 短报文通信服务。区域短报文通信服务的服务容量为1000万次/小时，接收机发射功率低至1～3W，单次通信能力为1000个汉字（14 000b）；全球短报文通信服务的单次通信能力为40个汉字（560b）。
- 星基增强服务。按国际民航组织（International Civil Aviation Organization，ICAO）标准，服务中国及周边地区用户，支持单频和双频多星座两种增强服务模式，满足ICAO相关性能要求。
- 地基增强服务。利用蜂窝网络或互联网，向北斗基准站网覆盖区内的用户提供米级、分米级、厘米级和毫米级高精度定位服务。
- 精密单点定位服务。为中国及周边地区用户提供动态分米级、静态厘米级的精密定位服务。
- 国际搜救服务。按国际搜救卫星系统组织标准服务全球。与其他卫星导航系统共同组成中轨搜救系统，提供反向链路，提升搜救效率和能力。

#### 5. 北斗系统应用与产业化

北斗基础产品已实现大众应用，支持北斗三号系统信号的28nm芯片已在物联网和消费电子领域广泛应用。截至2019年年底，北斗导航芯片模块等产品销量已超1亿片。

国内已建成2300余个北斗地基增强系统基准站，已在交通、地震、气象、测绘、国土、科教等领域进行了应用推广。

北斗系统已在交通运输、农林渔业、气象测报、水文监测、通信授时、电力调度、救灾减灾、公共安全等领域得到广泛应用，服务国家重要基础设施，产生了显著的经济效益和社会效益。

- 交通运输。北斗系统已广泛应用于重点运输过程、公路基础设施安全、港口高精度实时调度等监控领域。截至2019年12月，国内超过650万辆营运车辆、4万辆邮政和快递车辆、36个中心城市约8万辆公交车、3200余座内河导航设施、2900余座海上导航设施已应用北斗系统，建成了全球最大的营运车辆动态监管系统，正向铁路运输、内河航运、远洋航海、航空运输及交通基础设施建设管理方面纵深推进，提升了综合交通管理效率和运输安全水平。
- 农林渔业。基于北斗系统的农机自动驾驶系统超过2万台套，基于北斗系统的农机作业监管平台和物联网平台为10万余台套农机设备提供服务；北斗定位与短报文通信功能广泛应用于森林防火、天然林保护、森林调查、病虫害防治等；北斗系统为渔业管理部门和渔船提供船位监控、紧急救援、信息发布、渔船出入港管理等服务，7万余艘渔船和执法船安装了北斗终端，累计救助1万余人。
- 气象测报和水文监测。提高了高空气象探空系统的观测精度、自动化水平和应急观测能力；成功应用于多山地域水文测报信息传输，提高了灾情预报准确性。
- 通信授时和电力调度。在光纤拉远等关键技术上取得突破，研制出一体化卫星授时系统，开展北斗双向授时应用；基于北斗的电力时间同步应用，支持电力事故分析、电力预警系统、保护系统等高精度时间应用。

- 救灾减灾和公共安全。基于北斗系统的导航、定位、短报文通信功能,提供实时救灾指挥调度、应急通信、灾情快速上报与共享等服务,提升了灾害应急救援的快速反应和决策能力。全国40余万部北斗警用终端联入位置服务平台,在重大活动安保中发挥了重要作用。
- 电子商务。电商企业的大量物流货车及配送员应用北斗车载终端和手环,实现了车、人、货信息的实时调度。
- 智能手机和智能穿戴应用。国内外主流芯片厂商均推出了兼容北斗系统的通信导航一体化芯片,国内市场智能手机北斗定位支持率超过70%,支持北斗系统的手表、手环等智能穿戴设备不断涌现并得以应用。

## 5.7 空天信息网络*

本节介绍6个典型的空天信息网络。

### 1. 星际深空网络

大多数有线或无线网络的共同前提是:传输过程中源节点和目标节点间路径始终有效,而且端对端最大往返时延不会太长,丢包率不会太高。但卫星网络并不能满足这些前提,而会体现间歇性连接的特征。20世纪末,美国航天局(NASA)开始研究星际网络(InterPlanetary Network,IPN),即地球和遥远的太空飞船之间、远离地球的飞船之间的数据通信网络。后来成立了专门的IPNSIG(IPN Special Interest Group,星际网络特殊兴趣工作组)。

IPN在地球和外太空之间进行信息交换。例如,在火星探测实践中,信息传输的技术挑战包括:可变超长光时距离,可变超长传输时延,大窗口、低信噪比及干扰导致的高误码率,高速相对移动及收发数据率和收发链路的不对称,多变的通信基础设施架构,行星距离对信号强度的影响,硬件和协议设计受功率、质量、尺寸和成本的限制,等等。

IPN是深空行星网络、过渡轨道器网络和地球网络等的互联,为深空任务提供科学数据传递的通信服务以及探测器和深空轨道器的导航服务,可理解为一种长时段的失连互联网络。IPN的建设具体包括:在低时延的遥远环境中部署标准互联网,建立适应长时延空间环境的IPN骨干网来连接这些分布的互联网,创建低时延与高时延环境的中继网关。

### 2. 时延容忍网络

已有研究将IPN的思想运用到陆地应用中,IETF成立了工作组研究时延容忍网络(Delay Tolerant Networking,DTN)。DTN具有与传统网络非常不同的特点:

(1) 长时延。例如,地球与火星间距离最短约$5.5\times10^7$km,最长超过$4\times10^8$km,对应的光速传播时延为3.5~23min,这和互联网中数据传播时间一般按毫秒计算无法相提并论。在这种长时延下,很多应用尤其是TCP/IP类应用无法适用。

(2) 节点资源有限。DTN常分布于深空、水下、战场等环境中，节点体积和重量受到限制，电能和计算能力有限，这一点类似于MANET(Mobile Ad Hoc Network，无线自组织网)。

(3) 链路间歇性有效。如果当前节点运动超出通信范围，节点为节能暂时休眠，导致暂无连接两个节点的端对端路径。卫星网络中的链路中断有一定规律，而MANET的链路中断随机性更大。

(4) 双向传输速率不对称。DTN数据传输的双向速率经常不对称，深空星际网络中双向数据速率比甚至达到100∶1或更高。

(5) 低信噪比和高误码率。在DTN网络中，环境导致的低信噪比使信道中的误码率较高。一般光通信系统中误码率只有$10^{-15}$～$10^{-12}$；而在深空卫星通信中，误码率可达到$10^{-1}$，严重影响信号的接收解码。

一般认为现有TCP/IP难以支持DTN类应用，需要开发新的网络协议。

### 3. 谷歌公司的高空气球网络

地球大气层自低向高大致可分为4层：

- 对流层，赤道上空距海平面约17km，两极上空距海平面约8km，中纬度上空距海平面10～12km。
- 平流层，自对流层顶到距海平面50km。
- 中间层，自平流层顶到距海平面85km。
- 电离层，自中间层顶到距海平面800km。

民航飞机一般在对流层和平流层低区域飞行，平流层高区域及以上各层主要活跃的飞行器包括军用飞机、气象气球、太空飞船等。平流层通常属于国家主权管辖的范围内，理论上需受相应监管，尽管一般并不太关注这个问题。

平流层的交通并不繁忙，人们逐步认识到这是一个可以为通信设施匮乏的偏远地区提供互联网服务的良好位置。谷歌公司的高空气球(Project Loon)是迄今为止进展最大的平流层空中互联网接入项目，其目标是建成由太阳能提供动力，覆盖大面积区域的气球网络，为无互联网接入的地区提供宽带服务。谷歌气球可飞行在18～27km的空中，是民航飞机平均飞行高度的2～3倍。

谷歌气球由聚乙烯塑料制成，里面充满氦气，可承受较大压力和极度低温，以便气球能在平流层中飘浮更久。谷歌气球有一个内部腔室——气囊，如图5.15所示，可决定气球能飞多高。如果想调整运动方向，需要吹入或吹出气囊中的空气，以改变气球重量。

谷歌气球直径约15m，高约12m，电子设备放在下方小篮筐中(见图5.16)，并包裹于金属聚酯薄膜盒中，以减小气温变化及高强度紫外线的影响。篮筐上方有两块太阳能板，太阳能板白天收集太阳能，充电电池中的储存能量可供夜间使用。谷歌气球配备了GPS定位系统，便于追踪其旅行轨迹。它还配备了传感器以监测天气等环境信息。

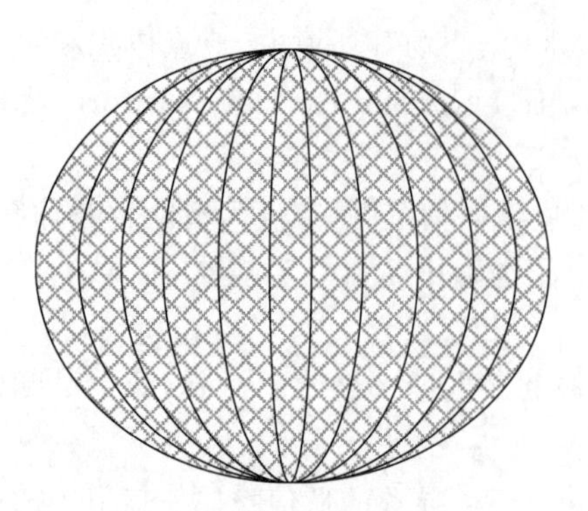

图 5.15 谷歌气球的气囊

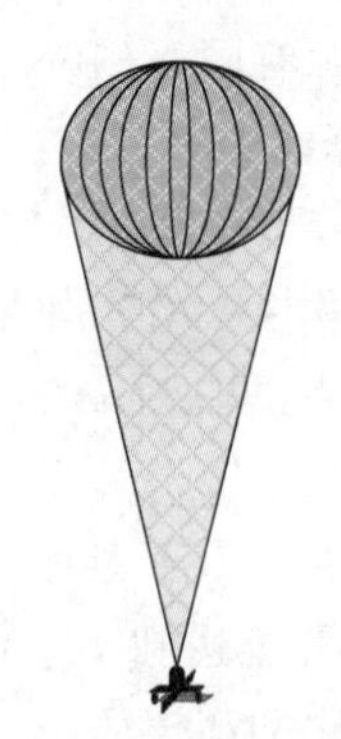

图 5.16 谷歌气球的外形

气球篮筐中最核心的是无线通信设备,可接收地面移动通信基站的 LTE 信号,并可将网络信号发送回地面。图 5.17 为谷歌气球网络的连接示意图,地面用户可通过建筑物上的天线接收网络信号,接入互联网。谷歌气球网络提供的网速可以满足使用浏览器和收发电子邮件的要求,但其传输速率约相当于 3G 蜂窝通信,尚无法以流媒体形式观看高清视频。

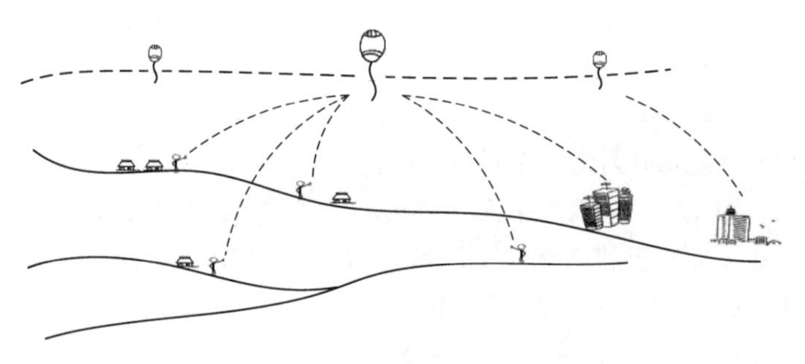

图 5.17 谷歌气球网络示意图

谷歌气球已在全球范围内测试飞行了数百万千米。在测试飞行中,谷歌气球的方位距离目标位置误差仅数百米,并且成功与地面设备实现了通信连接。相比造价昂贵的通信卫星,一个谷歌气球的造价为几万美元,其性价比的优势显而易见。新西兰、智利和巴西等国家将陆续开始应用谷歌气球为移动通信用户提供服务。

**4. Facebook 公司的高空无人机网络**

社交网络巨头 Facebook 公司也将目光瞄准了空间,已试飞成功 Aquila 无人机。这种高空无人机采用太阳能供电,可在 18～27km 高空为偏远地区提供互联网接入服务。

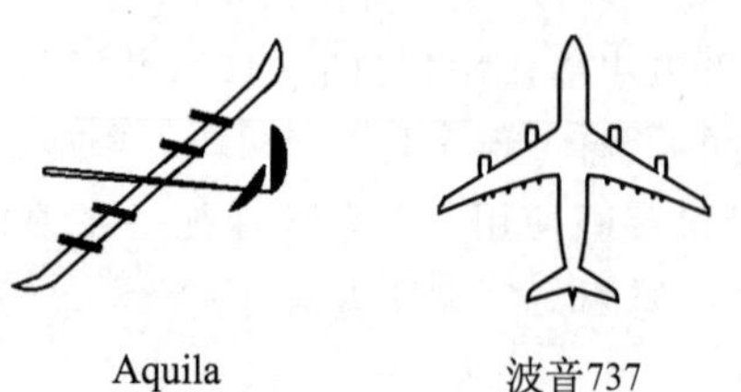


图 5.18 Aquila 与波音 737

Aquila 的主要技术指标如下：

(1) 尺寸和质量。Aquila 的翼展比波音 737 还宽,约 43m,如图 5.18 所示。机身用碳纤维复合材料制造,质量不到 1000 磅(约 450kg)。

(2) 能源。Aquila 白天从太阳光中吸收能量,以维持飞行、网络通信、电子设备运转等；夜晚则通过电池运行暖气和照明系统。在巡航高度航行时，Aquila需大约5kW电能，电池续航时间预期达3个月。

(3) 控制。Aquila可自动起降，大多时间为自动运行，当然也需地面支持，包括引导、维护、监视等。地面人员通过软件控制其飞行方向、高度和速度，根据GPS对飞机进行调度。

(4) 速度。为了尽可能减少能耗，Aquila飞行速度很慢。而在空气稀薄的高空，它的速度略快一些，时速约130km/h。

(5) 高度。Aquila白天飞行高度约27km，晚上约18km，以节约电能。考虑到起飞、飞行和降落，机翼和推进器既要适应寒冷的高空，也要适应温暖的低空，需测试各种高度飞行能耗，以及高度和季节对太阳能板、电池、活动范围的性能影响。

(6) 负载。Aquila大约一半重量为高能量电池，安装在大型机翼上。

(7) 通信。Aquila可覆盖半径约50km的区域，用激光通信传输数据，传输速率极高，而传输精度相当于在18km外瞄准硬币大小的目标。

**5. SpaceX的星链天基互联网**

美国太空探索技术公司(SpaceX)由人称“硅谷钢铁侠”的著名企业家埃隆·马斯克创立。它正在推进建设卫星天基互联网系统——星链(Starlink)，计划2027年底之前在3个不同高度轨道上部署近12 000颗卫星，组建低轨卫星群，为全球提供高速互联网接入服务。

星链系统的卫星将实现星地互联和星星互联，相比谷歌公司的高空气球和Facebook公司的无人机网络，星链工程更加庞大。

以往的卫星通信系统大多采用在距地面35 786km的地球同步轨道上部署少量大卫星，而星链系统为减少数据在途传输时延，并降低对单一卫星的功率要求，用高度为550km的近地轨道卫星组网。以光速测算，电磁波从地球同步轨道传回地面需119.29ms，而从550km的近地轨道传回地面仅需1.83ms，时延优势突出。

但该系统的不利因素也很明显。地球同步轨道距地面远，单颗卫星可覆盖地球超过1/3区域；而近地轨道距地面太近，仅能覆盖几十万平方千米，相当于省或州级别的区域。而且近地轨道卫星飞行速度较快，仅能够在同一区域的天空逗留几分钟。显然，星链要实现全天候覆盖全球，需要部署大量卫星。

为组建庞大的星座，星链计划分三步走：

第一步，用约1600颗卫星完成初步覆盖。分布于高度550km的24条轨道，每条轨道66颗，轨道倾角为53°。其中首批800颗卫星用来组建覆盖美国、加拿大等国的天基互联网。

第二步，用2825颗卫星完成全球组网，分为4组。第1组包含1600颗卫星，平均分布于高度为1110km的32条轨道上，轨道倾角为53.8°；第2组包含400颗卫星，平均分布于高度为1130km的8条轨道上，轨道倾角为74°；第3组包含375颗卫星，平均分布于高度为1275km的5条轨道上，轨道倾角为81°；第4组包含450颗卫星，平均分布于高度为1325km的6条轨道上，轨道倾角为70°。

前两步部署的卫星共4425颗,工作在较传统的Ka和Ku波段。

第三步:用7518颗卫星组成更低轨道的星座。预计轨道高度为340km左右。这些卫星将工作在V波段(毫米波),频率为40～75GHz,对应波长为7.5～4mm。

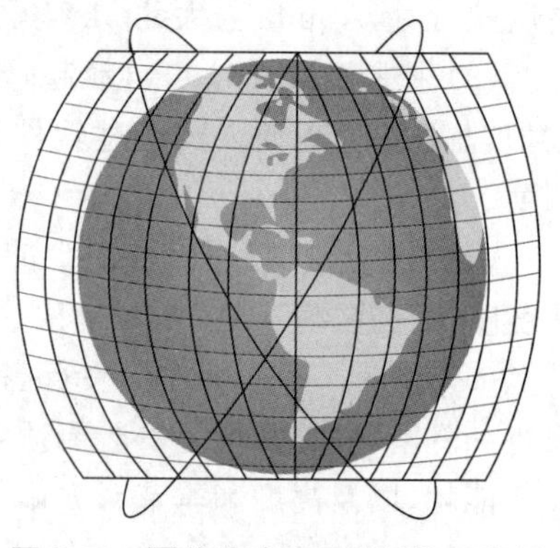
图5.19 覆盖地球的星链结构示意图

全部三步完成后,就在近地轨道组成了3层庞大的卫星星座结构(见图5.19),低层340km,中层550km,外层1110～1325km,一共接近12 000颗卫星。

事实上,到2018年初,地球上空运行仍在服役的卫星仅1700余颗。其中,美国居首,有800余颗;中国次之,有200余颗。

星链计划面临3个艰巨的困难:

- 技术困难。星链的卫星轨道很低,单星覆盖范围小,单星提供服务的时间窗口狭小,对卫星服务切换速度和可靠性要求较高。为此,星间链路考虑使用激光通信。
- 资金困难。星链计划初期投入100亿美元,随后,为了建设完整星座,还需约300亿美元。除了资金成本巨大,还有和地面5G蜂窝网络竞争的市场风险。
- 环保困难。由于近地轨道空间有限,当该位置运转的物体数量增至一定限度时,物体碰撞概率激增,碰撞后产生的碎片将导致更多新碰撞,引发连锁效应。这些碎片可能充满整个近地轨道空间,对以后的卫星运行和太空探索不利。SpaceX公司称每颗卫星寿命为5年,退役后自行拆解,坠入大气层烧毁。

其实原本最大的问题是如此众多数量的卫星与卫星发射、组网和使用周期之间的矛盾。按传统卫星发射技术和周期,近12 000颗卫星发射需要几十年,而卫星在轨寿命仅数年。但SpaceX公司取得了多项技术突破,成功解决了该问题。

- 一箭多星。60颗卫星被堆叠封装在整流罩内,单颗卫星重约227kg,60颗卫星整体重达13.62t。2019年5月成功实现了一箭60星发射。
- 有效降低发射成本。发射9min后,一级火箭降落在预定位置的海上,成功实现了火箭回收,以便再次使用。
- 在太空中以氪为工质(热能和机械能相互转化的媒介),通过霍尔电推进而非固体(或液体)燃料,实现小卫星的变轨和组建星座的操作。

SpaceX公司单颗卫星的制造和发射成本甚至能低于100万美元,优势明显。

作为SpaceX公司星链计划的主要竞争项目,另一个规模巨大的卫星天基互联网系统是高通、软银、空客等公司投资的OneWeb,计划部署近3000颗低轨卫星,初期计划发射720颗卫星,轨道高度为1200km,轨道倾角为87°。OneWeb不使用星间链路,只在用户和地面站同时位于卫星视距范围内的区域提供服务。OneWeb采用简单的透明转发,用户通信使用Ku波段,关口站通信使用Ka波段。OneWeb单星质量小于150kg,单星容量大于5Gb/s,可为配置30～75cm抛物面天线、相控阵天线等的终端提供50Mb/s的互联网宽带接入服务。OneWeb计划通过联盟号火箭和维珍银河火箭发射一箭多星,

2021 年实现商用。

有谷歌、Facebook、SpaceX 等的示范效应，电商巨头亚马逊不甘落后，也筹划卫星互联网计划——Project Kuiper，在 590～630km 的 98 个低轨道平面部署 3200 多颗卫星，为北纬 56°到南纬 56°区域提供互联网接入，有效拓展其 AWS 云服务。

**6. 鸿雁计划**

目前，我国也开始建设低轨卫星通信与空间互联网系统。由中国航天科技集团建设的“鸿雁”星座项目，其首颗试验卫星于 2018 年底成功发射，用于验证通信载荷、技术体制设计，并进行导航监测接收、导航信息增强等功能试验。计划几年内实现星座一期 60 颗卫星的组网运营，提供全球移动通信、物联网、导航增强、航空监视等服务。二期完成建设后，系统由数百颗宽带通信卫星组成，可实现全球任意地点的互联网接入。届时可填补地球表面的通信空白，构建我国自主的空天地海一体化卫星移动通信与空间互联网系统，提供满足不同用户需求的终端产品及应用软件，面向全球开展商业运营。

## 5.8 卫星网络的发展前景

20 世纪 90 年代初，非 GEO 卫星移动通信技术引起了广泛关注，许多卫星网络通信系统投入应用。但同时，地面蜂窝通信网络的迅猛发展严重冲击了卫星通信。铱星、全球星等系统先后申请破产保护，一度兴旺的卫星移动通信系统跌入了发展低谷。但是，卫星通信网络仍凭借其独有的特点而具有良好的发展前景。

(1) 卫星通信网络是新一代全球综合通信网络的重要组成。

新一代全球综合通信网络应能支持各种不同业务、保证不同用户的 QoS 需求。虽然“光纤＋蜂窝”网络将无可争议地垄断地面骨干网络系统，但其不能取代空中的卫星通信。卫星通信还具有广播、广域、全球无缝覆盖、抗灾害等优势。

要实现全球无缝覆盖，仅依赖地面蜂窝网络并不够。卫星移动通信系统将提供良好支持，作为 4G/5G 的重要补充，为地面蜂窝网覆盖不到的边远地区、山区、河海、空中提供移动通信，与地面网络一同实现真正意义上的全球移动个人通信网络。

随着宽带卫星业务的开通，卫星通信的传输能力将大大加强，将在未来的全球综合通信网络中占据一席之地，并且拥有不容小觑的市场份额。

(2) 卫星通信网络是综合国力的重要体现。

在国家安全、军事通信、空间通信、航空通信、海事通信、应急救灾、导航定位、气象、遥测遥感等重要领域，卫星通信网络的地位无可替代。许多国家在军事通信中不但使用专用卫星系统，也使用商用卫星系统。例如，美军就是铱星、全球星等的重要客户。在伊拉克战争和阿富汗战争中，军事卫星通信对美军起到了重要的支撑作用，有举足轻重的意义。

我国自主建设的北斗卫星导航系统已开始提供服务，社会反响良好。大力发展我国自主的全球卫星通信网络系统、全球卫星导航定位系统意义非凡。强大的卫星通信网络不仅是国民经济、军事安全等的需要，也是综合国力的重要体现。未来国内的卫星通信业务前景广阔，而任务也十分艰巨。

(3) 卫星通信网络是深空通信网络的重要组成。

浩瀚的宇宙蕴藏着无数秘密，人类正在加快探索宇宙的步伐，《三体》《流浪地球》等科幻作品描述的技术场景未来有望逐步成为现实。我国已发射嫦娥探测器，开启了探月工程；未来还将推进火星探测，实施火星环绕和着陆，开展火星全球性和综合性探测，对火星表面重点地区进行精细勘测。SpaceX公司则在星链之后酝酿着更宏大的火星移民计划，争取到21世纪中叶初步实现。

在现在和未来人类探索宇宙的历程中，卫星网络将发挥重要作用。星链、鸿雁等巨型卫星互联网的建设也可看作人类为下一步走出地球，向月球、火星和外太空拓展，建设深空星际通信网络的技术准备。

## 5.9 卫星网络实验

### 1. 卫星网络实验说明

1) 卫星网络仿真模块

NS2仿真环境中针对卫星网络有其特有的节点结构。本节以铱星系统和Teledesic系统为例，进行仿真分析。相关实验脚本程序和实验结果等详见本书配套电子资源中的节点(Sat-Iridium-nodes.tcl、Sat-Teledesic-nodes.tcl)、链路(Sat-Iridium-links.tcl、Sat-Teledesic-links.tcl)和场景(Sat-Iridium.tcl、Sat-Teledesic.tcl)等文件。

卫星网络仿真主要涉及以下模块：

(1) 无线信道模块，采用Channel/Sat模块仿真无线信道，Channel是信道模块的父类，Sat是Channel的子类。

(2) 无线物理接口模块，采用Phy/Sat模块。

(3) 无线MAC层模块，采用特定的Mac/Sat模块。

(4) 无线LL模块，采用LL/Sat模块。

由于卫星网络的三维特性难以在NS2中以可视化仿真拓扑的形式给出，因此，本章的仿真实现和分析将以数据分析为主。

2) 仿真场景说明

实验中的数据源点为北京。由于卫星通信网络和所处地理位置紧密相关，因此以上海、香港、悉尼、纽约、里约热内卢5个城市作为数据接收方。为简便起见，这里采用单一的CBR数据流。通过trace文件来分析时延变化和通信距离的关系，而实际数据传输路径中卫星节点个数不同，也会造成端对端时延的不同。这里通过双向比较来说明铱星和Teledesic系统各自的特点。关于这两个系统的背景知识见本章前面部分。

仿真中需要在NS2仿真环境中确定地面终端的位置的两个参数：经度和纬度。表5.5描述的是各个城市的经度和纬度。

表 5.5　卫星网络实验中城市的经度和纬度

| 城　市 | 经　度 | 纬　度 | 城　市 | 经　度 | 纬　度 |
|---|---|---|---|---|---|
| 北京 | 116.28°E | 39.54°N | 悉尼 | 151.00°E | 33.00°S |
| 上海 | 121.26°E | 31.12°N | 纽约 | 74.00°W | 40.43°N |
| 香港 | 114.15°E | 22.15°N | 里约热内卢 | 43.12°W | 22.54°S |

3) awk 简介

awk 是在 Linux/UNIX 下对文本和数据进行处理的一种编程语言。对于 awk 程序而言,数据可以来自标准输入、一个或多个文本文件以及其他命令的输出。

awk 支持用户自定义函数和动态正则表达式等功能。在使用时,awk 更多的是以脚本方式进行处理,也可在命令行中直接输入执行。

awk 在处理文本和数据时采用逐行扫描,即从第一行到最后一行,寻找匹配特定模式的行,并在行上进行相应操作。如果未指定处理动作,则把匹配行显示到标准输出。如果没有指定模式,则所有被操作指定的行都被处理。gawk 是 awk 的 GNU 版本,提供了 GNU 的一些扩展。awk 编程知识详见 http://www.gnu.org/software/gawk/manual/gawk.html。

### 2. 卫星网络实验场景建立

铱星和 Teledesic 两个仿真实验场景代码较长,具体详见本书配套电子资源。注意,卫星网络有特定的 NS2 模块,参数设置包括卫星信道类型、上/下行带宽、星际链路带宽、卫星物理层和链路层、卫星网络路由和链路切换管理等。节点实例化和链路配置分别放入不同文件,详见 Sat-Iridium-nodes.tcl、Sat-Iridium-links.tcl、Sat-Teledesic-nodes.tcl、Sat-Teledesic-links.tcl 等,前两个文件对应 Iridium 卫星,后两个对应 Teledesic 卫星。

实验中需设置各城市的经度和纬度,具体经度和纬度值参见表 5.5。

实验中的数据流采用单条 UDP 流,利用 CBR 产生持续数据,起止时间分别为 1.0s 和 86 400.0s。需要将数据从源城市传输到目标城市,每一轮实验针对不同目标城市。

### 3. 铱星和 Teledesic 系统实验结果分析

实验设置了一对地面终端节点,节点间发送恒定速率的 CBR 数据流。数据源位于北京,目标为其他 5 个城市,时间为 1 个地球日(24h)。对实验后所得的 trace 文件从时延、抖动率、丢包率和吞吐量等不同角度进行记录和分析,具体操作说明和实验过程详见配套电子资源和实验手册。

### 4. 卫星网络的实测实验

使用一款配置 GPS、北斗等导航模块的智能手机,分别下载安装 AndroiTS GPS Test 和 Cellular-Z 两款 App(见图 5.14)。在室外空旷环境处运行 App 进行导航定位,分析比较各个卫星导航系统的相关技术参数。

## 习题

5.1 什么是卫星网络？它与其他无线网络相比有何不同？

5.2 从卫星制式、覆盖区域范围、用户性质和业务范围等对无线网络进行分类。

5.3 卫星网络有哪些类型的轨道？各具有什么特点？

5.4 未来的全球通信系统中，卫星通信网络将是宽带网络，支持任何人在任何时间和任何地点进行高效通信。为此，卫星网络需要实现哪些关键技术？

5.5 卫星网络的链路有哪些？以具体卫星网络为例阐述。

5.6 简单介绍移动卫星系统的通信标准和网络设计。

5.7 举出一两个你所熟悉的卫星通信系统，从技术角度进行简要介绍。

5.8 使用手机导航软件实际感受北斗、GPS等卫星导航系统，并分析其导航定位原理。

5.9 搜集有关北斗导航系统的技术资料，分析其与GPS系统相比的优势和劣势。

5.10 从星链、鸿雁等卫星天基互联网系统中任选一个，搜集相关资料，分析其进展动态和应用前景。*

## 扩展阅读

1. 北斗卫星导航系统，http://www.beidou.gov.cn。
2. 中国航天科技集团，http://www.spacechina.com。
3. 微信公众号"小火箭"。

## 参考文献

[1] 郭庆，王振永，顾学迈. 卫星通信系统[M]. 北京：电子工业出版社，2010.

[2] 申建平. 卫星网络拓扑动态性及仿真系统研究[D]. 成都：电子科技大学，2009.

[3] 吴廷勇. 非静止轨道卫星星座设计和星际链路研究[D]. 成都：电子科技大学，2008.

[4] 李津. 卫星网络星座及路由算法仿真结果可视化技术的研究[D]. 长沙：国防科技大学，2005.

[5] 周虹霞. 双层卫星网络路由算法研究[D]. 成都：电子科技大学，2005.

[6] 田建波，陈刚. 北斗导航定位技术及其应用[M]. 武汉：中国地质大学出版社，2017.

[7] 丁丁，马东堂，魏急波，等. 多业务LEO卫星网络中最优呼叫允许控制及切换管理策略[J]. 电子与信息学报，2010，32(7)：1559-1663.

[8] CHINI P，GIAMBENE G，KOTA S. A Survey on Mobile Satellite Systems[J]. International Journal of Satellite Communications Networking，2010，28(1)：29-57.

[9] 胡行毅. 美国行星际因特网的构建[J]. 国际太空，2007(5)：26-29.

[10] 高璎园，王妮炜，陆洲. 卫星互联网星座发展研究与方案构想[J]. 中国电子科学研究院学报，2019，14(8)：875-881.

# 第6章 无线自组织网络

无线自组织网络又称无线对等网络，是由若干个无线终端构成的一个临时性、无中心的网络，网络中不需要任何基础设施。Ad Hoc 在拉丁语中意为"特别的、特定的、临时的"。这种网络具有独特优点和用途，可便捷地实现相互连接和资源共享。本章对无线自组织网络尤其是移动自组织网络的相关原理和技术进行详细介绍。

## 6.1 Ad Hoc 网络概述

### 1. Ad Hoc 网络的背景

Ad Hoc 网络最初源于军事通信的需要。1972 年，美国国防部高级研究计划署(DARPA)启动了分组无线网(Packet Radio Network)项目，主要研究分组无线网的应用。1993 年，DARPA 又启动了可存活性自适应网络项目。随后进一步启动了全球移动信息系统项目。IEEE 802.11 工作组采用了 Ad Hoc 一词来描述自组织网络这种特殊的对等式无线移动网络。

从 20 世纪 90 年代开始，Ad Hoc 网络的研究有了很大进展，已经从无线网络领域中的一个小分支逐渐扩大为相对独立的领域。目前，国内外对 Ad Hoc 网络的研究日益增多，研究成果主要包括以下几个方面：

(1) 路由协议。主要以广播或多播方式建立网络路由，原则是尽量避免广播风暴。目前代表性成果有 AODV、DSDV、WRP、DSR、TORA 和 ZRP 等路由协议。

(2) MAC 协议。包括 RTS/CTS/ACK 方案、控制信道和数据信道分裂的双信道方案、定向天线 MAC 协议和其他改进 MAC 协议。其中，定向天线 MAC 协议理论性能较好，但技术实现上难度较大。

(3) Ad Hoc 网络与蜂窝网络相结合，以拓宽 WLAN 与蜂窝通信系统的应用范围。

(4) 多播(或组播)协议、地址分配、TCP、节能控制、安全性、分布式算法和 QoS 等。

(5) 用蓝牙节点组建 Ad Hoc 网络。应用蓝牙技术可组成微微网(piconet)，再通过桥(bridge)节点互联，即可形成多跳 Ad Hoc 网络，可称为蓝牙散射网(scatternet)。

随着Ad Hoc网络技术不断发展和更新,其用途日趋广泛。它不仅可用于军事领域,如单兵个人电台和车载军用电台等,而且在民用领域,如抢险救灾、多媒体会议、无线传感网和车载通信网络等场合,作用和影响也越来越大。

**2. 移动自组织网络的定义**

考虑到移动性应用的巨大需求,这里着重介绍移动自组织网络(Mobile Ad Hoc Network,MANET)。MANET又称移动多跳网或移动对等网,是一种特殊的网络。它在不借助任何中间网络设备的情况下,可在有限范围内实现多个移动节点临时互联互通。它为较小范围内的移动节点通信提供了一种灵活的互联方式,可看作由一组带有无线收发装置的移动终端组成的一个临时性多跳自治系统。

在MANET中,每个节点既可作为主机,也可作为中间路由设备。一方面,节点作为主机可运行相关应用程序,以获取或处理数据;另一方面,节点作为路由器,需运行相关路由协议,进行路由发现和维护等操作,对收到的并非发给自身的分组予以转发。

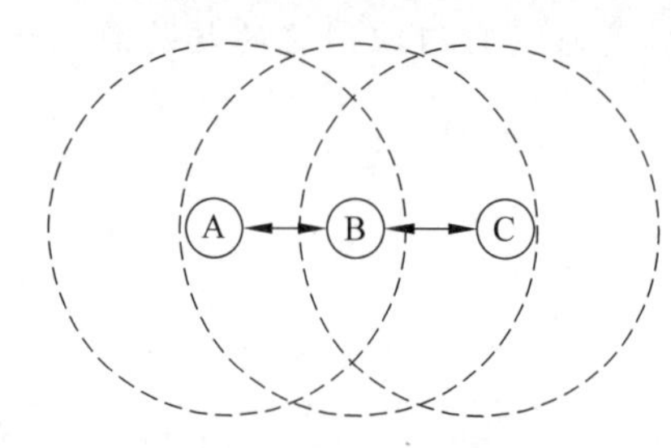

图6.1 一个简单的MANET

由于MANET是多跳无线移动网络,两个要交换信息的主机可能不在彼此的直接通信范围内。图6.1描述了一个由节点A、B、C共同构建的简单MANET。节点C不在A的信号覆盖范围(以A为圆心的圆环)内,同时节点A也不在节点C的信号覆盖范围内。如果A和C要交换信息,就需要B为它们转发分组。因为B在A和C的无线覆盖范围之内,B就在A和C的通信中充当路由器的角色。

**3. MANET的特点**

MANET结合了移动通信和计算机网络的特点,每个节点兼有路由器和主机两种功能。MANET的特点主要体现在以下几方面:

(1) 拓扑结构动态变化。MANET中无固定通信设施和中央管理设备,网络节点可随机地以任意速度向任意方向移动,而无线收发装置功率变化、环境影响和信号间的互相干扰等因素都会造成网络拓扑结构的动态变化。

(2) 资源有限。一方面,节点能量有限,而移动会消耗更多能量,降低网络性能;另一方面,网络带宽有限,并且存在信号间的冲突和干扰,使移动节点能得到的传输带宽远小于理论上限值。但MANET组网灵活,网络构建和扩展无须依赖任何预设的基础设施或设备,只要有两个或更多支持Ad Hoc通信协议的节点,就可自行建立连接。

(3) 多跳通信。如果两个节点受资源限制,无法处在同一覆盖网络内,可采用多跳通信。在普通WLAN接入网络中,远程节点通信时通常依靠AP来转发数据;而在MANET中,两个远程节点间的通信可以是直接点对点方式,如果二者距离超过无线信号覆盖范围,则需中间节点转发数据,称为多跳路由。

(4) 安全性较低。节点通信依赖无线信道,传输信息易受窃听、篡改、伪造和重演等各种攻击的威胁，如果路由协议遭受恶意攻击，整个网络可能中断正常工作。

## 6.2　MANET 体系结构

### 1. MANET 的拓扑结构

鉴于 MANET 的特殊性，在实际组网时，必须充分考虑网络的应用规模、扩展性、可靠性和实时性等要求，再选择合适的网络拓扑结构。通常 MANET 的拓扑结构可分两种：平面结构和分级结构。

平面结构如图 6.2 所示，所有节点平等。而在分级结构中，网络会划分为多个簇，各簇包含一个簇头和多个簇成员。簇头形成高一级网络，高一级网络中可再分簇，形成更高一级网络。簇头负责簇间数据转发。簇头可由节点应用算法自动产生，也可预先指定。

分级结构网络分单频和多频。单频分级网络如图 6.3 所示，所有节点使用同一频率。为实现簇头间通信，需要网关节点（属于两个簇）的支持。而在多频分级网络中，不同级采用不同频率。低级节点的通信范围往往较小，高级节点则覆盖较大范围。

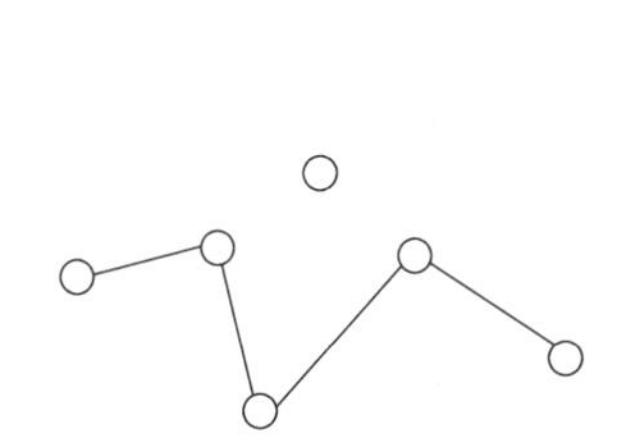

图 6.2　MANET 的平面结构

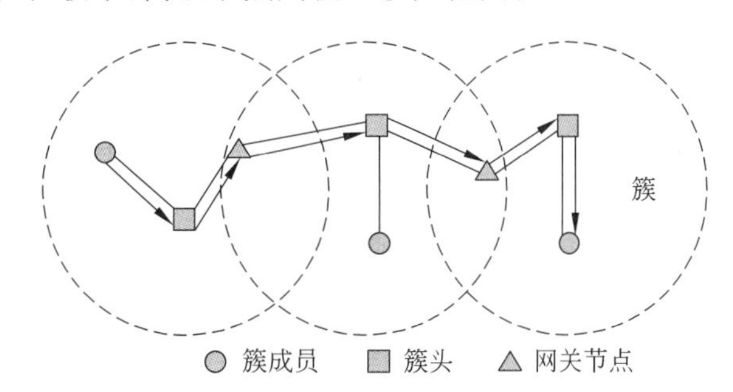


图 6.3　MANET 的单频分级结构

平面结构简单，所有节点完全对等，因此也称为对等式结构，源节点与目标节点通信时存在多条路径，原则上不存在瓶颈，所以健壮性良好，而且网络比较安全。其缺点是可扩充性略差，因为每个节点都需要知道到达其他所有节点的路由，而维护这些动态变化的路由需要大量控制消息，路由维护的开销呈指数增长，消耗有限的带宽。

而在分级结构中，簇成员的功能较简单，不需维护复杂的路由信息，有效减少了网络中路由控制信息的数量，资源开销较小，因此具有较好的可扩充性。但相应的缺点是：维护分级结构需要节点执行簇头选举算法，而簇头节点可能会成为网络瓶颈。

分级结构具有较高的系统吞吐量，节点定位简单，使 MANET 正逐渐呈现分级化的趋势，许多网络路由算法都是基于分级结构提出的。一般而言，当网络规模较小时，可采用简单的平面结构；而当网络规模较大时，应采用分级结构。

### 2. MANET 的协议层次

根据 MANET 的特征，其协议层次如图 6.4 所示。各层的具体功能描述如下。

（1）物理层。实际应用中 MANET 物理层的设计视实际需要而定。首先选择通信

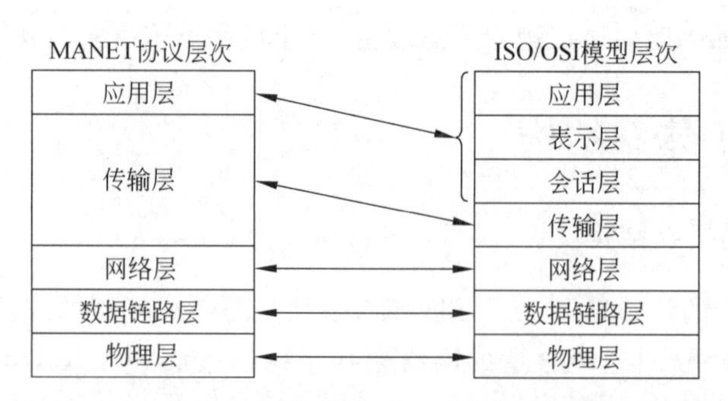


**图 6.4 MANET 协议层次与 ISO/OSI 模型层次的对应关系**

频段,通常选用免费的 ISM 频段。其次,相应的无线通信机制应具有良好的收发信功能。物理层设备可使用多频段、多模式的无线传输方式。

(2) 数据链路层。分为 MAC 子层和 LLC 子层。MAC 子层包含数据链路层的绝大部分功能。多跳无线网络基于共享访问传输介质,隐藏节点和暴露节点问题常用 CSMA/CA 和 RTS/CTS 机制解决。LLC 子层负责向网络提供统一服务,以屏蔽底层不同的 MAC 机制。

(3) 网络层。主要功能包括邻居发现、分组路由、拥塞控制和网络互联等。一个好的网络层路由协议应满足以下要求:采用分布式运行方式,提供无环回路由,按需进行协议操作,具有较好的可靠性和安全性,提供设备休眠操作,支持单向链路,等等。

(4) 传输层。为应用层提供可靠的端对端服务,隔离上层与通信子网,并根据网络层特性高效利用网络资源,包括寻址、复用、流控、按序交付、重传控制和拥塞控制等。

(5) 应用层。提供面向用户的各种应用服务,包括有严格时延和丢包率要求的实时应用(紧急控制信息)、基于 RTP/RTCP(Real-time Transport Protocol/Real-time Transport Control Protocol,实时传输协议/实时传输控制协议)的音视频应用以及无任何服务质量保障的数据包业务。

## 6.3 MANET 路由协议

### 6.3.1 MANET 路由概述

MANET 中的终端节点除保持连通性之外,也能执行路由选择。但移动环境下的网络拓扑是动态变化的,导致路由动态变化,使 MANET 路由较为复杂。一个好的 MANET 路由方案应具备分散性、自组织和自修复等特点,并对无线频谱带宽限制具有适应性,能利用多跳属性得到更好的负载均衡。

在 MANET 中没有特定中心节点进行路由决策,节点在路由失效时能自修复和调整,在自修复过程中,能快速克服路由失败带来的负面影响,提高网络的容错能力。

无线频谱和信道容量有限使 MANET 带宽资源稀缺,同时无线介质的共享特性使得网络中存在冲突和竞争,更加限制了网络性能。如何进行传输信道分配非常重要,具体到路由,即如何保证数据传输的有效性,减少路由造成的冲突,降低路由信息的代价。

功率感知是一个关键,MANET 节点需尽可能降低能耗,以延长网络寿命。节点需选择合适的发送功率及传输较少的数据,也可结合路由层实现节点的跨层设计。但降低节点发送功率会缩小节点的覆盖范围,进而使网络中的数据传输需要经过更多跳数。

## 6.3.2　MANET 路由协议分类

MANET 路由协议较多,按算法的不同性质和执行过程可分为主动路由协议、被动路由协议、地理位置路由协议、地理位置多播路由协议、分层路由协议、多路径路由协议、能耗感知路由协议及混合路由协议等。

### 1. 主动路由协议

主动(表驱动)路由协议的基本思想如下:

- 每个节点与其他节点交换路由信息,并根据交换信息构建本节点的路由表。
- 节点间定期交换路由更新信息,以维护和更新路由表。
- 节点查找自身路由表来确定一个数据包从源地址到目标地址的路由。

在主动路由协议中,虽然能很快确定路由,但维护最新的网络信息需要较大的系统开销。此外,即使没有数据流量通过这些路由,仍需要连续不断地维护路由。

### 2. 被动路由协议

被动路由协议的基本思想如下:

- 数据包发送时需确定一条从源节点至目标节点的路由,需向目标节点发送路由请求。
- 节点无预先建立的路由表(全局信息)可供使用,可能存在部分路由信息。

在被动路由协议中,路由发现过程频繁,但和主动路由算法相比,其路由消息的控制开销更少。因此,被动路由协议被认为具有更好的可扩展性。此外,使用被动路由协议,节点每次尝试发送信息时都必须进行路由发现,增加了数据传输的整体时延。

### 3. 地理位置路由协议*

地理位置路由协议需要无线定位技术(如室外环境下的 GPS)的辅助,依据节点位置信息确定下一跳节点。其基本思想如下:

- 源节点依据目标节点的地理位置信息向目标节点发送信息。
- 在路由过程中可使用位置信息代替网络地址。
- 发送方不必了解整个网络的拓扑结构。
- 假定每个节点知道自身位置,每个源节点也知道目标节点的位置。

地理位置路由协议有 3 个主要策略:单路径、多路径和洪泛。单路径中一个报文经过特定路由从源节点传输到目标节点。而洪泛广播会产生大量复制信息。单路径和洪泛是两个极端,而多路径较为折中,只产生少量复制报文,且从源节点到目标节点有多条不同传输路由。大多数单路径地理路由基于两种技术:贪心转发(Greedy Forwarding,GF)和面路由。GF 可能出现局部极小的问题,使得数据包无法路由到目标节点,此时需采取恢复机制(如GPSR协议中的周长转发机制)离开局部极小点。

地理位置信息能改善路由性能,减少网络系统开销,且大多数地理位置路由算法有可扩展性和容错性。但是,无线定位技术本身存在误差,致使定位信息有时不太准确,同时,要求节点都知道自身位置的假设在某些环境中也不太现实。

#### 4. 地理位置多播路由协议*

地理位置多播指源节点向一组目标节点发送信息时,利用其他节点的地理位置信息进行多播转发。因此,地理位置多播融合了多播和地理位置两个概念。地理位置多播的区域是目标节点地理位置的集合。一个目标位置指的是目标位置地址,可有不同形状,如一个点、一个圈或一个多边形。

在地理位置多播路由协议中,每个路由节点(即地理位置路由器)能确定自身的地理位置服务范围。地理位置路由器通过邻居间交换服务区域信息来维护其路由表,路由器分层组织路由信息。地理位置多播协议的优缺点和地理位置路由协议类似。

#### 5. 分层路由协议*

在分层路由协议中,节点形成簇,每个簇有一个或多个簇头和网关节点。簇头主要维护簇内所有节点的连通性,而网关则作为两个相邻簇之间的连接点。网关能和属于不同簇的至少一个簇头进行通信,但簇成员只能和所属簇的簇头通信。簇成员和簇头直接相连或只有很少的几跳。在分簇环境中可使用不同机制进行簇内和簇间路由,例如,可在簇间使用主动路由,而在簇内使用被动路由。在分层路由协议中,当出现故障和拓扑结构改变时较容易修复,因为簇头节点只考虑簇内更新,因而只有发生了故障和拓扑有变化的簇才受影响,与其他簇无关。一般把网络分为两层:高层(包括簇头)和低层(包括簇成员)。

分层路由的优势取决于嵌套深度(即层数)以及寻址方案,例如为每一层分配ID。高密度网络中分层路由的性能好于其他方案,因为其具有低开销、相对短的路径、较好的故障适应性以及可以快速设置路径时间等优势。设计分层路由结构时,应仔细选择簇头,以防止瓶颈和大的能耗。当然,维护层次的复杂性会降低路由协议的性能。

#### 6. 多路径路由协议*

在多路径路由协议中,可使用多条路径对源节点发往目标节点的信息进行路由,更好地利用网络资源,使网络具有更好的容错性,发生故障时减少找到新路由的时延。该协议主要包含路径发现、路径断开、流量分布和路径维护等部分。其主要特点如下:

- 路由容错性好,通过路径冗余保障了源节点至目标节点的信息传输。
- 某些链路出现过载时,多路径路由协议可通过路径冗余平衡流量。
- 目标节点相同的多条数据流能通过不同路径传输,并在接近目标节点的位置汇聚,增加了网络聚集带宽的利用率。
- 多路径路由能减少路由错误造成的恢复时延,因为备份路由在路由发现阶段已形成,即错误发生时可使用事先定义好的路由,而非重新寻找一条路由。

在给定性能度量的情况下,多路径路由协议的性能依赖于源节点和目标节点间的多路径路由的可用性。另外，多路径路由算法的复杂性比较高，尤其在路径发现阶段。

#### 7. 能耗感知路由协议*

MANET 的移动性使得能耗问题始终是研究挑战之一。电池寿命决定节点的运行时间，更大能耗意味着电池寿命的缩短。因此，路由应兼顾能耗和移动性。为降低能耗，有研究提出能耗感知路由算法，引发了较多关注，限于篇幅，这里不再展开。

#### 8. 混合路由协议*

在混合路由协议中，开始建立路由时执行主动方法，然后通过被动洪泛为随后激活的节点提供服务，这样可以减少主动路由协议的控制开销和被动路由协议的发现时延。

混合路由协议是自适应路由协议的一个子集，主动/被动路由的分配根据网络的即时特征有选择性地进行。MANET 的混合路由协议能在分层网络架构中实现，网络性能取决于各层中主动/被动协议的分布，此类协议结合了主动/被动路由的优点。

上面对 MANET 中的路由协议进行了分类。某些具体路由协议可以属于多个分类，例如基于区域的层次链路状态（Zone-based Hierarchical Link State，ZHLS）路由协议可归入地理位置路由协议和混合路由协议两类。下面介绍具体的路由协议，让读者有直观了解。

### 6.3.3 MANET 的典型路由协议

本节介绍 8 个典型的 MANET 路由协议。

#### 1. DSDV 路由协议

目标序列距离向量（Destination Sequenced Distance Vector，DSDV）协议基于 Bellman Ford 算法，是距离向量（Distance Vector，DV）路由协议的改进。该协议通过目标序列号来区分新旧路由，可消除路由环路，提高算法效率。DSDV 能适应拓扑变化，当路由表发生重大改变时立即广播路由通告。为减缓路由振荡，它延迟了对不稳定路由的广播通告。其缺点也较明显：不能适应快速变化的网络，资源可能被浪费，多数路由信息可能从未被使用，源节点和目标节点之间只有一条路由且不支持单向连接。

DSDV 协议的路由表项包括目标地址、到达目标节点的度量值（最少跳数）、去往目标节点的下一跳以及目标节点相关序列号。序列号用来识别路由新旧，并据此更新路由和转发分组。各节点向邻节点周期性通告自身当前路由表，而非采用洪泛法，从而减少了通告信息量。DSDV 协议使用了两类更新报文：完全转存（即全部信息）和递增更新（即更新信息）。节点如在较长一段时间未收到邻居的广播消息，可判断链路中断。

DSDV 协议路由选择的依据为序列号或度量值。节点对比更新信息和节点的路由表，选择序列号大的路由信息，以保证到达目标节点的路由信息最新。序列号相等时，选择度量值最佳（如最少跳数）的路由信息。

DSDV 协议路由选择示例如图 6.5 所示。

在图 6.5(a)中，节点 A 和 B 的路由表如表 6.1 和表 6.2 所示（在本示例的各路由表

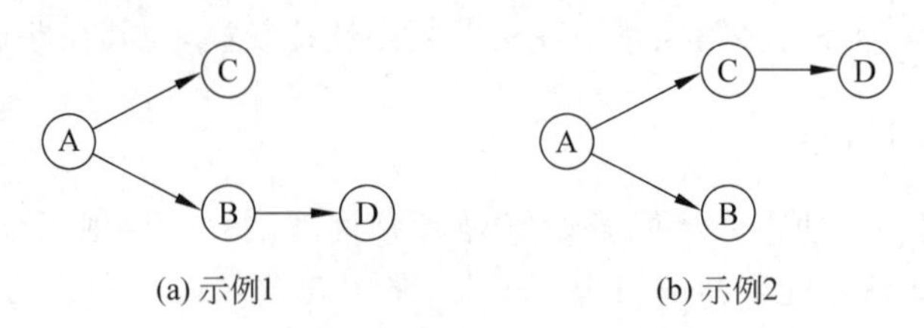


图 6.5 DSDV 协议路由选择示例

中,均只给出各节点到达节点D的路由信息)。

表 6.1 节点A的路由表

| 目标节点 | 下一跳 | 跳计数 |
|---|---|---|
| D | B | 2 |

表 6.2 节点B的路由表

| 目标节点 | 下一跳 | 跳计数 |
|---|---|---|
| D | D | 1 |

但是,如图6.5(b)所示,如果D移到新位置,B到D的连接不再存在。如果根据传统的DV算法,A和B相互交换各自的路由信息。此时A已收到B的更新消息,把D的距离设为无穷。B与A相互交换路由信息后,根据传统DV算法,会把到D的距离设为A到D的距离加上B到A的距离。B的路由信息如表6.3和表6.4所示。

表 6.3 更新前节点B的路由表

| 目标节点 | 下一跳 | 跳计数 |
|---|---|---|
| D | | ∞ |

表 6.4 更新后节点B的路由表

| 目标节点 | 下一跳 | 跳计数 |
|---|---|---|
| D | A | 3 |

这样就出现了路由环回现象,即A或B向D发送的数据会在A和B之间来回转发,无法到达D。解决方法是在路由记录中加入序列号,它由目标节点产生,每次当目标节点链路改变时,目标节点将序列号加1。节点之间交换路由信息时,如需更新,首先检查序列号的大小。如果收到的更新报文的序列号大于当前节点记录的该路由的序列号,则予以更新;如果相同,则比较路由距离;如果新序列号小,则拒绝更新。

当网络拓扑如图6.5(a)所示时,节点A、B带序列号的路由表如表6.5和表6.6所示。

表 6.5 节点A带序列号的路由表

| 目标节点 | 下一跳 | 跳计数 | 序列号 |
|---|---|---|---|
| D | B | 2 | 1000 |

表 6.6 节点B带序列号的路由表

| 目标节点 | 下一跳 | 跳计数 | 序列号 |
|---|---|---|---|
| D | D | 1 | 1000 |

当D移动时,B和D的连接中断,B到D的路由会被更新。路由更新时,序列号加1。更新前后节点B的路由表如表6.7和表6.8所示。

表 6.7 更新前节点B的路由表

| 目标节点 | 下一跳 | 跳计数 | 序列号 |
|---|---|---|---|
| D | D | 1 | 1000 |

表 6.8 更新后节点B的路由表

| 目标节点 | 下一跳 | 跳计数 | 序列号 |
|---|---|---|---|
| D | | ∞ | 1001 |

当A收到B的路由更新报文后，其路由信息也会更新。更新前后节点A的路由表如表6.9和表6.10所示。

表6.9　更新前节点A的路由表

| 目标节点 | 下一跳 | 跳计数 | 序列号 |
|---|---|---|---|
| D | B | 2 | 1000 |

表6.10　更新后节点A的路由表

| 目标节点 | 下一跳 | 跳计数 | 序列号 |
|---|---|---|---|
| D |  | ∞ | 1001 |

当节点C与移动到新位置的D建立连接后，也会更新路由表。假设原序列号为1000，C更新前后的路由表如表6.11和表6.12所示。

表6.11　更新前节点C的路由表

| 目标节点 | 下一跳 | 跳计数 | 序列号 |
|---|---|---|---|
| D | A | 3 | 1000 |

表6.12　更新后节点C的路由表

| 目标节点 | 下一跳 | 跳计数 | 序列号 |
|---|---|---|---|
| D | D | 1 | 1001 |

A和C会周期性地交换路由信息。当A收到C的路由更新报文后，在序列号相同时，则根据DV算法来判断是否需要更新路由。显然，A会更新路由。当A想发送报文给D时，会把下一跳设置为C，这样就可成功发送。

### 2. AODV路由协议

自组织按需距离向量（Ad Hoc On-demand Distance Vector，AODV）是应用广泛的按需路由协议之一，包括路由请求、路由响应和路由维护3个过程，依赖RREQ（路由请求）、RREP（路由响应）、RERR（路由错误）及HELLO共4类报文。各节点维护路由表，分别对不同报文进行处理，维护路由信息的正确有效。上述3个过程具体如下：

（1）路由请求。源节点向目标节点发送数据时，先在路由表中查找去往目标节点的路由表条目。如找到，则选用该路由进行传输；否则，构造RREQ报文并广播寻找去往目标节点的路由。其他节点收到该RREQ后，先判断自身是否目标节点。若是，则生成RREP报文并沿反向路径返回给请求节点；否则查找路由表，以确定自身是否有去往目标节点的有效路由条目，有则向反向邻节点返回RREP，无则继续广播RREQ。

（2）路由响应。节点收到RREQ后，发现自身为目标节点或自身路由表中有去往目标节点的有效路由，则产生RREP并沿反向路径返回给请求节点。当上游节点收到RREP后，先建立到目标节点的路由，并查看自身是否为请求节点，若是则停止转发，否则继续转发RREP。

（3）路由维护。路由中断时，节点先启动本地路由修复，若无效，则向相关邻节点发送RERR，告知路由中断。此外，路由缓存计时器会周期性地把超时的路由条目从路由表中删除，邻居节点计时器也会周期性地广播HELLO报文，检测邻节点的连通性，及时清除中断路由。

AODV路由协议网络拓扑示例如图6.6所示。假设节点A要向G发送数据，AODV路由协议会帮助其一步一步进行路由发现，直至找到G为止。

首先，A创建一个RREQ，广播给所有邻居节点，如图6.7所示。

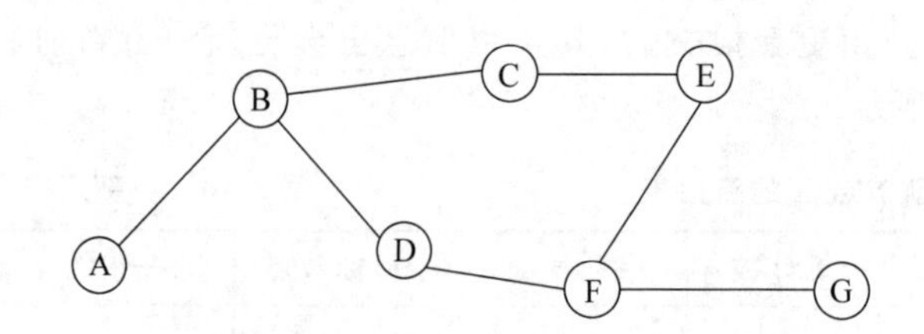


图 6.6 AODV 路由协议网络拓扑示例

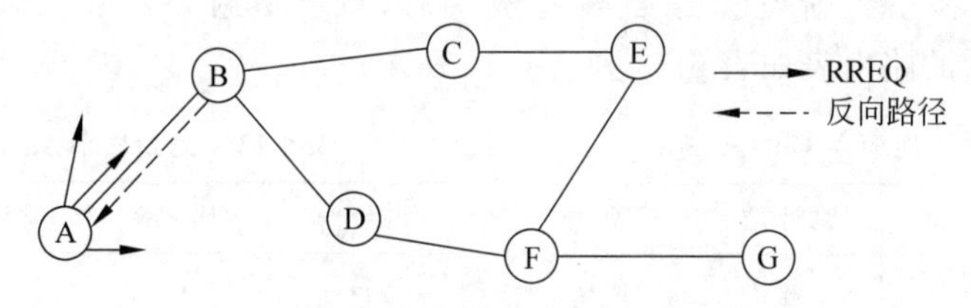


图 6.7 B 接收 RREQ 并创建反向路径

如果 B 收到来自 A 的 RREQ,会建立到 A 的反向路径。此时,如果 B 没有到 G 的路由,则将该 RREQ 广播给自己的其他邻居。B 的所有邻节点都会转发 RREQ,直到某个节点有到 G 的有效路径或者直接邻接 G。图 6.8 和图 6.9 展现了从 B 到 F 的 RREQ 请求过程。

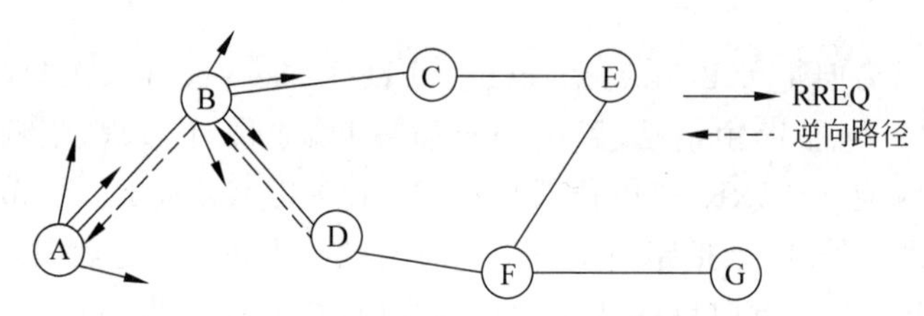


图 6.8 D 接收 RREQ 并创建反向路径

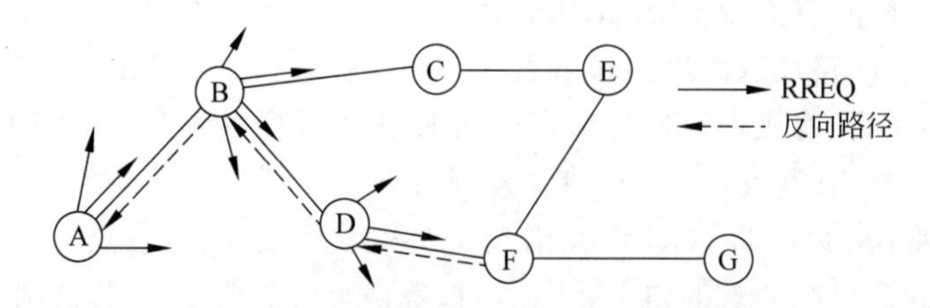


图 6.9 F 接收 RREQ 并创建反向路径

RREQ 到达 F 后,F 发现有一条到 G 的路径,且其序列号大于或等于 RREQ 中的序列号,则会构造一个路由响应包 RREP 并沿反向路径单播给 A,如图 6.10 所示。

整个路由发现过程完成后,A 可沿着发现的该条路由发送数据。

综上所述,AODV 路由协议具有以下特点:

(1) 基于传统距离向量路由机制,算法简单清晰。

(2) 使用目标序列号来防止循环发生,解决了无穷计数问题,易于编程实现。

(3) 支持中间主机回答,能使源主机快速获得路由,但可能会有过时路由。

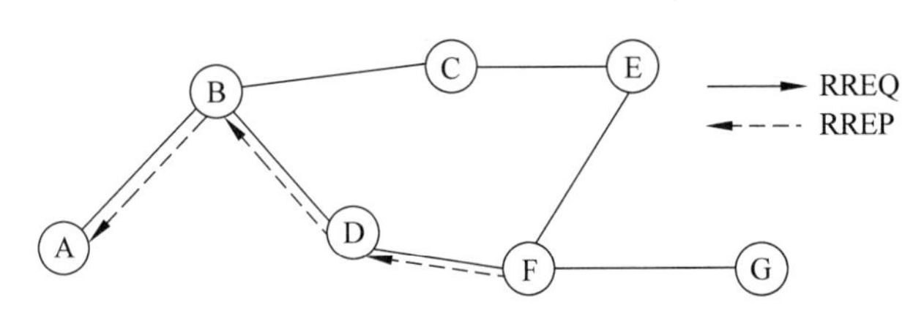


图 6.10 F 返回 RREP 给 A

(4) 周期性地广播报文,需要消耗一定能量和网络带宽。

### 3. DSR 协议

在动态源路由(Dynamic Source Routing,DSR)协议中,每个移动节点维护一个路由缓冲区。某节点发送分组时,首先查询本地缓冲区,确定是否存在可用路由。如存在,则使用该路由;否则发送一个含源和目标节点地址的路由请求分组,启动路由发现过程。中间节点收到请求后,查询本地缓冲区,如无到达目标节点的路由,则将本节点地址加入请求分组后转发,直至将分组转发到目标节点或有到达目标节点路由的中间节点。该节点返回一个路由应答分组,包含从源节点到目标节点的路径上所有节点的序列。每个发送的数据分组中都包含该路径的节点序列。中间节点不需保存路由信息,也不需周期性地进行路由广播和邻居发现。

DSR 协议具有以下特点:

(1) 仅在需要通信的节点间维护路由,减少了路由维护代价。

(2) 路由缓冲可进一步减少路由发现的开销。

(3) 路由缓冲使得在一次路由发现过程中会产生多个到达目标节点的路由。

(4) 支持非对称传输信道模式。

### 4. LAR 协议*

地理位置辅助路由(Location-Aided Routing,LAR)协议融合了地理位置和可选的按需源路由算法,利用节点位置信息限制路由发现的区域,使请求区域更小,减少路由请求信息的数量。LAR 为增强洪泛路由,可用于 DSR 和 AODV。图 6.11 为两个 LAR 方案,二者均使用期望区和请求区的区域计算,期望区和请求区的关系如下:

- 根据目标节点 D 的坐标($X_D$, $Y_D$)、$t_0$ 时刻的平均速度 $v$ 及先验知识,源节点 S 能计算 $t_1$ 时刻的期望区,这里 $t_0 < t_1$。
- 期望区是以($X_D$, $Y_D$)为中心、半径为 $R = v(t_0 - t_1)$ 的圆,若无移动性,则期望区为($X_D$, $Y_D$)。
- 请求区使用了期望区信息,且请求区包含期望区中 D 和 S 的矩形区域。
- S 知道请求区的角坐标,它被用来对矩形外的节点进行洪泛限制,不会转发收到的源自 S 的路由请求报文。

上述计算关系解释了图 6.11(a),而图 6.11(b)的不同是位置信息已隐式包含于路由请求报文中。定义变量 $DIST_S$ 是($X_D$, $Y_D$)到($X_S$, $Y_S$)的距离。$DIST_S$ 和($X_D$, $Y_D$)包含

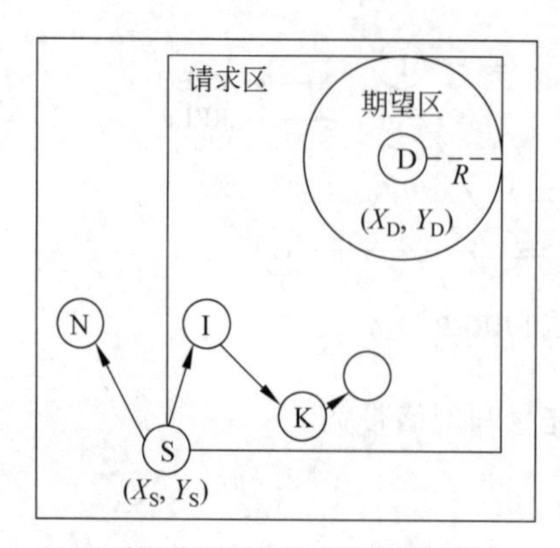


(a) 利用期望区和请求区计算位置

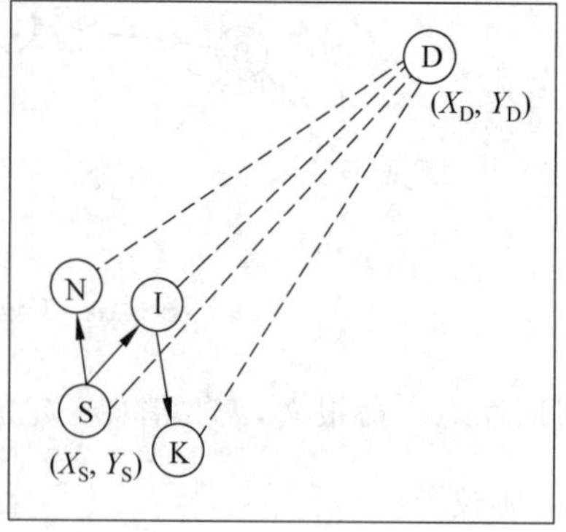


(b) 位置信息隐含于路由请求报文中

N：非转发节点　I/K：转发节点
S：源节点　D：目标节点

**图 6.11　LAR 协议的区域限制**

于报文中。路由过程中，中间节点 I 计算其到($X_D$，$Y_D$)的距离 $DIST_I$。如果 $DIST_S < DIST_I$，则 I 丢弃报文；否则 I 转发报文，并用 $DIST_I$ 代替 $DIST_S$。

### 5. ZRP 协议*

区域路由协议(Zone Routing Protocol，ZRP)属于混合分层路由协议，融合了主动和被动因素，并基于移动节点间的分隔距离生成重叠区域。对节点 i，给定特定跳数 $h$，能产生自身路由区域，包含以 i 为中心最多 $h$ 跳距离内的邻节点。在邻居中，离 i 恰为 $h$ 跳的称为周边节点，它是路由区域内唯一被允许转发控制报文给外区域的节点。因此，ZRP 限制了网络洪泛区域。图 6.12 中给出了节点 i 的区域和周边节点。其中，灰色圆圈表示路由区域外的节点，空白圆圈表示非转发节点，L、N、K 为周边节点。

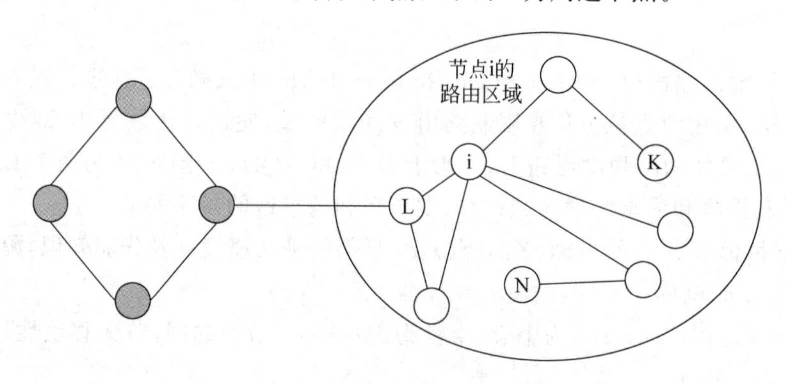


**图 6.12　ZRP 示例**

ZRP 包括区域内部路由协议(Intra-zone Routing Protocol，IARP)和区域间路由协议(Inter-zone Roting Protocol，IERP)。IARP 为主动型，在每个路由区域内部转发分组；而 IERP 为被动型，在不同路由区域间转发分组。

### 6. GPSR 协议*

贪心周边无状态路由(Greedy Perimeter Stateless Routing,GPSR)协议属于地理路由算法,在转发决策中使用直接邻居位置信息。GPSR 协议假定每个节点都了解自身位置和下一跳邻居的状态,源节点也了解目标节点位置。相隔一跳的邻居节点交换控制信息(信标)来更新信息,这限制了控制信息的开销。

GPSR 协议使用两个转发方案:贪心转发和周边转发。贪心转发是从源节点向目标节点转发数据包的基本方案,如图 6.13 所示。当一个包到达死锁节点,即所有邻居节点比自身离目标节点更远时,将进行周边转发。周边转发首先使用相对邻居图确定平面子图,然后使用右手法则沿周边逐跳遍历平面子图,如图 6.14 所示。

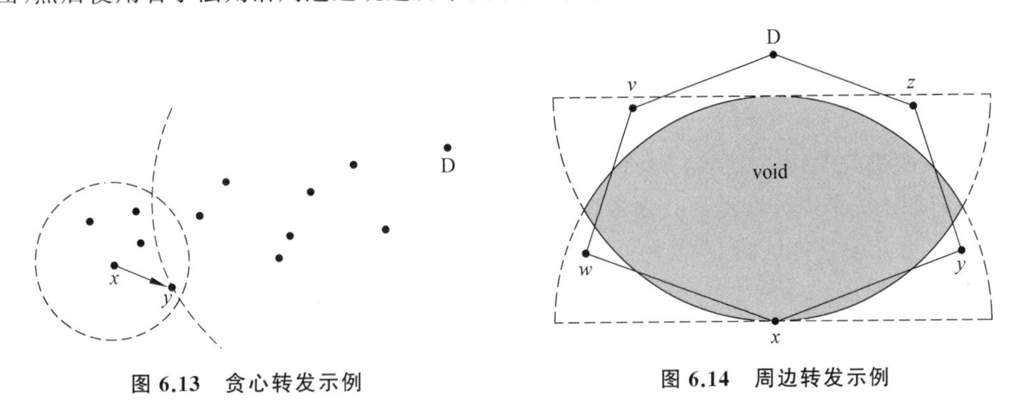


图 6.13 贪心转发示例　　　　图 6.14 周边转发示例

### 7. DART 协议*

如果终端节点数量巨大,则需考虑层次路由。动态地址路由(Dynamic Address Routing,DART)协议属于层次路由协议。通过动态地址机制,在一个大网络中实现可扩展路由。DART 协议不使用平面寻址方法。它将节点地址分成两部分:一是静态的唯一节点 ID,等价于当前的 IP 地址;二是动态路由地址,相当于当前节点在网络拓扑中的位置,使用动态路由地址允许路由聚集,支持可扩展性。

DART 协议基于地址,故适用于异构网络,支持不同类型的链路,如无线全向链路、定向链路和有线链路。此外,DART 协议与 MANET 应用相兼容。

### 8. TORA 协议*

时序路由算法(Temporally Ordered Routing Algorithm,TORA)协议采用链路反转分布式算法,具有自适应、高效率和较好的扩展性等特点,适合高度动态移动、多跳的无线网络。其思想是:将路由信息的传递限制在离拓扑变化最近的少部分节点,节点只保存邻节点路由信息,尽量减少控制信息通信开销。该协议中的路由不一定最优,常使用次优路由以减少发现路由的开销。该协议的基本模块为路由创建、维护和删除。如果节点 A 到 B 的链路中断,就给 A 一个比其邻节点都高的代价值,这样分组就从 A 反转,通过其他节点发往目标。

## 6.4 MANET的其他技术

本节介绍MANET的IP地址分配和QoS路由。

### 1. MANET的IP地址分配

前面假设MANET节点的IP地址已事先分配好,但这实际上有问题,必须考虑如何为新加入的节点分配IP地址。下面简单介绍MANET中的几种IP地址分配技术。

(1) 基于伙伴系统的分布式动态地址分配协议。通过IP地址池为节点分配IP地址,最初整个网络仅有一个节点A,拥有整个IP地址池。当某个无地址的节点B加入网络时,它向A申请IP地址。A接受申请后,将IP地址池的一半地址分配给B。B可将收到的地址中的首个地址作为自身地址,同时将最新的IP地址表回复给A。此时A和B互称为伙伴。

(2) 改进的DHCP协议。为每部分网络选择一个领导。它扮演DHCP服务器的角色,为新加入的节点分配地址。领导拥有一个所有已被分配的IP地址的列表。

(3) 基于硬件地址的IP地址分配。采用硬件MAC地址的已知网络前缀和后缀组成相应的IP地址。

### 2. MANET的QoS路由

随着MANET的应用领域日益扩大,MANET对QoS的要求也有了变化。传统QoS属性通常包括时延、带宽、分组丢失概率和时延抖动等;而对MANET来说,能量消耗和服务覆盖范围是另外两个特殊的QoS属性。

QoS路由是基于网络可用资源和业务流的QoS要求来选择路径的路由机制,或是包含各种QoS参数的动态路由。QoS路由要求达到两个目标:一是满足应用的QoS请求,二是优化网络的资源利用率。QoS路由和资源预留紧密相关。预留资源之前,满足要求的QoS路由已被选定。QoS要求可以是一维参数或多维参数,相应的QoS路由被称为一维QoS路由或多维QoS路由。QoS路由还可分为单播路由和多播路由。

## 6.5 无线网状网

### 1. 无线网状网简介

无线网状网(Wireless Mesh Network, WMN)是从Ad Hoc网络发展起来的新型网络技术,也是动态、自组织、自配置的多跳宽带无线网络。与MANET不同,WMN通过位置相对固定的无线路由器互联多种网络,并接入高速骨干网。WMN已被纳入IEEE 802.11s、IEEE 802.16等标准中。WMN被认为是无线城域核心网的理想形式之一。

WMN由客户节点、路由器节点和网关节点组成。客户节点分为普通WLAN客户节点和具有路由与信息转发功能的客户节点两类。与传统无线路由器相比,WMN路由器在很多方面有所增强，包括提升多跳环境下的路由功能、MAC 协议和多无线接口等。网关节点通过有线宽带连接互联网。WMN 的结构如图 6.15 所示。

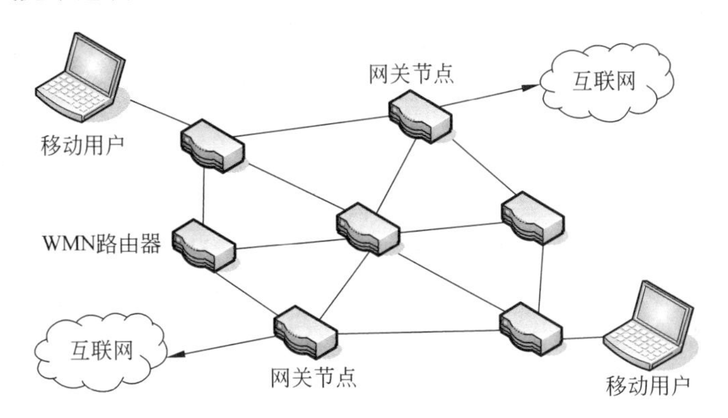


图 6.15　WMN 的结构

在传统 WLAN 中，每个终端均通过一条连接 AP 的无线链路来访问网络，用户相互通信时须先访问固定 AP，这种结构称为单跳网络。而在 WMN 中，任何无线节点都可同时作为 AP 和路由器，每个节点都可发送和接收信号，与一个或多个对等节点直接通信。

该结构的优点在于：如果最近的 AP 因流量过大而导致拥塞，数据包可自动重新路由到一个流量较小的邻节点进行传输。数据包还可根据网络情况，继续路由到与之最近的下一节点进行传输，直至到达最终目标。此种方式即为多跳访问。

与传统有线交换网络相比，WMN 无须在节点间布线，但仍具有分布式网络所提供的冗余机制和重新路由功能。添加或移动设备时，WMN 可自动配置并确定最佳多跳传输路径。网络能自动发现拓扑变化，并自动调整通信路由，以获取最佳传输路径。

表 6.13 比较了 WMN 与蜂窝网络、MANET、WLAN、WSN 这 4 种主要无线网络的特点。

表 6.13　WMN 与其他无线网络特点的比较

| 性能指标 | WMN | 蜂窝网络 | MANET | WLAN | WSN |
|---|---|---|---|---|---|
| 拓扑结构 | 多点对多点 | 点对多点 | 动态拓扑 | 点对点 | 动态拓扑 |
| 覆盖范围 | 可实现城域覆盖 | 覆盖广泛 | 局域网范围 | 局域网范围 | 中小范围 |
| 客户数 | 多 | 很多 | 较少 | 中等 | 多 |
| 控制方式 | 分布式 | 集中式 | 分布式 | 集中式 | 分布式 |
| 设计目的 | 接入 | 通信 | 通信 | 接入 | 数据传输 |
| 节点移动 | 主干网静止，路由器静止或移动，客户可移动 | 接入设备静止，客户移动 | 节点动态拓扑 | AP 静止 | 动态拓扑 |
| 能耗限制 | 可灵活选择能耗协议 | 客户需节能 | 首要因素 | 客户需节能 | 首要因素 |

### 2. 无线网状网的优势

相对于传统 WLAN,WMN 具有如下几个优势:

(1) 便于快速部署,易于安装。安装节点简单,很容易新增节点来扩大覆盖范围和网络容量。WMN 力图将有线设备和 AP 数量降至最低,减少了成本投入和安装时间。其配置和网管等功能与传统 WLAN 大部分相同,用户能较快适应。

(2) 具有健壮性。WMN 通常使用多路由器传输数据,如果某个路由器故障,数据通过备用路径传输。相比于单跳网络,WMN 不依赖于某个单一节点的性能。如果节点有故障或受到干扰,数据包将自动路由到备用路径进行传输,整个网络运行不受影响。

(3) 结构灵活。在单跳的 WLAN 中,设备必须共享 AP,如果几个用户同时访问网络,可能产生通信拥塞并导致系统运行速度降低。而在多跳的 WMN 中,可通过不同节点同时连接到网络,不会导致系统性能降低。

(4) 能获得高带宽。无线传输距离越短,通常越容易获得高带宽,因为可减少各种干扰和其他不利因素。选择多个短跳传输数据即可获得更高的网络带宽。WMN 中的节点不仅能收发数据,还能充当路由器为邻节点转发数据,而更多节点互连和路径数量增加也使总带宽增加了。

(5) 干扰小。在 WMN 中,每个短跳距离短,传输数据所需功率小,节点间的无线信号干扰也较小,网络信道质量和利用率大为提高,进而可实现更高的网络容量。

## 6.6 Ad Hoc 网络的应用

独立的 Ad Hoc 网络可以从规模上分为大型 Ad Hoc 独立网络和小型 Ad Hoc 独立网络。

大型 Ad Hoc 独立网络包括成百上千个节点,其直接的商业价值尚不明显。Ad Hoc 网络适用于在某些特定场合用非常少的数据传输非常重要的信息,例如在战场传达命令和在高速公路上通知其他车辆关于交通堵塞的情况等。大型 Ad Hoc 网络并不适合传输大量信息,因为它会产生高风险、高成本、低效率等问题。

与大型 Ad Hoc 独立网络相比,小型 Ad Hoc 独立网络具有明显的商业价值,其应用环境包括家庭、商务会议区和医院等。例如,家庭环境中的 Ad Hoc 网络可把所有家电(如计算机、电话、厨房家电和安保系统等)连接成网络,方便交流和资源共享。IEEE 802.11、蓝牙等 WLAN 技术为 Ad Hoc 网络提供了技术支持。

### 1. Ad Hoc 网络应用于智能交通

智能交通领域需要有效传输信息以优化交通服务,已成为 Ad Hoc 网络的重要应用领域。图 6.16 为智能交通系统示意图。以英国朴茨茅斯市的智能交通系统为例,其一项主要功能是为公交车乘客提供实时交通信息,要求公交车也安装相应的无线设备。

车载 Ad Hoc 网络使得车与车之间能实现有效通信,而无须第三方中心协助。图 6.17 为车载 Ad Hoc 网络示意图。第 10 章专门介绍无线车载网络和智能交通。

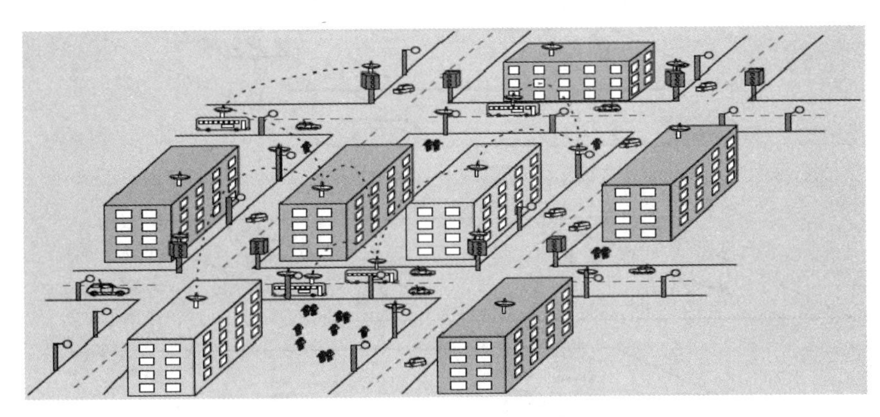

图 6.16 智能交通系统示意图

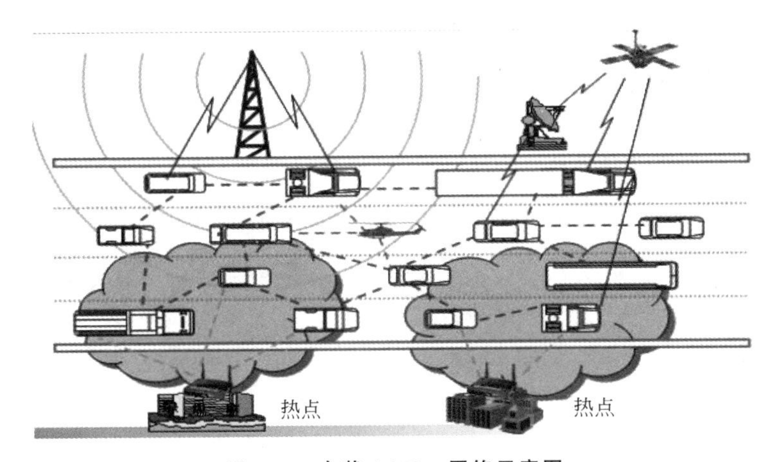


图 6.17 车载 Ad Hoc 网络示意图

### 2. MANET 应用于军事通信

在现代战场上,各种作战车辆之间、士兵之间、士兵与作战车辆之间都需在动态变化的战场条件下保持密切联系,以完成指挥、部署和协调作战。MANET 作为一种网络互联技术,在战场环境下大有作为。MANET 无固定基础设施,组网速度快,抗毁性强,因此成为数字化战场通信的首选,其中最主要的应用就是战术互联网。

美军的现役战术互联网主要由通信系统、指挥控制接入系统、网络互联设备和装载平台组成。此外,美军还积极发展基于联合战术无线电系统。由战术级作战人员信息网等组成的下一代战术互联网。

NTDR(Near Term Digital Radio,近期数字电台)是美军战术互联网的主干电台,采用以簇为基础的两层分级结构,如图 6.18 所示。簇内包括一个簇头节点和若干簇成员节点,簇头收集簇内成员信息并与外部簇头交换路由信息,本地簇成员通过簇头才能与外部通信。簇头之间互联以形成骨干网。

联合战术电台系统(Joint Tactical Radio System,JTRS)是一种宽带自组织网络,在

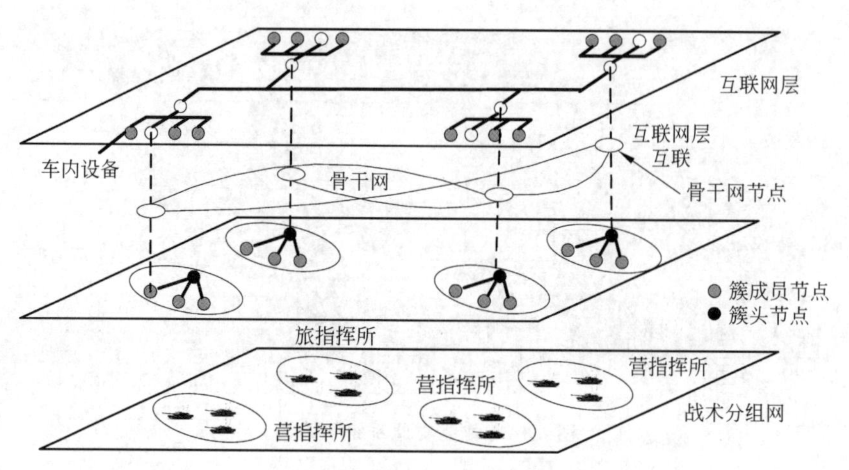


图 6.18 NTDR 的两层分级结构

美国陆海空军中都有应用。以海军陆战队的应用为例,JTRS是作战区域内战术通信基础设施的关键组成单元,将各指挥中心连接在一起,包括地面移动单元(车辆)、空中移动单元(直升机)、大型露营地和大型舰船等。网络提供语音、视频等的交互。图 6.19 所示为海上作战机动通信体系结构,包含大量低功率 WLAN,通过自组织广域网互联。

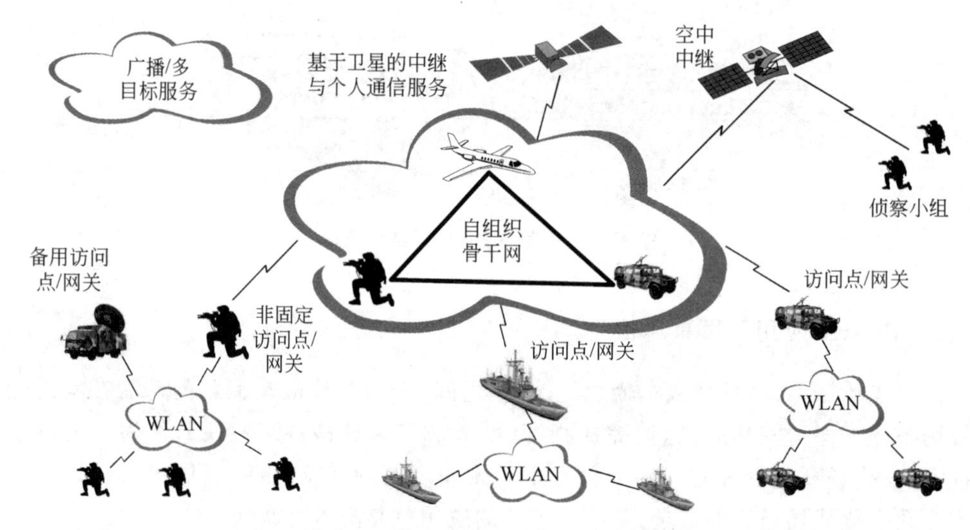


图 6.19 海上作战机动通信体系结构

## 6.7 MANET 的仿真实验

MANET 的仿真实验主要针对网络层协议展开,而不考虑其他因素和层次的影响。本实验主要以 AODV 和 DSR 两个研究和应用较广泛的协议为基础,进行仿真分析。

基于这两个协议的两个实验采用相同的拓扑,如图 6.20 所示,共 13 个节点,分别是节点 0~12,其中,节点 8 将与节点 2 进行相互通信。

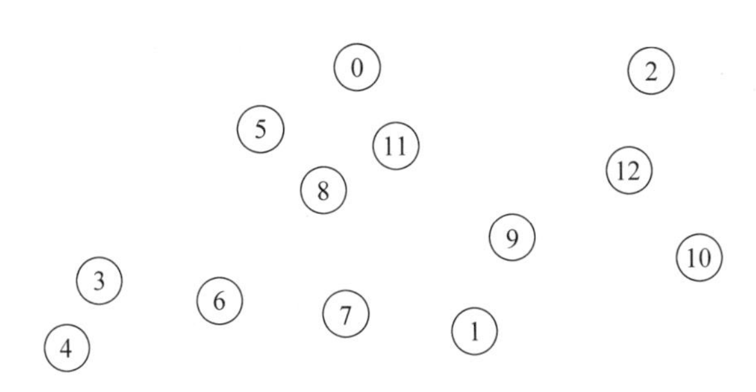


图 6.20　MANET 的仿真实验拓扑

相关实验场景设置和代码见配套电子资源。在实验中，采用两条 FTP/TCP 流传输数据，源节点为 8 和 4，目标节点为 2 和 1，其中 8→2 的数据流从 0.02s 开始，4→1 的数据流从 0.25s 开始，两个数据流均在 3.0s 停止。相关实验分析说明请看配套实验手册。

# 习题

6.1　什么是 Ad Hoc 网络和 MANET？它们具有哪些特点？
6.2　MANET 有哪些拓扑结构？各具有什么特点？
6.3　MANET 路由协议如何分类？各有什么特点？
6.4　分析 DSDV 路由协议的特点和工作过程。
6.5　分析 AODV 路由协议的特点和工作过程。
6.6　介绍一种具体的 MANET 地理位置路由协议。
6.7　在 MANET 中如何进行 IP 地址分配？
6.8　什么是无线网状网？它具有哪些优势？
6.9　举一个 MANET 应用的例子，并分析其特点。
6.10　在 NS2 中可针对无线自组织网络进行仿真分析。构建一个具有 20 个节点的无线自组织网络，要求体现其自组织特性。

# 扩展阅读

文献[10]列出了很多 MANET 技术方案的经典文献，请仔细阅读。

# 参考文献

[1]　SHARMA D, MAZUMDAR R. Delay and Capacity Trade-Offs in Mobile Ad Hoc Networks: A Global Perspective[J]. IEEE/ACM Transactions on Networking, 2007, 15(5): 981-992.

[2]　ZHANG C, ZHOU M, YU M. Ad Hoc Network Routing and Security: A Review[J]. International Journal of Communication Systems. 2007, 20(8): 909-925.

[3]　郭嘉丰，张信明，谢飞，等. 基于节点空闲度的自适应移动 Ad Hoc 网络路由协议[J]. 软件学报，2005, 16(5): 960-969.

[4] MOHSIN M, PRAKASH R. IP Address Assignment in a Mobile Ad Hoc Network[J]. MILCOM, 2002,2(2): 856-861.

[5] 郑少仁,王海涛,赵志峰,等. Ad Hoc 网络技术[M]. 北京: 人民邮电出版社, 2005.

[6] 张彦, 罗济军, 胡宏林. 无线网状网: 架构、协议与标准[M]. 北京: 电子工业出版社,2008.

[7] ALOTAIBI E, MUKHERJEE B. A Survey on Routing Algorithms for Wireless Ad-Hoc and Mesh Networks[J]. Computer Networks, 2012, 56(2): 940-965.

[8] 廖小军, 李长勇, 潘亚莉. MANET 的关键技术及其在军事通信中的应用[J].科协论坛, 2012(7): 89-91.

[9] 杨妮妮. 基于 NS2 的 AODV 协议研究与改进[D]. 西安: 西安电子科技大学,2014.

[10] CONTI M, GIORDANO S. Mobile Ad Hoc Networking: Milestones, Challenges, and New Research Directions[J]. IEEE Communications Magazine, 2014, 52(1): 85-96.

第7章

# 无线传感器网络

随着无线网络的不断发展，许多新技术应运而生，无线传感器网络(Wireless Sensor Network，WSN)就是其中之一，目前已成为发展迅速的无线网络技术之一。WSN是物联网的核心技术之一，得到了广泛关注和深入研究。本章重点介绍WSN的基本原理、研究热点和应用实例，提供了相关实验。

## 7.1 传感器技术简介

这里的传感器是指包含了敏感元件和转换元件的检测设备，它能将检测和感知的信息变换成电信号，进一步转换成数字信息进行处理、计量、存储和传输。

针对人的视觉、听觉、触觉、嗅觉、味觉，可以有光照/图像传感器、声音传感器、温度/湿度/压力传感器、气体传感器、生化传感器等。其他还有感知速度、位置、超声波、不可见光、射线、磁性、离子等物理量和物理现象的各种传感器。

常见的传感器包括电阻式传感器、变频功率式传感器、称重式传感器、电阻应变式传感器、压阻式传感器、热电阻式传感器、激光传感器、霍尔传感器等。图7.1所示为一个简单的传感器定义结构。

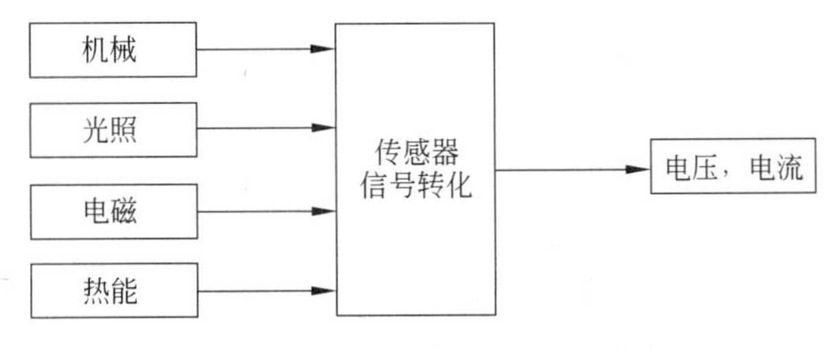


图7.1 一个简单的传感器定义结构

传感器可按多种方法分类，例如，按工作原理可分为物理传感器、化学传感器、生物传感器等，按用途可分为压力传感器、位置传感器、液位传感器、能耗传感器、速度传感器、加速度传感器、射线辐射传感器、热敏传感器等，按制作工艺可分为集成传感器、薄膜传感器、层膜传感器、陶瓷传感器等，按构成可分为基本型传感器、组合型传感器、应用型传感器等。

微电子学领域的微机电系统(Micro-Electro-Mechanical System,MEMS)对现代智能传感器技术的发展起着支撑作用。MEMS包含微型机构、微型传感器、微型执行器、微型信号处理和控制电路、微型接口、微型通信、微型电源等部件。MEMS传感器体积小、成本低,可与其他智能芯片集成在一起。

2018年,全球传感器市场规模约2000亿美元,并将保持10%左右的年增速。美国、日本、德国等国家的传感器市场规模较大。MEMS传感器产品的主要厂商为博世、意法半导体、德州仪器、安华高、惠普、霍尼韦尔、飞思卡尔等。

我国的传感器市场增速略快于全球市场。我国传感器的主要问题是:产品自给率不高,新产品不足,数字化、智能化、微型化等高技术产品短缺,国内企业的研发力量还不足。

传感器的应用范围极广,包括工业、汽车电子、通信、消费电子、医疗服务、各种专用设备等,而新兴应用领域包括可穿戴设备、无人驾驶汽车、智慧医疗、智能制造等。

## 7.2 无线传感器网络概述

### 1. 无线传感器网络的背景

在微电子技术、嵌入式计算技术和通信技术的发展和支撑下,兼具感知、计算和通信能力的无线传感器网络进一步引起了人们的关注。

WSN综合了传感器、嵌入式计算、分布式信息处理和无线通信等技术,能通过协作实时监测、感知和采集网络区域内的各种环境或被监测对象的信息并予以处理和传输,发送给需要的用户。WSN使人们在任何时间、任何地点和任何环境条件下均可获得大量翔实可靠的物理世界的真实信息,可广泛应用于国防军事、公众安全、环境监测、交通管理、医疗卫生、制造业、野外作业和抢险抗灾等领域。

WSN被认为是信息感知和采集的一场革命,在新一代网络中具有非常关键的作用,将会对人类的未来生活方式产生巨大影响。

### 2. 无线传感器网络与传统无线网络的区别

WSN是集成了监测、控制以及无线通信的网络系统,节点数目庞大、分布密集。由于环境影响和能量耗尽,节点更易出现故障。虽然通常情况下多数传感器节点固定不动,但环境干扰和节点故障仍然可能造成网络拓扑结构的变化。需要指出的是,无线传感器节点的处理、存储、通信能力和电池能量等都十分有限。

传统无线网络的首要目标是提供高质量服务和高效带宽利用,其次才考虑节能。而WSN的首要目标是能源的高效利用,这也是其与传统无线网络的重要区别之一。

### 3. 无线传感器网络的特点

WSN首先具有Ad Hoc网络的自组织性,此外还有如下特点:

(1) 网络规模大。为获取精确信息,监测区域通常会部署大量传感器,节点数量可达成百上千甚至更多。通过对采集的大量信息进行分布式处理,能够提高监测精确度,降低对单个节点的精度要求。大量冗余节点使系统具备很强的容错性。大量的节点能增大监测区域，减少监测空洞或盲区。

(2) 低速率。WSN的节点通常只需定期传输温度、湿度、压力、流量、光强和气体浓度等被测参数信息，相对而言，信息量较小，采集数据频率较低。

(3) 低功耗。一般传感器节点利用电池供电，且分布区域复杂、广阔，难以通过更换电池来补充能量，所以要求节点功耗尽量低，传感器体积要小。

(4) 低成本。WSN的监测区域广，节点多，而且有些区域环境复杂，甚至工作人员无法进入，传感器一旦安装完毕较难更换，因而要求其成本低廉。

(5) 短距离。为组网和传输数据方便，相邻节点的距离一般为几十至几百米。

(6) 可靠性。信息获取源自分布于监测区域内的各个传感器，如果传感器本身不可靠，则其信息的传输和处理无任何意义。

(7) 动态性。复杂环境下的组网会遇到各种因素的干扰，加之节点能量不断损耗，易引起节点故障，因此要求WSN具有自组网、智能化和协同感知等功能。

**4. 无线传感器网络的技术挑战**

无线传感器网络面临以下技术挑战：

(1) 通信能力有限，需要高质量完成感知信息的处理与传输。通信带宽很小且经常变化，两个节点间的通信覆盖范围仅几十到几百米。节点间的通信断接频繁，链路经常中断。由于通信易受山坡、建筑物、障碍物等地形地貌以及风雨雷电等自然环境的影响，单个节点可能会长时间脱离网络工作。

(2) 需要节约能量，使网络生命周期最大化。传感器节点的电池能量有限，节点在能量耗尽时就会失效或被废弃，能量限制是WSN应用发展的关键问题之一。传感器传输信息通常比执行计算更消耗电能。

(3) 计算能力有限，要让大量计算能力有限的传感器协作进行分布式信息处理。传感器都具有嵌入式处理器和存储器，即有计算能力，可完成一定的信息处理工作。但因嵌入式处理器和存储器的能力和容量有限，使传感器的计算能力有限。

(4) 软硬件应具有高健壮性和高容错性。WSN中传感器节点密集，数量庞大，可分布在很广的地理区域。这些特点使得网络维护十分困难，甚至不可维护。

(5) 由于网络的动态性，WSN应具有可重构性和自调整性。传感器、感知对象和用户(观察者)3个要素都可能移动，可能常有新节点加入或旧节点失效。因此，网络拓扑结构会经常变化，传感器、感知对象和用户之间的路径也会随之变化。

(6) 能实现大规模的分布式触发。通常要求传感器能适当控制感知对象，如温度、气压等。因此，很多传感器上具有回控装置和控制软件(一般称触发器)。

(7) 能处理较大的感知数据流。每个传感器节点通常都面临较大的流式数据，并具有实时性。但传感器的计算资源有限，难以处理较大的实时数据流，因此需要研究有效的分布式数据流管理、查询、分析和挖掘方法。

(8) 能实现以数据为中心。WSN的应用往往只关心某个区域的某项观测指标值，而不关心具体某个节点的观测值，即WSN以数据为中心。该特点要求WSN能脱离传统网络的寻址过程,快速有效地融合各节点信息,提取有用信息直接传输给用户。

## 7.3 无线传感器网络的体系结构

### 1. 无线传感器网络的应用系统架构

WSN涉及数据采集、处理和传输3种功能,对应现代信息技术中的传感器技术、计算机技术和通信技术,如图7.2所示。

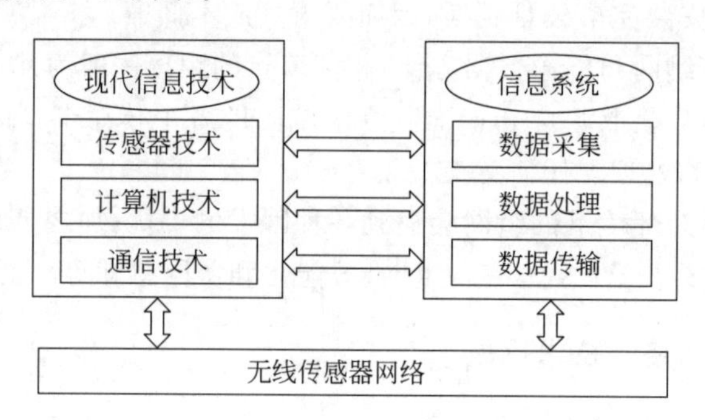


图7.2 WSN与现代信息技术和信息系统的关系

传感器、感知对象和用户是WSN的三要素。无线网络是传感器之间、传感器与用户之间的通信路径。协作式地感知、采集、处理和发布感知信息是WSN的基本功能。

一组功能有限的传感器节点协作完成感知任务。部分或全部节点可慢速移动,拓扑结构也会随节点移动而不断动态变化。节点间以自组织方式进行通信,每个节点都可充当路由器的角色,具备动态搜索、定位和恢复连接的能力。

用户是感知信息的接收和使用者,可以是人、计算机或其他设备。一个WSN可拥有多个用户,一个用户也可属于不同的WSN。用户可主动查询收集或被动接收WSN的信息。用户可以对感知信息进行观察、分析、挖掘、制定决策,或对感知对象采取相应操作。

WSN的感知对象是用户感兴趣的检测目标,感知对象一般通过物理、化学或其他现象(如温度、湿度等)的数字量来表征。一个WSN可以感知网络分布区域内的多个对象,一个对象也可以被多个WSN所感知。

WSN的宏观系统架构如图7.3所示,通常包括传感器节点(sensor node)、汇聚节点(sink node)和管理节点(manager node)。汇聚节点也称网关或信宿节点。

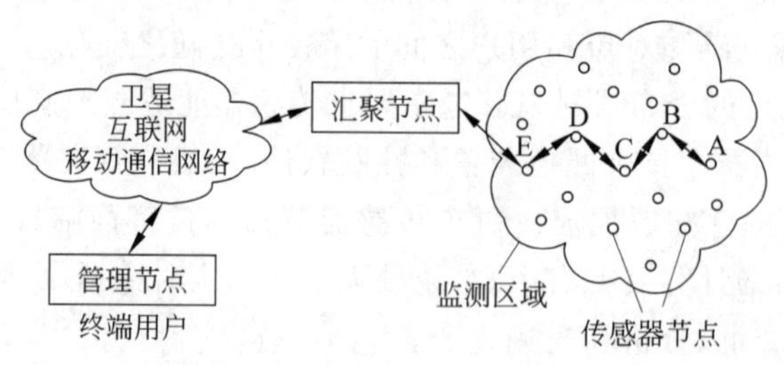


图7.3 WSN的宏观系统架构

如图 7.3 所示，大量传感器节点密布于监测区域中，通过自组织方式构成网络。节点初步处理所感知的信息后，以多跳中继方式将其传输给汇聚节点，再通过卫星网、互联网等途径发到管理节点。终端用户可通过管理节点对信息进行相应处理和操作。

每个传感器节点都有信息采集和路由双重功能，除进行本地信息收集和数据处理外，还要存储、管理和转发其他节点传输的数据，同时与其他节点协作完成特定任务。

当通信环境或其他因素变化而导致部分节点失效时，先前借助它们而传输数据的其他节点应重新选择路由，以保证网络传输的可靠性。

**2. 无线传感器网络的节点组成**

传感器节点通常由传感模块、计算模块、存储模块、通信模块、电源模块和嵌入式软件等组成，如图 7.4 所示。传感模块负责探测目标的物理特征和现象，计算模块负责处理数据和系统管理，存储模块负责存放程序和数据，通信模块负责发送和接收网络管理信息和探测到的数据信息，电源模块负责节点供电，嵌入式软件负责运行网络的各层协议。

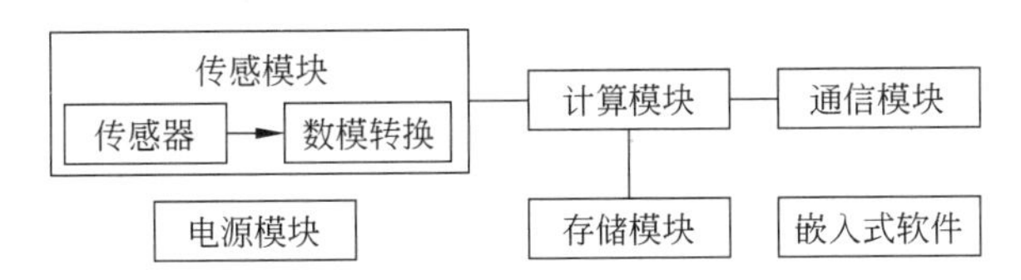


图 7.4　传感器节点的功能模块

不同应用的传感器终端节点组成不尽相同，但一般均应包含上述 6 个模块。

被监测物理信号的形式决定传感器的具体类型。一般选用嵌入式处理器，如 Motorola 公司的 68HC16、ARM 公司的 ARM7 和 Intel 公司的 8086 等。数据传输由低功耗、短距离无线通信模块(如 RFM 公司的 TR1000 等)完成。图 7.5 描述了终端节点的组成结构。

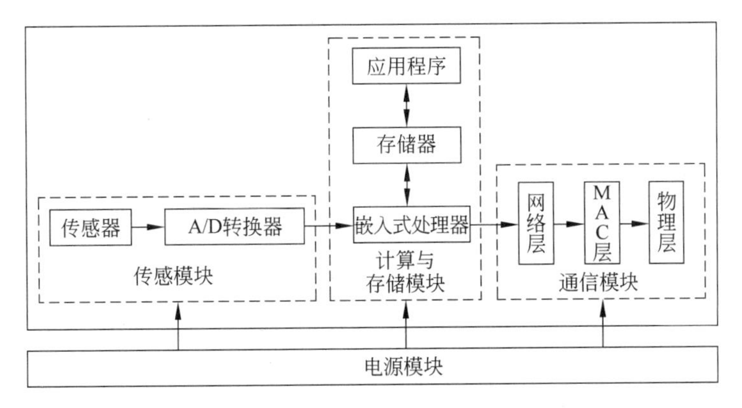


图 7.5　终端节点的组成结构

传感模块包括传感器和 A/D 转换器，负责感知和获取信息，并将其转换为数字信号。计算与存储模块包括嵌入式处理器、存储器和应用程序等，负责控制和协调节点各部分工作，存储和处理自身采集的或其他节点发来的数据。通信模块负责节点间通信，交换控制信息和收发采集到的数据。电源模块为节点提供工作所需能源，常采用小型或微型电池。

节点还可包括移动系统、定位系统和自供电系统等其他单元。由于需进行较复杂的任务调度和管理,节点可包含功能较完善的微型嵌入式操作系统和数据库,如加州大学伯克利分校开发的 TinyOS 操作系统和 TinyDB 数据库。

图 7.6　典型的无线传感器节点

由于传感器节点由电池供电,为最大限度地节能,硬件要尽量采用低功耗器件。无通信任务时,需切断射频部件电源。而在软件设计上,各层通信协议都应突出节能,必要时可牺牲其他一些网络性能指标,以获得更高能效。图 7.6 为典型的无线传感器节点。

目前市场上已有许多无线传感器芯片和相应模块可供选择,其中符合 ZigBee 标准的产品是主流。下面简单介绍 TI 公司的 ZigBee 系列产品,其早期代表产品是 CC2420,后来推出了 CC2530,从 2015 年起推出了 CC26XX 系列。以 CC2630 为例,其主要面向 ZigBee 和 6LoWPAN 应用,含一个 32 位 ARM/Cortex-M3 处理器(主频 48MHz),含 128KB 闪存和 3 组 RAM(共 30KB),还包括一个超低功耗传感器控制器,适合连接外部传感器,并在系统其余部分处于休眠态时自主收集模拟和数字数据。CC2630 的接收电流为 5.9mA,发射电流为 6.1mA,休眠电流为 100nA。它符合 IEEE 802.15.4 的 MAC 层标准,最大数据率可达 250kb/s,接收器灵敏度可达－100dBm。

### 3. 无线传感器网络的节点体系结构

WSN 节点由网络通信协议、网络管理平台和应用支撑平台组成,其体系结构如图 7.7 所示。

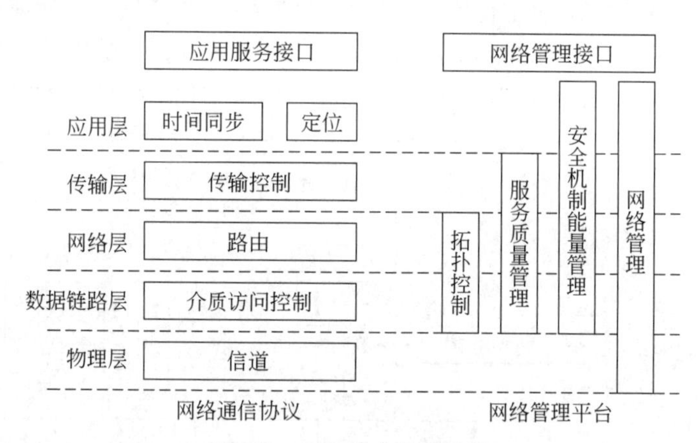


图 7.7　WSN 节点体系结构

网络通信协议划分为物理层、数据链路层、网络层、传输层和应用层 5 个层次。

网络管理平台主要负责对节点自身的管理以及用户对 WSN 的管理,有能量管理、拓扑控制、网络管理、服务质量管理与安全机制等。

(1) 能量管理。控制节点对能量的使用。由于电池能量对节点而言至关重要,为延长节点存活时间,应当高效利用能源。

(2) 拓扑控制。负责网络连通和数据有效传输。如果节点大量密集部署,为节能和延长节点寿命，部分节点可休眠。拓扑控制在保持网络正常前提下协调各节点状态转换。

(3) 网络管理。负责网络维护、诊断，并提供网络管理接口，包含数据收集、处理、分析和故障处理等功能。分布式管理应充分考虑能量受限、自组织、节点易损等特性。

(4) 服务质量管理与安全机制。数据链路层、网络层和传输层等都可根据需求提供服务质量管理。WSN 多用于军事、商业等领域，安全性较为重要。而节点部署的随机性、网络拓扑的动态性以及信道的不稳定性会使传统安全机制无法直接适用于 WSN。

应用支撑平台包括一系列以检测为主的应用层软件，并通过应用服务接口和网络管理接口提供相应的支持。

(1) 时间同步。由于晶体振荡器频率差异及诸多物理因素干扰，各节点的时钟会出现时间偏差。时间同步对 WSN 非常重要，例如，安全协议中的时间戳、数据融合中数据的时间标记、带有休眠机制的 MAC 层协议等都需要不同程度的时间同步。

(2) 定位。节点采集的数据往往需要与位置信息相结合，定位即对未知节点通过定位技术获取其位置信息。WSN 中常使用三角(或三边)测量法、极大似然估计法等。

### 4. 无线传感器网络的网络结构

WSN 由基站和大量节点组成。例如，在野外林区布置大量节点，传感器感知林区各种信息，微处理器初步处理原始数据，无线收发模块将数据发送给相邻节点，数据经由网络节点逐级转发，最终发给基站，再传给主机，从而实现对整个林区的监控。

WSN 的节点往往被任意部署，如通过飞行器播撒、人工埋置和火箭弹射等方式完成部署。节点以自组织方式构成网络。根据节点数量多少，WSN 的结构可分为平面结构和分级结构。小规模网络多采用平面结构，规模较大的网络应采用分级结构。

1) 平面结构

平面结构比较简单，所有节点的地位平等，所以又称为对等式结构。源节点和目标节点间一般存在多条路径，网络负荷由这些路径共同承担，一般情况下不存在瓶颈，网络健壮性较好。图 7.8 是 WSN 的平面结构示意图。

2) 分级结构

在分级结构中，一个 WSN 被划分为多个簇，每个簇由一个簇头和多个簇成员组成。簇头间可形成高一级网络，簇头负责簇间数据转发，簇成员只负责数据采集，这样就减少了路由控制信息的数量，可扩展性良好。簇头可预先指定，也可由节点使用分簇算法随时选举产生，使分级结构有很强的抗破坏性。图 7.9 为 WSN 的分级结构示意图。

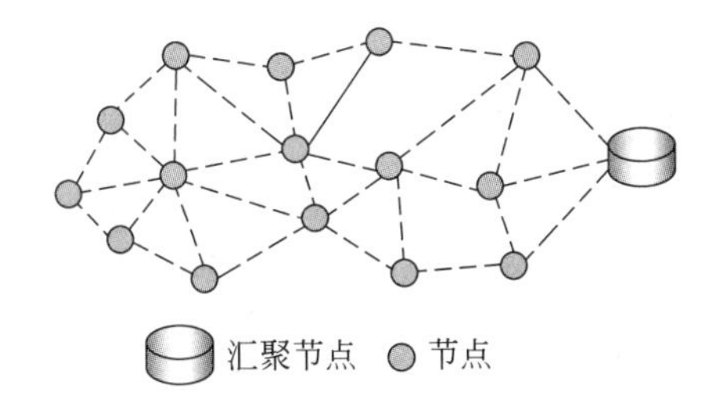


**图 7.8 WSN 的平面结构示意图**

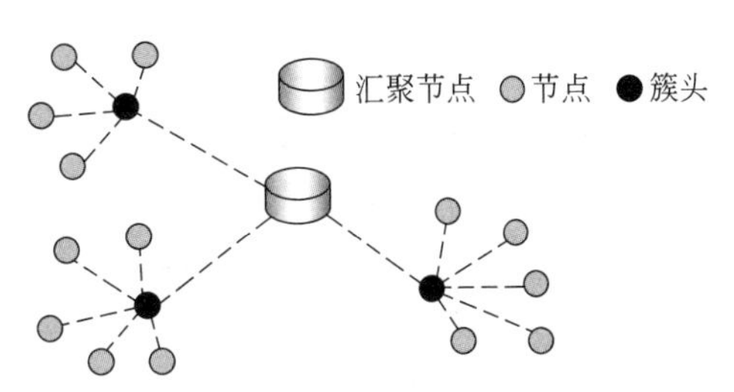


**图 7.9 WSN 的分级结构示意图**

## 7.4 无线传感器网络的协议分析

### 7.4.1 无线传感器网络的协议栈

WSN 的通信协议栈如图 7.10 所示,其中还包括能量管理平台、移动管理平台和任务管理平台,帮助节点按高效节能的方式协同工作,并支持多任务和资源共享。

**1. 协议各层功能介绍**

WSN 的网络通信协议分为以下 5 层:

(1) 物理层。负责数据调制、发送与接收。涉及具体介质、频段及调制方式等。

(2) 数据链路层。负责帧封装、帧检测、介质访问和差错控制等。其中的 MAC 协议负责组网和共享信道访问,主要实现以下两方面功能:为数据传输建立连接,形成无线逐跳的通信架构,提供网络自组织能力;为节点公平、有效地分配通信资源。本层各环节都要体现有效的功率控制。

(3) 网络层。负责数据的路由转发和节点间通信,支持多传感器协作完成大规模感知任务。WSN 路由协议需具备的特征有:协议简单,节能,以数据为中心,有数据融合能力,可扩展性和健壮性良好。

(4) 传输层。负责维护数据流,保证通信质量。当 WSN 需要与其他网络互联时,如果是基站节点与任务管理节点之间的连接,可采用传统 TCP 协议。但 WSN 内部不能采用这些传统协议,因为能量和内存资源有限,需要开销较小的协议。

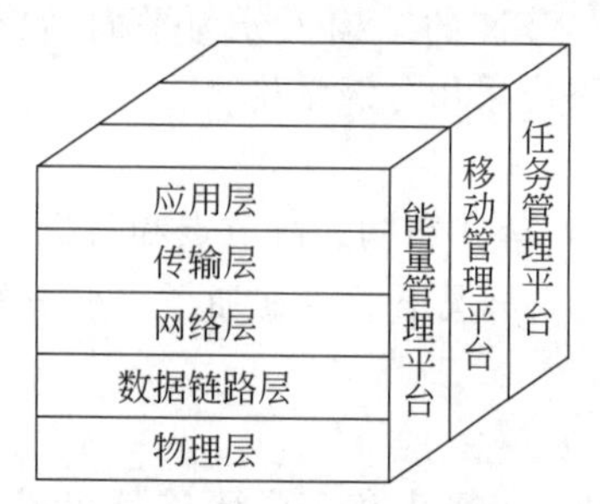

图 7.10 WSN 的通信协议栈

(5) 应用层。提供各种实际应用,解决各种安全问题。主要应用层协议有传感器管理协议(Sensor Management Protocol,SMP)、任务分配与数据公告协议(Task Assignment Data Advertisement Protocol,TADAP)和传感器查询及数据分发协议(Sensor Query and Data Dissemination Protocol,SQDDP)等。密钥管理和安全多播功能由基础安全机制提供。

**2. 管理平台**

管理平台的功能包括能量管理、移动管理和任务管理,使节点以较低能耗协作完成任务。能量管理平台负责如何使用能量。例如,某节点收到邻节点的消息后,可关闭接收器,避免重复接收;而节点能量过低时会广播消息,表示已没有能量转发数据,就可不再接收邻居节点发来的需转发的信息,而将剩余能量用于自身。移动管理平台能记录节点移动情况。任务管理平台平衡和规划监测区域的感知任务,根据节点能量分配与协调各节点的任务量大小。

## 7.4.2　无线传感器网络的协议

本节介绍 MSN 的 MAC 协议、路由协议和传输层协议。

### 1. MAC 协议

目前对 WSN 的 MAC 协议的研究主要集中在信道访问技术、调度算法、差错控制以及数据包大小等方面。图 7.11 分类列出了目前主要无线传感器网络的 MAC 协议。

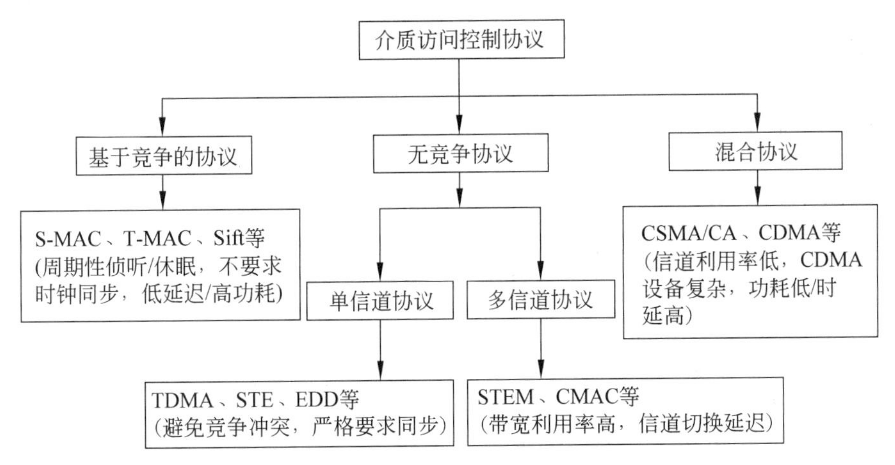


图 7.11　无线传感器网络的 MAC 协议

### 2. 路由协议

表 7.1 对 MSN 的路由协议进行了分类。表 7.2 对 MSN 的路由协议的主要特性进行了总结。

表 7.1　WSN 的路由协议分类

| 分类标准 | 协议类型 |
|---|---|
| 网络的拓扑结构 | 平面路由协议、层次路由协议 |
| 数据传输的路径条数 | 单路径路由协议、多路径路由协议 |
| 路由是否由源节点指定 | 基于源路由协议、非基于源路由协议 |
| 路由建立是否与查询有关 | 查询驱动路由协议、非查询驱动路由协议 |
| 节点是否编址，是否以地址识别目标节点 | 基于地址路由协议、非基于地址路由协议 |
| 是否以地理位置识别目标节点 | 基于地理路由协议、非基于地理路由协议 |
| 路由建立时机与数据发送的先后关系 | 主动路由协议、按需路由协议、混合路由协议 |
| 路由选择是否考虑 QoS 约束 | 保证 QoS 路由协议、非保证 QoS 路由协议 |
| 是否按数据类型寻找路由 | 基于数据路由协议、非基于数据路由协议 |

表 7.2 WSN 的路由协议的主要特性

| 协 议 | 路由结构 | 生存时间 | 是否定位节点 | 传输路径条数 | 健壮性 | 扩展性 | 节能策略 | 移动性 | 安全机制 | QoS支持 |
|---|---|---|---|---|---|---|---|---|---|---|
| Flooding | 平面 | 短 | 否 | 多路径 | 好 | 一般 | 无 | 较好 | 无 | 无 |
| DD | 平面 | 长 | 否 | 单路径 | 好 | 较好 | 有 | 一般 | 无 | 无 |
| Rumor | 平面 | 长 | 否 | 单路径 | 好 | 好 | 有 | 一般 | 无 | 无 |
| SPIN | 平面 | 长 | 否 | 多路径 | 略差 | 一般 | 有 | 好 | 无 | 无 |
| EAR | 平面 | 长 | 否 | 多路径 | 好 | 一般 | 有 | 一般 | 无 | 无 |
| GBR | 平面 | 长 | 否 | 单路径 | 好 | 一般 | 有 | 一般 | 无 | 无 |
| HREEMR | 平面 | 长 | 否 | 多路径 | 好 | 一般 | 有 | 一般 | 无 | 无 |
| SMECN | 平面 | 长 | 是 | 单路径 | 好 | 好 | 有 | 一般 | 无 | 无 |
| GEM | 平面 | 长 | 是 | 单路径 | 好 | 一般 | 有 | 略差 | 无 | 无 |
| SCBR | 平面 | 长 | 是 | 单路径 | 好 | 一般 | 有 | 略差 | 无 | 无 |
| SAR | 平面 | 长 | 否 | 多路径 | 好 | 一般 | 有 | 一般 | 无 | 无 |
| LEACH | 层次 | 很长 | 否 | 单路径 | 好 | 一般 | 有 | 簇头固定 | 无 | 无 |
| PEGASIS | 层次 | 很长 | 否 | 单路径 | 好 | 好 | 有 | 略差 | 无 | 无 |
| TEEN | 层次 | 很长 | 否 | 单路径 | 好 | 好 | 有 | 簇头固定 | 无 | 无 |
| GAF | 层次 | 很长 | 否 | 单路径 | 好 | 好 | 有 | 一般 | 无 | 无 |
| GEAR | 层次 | 长 | 是 | 单路径 | 好 | 一般 | 有 | 一般 | 无 | 无 |
| SPAN | 层次 | 长 | 是 | 单路径 | 好 | 一般 | 有 | 一般 | 无 | 无 |
| SOP | 层次 | 长 | 否 | 单路径 | 好 | 较好 | 有 | 一般 | 无 | 无 |
| MECN | 层次 | 很长 | 否 | 单路径 | 一般 | 一般 | 有 | 一般 | 无 | 无 |
| EARSN | 层次 | 长 | 是 | 单路径 | 略差 | 较好 | 有 | 簇头固定 | 无 | 有 |

**3. 传输层协议**

传统网络的传输层协议不能直接用于 WSN。对 WSN 传输层协议的研究侧重于拥塞控制和 QoS 支持,前者包括流量控制、多路分流、数据聚合和虚拟网关等,后者包括数据重传、冗余发送等。流量控制协议各有侧重,例如,ERST、PORT 和 IFRC 等侧重速率调节,Fusion、CCF 等侧重转发速率调节,Buffer-based、PCCP 和 CODA 等侧重综合速率调节。

### 7.4.3 定向扩散路由协议

本节以定向扩散(Directed Diffusion,DD)路由协议为例,说明 WSN 的路由过程。

### 1. 定向扩散路由协议概述

定向扩散是以数据为中心、查询驱动的经典路由协议。WSN 的汇聚节点需要进行业务查询时，某些对数据的查询就被作为兴趣注入网络，在网络中扩散，并计算出代价较低的数据通路。在扩散过程中建立若干梯度，用来提取用户关心的具体事件，例如与兴趣相匹配的时间数据。这些结果数据会根据已有梯度，沿不同路径返回汇聚节点。汇聚节点根据一定标准，从若干返回路径中选出代价较低的路径进行数据传输。图 7.12 描述了定向扩散协议在兴趣扩散、梯度建立和路径加强 3 个阶段的机制。

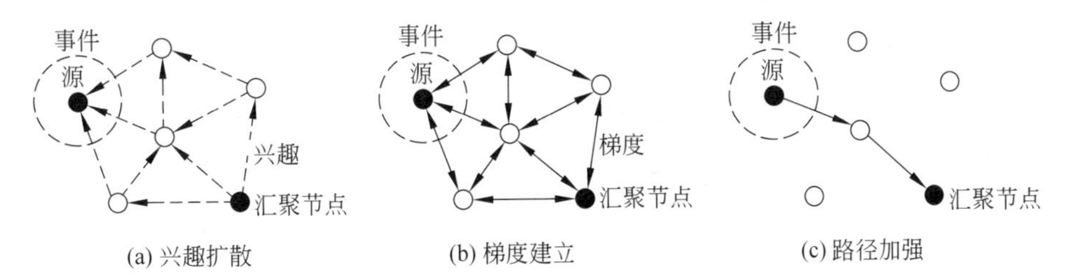


图 7.12　定向扩散路由协议机制

### 2. 定向扩散路由协议的工作过程

定向扩散路由协议的工作过程包括以下 4 个阶段。

1）数据命名

由于 WSN 节点无全局唯一地址标识，各节点只知道邻节点情况，不了解整个网络中其他节点的信息。为保证源节点的数据能正确传输到汇聚节点，DD 协议采用基于兴趣和数据的命名模式，即属性/值对，其形式为“属性名＝值”。响应兴趣而被发送的数据也采用类似的命名模式。

一个兴趣属性组合的描述常包括以下几方面：监测对象、监测区域位置、数据采集起始时间、发送信号周期和信号强度等。根据不同任务，可增减一些属性项。源节点的数据同样用一组属性/值对表示。例如，对战场上士兵的监测可描述如下：

```
type=soldier                  //监测对象：士兵
interval=100s                 //每隔 100s 发送一次事件
start=15:10:30                //兴趣起始时间
duration=10m                  //兴趣持续时间
rect=[100, 300, 200, 400]     //选定在此矩形区域内的节点
```

2）兴趣扩散

在兴趣扩散过程中，汇聚节点周期性地向邻节点广播兴趣消息，兴趣中包含要监测的属性。对每个任务，汇聚节点记录了任务发送时间，当发送时间超过属性设定的持续时间时，汇聚节点自动清除该任务。汇聚节点最初发送的兴趣被认为是探索，它尝试确定是否有传感器节点能检测到事件源位置，一般指定较低数据率，假设指定数据率为每秒两个事件，则最初发送的兴趣可描述如下：

```
type=soldier                 //监测对象：士兵
interval=0.5s                //每秒两个事件
rect=[100, 300, 200, 400]    //节点的范围
timestamp=15:11:00           //任务开始时间
expires at=15:11:30          //任务结束时间
```

节点接收到包含上述属性的兴趣时，先检查缓存中是否存在相同兴趣。如无则创建一个兴趣记录；如有相同记录，但无兴趣来源的梯度信息，节点以指定数据率增加一个梯度，并更新记录时间和持续字段；如已包含兴趣记录和梯度信息，只需简单更新时间信息和持续字段。缓存中的兴趣包含邻节点号、时间、梯度和速率等字段。

中间节点收到兴趣后，会将兴趣转发给邻节点，如图 7.12(a)所示。如果一个节点最近收到过此兴趣，则不再接收。图 7.13 为节点对兴趣的处理过程。当兴趣记录中的梯度有效期已过，将删除该梯度。兴趣记录中梯度列表为空时，整个记录将被删除。

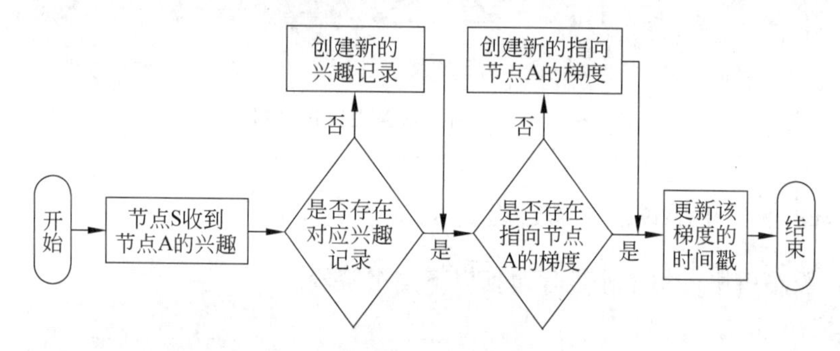


**图 7.13　节点 S 收到节点 A 的兴趣后的处理过程**

3) 梯度建立

路径梯度在兴趣扩散时计算。图 7.12(b)为梯度建立示意图，相邻节点间建立双向梯度。兴趣在网络中扩散时，一个节点可能收到多个相同兴趣，梯度建立机制能加速修复失败路径，有利于分析建立更好的路径，而不产生持久环路。DD 协议能灵活建立梯度，明确指定数据率和发送数据的方向，能在源节点和汇聚节点间建立梯度，可靠地传输数据。

4) 路径加强

源节点以较低速率建立的梯度称为探索梯度。源节点采集到匹配数据后，先沿探索梯度方向从多路径发给汇聚节点。汇聚节点开始接收数据信息时，利用路径加强机制建立优化路径，并根据网络拓扑变化修改数据转发的梯度关系，图 7.12(c)为路径加强的结果。路径加强后的梯度称为数据梯度，不同于兴趣扩散时建立的探索梯度。

假定以数据传输时延作为路径加强的标准，汇聚节点选择首先发来最新数据的邻节点作为加强路径的下一跳，并向邻节点发送路径加强信息，消息中包含新设定的较高的数据发送速率值。邻节点收到消息后，经分析确定该消息描述的是一个已有兴趣，仅增加了数据发送速率，则断定这是一条路径加强消息，从而更新兴趣表项中到邻节点的数据发送速率，并按同样规则选择加强路径的下一跳节点。

### 3. 定向扩散路由协议的特点

定向扩散路由协议有以下特点：

（1）以数据为中心，无论是汇聚节点发出的兴趣消息还是目标节点返回的数据消息都基于一定格式，以满足实际应用的不同需求。

（2）数据传输是在相邻节点间对数据进行扩散，这不同于传统端对端的网络通信。每个节点都是一个端点，可能是数据的目标节点，能对数据进行处理。网络中无固定路由，数据在扩散过程中动态寻找合适路径。

（3）算法中节点遵循本地交互原则，只需知道局部节点的情况，无须了解整个网络的拓扑，也不需要特定节点来计算路由。整个过程是自适应的。

（4）梯度使整个网络适应性比较强，可根据不同应用需要选择路由配置方式。

## 7.4.4 Sensor MAC 协议

### 1. Sensor MAC 协议概述

Sensor MAC(S-MAC)是基于竞争的 MAC 层协议，利用多跳、短距离通信以节省能量。通信产生在对等节点间，无基站节点。该协议将网络中的数据作为一个整体来处理，节点采用存储转发模式传输数据。S-MAC 主要适用于空闲时间较长、可容忍较大时延的场合。

S-MAC 协议比 IEEE 802.11 更简单，其扩展性良好，设计重点是有效节能并能适应网络规模、节点密度及拓扑结构的变化，而把其他性能(如平等性、吞吐量和带宽利用率等)作为次要因素考虑。S-MAC 协议采用 RTS/CTS 等机制。通常情况下，数据传输量少，节点协作共同完成任务，网络内部进行数据处理和融合，以减少数据传输，网络能容忍一定的通信时延。

### 2. Sensor MAC 协议的机制

考虑到冲突、重传、串音、空闲侦听和控制消息等都可能导致节点消耗更多能量，S-MAC 协议采用了几种特殊机制。

1）周期性监听和休眠机制

节点空闲时自动转入休眠模式来减少监听。休眠时节点关闭无线电，并设置定时器自我唤醒。监听和休眠的持续时间可根据不同应用场景来选择。为减少控制开销，可让邻节点同步，同时监听，同时休眠。

每个节点开始周期性监听和休眠以前，需选择一个调度并和其邻节点交换，每个节点维持调度表，保存所有邻节点的调度。调度的一般步骤如下：

（1）节点首先监听一段时间，如未听到其他节点的调度，则随机选择一个时间休眠，并立即广播其调度。

（2）如果节点在选择自身调度前从一个邻节点收到调度，就遵循该邻节点的调度，将自身的调度设置为与之相同，等待随机时延(冲突避免)并广播其调度。

(3) 如果节点在选择自身的调度后收到邻节点的调度,就采用这两种调度,并在休眠前广播自身的调度。

由于广播冲突,可能有一些相邻的节点并未相互发现,它们会在后来的周期性监听中相互发现。而对新节点加入而言,也许需监听更长的时间。新节点发现一个与自己相邻的活跃节点后,就发送一个 INTRO 分组到该邻节点,表明自身存在。邻节点收到 INTRO 分组后,会向新节点转发其调度表。新节点会把表中的所有节点作为其潜在的邻节点,并在此后尝试联系它们。如果新节点发现了一个同步节点,则会试着跟随该同步节点;否则需为自身选择一个监听调度,并随后更新对邻节点的同步。

周期性监听和休眠机制要求邻节点同步。为防止长时间时钟漂移,邻节点间应周期性更新调度(更新周期可达几十秒),通过发送 SYNC 分组(包含发送节点 ID 和下一次休眠时间)完成调度更新。图 7.14 表示 3 个发送节点到一个接收节点的 3 种时序。接收节点监听间隔分为两部分:接收 SYNC 分组和 RTS 分组,CS 为载波监听。在图 7.14 中,发送节点 1 发送一个 SYNC 分组,发送节点 2 发送一个 RTS 分组,发送节点 3 发送一个 SYNC 分组和一个 RTS 分组。

2) 虚拟簇机制

虚拟簇机制如图 7.15 所示。每个节点用 SYNC 消息通告自身调度,同时维护一张调度表,保存所有邻节点的调度信息。节点产生和通告自身调度后,如果收到邻节点的调度信息,可分两种情况处理。如果收到的调度信息与自身调度相同,就在调度表中记录该调度信息,以便能与非同步的邻节点进行通信;如果收到的调度信息与自身调度不同,就采纳邻节点的调度而丢弃自身调度。

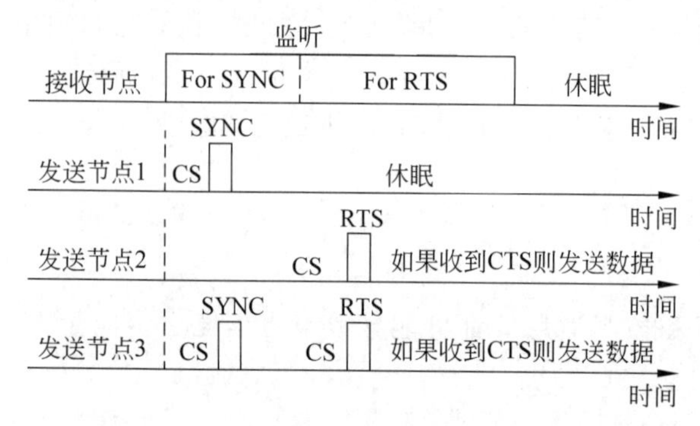


图 7.14 接收节点和不同发送节点的时序

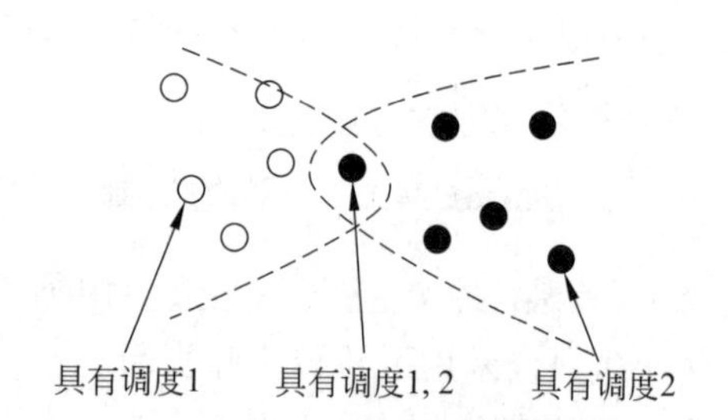


图 7.15 虚拟簇机制示意图

这些拥有相同调度信息的节点形成了一个虚拟簇。在部署区域较大的 WSN 中,可能形成多个虚拟簇,使协议具有良好的扩展性。为适应新加入的节点,每个节点都要定期广播自身调度信息,新节点可与已存在的邻节点保持同步。如果一个节点同时收到两种不同调度,该节点可选择一个调度,并记录另一个调度。

3) 冲突减少和串音避免机制

多个节点同时向一个接收节点发送信息时需减少冲突。S-MAC 协议包含物理的和虚拟的载波监听,采用 RTS/CTS 来解决隐藏节点问题。所有发送节点在传输前执行载波监听,节点如未争用到介质则进入休眠。每个传输分组中都有一个持续时间域,表明剩余传输还有多久。节点如收到 RTS/CTS 分组，可确定需保持沉默多久。节点在网络分配矢量(Network Allocation Vector，NAV)中报告该值，并设置定时器。定时器计数时，节点减小 NAV 值直至 0。节点传输数据前，先查看 NAV 值。如值非 0 则介质为忙，称为虚拟载波传输。如果虚拟的和物理的载波监听都表明介质空闲，则认定介质空闲。

各节点如果持续监听，会造成很大的能耗，尤其当节点密度很大且负载很重时，情况更为严重。考虑到数据分组常比控制分组长很多，让干扰节点收到 RTS/CTS 分组后进入休眠来避免串音，即通过阻止邻节点监听长数据分组和 ACK 来节能。

4) 消息传递机制

S-MAC 协议将较长消息分为许多分片，使用 RTS/CTS 机制，预约介质传输所有分片。发送方每次传输一个数据分片，并等待接收方回送 ACK。如果发送方未收到 ACK，则会为更多分组扩展保留的传输时间，并重传当前分片。每个数据分片和 ACK 分组都有持续时间域，表明传输所有剩余数据分片和 ACK 分组所需的时间。如果邻节点监听到 RTS 或 CTS 分组，则进入休眠。

在传输分片时使用 ACK 是为预防隐藏节点问题。传输过程中可能有邻节点醒来或新节点加入，如果节点只是接收方的邻节点，不会听到发送方正传输分片。如果接收方并未频繁发送 ACK，新节点也许会错误判定介质空闲，可能误传输而破坏现有传输。

不同于 IEEE 802.11 的 MAC 机制，S-MAC 协议中 RTS/CTS 控制消息和数据消息携带的时间是整个长消息传输的剩余时间。其他节点只要接收到一个消息，就能知道整个长消息的剩余时间，然后进入休眠态，直至消息发完。

### 3. Sensor MAC 协议的不足

Sensor MAC 协议有以下不足：

(1) 节点活动时间无法适应负载的动态变化。

该协议采用周期性活动/休眠调度机制减少空闲监听，周期长度和节点活动时间均固定，且周期长度受限于缓存大小和时延要求，活动时间主要依赖于数据传输速率。如要保证可靠及时的数据传输，节点活动时间须适应最高通信负载。负载较小时，节点空闲时间增加。但处于活动态的时间长度不能根据网络业务量变化动态调整。

(2) 节点休眠带来的时延会随路径上跳数增加而递增。

该协议采用周期性活动/休眠策略减少能耗，但会出现数据转发中的通信中断问题。休眠态节点如果监测到事件，须等到活动周期才能响应。中间节点转发数据时，下一跳可能在休眠，需等其醒来。节点休眠导致的时延会随路径上跳数增加而递增。此类问题会对实时监测任务产生影响，延误重要信息的传递。

(3) 边界节点能量消耗过快。

同一虚拟簇内的节点周期一致，而处于多个虚拟簇边界的节点可同时收到多种周期，需按照多种周期工作，起着桥接作用。边界节点位置特殊，工作负担较重，其活动时间过长，休眠时间过少。如果边界节点过早耗尽能量而失效，整个网络就会被分割成多个不能通信的孤立虚拟簇。尽管各虚拟簇内节点仍然能量充足，但虚拟簇之间无法相互通信，无法继续传递监测数据，整个 WSN 难以正常运转，性能和寿命会受到严重影响。

**4. Sensor MAC 协议的特点总结**

Sensor MAC 协议扩展性良好,不要求严格时间同步,一般仅考虑发送节点的问题,较少顾及接收节点。节点发送数据时争用信道,并通知接收节点及时处于接收态。节点处于休眠态会造成通信暂时中断,加大传输时延,所以节能和减少传输时延二者需要折中。如果目标节点与发送节点在同一虚拟簇内,则在统一调度活动期间转发数据;如果目标节点在邻节点虚拟簇内,则发送节点在邻节点调度活动期内唤醒自身,发送数据。

## 7.5 无线传感器网络的应用

### 7.5.1 无线传感器网络的应用领域

本节介绍无线传感器网络的 9 个应用领域。

**1. 军事领域**

WSN 有协助监视敌军状况、实时监视战场、定位目标、评估战场、监测核攻击和生化攻击、搜索等功能。DARPA 资助了大量的 WSN 研究,其中不少研究是以战场需求为背景,如美军的 C4KISR 计划、Smart Sensor Web、灵巧传感器网络通信、无人值守地面传感器群、传感器组网系统和网状传感器系统等。

许多应用的远景目标是:利用飞机或火炮等发射装置,将大量廉价传感器节点按一定密度播撒在待测区域内,采集温度、湿度、声音、磁场、光照等各类参数信息,然后利用由传感器构建的无线网络通过网关、互联网和卫星等信道传回信息中心。

2005 年,美国军方成功测试了枪声定位系统。如图 7.16 所示,将传感器节点安置于建筑物周围,能够有效地组建无线网络,检测突发的枪声、爆炸声等,为救护、反恐提供帮助。

再如,电子周边防御系统采用多个微型磁力计传感器节点来探测某人是否携带枪支、是否有车辆驶来,并利用声音传感器监视移动的车辆或人群。

**2. 农业领域**

WSN 在农业领域可用于监测灌溉、土壤、空气、环境和地表变化等。农业生态环境无线传感器网络由环境监测节点、基站、通信系统、互联网及监控软硬件构成。根据需要,可在待测区域安放不同功能的传感器并组成无线网络,长期监测大面积环境中微小的气候变化,包括温度、湿度、风力、大气和降水等,收集土壤湿度、氮浓缩量和 pH 值等信息,从而实现农业生态环境变化的科学预测,帮助农民抗灾减灾、科学种植、提高产量等。

**3. 环境监测**

WSN 可广泛应用于生态环境监测、生物种群研究、气象地理研究和灾害监测等。例如,通过跟踪鸟类、动物和昆虫的栖息、觅食习惯,进行濒危种群研究;在河流沿线布设节

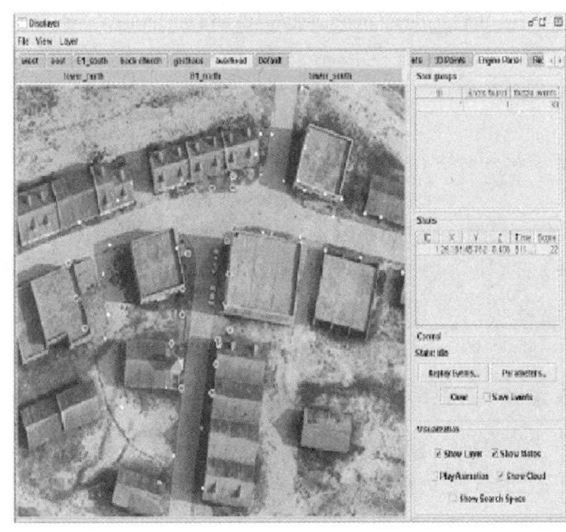

(a) 检测区域俯瞰图

(b) 模型图(A为狙击手位置，B为节点位置)

**图 7.16　应用 WSN 的枪声定位系统**

点，监测水位及相关水资源污染信息；在泥石流、滑坡等自然灾害易发地布设节点，以预防恶性事故发生；在林区布设节点，实时监控火险，一有危险立刻报警，并确定方位及火势；将节点布设在地震、水灾、风暴灾害以及边远或偏僻野外地区，用于应急通信。

2002 年，Intel 公司和加州大学伯克利分校的研究者使用 WSN 来监视栖息于美国缅因州海岸大鸭岛上的海燕，海燕十分机警，无法用传统方法跟踪观察。研究人员使用了包括光、湿度、气压计、红外传感器和摄像头在内的数百个传感器节点，组成无线自组织网络，将数据传输到 100m 外的基站主机内，再经卫星传输至服务器。而全球研究人员都可通过互联网察看该网络各节点的数据，掌握第一手资料，以开展鸟类生态环境研究。

2005 年，澳大利亚科学家利用 WSN 来探测北澳大利亚蟾蜍的分布情况。由于蟾蜍叫声响亮而独特，因此利用声音作为检测特征非常有效。科研人员将采集的信号在节点上直接处理，然后将处理后的数据发回控制中心，可大致了解蟾蜍的分布和栖息情况。

此外，WSN 还可应用于旅游业。例如，许多自然风景区由于地形复杂、面积广阔，景区管理或游客搜救极为困难。如果将 WSN 广泛部署于景区，而且进入景区的游客配备有源节点，既方便管理，也可以在游客出现问题时尽快发现其位置并及时提供协助或救援。

### 4. 建筑领域

各类大型工程(如摩天大楼、大型场馆、跨海大桥、地下隧道、海洋石油平台和海底管线等)的安全施工及管理监控很有必要。WSN 可帮助管理者有效获取这些工程的状态信息，优化管理，及时维护保养。

利用压电传感器、加速度传感器、超声传感器和湿度传感器等，可有效构建一个立体防护检测网络。图7.17显示了一个基于WSN的桥梁结构监测系统,可用于监测桥梁、高架桥和高速公路等的状况。例如,对桥梁,能有效获取和传输桥梁的温度、湿度、振动幅度、桥墩侵蚀程度等信息,减少潜在的风险和损失。

### 5. 医疗监护

WSN在检测人体生理数据、老年人健康、医院药品管理及远程医疗等方面可发挥作用。例如,在病人身上安置体温、呼吸、血压等测量传感器,医生可远程了解病人的情况。

研究人员已开发出基于多个加速度传感器的WSN系统,用于人体行为模式监测,如监测人的坐、站、躺、行走、跌倒、爬行等动作。如图7.18所示,该系统使用多个传感器节点,安装在人体的几个特征部位。该系统对人体行动产生的三维加速度信息实时进行提取、融合、分类,成为一些老人及行动不便的病人的安全助手。同时,该系统也可应用于残障人士的康复护理,精确测量他们的肢体恢复情况,为设计康复方案提供参考依据。

图7.17 基于WSN的桥梁结构监测系统

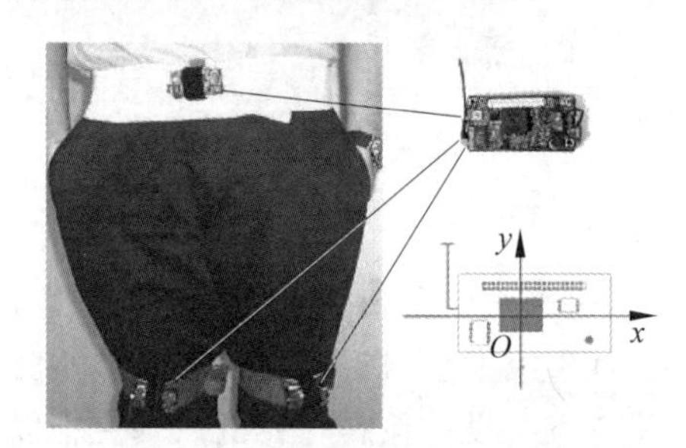


图7.18 基于WSN的人体行为模式监测系统

### 6. 工业领域

WSN可用于危险工作环境,在煤矿、石油钻井、核电厂和组装线工作的员工可得到随时监控,以提供及时的安全保障信息。WSN还可对工厂废水、废气污染源等进行监测,采集样本,分析和测定流量。

采矿、石化、冶金行业对人员安全、易燃、易爆、有毒物质的监测成本一直很高,应用WSN可提高险情反应速度和效率。采矿行业事故率较高,人员财产损失较大,对先进的井下安全生产保障系统有很大需求。WSN对运动目标的跟踪功能以及对周边环境的多传感器融合监测功能使其在采矿行业应用空间巨大。

### 7. 智能家居

WSN可将住宅内的各种家居设备联系起来,使之能自动运行,相互协作,为住户提供尽可能多的便利和舒适。例如,传统水、电、煤气表由抄表员抄录读数;而基于WSN的无线抄表系统具有高度的自动化性能,能极大地提高抄表人员的工作效率。

基于WSN的智能楼宇系统包括照明控制、警报门禁、家电控制等部分。各部分可相互通信,并连接互联网,主人可通过互联网终端远程监测家中情况。该系统可对火患、盗窃等安全隐患进行监测和报警。

**8. 电网管理**

电网涉及较多的室外自然环境，应用 WSN 等技术，可以实现输变电线路的检测和监控、变电站(配电箱)的线路和设备状态监控、智能电表和用电管理等。

**9. 空间探索**

探索宇宙和外太空星球一直是人类的梦想，通过航天器在外太空星球上布撒传感器节点可实现对星球表面大范围、长时期、近距离的监测和探索，是一种经济可行的方案。NASA 的 JPL 实验室研制的 Sensor Webs 即是为将来的火星探测、选定着陆场地等需求进行的技术准备。

### 7.5.2 无线传感器网络的应用实例

我国近年来在林业领域应用 WSN 技术较有代表性的是"绿野千传"项目。该项目在野外真实环境中布设超过 1000 个节点，连续运转一年以上。

森林是一个复杂系统，物种繁多，类型多样，地域广阔，生长周期长。林业应用在时间上要求同步性、持续性，在空间上要求范围广、测点多，还要求较低人力和设备成本。WSN 的低功耗、智能化、自组织、大规模持续同步监测、低成本等特点可用于解决林业应用瓶颈问题，为林学在研究方法和思维方式层面带来变革。

在发展林业以应对全球气候变化的大背景下，"绿野千传"项目始于 2008 年下半年，由香港科技大学、浙江农林大学等十余所高校参与。几年间在几个实验点累计部署了超过 1000 个传感器节点。通过汇聚节点和互联网，在节点间实现了数据互联互通。

该项目组通过观察、实践和分析，获得了切身体会，总结如下：

(1) 传输和感知二者不匹配，即易感不易传、易传不易感。一方面，传感器可直接获取图像、声音和视频等数据，但数据量大且要求实时传输，难以通过带宽有限的多跳 WSN 传输。另一方面，二氧化碳含量、光谱和地震波强度等数据量小，较易传输，但目前缺乏可感知这些数据且适于大规模部署的低成本传感器。

(2) 网络管理、维护困难。WSN 节点经常布设在野外恶劣环境中，经受自然环境的考验。而节点通信和计算资源有限，传统网管机制无法有效支持。传统网络在链路中断时容易判断是物理中断还是软件或系统故障，而在 WSN 中则难以找到问题根源并修复。

(3) 理论与实际不匹配。理论研究大都基于理想化假设，忽略了实际各种不确定因素和环境动态性。例如，定位算法多基于规则信号强度到物理距离的映射模型，覆盖算法多采用各向同性的确定性感知模型，拓扑控制要对传输半径及可控性作出假设。这些理想化假设在系统规模较小时问题并不明显；一旦系统规模大了，问题就会凸显。

## 7.6 水声通信和水下无线声音传感器网络*

目前各国对海洋权益日益重视，开发利用海洋资源的热潮正在全球兴起。研发低成本、高可靠性的水下无线传感网逐渐成为新热点。

### 1. 水声通信的基本原理

海水中可见光和电磁波的传输衰减很大。中高频无线电波在水下仅能传播50～120cm;低频长波无线电波在水下可传播6～8m;30～300Hz超低频电磁波可传播100多米,但需大尺寸的接收天线。显然,无线电波难以满足远距离水下组网的要求。

蓝绿激光在海水中的衰减较小,对海水穿透能力强。水下激光通信需直线对准位置,通信距离短,水质清澈度会影响通信质量,主要适合近距离高速传输,如水下航行器和岸边基站间的数据传输等。

但是在极低频率(200Hz)下,声波在海水中却能传播几百千米,而20kHz的声波在水中的衰减也仅有2～3dB/km。显然,声波可作为水下无线通信的首选介质,人们往往用水声通信来组建水下网络。水下WSN的全称为水下无线声音传感器网络(Underwater Wireless Acoustic Sensor Network,UWASN)。水声信道具有如下特点:

- 传播时延大。声波在水中传播速度约1500m/s,每千米时延约为0.67s,比声波在空气中的传播要快得多,但时延比无线电在空气中的传播要大许多。
- 误码率高。水声信道具有时间-空间-频率变化特性,多径干扰突出。多径传输及外来噪声会严重降低声波信号质量,增大信号在传输过程中的误码率。
- 可用带宽窄。水声信道的有效频率范围为30～300Hz,传输带宽严重依赖于传输距离,传播损耗随距离增大而增加,可用频段非常有限,传播距离也有限。UWASN进行长距离通信只能选择低码率。

最早的水声通信可追溯到20世纪50年代的水下模拟电话。20世纪80年代出现了数字频移键控技术及后来的水声相干通信技术,随后DSP芯片、数字通信技术和水下声学调制解调器技术为水下WSN的发展奠定了基础。

### 2. 水下无线声音传感器网络的组成和结构

水下WSN指将能耗极低、通信距离较短的传感器节点部署于指定水域中,利用节点的自组织能力自动构建网络,各节点实时监测、采集网络分布区域内的各种信息,经数据融合处理后,通过具有远距离传输能力的水下节点将信息发至水面基站,然后通过近岸基站或卫星将信息传回用户。

水下传感器节点负责数据采集和网络通信,要求低成本、低功耗、低误码率、体积小、近距离传输和高通信速率等。水下传感器节点主要由控制器(CPU)、数据采集接口存储器、电源控制器传感器和水声调制解调器等组成,如图7.19所示。

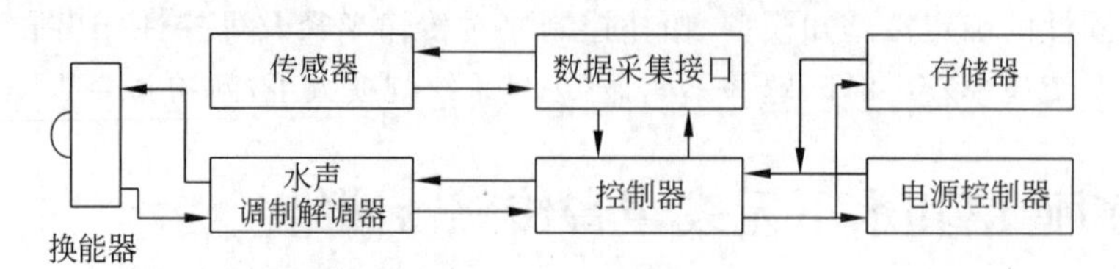


图7.19 水下传感器节点结构

其中，控制器负责控制整个节点及数据采集、发送和网络通信等。数据采集接口通过传感器采集水压、温度、盐度、透明度、海流、声音等各种数据，并转换成数值，发送给控制器。常用传感器包括测量温度、盐度和深度的传感器，测量海流声学的多普勒流速剖面仪、测量海洋化学成分和海洋声学指标的各类传感器等。

控制器通过水声调制解调器发送或接收数据。发送时，数据信息经过调制编码，然后通过水声换能器的电致伸缩效应将电信号转换成声信号发送出去；接收时，则利用水声换能器的压电效应进行声电转换，将接收的信息解码，还原成有效数据。

水下节点可固定部署于海床上，也可利用洋流实现移动部署。有研究者开发出可根据控制信号沉于水中预定深度的球形节点，随海流漂移，监测海洋环境污染。另一种思路是将节点搭载在自主式水下航行器或水下滑翔机等移动设备上，巡游速度和续航能力等视电池容量而定，一般使用太阳能电池板，也有人建议利用海洋温差热能等辅助驱动手段。美国伍兹霍尔海洋研究所的研究人员利用12个水下滑翔机成功组建了一个水下传感器探测网络。

根据具体应用不同，水下WSN可分为多种体系结构。根据其监测的空间区域，大致可分为二维监测网络、三维监测网络和海洋立体监测网络3种：

(1) 二维监测网络。传感器节点锚定在海底，监测信息可通过水下航行器定时收集，或直接发往浮于水面上的基站，再通过无线电发给卫星、船舶或陆基基站等。

(2) 三维监测网络。将带气囊的水下节点锚定在海底，可形成固定三维监测网络。利用海面浮标，将节点下潜到不同深度，也可形成三维监测网络。移动三维监测网络可由多个水下航行器、水下滑翔机等组成。还可以用移动节点与固定节点构成混合网络。

(3)海洋立体监测网络。由水面上的WSN、水下WSN组成，结合为统一整体，水下网络部分可以是移动型、固定型或混合型三维监测网络，水上网络部分利用无线电通信。这种网络具有传输速度快、可靠性高、耗能低、GPS定位精确、直接与卫星通信等优点，还可检测风向、浪高、潮汐、水温、光照、水质污染及负责与水下网络、陆基基站的信息传输等。

图7.20为一个用于海洋监测的水下WSN结构。

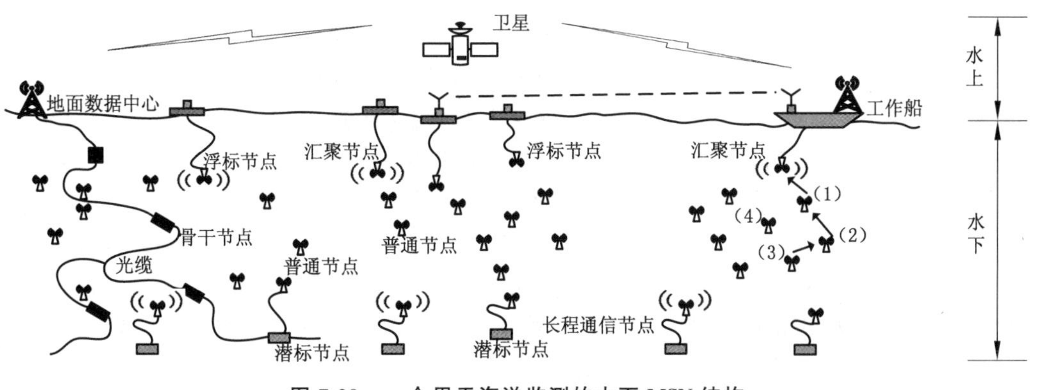


图7.20 一个用于海洋监测的水下MSN结构

### 3. 水下无线声音传感器网络的协议研究

水下 WSN 还存在许多技术困难,部分列举如下:

- 水下信道具有高时延、时延存在动态性、高衰减、高误码率、存在多径效应、多普勒频偏大、高度动态变化及低带宽等特点,是迄今技术难度最大的无线通信信道。
- 水下节点和网络具有移动性。
- 水下节点使用电池供电,更换电池困难,发送信息耗能比接收信息高很多。
- 由于水下节点价格昂贵,水下网络具有稀疏性。

这些难点使陆地 WSN 协议不能直接用于水下 WSN,需研究适应水下 WSN 特点的新协议。

1) 物理层

物理层主要负责数字化调制与解调。由于水下信道的高度动态时变性,物理层需自适应水下环境变化。相关技术有非相干调制、相干调制、OFDM、MIMO 等。

2) MAC 层

MAC 层需重点考虑水下高时延、时延动态性、低带宽的特点及节能要求。水下 MAC 协议一般可分为争用和非争用(即调度)两大类。

在争用类 MAC 协议中,节点有序争用信道使用权,网络自适应性好。其实现思路具体可分 4 种。

(1) 在两次发送之间加入与网络最大传输时延成正比的保护时间,以实现冲突避免。例如,FAMA(Floor Acquisition Multiple Access,海底采集多路访问)协议基于 RTS/CTS 机制,可解决无线信道下的隐藏终端和暴露终端问题。它采用两种手段避免冲突:一是 RTS 长度大于最大传输时延;二是 CTS 长度大于 RTS 长度及两倍最大传输时延及 CTS 的硬件转换时延。在负载较重的应用中,一次握手成功后可连续发送多个数据报文,吞吐性好于 ALOHA。

(2) 在握手基础上,考虑水声通信传输速度慢的特点,传播时延容忍冲突避免协议(Propagation Delay Tolerant Collision Avoidance Protocol,PCAP)通过时延预测让节点在等待 CTS 期间可实施其他操作,犹如按操作所耗时间进行调度一样,节点能为多个数据帧实施有计划传输,从而减少在高时延信道中等待时间的浪费。

(3) 在传统 CSMA/CA 机制中,源节点发送 RTS 后等待 CTS,目标节点发送 CTS 后等待 DATA。陆地无线通信中这种等待时延很短,但水声通信中等待时延长。所以,结合空间复用的信道预约,让节点在等待时延内空间复用,使相邻节点处理一些自身的数据需求,可提高系统吞吐量和信道利用率,降低系统时延。

(4) 基于 tone(一种特殊的小报文)的信道预约。例如,T-Lohi 协议利用水声信道的特点来探测冲突并计数竞争者,采用两个方法节能:一是通过资源预留消除数据冲突;二是采用低功耗侦听下的唤醒接收器。每一帧由一个预约期和其后的数据传输期组成,每个预约期包括直到一个节点成功预约到信道的一系列争用循环。如一个争用循环中仅有一个节点竞争,则该节点获得信道并在随后的数据传输期内传输数据;如一个争用循环中有多个竞争者,则节点采用退避算法选择以后的争用循环,再次竞争信道。

非争用类 MAC 协议将共享信道分配给节点单独使用，从而避免冲突。主要是以 TDMA 为主。由于水声信道可用频谱很窄，FDMA 难以使用，而 CDMA 计算复杂，也应用得较少。非争用类 MAC 协议不适于网络拓扑频繁变化的水下移动网络。

考虑到争用类 MAC 协议的网络动态性和实时性更好，而非争用类 MAC 协议的节能和吞吐量占优，可以设计二者结合的混合 MAC 协议，根据应用场景和流量类型自适应采用协议机制，将实现更好的网络性能。

3）网络层

网络层主要解决路由问题，重点考虑水下 WSN 的三维移动性。水下路由协议一般分为主动路由协议、按需路由协议和地理路由协议 3 种。主动路由协议通过基站周期性广播路由报文建立路由，实现简单，可有效避免拥塞，保证传输质量；但它对网络规模适应性差，节点频繁移动会导致路由维护开销大。按需路由协议根据需要临时建立路由，如 AODV 协议等。地理路由协议则利用节点地理信息建立路由，其效率较高，代价小，但需知道节点的位置信息。针对水下信道时断时续和稀疏的特点，也可应用时延容忍网络（Delay Tolerant Network，DTN）的相关技术。

下面具体来看基于向量转发（Vector-Based Forwarding，VBF）路由协议，它以可扩展的方式解决了节点移动性问题。每个请求包携带发送、接收和转发节点的位置，转发路径表示从发送节点到目标节点的路由向量。当收到一个包时，节点利用距离测量和信号到达角度计算它与转发节点的相对距离，重复该过程，直至所有接收到包的节点均计算出它们的位置。如果节点确定它与路由向量足够接近（小于特定阈值），则将自身计算位置加入包中并转发；否则包被简单丢弃。因此，整个转发路径可看成源节点到目标节点的管道，在管道中的节点有资格转发包，其他节点无法转发包。

4）传输层

传输层负责数据的可靠性传输，水下信道的不可靠性、高时延等对此带来了挑战。有研究结合自动重传（Automatic Repeat Request，ARQ）和前向纠错（Forward Error Correction，FEC），以减少重传包数量。还有研究利用网络编码结合多路径传输来提高数据传输可靠性。

鉴于水下信道复杂多变，水下节点能源有限，也可考虑跨层设计。可根据具体应用综合两层或多层优化设计。例如，将 MAC 层和网络层结合，进行跨层设计以降低传输时延；也有研究针对水下多媒体应用结合 MAC 层、网络层和物理层进行优化设计。

#### 4. 水下无线传感器网络的应用

1）信息处理

信息处理主要指网内数据聚合、协同信息处理、数据压缩、分布式存储和查询等，要求简单高效、低通信量、低能耗和水下环境自适应性等特点。有研究提出适用于水下分簇网络的分布式粒子滤波跟踪算法。还有研究针对水下航行器和水下滑翔机组成的混合网络协作完成水下声学取像应用，设计能耗最低的节点选取算法。

2）定位

水下 WSN 节点定位应用较广泛。许多水下应用需要位置信息，如海洋环境监测、水下安防监控、目标监测与追踪等。需要考虑以下问题：水下不能直接使用GPS,水下信道带宽低,通信开销大的协议不适用于水下,节点随海流移动,等等。水下定位技术可分为测距定位和非测距定位两大类。

在测距定位中,先进行两点测距,然后利用三边、三角等几何特性定位节点,具体测距可采用RSSI、TOA、TDOA和AOA等。和陆地上不同,RSSI随水下信道变化具有很高的时变性,依赖RSSI测距的误差较大。而TOA需要精确的时间同步,在水下复杂环境中很难实现。有研究提出利用大功率的锚节点来实现不需时间同步的被动定位算法,有研究利用水下航行器周期性发送位置信标定位节点,也有研究建议利用节点移动模型降低节点定位频度,还有研究提出利用投影将三维定位降为二维定位的稀疏网络定位算法。

非测距定位主要有交叠区域定位、多跳距离定位等。非测距定位方法简单,不依赖额外设备,但误差较大,适于精度要求低的场景。有研究改变锚节点发射功率,将大区域分割成许多小区域,实现节点区域定位。有研究将二维区域定位算法扩展到三维水下区域定位。有研究利用水声换能器的方向角进行水下定位,通过节点听到的第一个和最后一个信标确定节点的位置。

在实验手段方面,由于水下实验尤其出海实验成本高,一般先通过仿真进行辅助研究。随着研究的深入,各类网络仿真软件中的水下WSN模块也越来越丰富。

## 7.7 无线传感器网络的研究进展*

WSN技术的发展促进了应用,而相关技术研究也在不断发展之中,分别介绍如下。

### 1. 能量

传感器节点由电池供电,能量有限,节点生存期受较大限制。如果节点因能量耗尽而终止工作,会改变网络拓扑,需重建路由,严重时可能使网络分隔成不连通的几部分,造成通信阻碍。如何降低功耗、提高能效,是WSN应用中的重要问题。

首先,在功能上需突出专用性,由于WSN大都用于专用目的,可考虑去除不必要的功能,以节省能量,延长节点生存期。

其次,考虑专门协议和专门技术,提高WSN的能效。这要涉及网络的各个层次,例如MAC层可选择有利于节点在休眠和工作状态间切换的接入协议。

除降低节点发射功耗外,让更多节点在更长时间处于休眠态可有效延长网络寿命。休眠调度的关键是选择最少数量的节点处于活跃态,同时保持数据转发的连通网络,等价于求解最小连通支配集。

### 2. 跨层设计

设计一个对不同应用均能保持最优性能的WSN较困难。研究者在协议栈各层对能量约束、不同要求和网络差异性等进行了许多研究,但往往局限于某一层,而忽略了各层间的相互联系。分层设计的优点能够较好地体现在互联网中,如设计简化、网络稳定、兼容性好。但在WSN中,却存在灵活性差、效率低等缺点。因此,在WSN中需采用自适应的跨层优化协议，从而在能量受限的情况下满足各种应用需求。

跨层设计要求各层协议相互联系，统一设计，统一考虑协议自适应、能耗等性能。物理层降低信息传输速率即可降低能耗，但会影响上层应用。最优路由算法可能会很快耗尽某些节点能量。因此，设计时应在能量、业务要求的约束条件下，统一优化各层。同时还应在各层之间适当传递和共享信息，为优化设计提供条件。

### 3. 安全

使用无线信道传输信息，使 WSN 存在窃听、人为干扰、恶意路由和消息篡改等安全威胁。而数据整合、节点能量有限、处理能力有限等特点使安全问题的解决更为复杂。

数据在网络中整合可有效压缩需传输的数据量，节省网络资源，但数据内容会暴露给整合节点。因此，需进行认证，仅允许经认证的节点进行整合，从而实现节约资源和提高安全性的折中。传感器网络加密协议(Sensor Network Encryption Protocol，SNEP)对节点设立不同安全等级，并在通信节点间采用数据鉴权、加密技术等，以防止数据被截获而造成的信息泄露。

由于 WSN 的节点能量和处理存储能力有限，使一些用于其他网络的算法不适用于 WSN。在安全设计中，可由信息收集节点或簇头节点负责大部分安全操作，以减轻普通节点负担。

### 4. 数据管理和查询

传感器节点需要保存监测数据、系统可执行代码及系统设置信息等。考虑抗震性、节点大小及能量消耗等因素，硬盘不适合作为传感器节点的存储器，而 Flash(闪存)则较合适。节点的数据存储与索引技术要考虑 Flash 的特性、节点能量消耗等因素。

WSN 的数据管理已涌现了许多方案。如基于 Flash 的日志结构文件、基于 B+树索引的日志结构数据存储、自调节的数据存储、基于散列索引结构的数据存储、基于地理位置散列表的以数据为中心的存储、网内数据存储和漫游数据存储等。

移动 WSN 的数据查询面临挑战。人们提出的方案包括基于 Pull 的数据查询和收集、结构化数据查询和收集、基于副本存储的数据收集以及基于路线控制的数据收集等。

### 5. 定位

确定事件发生的位置或获取消息的节点位置对 WSN 的有效性起关键作用。定位除用于报告事件发生的地点之外，还可用于以下用途：

(1) 实时跟踪目标，实时监视目标行动路线，预测目标前进轨迹。

(2) 协助路由，利用节点位置信息建立数据传输的地理路由协议，避免信息在整个网络中的扩散，并可实现定向信息查询。

(3) 网络管理，利用节点传回的位置信息构建网络拓扑，并实时统计网络覆盖情况，对节点密度低的区域及时采取必要措施。

(4) 定点定时传播，用户可在指定时间将信息发送至特定区域。

WSN 的定位算法按照不同分类指标可分为集中式计算定位与分布式计算定位、基于测距技术的定位与无须测距技术的定位、绝对定位与相对定位、细粒度定位与粗粒度定位、循环求精与一次计算等。例如移动锚节点的定位算法，利用移动锚节点辅助定位未知节点，可用在未部署锚节点的区域，减少了硬件成本，同时结合现有经典算法，在低噪声环境下定位精度较高，减少了计算能耗。

定位应用是无线网络技术的一项主要应用，第 11 章专门介绍无线室内定位。

**6. 拓扑控制**

在 WSN 中，可直接通信的两个节点间存在拓扑边，即通信链路。如无拓扑控制，则所有节点都将以最大功率工作，进而产生两个问题：一是缩短生命周期，节点的有限能量被通信部件快速消耗；二是节点间通信干扰，每个节点的无线信号覆盖其他节点，影响通信质量，降低网络吞吐率。此外，由于高功率的通信(通信距离与传输功率有关)，网络拓扑中将存在大量的边，导致网络拓扑信息量大，路由计算复杂，浪费资源。WSN 的拓扑控制是在维持拓扑的某些全局性质的前提下，通过调整节点发送功率来延长网络生命周期，提高吞吐量，降低干扰，节约资源。

目前主要的拓扑控制技术分为时间控制、空间控制和逻辑控制 3 种。

(1) 时间控制通过控制每个节点休眠、工作的占空比，调度各节点休眠起始时间，让节点交替工作，使网络拓扑在有限拓扑结构间切换。

(2) 空间控制通过控制节点发送功率改变节点的连通区域，使网络呈现不同连通形态，从而获得控制能耗、提高网络容量的效果。

(3) 逻辑控制通过邻居表排除不理想节点，形成更稳固、可靠和强健的拓扑。

**7. 功率控制**

WSN 的无源分布式节点在通信过程中应选择最佳功率，以优化资源开销。节点采用何种功率发送分组是一个复杂而重要的问题。功率控制对 WSN 的性能影响主要表现在网络的能量有效性、连通性和拓扑结构、平均竞争强度、容量和实时性等方面。WSN 的功率控制也被认为是发射范围分配问题，是一个 NP(Nondeterministic Polynomial，非确定性多项式)难问题，需要寻找近似最优解。典型的功率控制算法分类如下：

(1) 基于节点度，是由应用给定节点的上限/下限需求，动态调整网络中每个节点的发射功率，使它们的邻节点数量保持在预设范围内。

(2) 基于邻近图，所有节点先使用最大功率发射，形成最大功率图 $G$，然后在此基础上按照一定的邻居判定条件生成邻近图 $G'$，最后 $G'$ 中的每个节点都根据自身的最远邻节点确定发射功率。

(3) 基于方向，节点不确定自身和邻居的具体位置，但能猜测出邻节点的相对方向，需要配备定向天线和可靠的方向信息，以解决到达角度问题。

(4) 基于干扰，以降低网络干扰为主要目标，同时保证生成的网络拓扑结构是连通的，当然链路干扰模型一般只反映网络存在最严重干扰时的链路。

#### 8. 拥塞控制

和传统有线网络相似，WSN 也存在网络拥塞。节点级拥塞指节点产生或接收数据的速度超过自身发送速度，缓冲队列变长，排队时延增加，甚至队列溢出；而链路级拥塞是无线网络特有的，如果多个相邻节点同时使用无线信道，由于信道共享，会导致访问冲突而丢包。从范围角度看，WSN 的拥塞又分局部拥塞和全局拥塞。例如，在某环境检测传感网中，多个节点同时检测到火灾导致的高温和烟雾，短时间内现场附近区域会造成网络局部拥塞。而全局拥塞可能发生在汇聚节点附近，是由于全网节点都向汇聚节点发送数据而导致的。

针对拥塞的对策包括拥塞检测、拥塞通告和拥塞消除。

拥塞检测方案可分为 3 类：

(1) 队列长度，如单一阈值、队列增长率和多阈值等。

(2) 信道采样，如周期性地采集信道状态。

(3) 端到端检测，如测量端到端丢包率和端到端传输时延。

拥塞通告可分为显式和隐式两类。前者会导致额外的能量和带宽开销；后者可在数据包中预设一个拥塞位，“捎带”式地告知汇聚节点和周围邻节点，基本没有额外开销。

拥塞消除则根据造成原因的不同而有所差异，例如，通知上游节点降低转发速率，采用数据融合机制，动态配置网络资源，等等。

#### 9. 感知覆盖

在 WSN 中，所有节点感知的空间范围构成了感知覆盖区域，反映了 WSN 对监测区域的感知性能。感知覆盖区域由节点的感知能力和节点的位置分布等因素决定。

节点感知模型描述单节点在感知区域内的检测能力，由传感器的物理特性决定。常见感知模型如下：

- 布尔感知模型，即 0-1 模型。该模型未反映出不同距离的检测概率。
- 概率感知模型，对目标的检测概率随距离增加而衰减，呈负指数关系。
- 混合感知模型，距离小于近阈值时检测概率为 1，大于远阈值时检测概率为 0，位于远近阈值之间时检测概率和距离呈负指数关系。该模型结合了布尔感知模型和概率感知模型的特点。

根据部署方式分类，WSN 的覆盖问题分为确定性覆盖和随机覆盖两类。根据覆盖对象类型分类，覆盖问题又分为点覆盖、区域覆盖和栅栏覆盖 3 类，如图 7.21 所示。WSN 覆盖技术研究需要考虑的因素包括覆盖质量、能量约束、网络连通性和网络动态性。

#### 10. 计算智能

计算智能是以计算和数学模型为基础，通过模拟人的智能对问题进行求解的理论和方法。传统计算智能领域包括神经网络、增强学习、群智能、进化算法、模糊逻辑和人工免疫系统等，而面向 WSN 的计算智能则有很大不同。因为 WSN 是能感知物体或环境的具备分布式协作能力的网络，在复杂和动态环境中，常面临通信失败、存储和计算限制以及

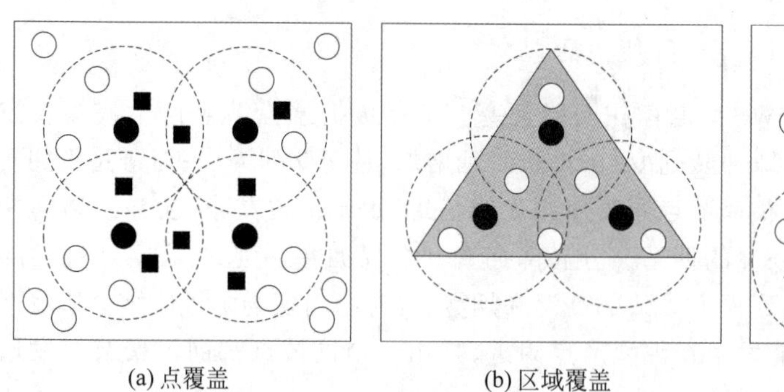
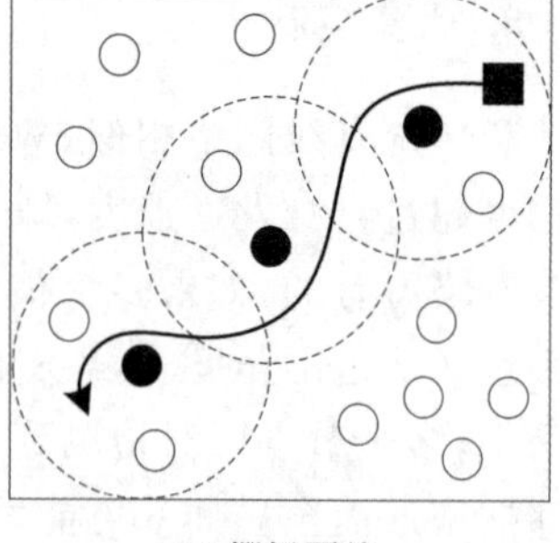

(a) 点覆盖　(b) 区域覆盖　(c) 栅栏覆盖

图 7.21　点覆盖、区域覆盖和栅栏覆盖

能量约束等诸多挑战。然而,计算智能具有的灵活性、自主行为以及抗拓扑改变、通信失败、场景更换的鲁棒性,使其在复杂多变的环境中具有较强的自适应性。

近几年的研究聚焦于 WSN 的网络设计和部署、节点定位、通信安全、路由最优化、数据聚合及服务质量管理等方面。由于 WSN 节点受通信和处理能力的限制,因而如何利用计算智能根据时间和地点建立满足不同通信带宽需求的分布式网络有重要意义。此外,由于 WSN 路由和 QoS 受底层通信影响较大,因此节点的跨层设计也具有重要意义,特别是融合计算智能的跨层设计。

### 11. 协作技术

WSN 协作技术具体包括协作任务描述、信号处理、时间同步和多智能体协作等。

(1) 协作任务描述。任务描述是任务协同的基础,主要涉及描述任务功能和描述参与节点。感知任务可从面向应用和面向任务分配两个角度进行描述。主要描述方式包括有向无环图、抽象任务图、基于角色的任务图和类 SQL 查询语言等。

(2) 协作信号处理。指在数据表达、存储、传输和处理等方面研究新算法和方案,以满足对信息精度、网络节能、时延、可扩展性和可靠性的要求。它基于节点间协商和合作,选择合适的节点参与协作,平衡节点个体和网络整体在协作过程中的信息收益和资源代价,解决驱动机制、节点选择、处理地点、时机和算法等问题。

(3) 协作时间同步。适应性较好的时间同步服务可保证数据一致性和协调性。WSN 的协调、通信、安全和电源管理等都依赖全局时间。时间基准节点按相等时间间隔发出多个同步脉冲。周围单跳节点接收后,依据该系列脉冲的发送时刻估算出时间基准节点的下一脉冲发送时刻,并在该时刻发出同步脉冲。此脉冲再扩散至周围单跳节点。这样,所有节点最终都会同时发出同步脉冲,实现同步。

(4) 多智能体协作。智能体(agent)可定义为具有目标、知识和能力的软件或硬件实体,能力包括感知、行动、推理、学习、通信和协作等。智能体利用局部信息进行自主规划,通过推理解决局部冲突以实现协作,进而实现系统整体目标。目前对智能体的体系结构、交互语言和协商策略的研究较成熟,在 WSN 协作中可引入智能体。

# 7.8 无线传感器网络的仿真实验

本节共有 3 个仿真实验,分别是网络层的 DD 协议、MAC 层的 S-MAC 协议和水下无线传感器网络协议,本书配套电子资源提供了相关源代码和实验环境,实验手册介绍了实验步骤。

### 1. 无线传感器网络的 DD 协议仿真实验

DD 协议实验拓扑如图 7.22 所示,包含 10 个节点。仿真实验参数配置具体见源文件 DD.tcl 脚本中的 node-config 部分。实验采用 ping 进行数据发送。ping 发送方为节点 2,在 0.12s 执行 publish 操作;ping 接收方为节点 6~9,从 1.15s 开始,每隔 1s 增加一个接收者,执行 subscribe 操作。整个实验在 100.0s 时停止。

具体操作说明和实验过程详见配套电子资源和实验手册。

### 2. 无线传感器网络的 S-MAC 协议仿真实验

S-MAC 协议实验拓扑如图 7.23 所示,包含 14 个节点。仿真实验参数配置具体见源文件 SMAC.tcl 脚本。实验采用 UDP 传输 CBR 数据,发送方为节点 0,接收方为节点 5,数据传输从 1.0s 开始,至 100.0s 停止。每个节点进行周期性休眠,以降低能耗。

具体操作说明和实验过程详见配套电子资源和实验手册。

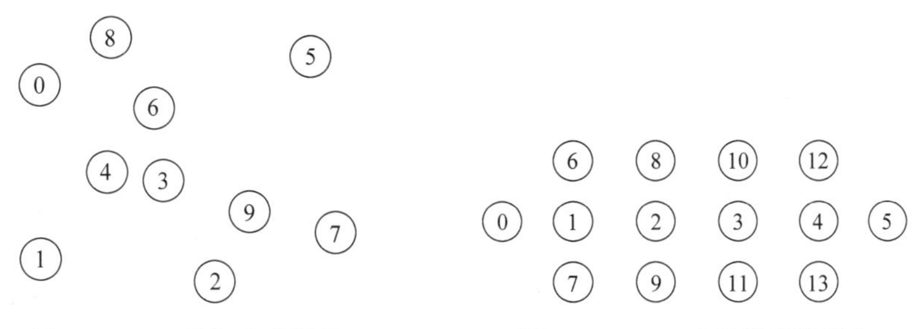


图 7.22 DD 协议实验拓扑　　图 7.23 S-MAC 协议实验拓扑

### 3. 水下无线传感器网络协议仿真实验*

水下 WSN 的仿真实验采用美国康涅狄格大学水下传感网实验室开发的实验平台(见本章参考文献[11]),该平台实现了相关的物理层、MAC 层和网络层协议。本实验的 MAC 协议为 Broadcast MAC,路由协议为 VBF,设置数据包的发送速率为 1packet/s。实验拓扑如图 7.24 所示,其中节点 0 为接收节点,其他节点为发送节点。相关说明、实验过程和结果详见本书配套电子资源和实验手册。

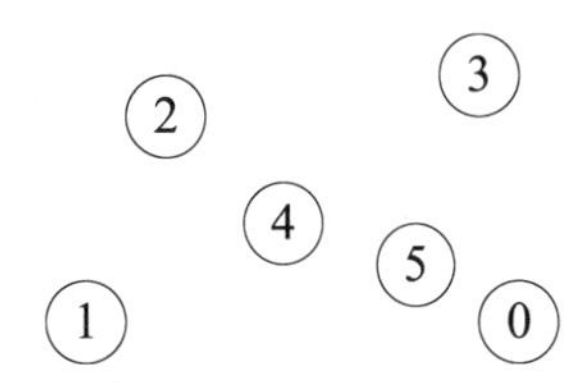


图 7.24 水下 WSN 仿真实验拓扑

# 习题

7.1 现在传感器的品种和规格越来越多,请对主要的传感器进行分类。

7.2 无线传感器网络具有哪些特点?面临什么挑战?

7.3 无线传感器网络的网络结构有哪些?各具有什么特点?

7.4 无线传感器网络的节点组成结构和体系结构如何?简单分析。

7.5 无线传感器网络具有怎样的协议栈结构?各层实现什么功能?

7.6 简单分析定向扩散路由协议的特点。

7.7 简单分析 S-MAC 协议的特点。

7.8 水下无线传感器网络的主要技术困难是什么?*

7.9 介绍你了解的一个无线传感器网络的实际应用,分析其功能和特点。

7.10 在7.7节中介绍了无线传感器网络的很多研究进展。任选一个领域,搜集相关资料,对相关研究进展进行综述。*

# 扩展阅读

ZigBee联盟中文官网,https://zigbeealliance.org/zh-CN/。

# 参考文献

[1] 新材料在线.一张图看懂全球传感器市场:全球传感器市场研究报告[EB/OL]. http://www.xincailiao.com/html/weizixun/xianjinjiegoucailiao/2016/0429/7558.html. 2016-04-29.

[2] 刘云浩. 物联网导论[M]. 2版. 北京:科学出版社,2013.

[3] HUANG P, XIAO L, Soltani S, et al. The Evolution of MAC Protocols in Wireless Sensor Networks: A Survey[J]. IEEE Communications Surveys & Tutorials, 2013, 15(1): 101-120.

[4] 唐勇,周明天,张欣.无线传感器网络路由协议研究进展[J].软件学报,2006,17(3):410-421.

[5] 孙利民,张书钦,李志,等. 无线传感器网络理论与应用[M]. 北京:清华大学出版社,2018.

[6] 崔逊学,左从菊. 无线传感器网络简明教程[M]. 北京:清华大学出版社,2010.

[7] 吴功宜,吴英. 物联网工程导论[M]. 北京:机械工业出版社,2012.

[8] KULKARNI R V, FORSTER A, VENAYAGAMOORTHY G K. Computational Intelligence in Wireless Sensor Networks: A Survey[J]. IEEE Communications Surveys & Tutorials, 2011, 13(1): 68-96.

[9] 郭忠文,罗汉江,洪锋,等. 水下无线传感器网络的研究进展[J]. 计算机研究与发展,2010,47(3):377-389.

[10] 周密,崔勇,徐兴福,等. 水声传感网 MAC 协议综述[J]. 计算机科学,2011,38(9):5-10.

[11] UCONN UWSN Lab. Aqua-Sim. http://obinet.engr.uconn.edu/wiki/index.php/Aqua-Sim. 2014-02-17.

[12] XIE P, CUI J, LAO L. VBF: Vector-based Forwarding Protocol for Underwater Sensor Networks[C]//NETWORKING 2006. Berlin Heidelberg: Springer, 2006:1216-1221.

第8章

# 无线个域网

应用于个人或家庭等较小范围内的无线网络被称为无线个人区域网络，简称无线个域网。近年来，无线个域网以其方便快捷、易于推广、低功耗等优点得以迅速发展。本章详细介绍无线个域网的相关技术与原理，重点介绍 IEEE 802.15.4 和 ZigBee 技术。

## 8.1 无线个域网概述

### 1. 从个域网到无线个域网

个域网(Personal Area Network，PAN)是一种范围较小的计算机网络，主要用于计算机设备间的通信，包括电话和个人设备等。PAN 的通信范围往往仅几米。PAN 可进一步接入更大的网络，也可作为最后一米的解决方案。

无线个域网(Wireless PAN，WPAN)采用无线介质代替传统有线电缆，实现个人信息终端的互连，组建个人信息网络。WPAN 是个域网中应用较多的类型。

在传统有线网络中，各种外设与计算机间往往需要各种线缆直接连接，存在许多不便，因此对各种设备间无线连接的需求日趋强烈。WPAN 应运而生，它是为了实现活动半径小(如几米)、业务类型丰富、面向特定群体的连接而提出的新型无线网络技术。WPAN 与 WLAN、WMAN、WWAN 的通信范围比较如图 8.1 所示。

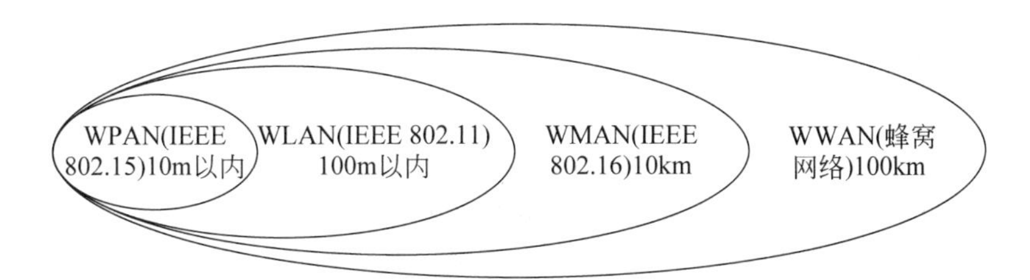


**图 8.1 4 种无线网络的通信范围**

WPAN 主要应用于个人用户工作空间。WPAN 系统通常可分为以下 4 个层次：

(1) 应用软件和程序,由驻留在主机上的软件模块组成,控制网络模块的运行。

(2) 固件和软件栈,负责管理连接建立,并规定和执行 QoS 要求。

(3) 基带装置,负责数据处理,包括编码、封装、检错和纠错等,定义装置运行的状态,并与主控制器接口交互。

(4) 无线电收发,负责经 D/A(数/模)和 A/D(模/数)转换后处理所有的输入输出数据。它接收来自和到达基带的数字信号,并接收来自和到达天线的模拟信号。

WPAN 设备有价格便宜、体积小、易操作和功耗低等优点,它用无线方式代替传统线缆,实现个人信息终端的智能化互连,组建个人化的办公或家用信息网络。其技术特点包括:高数据速率并行链路,速率可大于 100Mb/s;邻节点间的短距离连接,一般为 1～10m;标准无线或电缆与外部互联网或广域网连接;典型对等式拓扑结构;中等用户密度;等等。

### 2. 无线个域网的分类

WPAN 的应用范围日益广泛,涉及的技术越来越丰富,通常将 WPAN 按传输速率分为低速、高速和超高速 3 类。图 8.2 简单说明了这 3 类的性能。

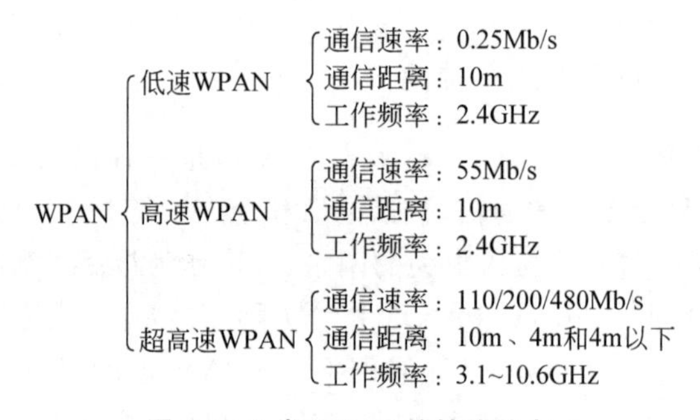


图 8.2　3 类 WPAN 的性能特点

低速 WPAN 主要为近距离网络互联而设计,采用 IEEE 802.15.4 标准。由于 WiFi 成本仍相对较高,有些应用场合不需要 WiFi 的功能特性。低速 WPAN 结构简单,数据率低,距离近,功耗小,成本低,可广泛用于工业、办公和家庭自动化及农业等。在工业方面,主要用于建立 WSN、紧急状况监测和机器检测等。在办公与家庭自动化方面,可实现无线办公,连接 PC 外设、游戏机、安全系统、照明和空调系统等。低速 WPAN 在农业方面潜力很大,例如建立由大量节点构成的网状 WSN,收集土壤和气象信息等,提高农业生产力水平。

旧版蓝牙的有效数据传输速率小于 1Mb/s。而 IEEE 802.15.3 的 WPAN 数据传输速率可达 55Mb/s。高速 WPAN 适合大量多媒体文件、短时的音视频流传输,而动态拓扑结构能使便携式装置在短时间内加入或脱离网络。

生活中的无线通信设备急剧增加,对更高传输速率的需求与日俱增,IEEE 802.15.3a 工作组提出了更高数据率标准,即超高速 WPAN,传输速率可达 110～480Mb/s。它支持 IP 语音、高清电视、家庭影院、数字成像和位置感知等信息的高速传输。其特点包括近距离的高速率、较远距离的低速率、低功耗、共享环境下高容量、高扩展性等。

## 8.2　无线个域网的关键技术

WPAN的关键技术包括IrDA、UWB、HomeRF、蓝牙和ZigBee等。

### 1. IrDA技术

1994年，IrDA 1.0红外数据通信标准发布，采用异步、半双工方式。IrDA红外数据通信采用的波长为850～900nm，常见的IrDA分为慢速和快速两种，二者传输速率分别为115.2kb/s和4Mb/s。IrDa无须申请频率使用权，通信成本低廉。IrDA具有体积小、功耗低、连接方便、简单易用等特点。此外，IrDA发射角度较小，传输安全性高。

### 2. UWB技术

UWB（Ultra Wide Band，超宽带）是一种基于IEEE 802.15.3的超高速、短距离无线接入技术。它在较宽频谱上传输极低功率信号。10m范围内能达到每秒数百兆位的数据传输率。它具有抗干扰性强、传输速率高、带宽大、消耗电能低、保密性好等众多优势。

### 3. HomeRF技术

HomeRF是数字无绳电话技术与WLAN技术融合发展的产物。在ITU和Intel、Philips、HP、Microsoft等公司的支持下，致力于PC与其他家电间的数字通信。它采用共享无线接入协议（Shared Wireless Access Protocol，SWAP），结合了数字无绳电话和IEEE 802.11的特点，工作在2.4GHz频段，使用TDMA＋CSMA/CA方式，适用于语音和数据业务。

### 4. 蓝牙技术

蓝牙技术最早是由爱立信公司于1994年提出的，作为RS-232数据线的无线连接方式。1998年蓝牙特殊兴趣组成立，负责制定技术标准。蓝牙采用分散式网络结构以及快速跳频和短包技术，支持点对点及点对多点的通信，采用时分双工传输方案。在早期版本中，蓝牙技术主要用于短距离（＜10m）无线通信；在2014年发布的4.2版中，其传输距离扩展到最大100m；而在2016年发布的5.0版中，传输距离可达300m。蓝牙工作于2.4GHz频段，早期版本数据速率为1Mb/s，5.0版达2Mb/s。蓝牙还支持低功耗。

蓝牙的主要应用场景包括音视频控制信号传输、打印机控制和传输、无绳电话、拨号网络配置、传真配置、文件传输、视频和音频流分发、车内免提电话、无线键盘和鼠标、对讲机、虚拟串口连接、无线个域网等。

### 5. ZigBee技术

ZigBee是一种短距离、低功率、低速率无线接入技术。其名称源于蜜蜂的通信方式，蜜蜂之间通过之字形的飞舞来交流信息，以共享食物源的方向、位置和距离等信息。ZigBee也工作于2.4GHz频段，传输速率为20～250kb/s，传输距离为10～100m。ZigBee

比蓝牙更简单,传输速率和功耗更低。其大多数时间内处于休眠态,适用于不需实时传输或连续更新的场合,如工业控制和WSN。ZigBee是IEEE 802.15.4标准的扩展集。IEEE 802.15.4工作组负责制定物理层及MAC层协议,而ZigBee定义了应用层和安全规范。

2002年,ZigBee联盟成立,共同推进该技术的进一步发展和市场应用,成员包括Philips、Honeywell、三星等公司。随着技术不断完善,ZigBee逐渐显现巨大的市场潜力,低功耗、低成本、低速率和使用便捷等显著优势与特点使其有着广阔的应用前景。图8.3为一个简单的星形ZigBee网络。

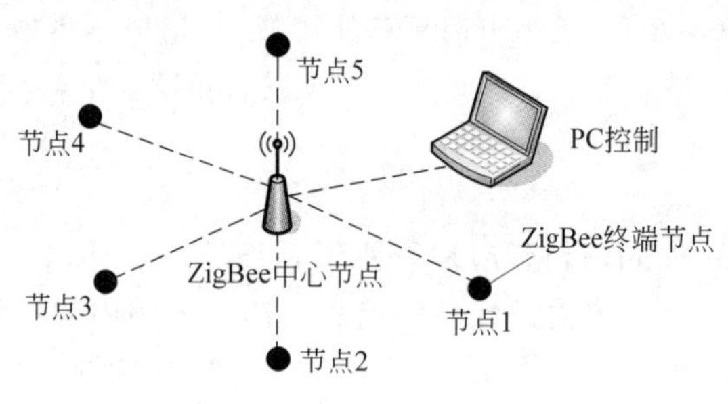


图 8.3 星形 ZigBee 网络

### 6. 5 种 WPAN 关键技术的特点

表8.1列出了5种WPAN关键技术的特点。它们具有如下共同优势:

- 支持移动联网,用户可像使用手机那样灵活移动设备,而网络仍保持连接。
- 无须使用线缆,安装简便,高频无线电波可穿透墙壁或玻璃,设备放置灵活。
- 采用了多种安全防护措施以保障用户信息安全。
- 网络结构或布局变动时,不需对网络重新进行设置。

表 8.1 5 种 WPAN 关键技术的特点

| 技术指标 | IrDA | UWB | HomeRF | 蓝 牙 | ZigBee |
|---|---|---|---|---|---|
| 工作频段 | 红外线 | 3.1~10.6GHz | 2.4GHz | 2.4GHz | 2.4GHz |
| 传输速率 | 115.2kb/s | 480Mb/s | 6~10Mb/s | 1~24Mb/s | 20~250kb/s |
| 通信距离 | 1m | 10m | 50m | 10~300m | 10~100m |
| 应用前景 | 一般 | 好 | 中 | 好 | 好 |

以上技术的应用场合不同:IrDA用于两台(非多台)设备之间的视距连接,UWB主要用于10m范围内的室内电子设备,HomeRF可应用于家庭中的移动数据和语音设备与主机间的通信,蓝牙可应用于任何可用无线方式替代线缆的场合,ZigBee可用于室外WSN。

# 8.3　IEEE 802.15 标准

## 8.3.1　IEEE 802.15 标准概览

目前，IEEE、ITU 等组织都致力于制定 WPAN 标准，而 IEEE 802.15 系列是目前最权威的 WPAN 标准，具体由 IEEE 802.15 工作组负责。其下设多个任务组，部分工作组如表 8.2 所示，分别针对不同的细分领域展开研究。

表 8.2　IEEE 802.15 工作组下设的部分任务组

| 任 务 组 | 工作内容 | 任 务 组 | 工作内容 |
|---|---|---|---|
| IEEE 802.15.1 | 蓝牙 | IEEE 802.15.8 | 邻居对等感知 |
| IEEE 802.15.2 | WLAN 与 WPAN 共存 | IEEE 802.15.9 | 安全密钥管理 |
| IEEE 802.15.3 | 高速数据率 | IEEE 802.15.10 | 第 2 层路由 |
| IEEE 802.15.3a | 超宽带(UWB) | Igdep | 增强可靠性 |
| IEEE 802.15.4 | 低数据速率及 ZigBee | TAGthz | 太赫兹 |
| IEEE 802.15.5 | 网状网络(Mesh) | TG4w | 低功耗广域网 |
| IEEE 802.15.6 | 医疗用无线体域网 | IGvat | 车辆辅助技术 |
| IEEE 802.15.7 | 可见光通信 | | |

IEEE 802.15.1 本质上是蓝牙低层协议的一个正式标准化版本，多数标准制定工作仍由蓝牙特别兴趣组负责。

目前，WPAN 主要使用 2.4 GHz ISM 频段，而符合 IEEE 802.11 规范的 WLAN 设备也使用同一频段。为解决该问题，IEEE 802.15.2 标准制定了共存模型，以量化二者的冲突，同时设计了共享机制以促进两类设备共存。该标准实际上是一个策略建议，推荐了一系列解决 WPAN 与 WLAN 互扰的技术策略和方案。

## 8.3.2　IEEE 802.15.3 标准和无线超宽带技术

IEEE 802.15.3 是针对高速 WPAN 制定的无线 MAC 层和物理层规范，允许连接多达上百个无线应用设备，传输速率高，适合多媒体数据传输，有效距离较小。随着高速 WPAN 应用范围的扩展，IEEE 802.15.3 得到迅速发展。其中，IEEE 802.15.3a 主要研究 110Mb/s 以上速率的图像和多媒体数据的传输；IEEE 802.15.3b 主要研究 MAC 层维护，改善其兼容性与可实施性；IEEE 802.15.3c 主要研究毫米波物理层的替代方案，将工作于一个全新频段(57～64GHz)，实现与其他 IEEE 802.15 标准更好的兼容性。

### 1. UWB 技术的定义

FCC 定义 UWB 的带宽大于 500MHz，或相对带宽(带宽与中心频率之比)大于 0.20。传统通信系统的相对带宽一般都小于 0.01，WCDMA 系统的相对带宽约 0.02，而

UWB的相对带宽为0.2～0.25。UWB在3.1～10.6GHz频段内以极低功率工作,较低的带内带外发射功率确保其不会干扰授权频段及其他重要无线设备。

传统通信技术是把信号从基带调制到载波,而UWB则通过具有很陡的上升沿和下降沿的冲击脉冲直接调制数据,从而具有吉赫兹(GHz)量级的带宽。UWB开辟了一个具有极高空间容量的新无线信道。在发射距离较近的情况下,信号传播损耗较小,可以通过增加信号带宽来提高系统容量。

**2. UWB技术的特点**

UWB技术具有以下特点。

(1) 系统实现较简单。

无线通信载波是连续电波,载波频率和功率在一定范围内变化,利用载波的状态变化来传输信息。UWB不使用载波,而是通过发送纳秒级脉冲来传输数据信号。其发射器直接用脉冲小型激励天线,不需要传统收发器的上变频,也不需要放大器和混频器,所以可采用价格低廉的宽带发射器,同时接收机也与传统接收机不同,无须中频处理。

(2) 数据传输速率高。

UWB的信号传输范围在10m以内,传输速率接近500Mb/s。它以极宽的频带实现高速传输,且不单独占用已经很拥挤的频率资源,而共享其他无线技术使用的频带。UWB可利用巨大的扩频增益实现远距离、低截获率、低检测率、高安全性和高速数据传输。

(3) 功耗低。

UWB使用间歇脉冲来发送数据,脉冲持续时间很短,一般为0.2～1.5ns,有很低的占空因数。UWB系统耗电量很低,高速通信时仅为几百微瓦到几十毫瓦。一般的UWB设备功率仅为传统移动电话功率的1/100左右,仅为蓝牙设备所需功率的1/20左右。因此,它在电池寿命和电磁辐射上相对于传统无线设备有很大的优势。

(4) 安全性高。

UWB有天然的安全性。由于其将信号能量分散在极宽的频带范围内,对一般通信系统而言,UWB信号相当于白噪声。多数情况下其信号的功率谱密度低于自然电子噪声,因而从电子噪声中检测出脉冲信号非常困难。用编码对脉冲参数进行伪随机化后,脉冲检测将更困难。其安全性还体现在两方面:一是采用扩频,接收机只有获知发送方的扩频码才能解扩数据;二是发射功率谱密度极低,传统接收机无法接收。

(5) 多径分辨能力强。

无线通信的射频信号多为连续信号或持续时间远大于多径传播时间,多径传播效应限制了通信质量和传输速率。UWB发射持续时间极短的单周期脉冲且占空比极低。由于脉冲多径信号在时间上不重叠,易分离出多径分量以充分利用发射信号的能量。在常规无线电信号多径衰落达10～30dB的多径环境中,UWB信号衰落不到5dB。

(6) 定位精确。

UWB很容易将定位与通信合一,其穿透能力强,可对室内和地下精确定位。UWB超短脉冲定位器的定位精度可达厘米级。

(7) 工程简单,成本较低。

在工程实现上,UWB 可全数字化实现。电路可以集成到单个芯片上,设备成本较低。

### 8.3.3　IEEE 802.15.4 标准

IEEE 802.15.4 主要针对低速 WPAN,以低功耗、低速率、低成本为目标,低速 WPAN 常作为 WSN 的通信标准。IEEE 802.15.4 具体包括物理层和 MAC 层两个规范,支持功耗低、短距离的简单设备,支持单跳星形和多跳对等两种拓扑,但对等拓扑的逻辑结构由网络层定义。下面介绍其主要特点。

#### 1. 工作频段和数据速率

IEEE 802.15.4 工作在 ISM 频段,包括 2.4 GHz 频段(全球适用)和 868/915MHz 频段(欧洲/北美)。分配了 3 种速率共 27 个信道:868MHz 频段有 1 个 20kb/s 信道,915MHz 频段有 10 个 40kb/s 信道,2.4GHz 频段有 16 个 250kb/s 信道。可以根据可用性、拥挤状况和数据速率灵活选择信道。从能量和成本效率看,不同数据速率能为不同应用提供较好选择。例如,有些 PC 外设与互动式游戏可能需 250kb/s,而其他设备,如传感器、智能标签和家用电器等,即使 20kb/s 的低速率也能满足要求。

#### 2. 支持设备

IEEE 802.15.4 定义了 14 个物理层基本参数和 35 个 MAC 层基本参数,参数个数仅为蓝牙的 1/3,适用于存储和计算能力有限的简单设备。IEEE 802.15.4 将设备分为全功能设备(Full-Function Device,FFD)和简化功能设备(Reduced-Function Device,RFD)。FFD 支持所有 49 个参数,而 RFD 在采用最小配置时仅支持 38 个参数。FFD 可作为网络协调器(可看作 WPAN 的中心控制节点),与 RFD 和其他 FFD 通信;而 RFD 只能与 FFD 通信,适用于简单应用。

#### 3. 数据格式

物理层为 MAC 层提供接口及数据和管理服务,包含射频收发,为通信提供通路,同时控制底层通信。物理层以比特流方式通信,物理帧格式如图 8.4 所示。其帧定界符为 0xA7,表示一个物理帧的开始。注意,帧长度字段指有效载荷长度,7b 代表实际帧长不超过 127B。PSDU 即物理服务数据单元,一般承载 MAC 帧。

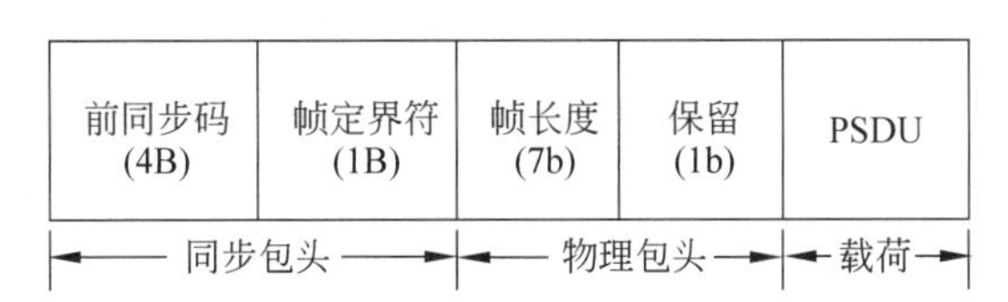


图 8.4　IEEE 802.15.4 物理帧格式

MAC 层将物理层比特流封装成帧进行传输,并为上层提供接口。MAC 层支持 4 种帧：信标帧、数据帧、确认帧和命令帧，其中数据帧格式如图8.5所示，其他3种帧格式与之略有不同。

| 帧控制(2B) | 序列号(1B) | 目标PAN ID(0/2B) | 目标地址(0/2/8B) | 源PAN ID(0/2B) | 源地址(0/2/8B) | 帧载荷 | FCS(2B) |
|---|---|---|---|---|---|---|---|
| ← MAC帧头 → | | | | | | | MAC帧尾 |

图8.5 IEEE 802.15.4 MAC帧格式

MAC层地址分为两种：16b短地址和64b扩展地址。16b短地址是设备与WPAN协调器关联时由协调器分配的局部地址，仅在WPAN内具有唯一性。64b扩展地址是全球唯一地址，在设备出厂时即分配好。两类地址长度不同，导致MAC帧头的长度不同。MAC帧具体使用哪种地址由帧控制字段标明。物理帧里已有表示MAC帧长的字段，所以MAC帧载荷长度可通过物理帧长度和MAC帧头尾长度相减得出。

**4. MAC层功能和操作**

MAC层提供数据服务和管理服务，前者保证MAC协议数据单元在物理层中的正确收发，后者维护MAC层协议状态相关信息的存储。MAC层主要功能如下：

- 协调器产生并发送信标帧，普通设备根据信标帧与协调器同步。
- 支持WPAN的关联/取消关联操作。
- 支持无线信道通信安全。
- 使用CSMA/CA机制访问信道。
- 支持保证时隙(Guaranteed Time Slot，GTS)机制。
- 支持不同设备的MAC层间可靠传输。

关联操作指设备加入WPAN时向协调器注册及身份认证的过程。如果设备切换到另一WPAN，需要执行相应的取消关联操作。

GTS机制类似TDMA机制，可为请求设备动态分配时隙，但需要设备间的时间同步。具体时间同步通过超帧(superframe)机制实现，简介如下。

IEEE 802.15.4以超帧为周期进行WPAN内设备间通信，每个超帧都从网络协调器发出信标帧开始，该信标帧中包含超帧将持续的时间及这段时间的分配等信息。其他设备收到超帧开始时的信标帧后，可根据其中内容安排自身调度，如进入休眠态直至超帧结束。超帧将通信时间分为活跃和不活跃两部分。在不活跃期间，设备无相互通信，可休眠节能。活跃期又分为3部分：信标帧发送期、争用接入期(Contention Access Period，CAP)和非争用期(Contention-Free Period，CFP)。活跃期分为16个等长时隙，每个时隙长度、CAP包含的时隙数等参数都由网络协调器设定，并由超帧开始时的信标帧予以广播。

CAP必须在CFP之前，CAP期间的设备通信采用带时隙的CSMA/CA访问机制。而在CFP期间，网络协调器根据上一超帧期内WPAN设备申请GTS的情况，将CFP分成多个GTS，每个GTS含若干个时隙，具体时隙数量在设备申请GTS时分配。如申请成功，设备就拥有相应数量的时隙。GTS 中的时隙都被分配给各申请设备，无须再争用信道。

CAP 期间的操作包括新设备加入当前 WPAN、设备自由收发数据及向协调器申请 GTS 时隙等。而在 CFP 期间，如果某个设备一直处于接收状态，那么拥有 GTS 使用权的设备就可在 GTS 期间直接向其发送数据。

IEEE 802.15.4 中有 3 种数据传输方式：设备发送数据给网络协调器、网络协调器发送数据给设备、对等设备互相发送数据。星形拓扑网络中仅有前两种方式，而点对点拓扑网络则 3 种方式均有。

CAP 的通信模式有两种：信标使能和非信标使能。

(1) 在信标使能模式下，网络协调器广播信标帧，表示超帧开始。设备间通信使用时隙 CSMA/CA 机制，设备均通过信标帧进行同步。在时隙 CSMA/CA 机制中，设备需发送数据/命令帧时，首先定位下一时隙边界，然后等待随机数量的时隙。到时则开始检测信道状态。如果信道空闲，就在下一可用时隙开始发送数据；如果信道忙，则需重新等待随机数量的时隙，重复等待/检查状态过程，直至信道空闲。此时，确认帧的回送不需使用 CSMA/CA 机制，可紧跟数据帧发回源设备。

(2) 非信标使能模式意味着无信标帧，各设备使用非时隙 CSMA/CA 机制争用信道。当设备需发送数据/命令帧时，首先等待一段随机长度的时间，然后检测信道状态。如果信道空闲，则开始发送数据；如果信道忙，则需重复等待/检测过程，直至发送成功。同样，发送方发回确认帧也不使用 CSMA/CA 机制，紧跟数据帧发回即可。

### 5. 能耗和可靠性

能耗非常重要。对于以电池供电的简单设备而言，更换电池可能比设备本身成本还高。有些场合更换电池并不可行，如汽车轮胎内的气压传感器或野外大规模布设的 WSN。所以数据传输需考虑延长电池寿命和降低功耗。多数机制基于信标使能模式，限制设备或收发信机的开通时间，或在无数据传输时休眠。

考虑到无线信道的误码率较高，最长 127B 的短帧也一定程度上减小了单帧出错的概率。而 MAC 帧中也采用 16b 的 CRC 校验来生成 FCS。是否需要确认帧是可选的。对要求确认的设备，如一定时间未收到确认帧，即认为发送失败，需重发；而对不要求确认的设备，帧发送完就认为发送成功，本地缓冲队列不再保留该帧。

### 6. 安全性

IEEE 802.15.4 将安全性分为 3 级。第 1 级实际上是无安全保护，即应用安全并不重要或上层已有安全保护。第 2 级是设备可使用访问控制列表来防止非法获取数据，无加密机制。第 3 级则采用高级加密标准(AES)，可保护数据信息和防止攻击者冒充合法设备，但不能防止攻击者在通信双方交换密钥时通过窃听来截取对称密钥，对此可考虑公钥加密。

## 8.4 无线个域网的协议

本节介绍 WPAN 的 3 个协议,即蓝牙协议、低功耗蓝牙协议和 ZigBee 协议。

### 8.4.1 蓝牙协议

蓝牙使用跳频技术,跳频速率为 1600 跳/秒,建立链接时为 3200 跳/秒。报文分成数据包,通过 79 个信道分别传输数据包,每个信道的频宽为 1MHz,79 个信道占用 2402~2480MHz。蓝牙 4.0 使用 2MHz 的单信道频宽,可容纳 40 个信道。

蓝牙采用主从架构。一个主设备最多可和同一微微网(蓝牙临时性网络)中的 7 个从设备通信,所有设备共享主设备时钟。基础时钟由主设备定义,以 312.5μs 的时钟周期运行,两个时钟周期构成一个 625μs 的时间槽,两个时间槽构成一个 1250μs 的槽对。在单槽数据包的简单场景下,主设备在双数槽发送信息,在单数槽接收信息,从设备则正好相反。数据包容量可以是 1、3、5 个时间槽。

#### 1. 基带协议

基带协议(baseband specification)负责建立网内各蓝牙设备间的物理收发链路。收发模块使用跳频扩频,分组在指定时隙和频率发送,通过查询和寻呼过程使不同设备发送跳频频率,和时钟实现同步。

不同基带分组存在不同物理链路。有两种基带分组:同步面向连接(Synchronous Connection-Oriented,SCO)和异步无连接(Asynchronous Connectionless,ACL),这两种分组在同一射频链路可复用。ACL 分组只适于数据传输,而 SCO 分组适用于语音和数据。基带为所有语音和数据分组提供了多级别纠错和加密机制,以保证其可靠性与安全性。语音和数据可直接通过基带传输。基带为链路管理和控制消息分配专门信道。

#### 2. 链路管理协议

链路管理协议(Link Management Protocol,LMP)建立和控制设备之间的链路,包括控制和协商基带分组的大小。LMP 通过鉴权和加密过程,生成、交换和监测链路字与加密字以确保其安全。LMP 还控制蓝牙设备的节电模式、工作周期及微微网内蓝牙设备的连接状态。接收端的链路管理器分析并解释 LMP 消息。LMP 消息的优先级高于用户数据,LMP 消息无须显式确认。

#### 3. 服务发现协议

通过服务发现协议(Service Discovery Protocol,SDP)可查询设备信息、业务类型和业务特征。用户可从相邻设备的业务中挑选一个可用的,然后就可在两个或多个蓝牙设备之间建立连接。SDP 提供两种服务发现模式:服务搜索模式,查询具有特定服务属性的服务;服务浏览模式,简单浏览全部可用服务。SDP 的服务记录表描述了每一个具体的服务,每条记录包含服务句柄、一组服务属性等。

### 8.4.2　低功耗蓝牙协议

从蓝牙 4.0 开始，低功耗蓝牙(Bluetooth Low Energy，BLE)逐渐成为主流蓝牙技术，其能耗为传统蓝牙技术的几分之一甚至更低，BLE 用于小型便携电子产品，依靠普通电池，寿命可达数月。BLE 还具备高可靠、低成本、高安全、不同厂商设备间互操作性强等特点。

#### 1. 低功耗物理层协议

在 BLE 中，80MHz 的频段带宽被分为 40 个信道，每个信道 2MHz。信道 0～35 用于数据传输，信道 36～39 用于广播。跳频分为基础信道跳频和自适应信道跳频。信号使用高斯频移键控(Gauss Frequency Shift Keying，GFSK)，通过高斯滤波，有效降低不同频率信号间的互扰。

#### 2. 低功耗链路层协议

低功耗链路层协议包括链路层包格式、邻居发现、连接建立等。包分为广播包和数据包两种，前者包含 2B 首部和 0～37B 负载，后者包含 2B 首部、2～251B 数据负载和可选的 8B 完整性校验。邻居发现是在组建星形的微微网之前主站设备扫描周边，不断发送广播包和切换信道；从站设备周期性探测广播包，如收到则予以反馈，即可建立连接。

#### 3. 逻辑链路控制与适配协议

逻辑链路控制与适配协议(Logical Link Control and Adaption Protocol，L2CAP)用于数据包分割与重组，以适应上层不同蓝牙协议使用的数据包长度。数据帧格式为 2B 负载数据长度、2B 信道 ID、2B 上层原始数据包总长(可能分割成多个数据帧)和 2～251B 负载数据内容。差错控制依靠重传，信息帧传输数据，监督帧反馈 ACK/NACK。

#### 4. 属性协议和通用属性框架

通过属性协议(Attribute，ATT)对通用属性框架(General Attribute，GATT)内容进行检索，以完成应用层的设备间数据交互。GATT 定义了 Profile、服务和特征之间的关系，ATT 协议负责解析收到的 GATT 数据结构内容。

#### 5. 安全管理协议

安全管理协议(Security Management Protocol，SMP)负责 BLE 通信的安全性，包括密钥生成与安全分发。协议流程如下：

(1) 交换设备 I/O 能力、认证要求和密钥大小等特性信息。

(2) 密钥生成与分发。

(3) 分发其他用途的密钥。

### 8.4.3 ZigBee协议

#### 1. 基本思想

为实现低成本、低功耗和高可靠性等目标，ZigBee网络采用簇树(cluster-tree)结合按需距离向量(AODV)路由协议的算法，但ZigBee使用的AODV协议与经典AODV协议并不完全相同，可看作简化版AODV，即AODVjr。节点可按父子关系(新节点通过旧节点加入网络，即成为旧节点的儿子)使用簇树算法选择路径，即当节点接收到一个目标并非自身的分组时，只能转发其父节点或子节点。显然这并非最优路径。

为提高路由效率，ZigBee也让具有路由功能的节点使用AODVjr去发现路由，即这些节点可不按照父子关系而直接发送分组到其通信范围内的其他具有路由功能的节点，而不具有路由功能的节点仍使用簇树路由发送数据和控制分组。

#### 2. 簇树

簇树即分簇的树状网络，是一种由协调器展开生成树状网络的拓扑结构，适用于节点静止或很少移动的场景，属于静态路由，不存储路由表。大部分设备为FFD，而RFD只作为叶节点。在一个WPAN初建时，主协调器先将自身设置成簇标识符为0的簇头，然后选择一个未使用的WPAN标识符，向邻近设备广播信标帧，形成第一簇网络。收到信标帧的候选设备可向簇头请求加入WPAN。主协调器决定是否允许，若允许，则将该设备作为子节点加入自身邻居表，同时该设备也将其父节点加入自身邻居表。当第一簇网络满足网络需求时，主协调器可指定某个子节点作为另一簇的簇头，即成为新的主协调器。这样即可逐渐形成一个多簇网络。

#### 3. AODVjr

AODVjr协议保持了AODV的原有特点，考虑了节能、简便等因素，同时简化了AODV的一些功能。AODVjr中无目标节点序列号，只有目标节点才能发送路由应答(Route Reply，RREP)包，可避免循环问题或出现无效RREP包，提高网络效率。AODVjr取消了路由错误(Route Error，RERR)包及前趋列表。为避免广播风暴，AODVjr还取消了AODV中周期发送的HELLO包。AODVjr简化了路由协议且能实现AODV的基本路由功能。

下面介绍AODVjr协议寻找路由的过程。

当源节点A要发送信息给目标节点D时，如果发现自身无相应路由，就广播路由请求(Route Request，RREQ)包，请求其邻居节点帮助查找到D的路由(见图8.6)。每个收到RREQ包的节点都维护一条到节点A的路由信息，同时帮助节点A广播查找D。通过这种洪泛方式，RREQ包最终会被转发至D。

节点D收到RREQ包后，根据RREQ包的路由代价决定是否更新自身的路由表，同时通过路由代价最小的路由向A回复RREP包(见图8.7)。A查找目标节点时通常使用多播，D回复RREP包时则使用单播。

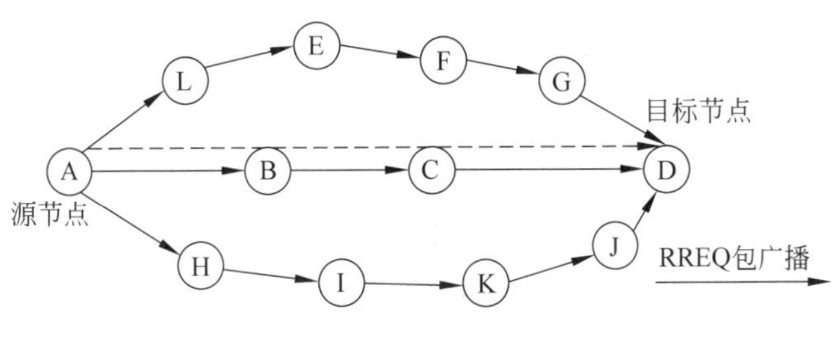


图 8.6　路由请求广播

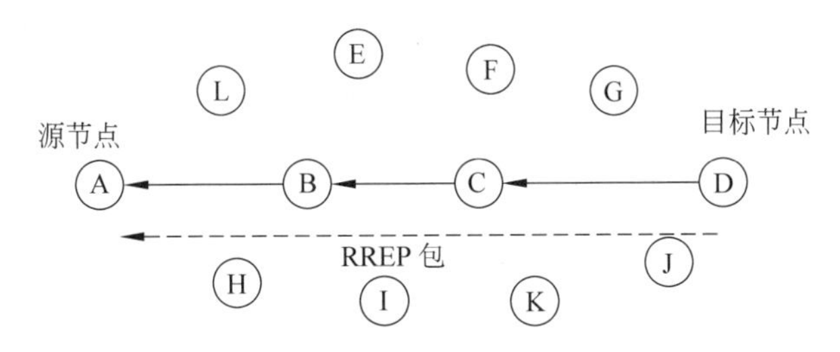


图 8.7　路由回复返回

A 收到 D 的 RREP 包后，根据代价最小原则确定与 D 通信的最优路由。在图 8.8 中，A 确定到 D 的最优路由为 A→B→C→D，则将数据发送给 D；D 再通过 D→C→B→A 的反向路由向 A 返回确认信息。

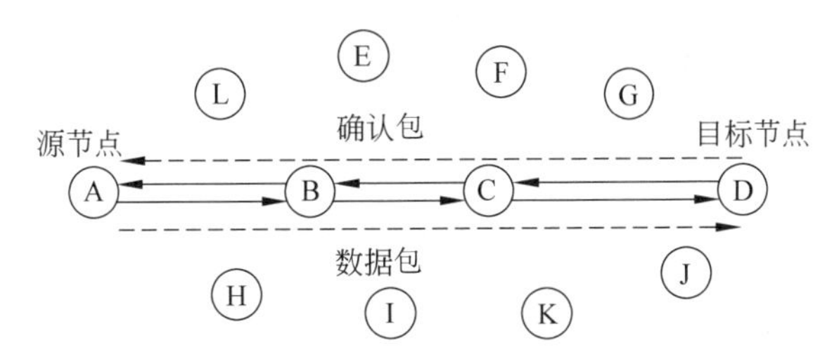


图 8.8　数据包和确认包传输

AODVjr 的性能特点如下：

(1) 为减少控制开销和简化路由发现过程，不使用目标节点序列号。而为保证路由无环路，规定只有分组目标节点可回复 RREP 包，不论中间节点有无通往目标节点的路由。

(2) 无前趋节点列表，简化了路由表结构。在 AODV 中，节点如果检测到链路中断，则通过上游节点转发 RERR 包，通知所有受影响的源节点；而在 AODVjr 中，RERR 包仅转发给分组传输失败的源节点。

(3) 针对链路中断，采用本地修复。修复过程同样不使用目标节点序列号，而仅允许目标节点回复 RREP 包。如果本地修复失败，则发送 RERR 包至源节点，通知其由于链路中断而导致目标不可达。RERR 包的格式可被简化至仅包含一个不可达目标节点。

(4) 节点不发送 HELLO 包，仅根据收到的分组或 MAC 层的信息更新邻居节点列表,从而节省了一部分控制开销。

#### 4. 路由建立过程

ZigBee 在路由建立过程中可将节点分为两类：RN＋和 RN－。RN＋指具有足够存储空间和能力执行 AODVjr 协议的节点;RN－则指存储空间有限、无能力执行 AODVjr 协议的节点,RN－收到分组后只能用簇树算法处理。

RN－节点需向某个节点发送分组时,使用簇树路由发送分组。RN＋节点需发送分组而又无通往目标节点的路由表条目时,则会发起如下路由建立过程：

(1) 节点创建并向周围节点广播 RREQ 包,如果是 RN－节点收到 RREQ 包,就按簇树路由转发该包;如果是 RN＋节点收到 RREQ 包,则根据 RREQ 包信息建立相应路由发现表条目和路由表条目(在路由表中建立一个指向 RREQ 包源节点的反向路由),继续广播该 RREQ 包。

(2) 节点转发 RREQ 包会计算将 RREQ 包发送给邻居节点与本节点之间的链路开销,并将它累加到 RREQ 包中存储的链路开销上,将更新的链路开销存入路由发现表条目中。

(3) 一旦 RREQ 包到达目标节点或其父节点,该节点就向 RREQ 包的源节点回复一个 RREP 包(RN－节点也可回复 RREP 包,但不记录路由信息),RREP 包应沿已建立的反向路由向源节点传输,收到 RREP 包的节点建立到目标节点的正向路径并更新相应的路由。

(4) 节点转发 RREP 包前,会计算反向路由中下一跳与本节点间的链路开销,并将它累加到 RREP 包中存储的链路开销上。当 RREP 包到达源节点时,路由建立过程结束。

#### 5. 路由维护过程

在数据传输中,如果链路中断,则由中断链路的上游节点激活路由维护过程。

如果 RN＋节点检测到链路失效,则采用本地修复,即缓存来自源节点的数据包并广播 RREQ 包。RREQ 包中的选项域指出本包是在路由修复过程产生的,RREQ 包的源地址为发起路由修复的节点,目标地址为数据包的目标节点。收到 RREQ 包的节点按路由建立过程转发此包。如果收到 RREQ 包的节点是目标节点或目标节点的父节点,则回复 RREP 包。RREP 包中的选项域也指出本包是在路由修复过程中产生的。发起路由建立过程的节点收到 RREP 包时,路由修复成功。如一定时间内未收到 RREP 包,该节点向源节点发送 RERR 包报告路由失败,源节点重建路由。

如果 RN－节点检测到链路失效,将直接向源节点发送 RERR 包,源节点重建路由。

## 8.5 ZigBee 的协议体系结构

#### 1. ZigBee 分层协议栈

IEEE 802.15.4 和 ZigBee 分层协议栈的对应关系如图 8.9 所示。ZigBee 联盟负责网络层和应用层框架的设计。

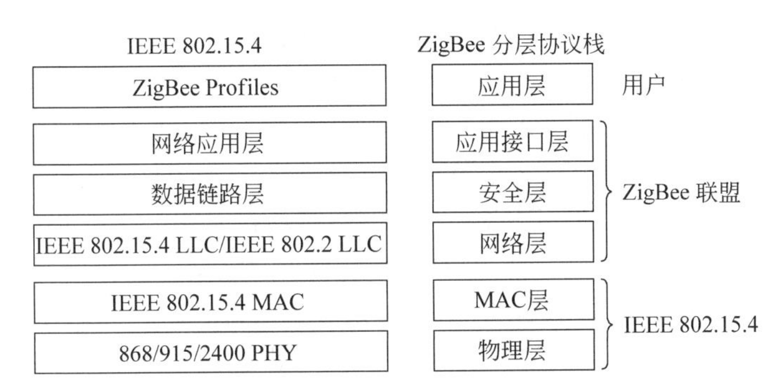


**图 8.9　IEEE 802.15.4 和 ZigBee 分层协议栈的对应关系**

### 2. ZigBee 的网络层和应用层

ZigBee 网络层主要负责网络组建、为新加入节点分配地址、路由发现和路由维护等功能，可支持多种网络拓扑。ZigBee 注重尽可能减小功耗，降低成本，具有灵活拓扑和自组织、自维护能力。ZigBee 路由协议是 ZigBee 网络层的核心。

1）ZigBee 网络配置

前面已介绍过，低速率 WPAN 中包括 FFD 和 RFD。FFD 可以和 FFD、RFD 通信，而 RFD 只能和 FFD 通信，RFD 之间通信时只能通过 FFD 转发。FFD 不仅可发送和接收数据，还具备路由功能。RFD 的应用比较简单，成本较低。

ZigBee 网络有 3 类节点：协调点、路由节点和终端节点。

协调点必须是 FFD，一般需持续供电，在 WSN 中可作为汇聚节点。一个网络只有一个协调点，它通常比其他节点功能更强大，是网络的主控节点，负责发起建立新网络，设定网络参数，管理其他节点及存储节点信息等，网络形成后也可执行路由器功能。

路由节点也必须是 FFD，可进行路由发现，消息转发，通过连接其他节点来扩展网络范围等，可在其操作空间中充当普通协调点，但仍受 ZigBee 协调点控制。

终端节点可以是 FFD 或 RFD，通过 ZigBee 协调点或 ZigBee 路由节点连接到网络，但不允许其他任何节点通过它加入网络。终端节点能以较低功率运行。

2）ZigBee 网络拓扑

ZigBee 网络层支持 3 种拓扑：星形、网状和树状，如图 8.10 所示。其中，●表示 FFD，○表示 RFD。

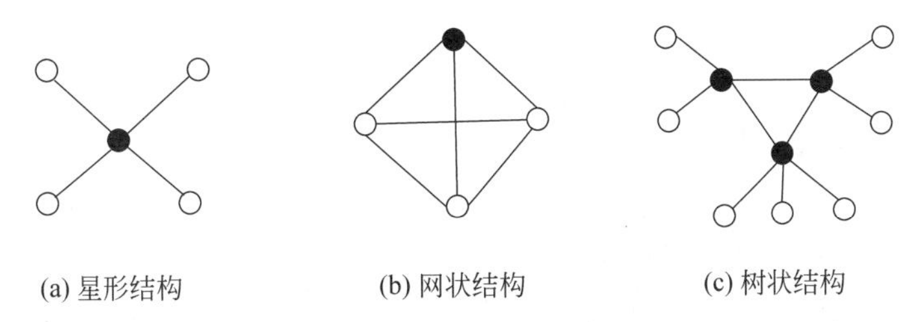


**图 8.10　ZigBee 的 3 种拓扑结构**

(1) 星形结构。由一个协调点和若干终端节点组成。协调点为FFD,位于网络中心,负责建立维护整个网络。终端节点一般为RFD,也可为FFD,分布在协调点覆盖范围内,直接与协调点通信。星形结构控制和同步都较简单,常用于节点较少的场合。

(2) 网状结构。冗余度较高,每个节点均可与通信范围内的其他节点通信,有一个会被推荐为协调点,如第一个在信道中通信的节点。骨干网中的节点还可连接其他FFD或RFD,建立以其为协调点的子网。网状结构较可靠,可自恢复,可提供多条路由备用。

(3) 树状结构。节点可采用簇树路由传输数据和控制信息,末端叶节点一般为RFD。覆盖范围中充当协调点的FFD向与之相连的节点提供同步服务。其优点是覆盖范围较大;其不足是传输时延增大,且同步会变得复杂。

3) ZigBee的组网过程

如果某节点具有ZigBee协调点功能且未加入任一网络,可发起建立一个新的ZigBee网络,该节点即成为ZigBee协调点。协调点首先进行能量探测和主动扫描,选定一个空闲或通信较少的信道,然后确定自身的16位网络地址、WPAN标识符(WPANID)和网络拓扑参数等。其中WPANID是该网络在此信道的唯一标识,不应与协商点探测到的其他WPANID冲突。此后协调点可接受其他节点加入该网络。

一个孤立节点A想要加入该网络时,可向网络中的节点发送关联请求。收到关联请求的节点如果有能力接受其他节点为其子节点,就为A分配一个唯一的16位地址,并发出关联应答。收到应答后,A成功加入网络,并可接受其他节点的关联。A加入网络后,将自身WPANID设为与ZigBee协调点相同的标识。一个节点是否接受其他节点与其关联,主要取决于该节点可利用的资源,如存储空间、能量等。

如果某个节点B要脱离网络,可向其父节点发送解除关联的请求。收到父节点的解除关联应答后,B可成功脱离网络。但是,如果其自身有一个或多个子节点,B离开网络前,首先要解除与所有子节点的关联。

4) ZigBee的应用层

应用层包括应用程序支持(Application Program Support,APS)、应用框架(Application Framework,AF)和ZigBee设备对象(ZigBee Device Object,ZDO)。APS的主要功能包括:应用协议数据单元(Application Protocol Data Unit,APDU)的处理,APS数据传输机制,节点间的应用对象绑定。AF为各用户定义的应用对象提供模板式的活动空间,为每个应用对象提供了键值对服务和报文服务。ZDO可看作一种公共应用,提供了一个公共功能集,供用户自定义的应用对象调用APS服务及网络层服务,主要功能包括设备服务发现等。

## 8.6 无线个域网的应用

WPAN技术的应用范围非常广泛,例如,智能家居的照明、温控、安全和家电控制等,工业领域的生产流程、现场监测和安保等,智能交通的定位、导航和提示等,医疗领域的体征监测、诊断管理和病患监护等。

### 1. UWB技术的应用

在个域网应用中,UWB能快速传输照片、文件和视频等,实现掌上电脑、手机、PC和外设间的数据同步、装载游戏、音视频文件的快速传输。

在智能交通方面,利用UWB的定位和搜索能力,可设计防碰撞和防障碍物的雷达。装载该雷达的汽车遇到障碍物会提醒司机。在智能交通系统中,由若干个站台装置和一些车载设备可组成无线通信网,这些设备之间通过UWB完成数据交换。具体应用包括不停车自动收费、汽车定位或速度测量、道路信息和行驶建议的获取等。

传统WSN多为低速率的,而新的多媒体无线传感器网络可感知和传输信息量丰富的音视频等多媒体信息,UWB是候选技术之一。

无线USB技术用无线取代有线接口,帮助人们实现数字家庭,如无线连接打印机、鼠标、键盘、扫描仪、移动硬盘和数码摄像机等。通过UWB的无线连接,组成了以PC为主控中心、以USB标准外设为从设备的小型WPAN,完成协同工作和特定任务。

### 2. 蓝牙技术应用于车载免提通信系统

车载免提通信系统指装载在汽车上的移动电话自动接听系统,以车为载体,能在车辆移动中传输手机无线信号。目前在我国交通事故中,由于驾驶员在驾驶车辆时使用手机引发的事故逐年增多,使用车载免提通信系统优势明显。

车载免提通信系统广泛使用车载蓝牙技术,基于蓝牙HFP(Hands-free Profile)协议,定义了两个角色:音频网关和免提组件。音频网关用于音频输入输出,如智能手机。免提组件通过蓝牙连接音频网关,作为远程控制设备,使用户可遥控音频网关。

为避免驾驶员用手操作电话,免提系统和车载音响的扬声器、麦克风等连接,驾驶员可通过音响进行通话。车载免提系统通过蓝牙访问用户手机,识别手机号码、通信录等信息,自动登录运营商网络,用户要接听或拨打电话时可直接使用车载免提功能。

### 3. ZigBee技术的应用

ZigBee技术被广泛用于无线传感器网络的具体实现,其应用实例可参见7.5节。

## 8.7 无线个域网的仿真实验

这里对MAC层的IEEE 802.15.4协议和网络层的ZBR协议进行仿真实验。相关实验环境、实验代码参见本书配套电子资源,实验操作过程详见配套实验手册。

MAC层实验采用IEEE 802.15.4协议。实验拓扑包含7个节点,如图8.11所示。节点0为WPAN的中心协调点。节点0与节点1、3、5间分别建立FTP/TCP数据流。其中,节点0与1间的数据流从7s开始,实验结束时停止;节点0与3间的数据流从7.2s开始,实验结束时停止;节点0与5间的数据流从7.4s开始,实验结束时停止。

网络层实验采用ZBR协议。实验拓扑包含21个节点,如图8.12所示。节点0为协调点。节点3与节点18间建立CBR/UDP数据流,数据包大小为80B,发送间隔为0.2s。

在10.3s时,该数据流进行数据传输,实验运行结束时该数据流停止。节点9与节点17间建立Exponential/UDP数据流,数据包大小为70B,速率为100kb/s。10.6s开始数据传输,实验结束时该数据流停止。

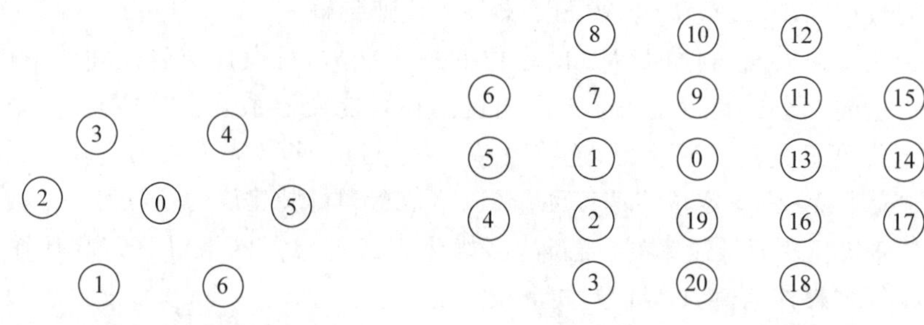


图8.11 IEEE 802.15.4协议实验拓扑　　图8.12 ZBR协议实验拓扑

## 8.8 无线个域网的实测实验

### 1. Arduino节点的安装配置和通信实验

Arduino是一款易学易用的WPAN开发板,将在第9章详细介绍。本实验学习使用Arduino安装蓝牙/ZigBee模块,进行相关数据传输。具体分两部分,一是通过蓝牙模块实现Arduino节点与安卓手机之间的数据通信,二是通过ZigBee模块实现两个Arduino节点间的数据通信,如图8.13所示。

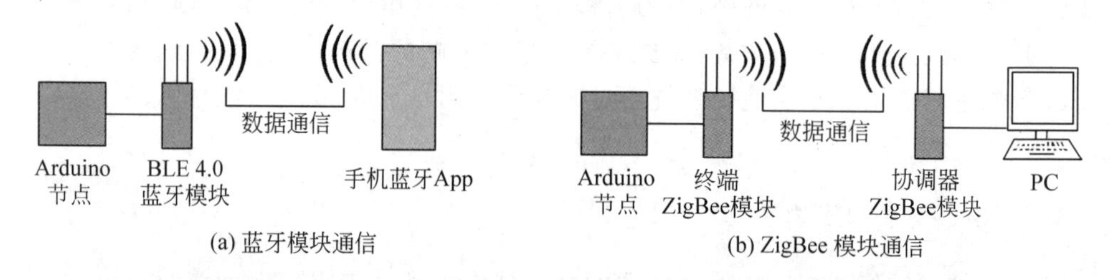


图8.13 Arduino节点的蓝牙模块/ZigBee模块通信实验示意图

在实验第一部分中,Arduino节点通过杜邦线和BLE 4.0蓝牙模块相连,而手机需开启蓝牙功能。手机蓝牙App先和BLE 4.0蓝牙模块配对,配对成功后,即可相互通信。如需改变蓝牙模块波特率、密码等参数,可通过AT指令设置。

在实验第二部分中,先将两个ZigBee模块分别配置为终端和协调器。终端与Arduino节点相连,发送数据。协调器通过USB转TTL模块与PC相连,接收数据,并在PC串口软件上显示。

### 2. ZigBee节点安装和组网基础实验

本实验是组建ZigBee网络的基础实验,主要学习如何操作和配置无线传感器节点。首先完成ZigBee网络实验的软硬件环境准备,安装实验平台。然后进行CC2530传感器节点的软件程序烧录。最后是 ZigBee 网络的数据包抓包分析和网络拓扑分析。读者可根据配套实验手册的实验过程和操作说明，准备好所需的相关硬件和软件，完成一系列实验操作。

**3. 基于 ZigBee 的户外环境监测网络实验**

本实验是在上面实验的基础上，进一步学习使用 ZigBee 节点扩展网络，组建户外较大范围的 WSN（见图 8.14），进行校园环境实时监测。监测系统由搭载温度/湿度/光照传感器模块的终端节点、路由器节点和协调器节点 3 部分组成。终端节点负责采集、存储和上传温度、湿度和光照信息，路由器节点负责数据包转发和路由决策，协调器节点完成数据汇聚并上传至 PC。读者可根据实际情况，自行确定各类节点数量，能体现实验效果即可。具体实验过程和操作说明请见配套实验手册。

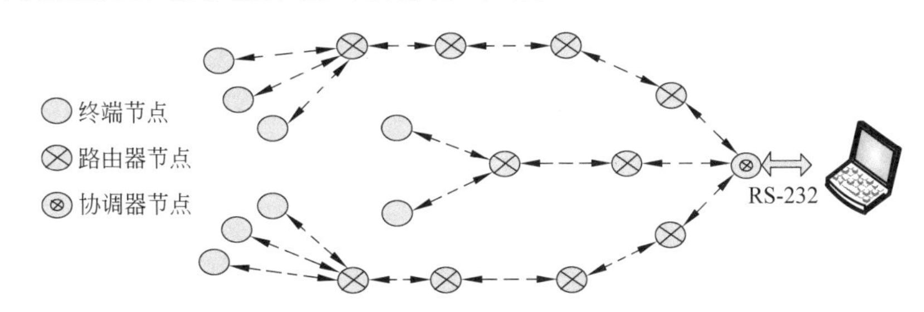


**图 8.14　校园长距离多跳无线传感网实测实验拓扑**

# 习题

8.1　什么是无线个域网？它与其他无线网络相比有哪些不同？

8.2　无线个域网可分为几类？各有什么特点？

8.3　常见的应用于无线个域网的技术有哪些？试分析对比。

8.4　IEEE 802.15 包括哪些标准？

8.5　UWB 可实现短距离的高速网络连接，分析其如何应用于数字化家庭。

8.6　蓝牙主要应用于什么领域？举例说明其应用技术原理。

8.7　低功耗蓝牙技术优势明显，简述其协议特点。

8.8　本章重点介绍了 IEEE 802.15.4 的功能。结合物理层和 MAC 层对 IEEE 802.15.4、IEEE 802.3、IEEE 802.11 协议进行技术特点对比。

8.9　简单介绍 ZigBee 网络层协议，描述其组网过程。

8.10　举一个 ZigBee 实际应用系统的例子，并分析其构成和性能特点。

# 扩展阅读

1. IEEE 802.15 工作组，http://www.ieee802.org/15/。
2. 蓝牙官网，https://www.bluetooth.com。

# 参考文献

[1] WHEELER A. Commercial Applications of Wireless Sensor Networks Using ZigBee[J]. IEEE Communications Magazine，2007，45(4)：70-81.

[2] 徐小涛，吴延林. 无线个域网(WPAN)技术及其应用[M]. 北京：人民邮电出版社，2009.

[3] 徐勇军，刘峰，王春芳. 低速无线个域网实验教程[M]. 北京：北京理工大学出版社，2008.

[4] GUPTA A，MOHAPATRA P. A Survey on Ultra Wide Band Medium Access Control Schemes [J]. Computer Networks，2007，51(11)：2976-2993.

[5] 唐小军. IEEE 802.15.4 无线传感器网络的研究和实现[D]. 重庆：重庆大学，2007.

[6] MARSDEN I. Network Layer Overview[EB/OL]. http://www.zigbee.org/en/events/documents.

[7] IEEE 802.15.4. http://www.ieee802.org/15/pub/TG4.html.

[8] RACKLEY S. 无线网络技术原理与应用[M]. 吴怡，等译. 北京：电子工业出版社，2008.

[9] 董玮，高艺. 从创意到原型——物联网应用快速开发[M]. 北京：科学出版社，2019.

第9章

# 物 联 网

物联网(Internet of Things,IoT)即物物相联的网络,更进一步的提法是"万物互联网"(Internet of Everything,IoE)。物联网涉及的技术非常广泛,其内涵和外延甚至超出了当初的互联网,前面介绍的各种无线网络可以看作物联网的支撑技术。未来目标应该是物联网和互联网彼此融合,合作构建智能的生活环境。物联网集成了多种技术,它是通信、计算机、电子、控制、机电等多领域相互协调和作用的产物。

## 9.1 物联网概述

众所周知,互联网将人与社会密切相关的各种信息通过网络进行存储、传输和分析,但这些信息主要是人与人的信息交互,而物联网的思路则是将各种物体也纳入网络中。物联网指通过各种信息传感设备,根据不同需要,将物体信息接入到网络中,实时采集任何物体的信息,最终实现物与物、物与人的信息交互,并有效识别、管理和控制。

物联网可简单表达为"世界范围内具有唯一地址的物体通过标准通信协议互联的网络",这意味着它将纳入大量异构物体。显然,大量物体的寻址、表达、信息交换和存储使物联网面临巨大挑战。图9.1对物联网的主要概念、技术和标准从不同视角进行了分类。

物联网的最初定义主要面向物体,即相对简单的电子标签,这一概念来源于麻省理工学院的Auto-ID实验室。该实验室致力于研究射频识别(Radio Frequency Identification, RFID)和新兴感知技术,关注电子产品编码(Electronic Product Code,EPC)的发展,以推动RFID的应用,并为全球EPC网络制定标准,以实现物体的可追踪性、当前状态感知、位置可知性等。这些工作可看作实现物联网完全部署的关键一步。

但是从更广泛的意义上看,物联网不应只是EPC系统,应超越对物体的识别这一层面。RFID技术的完备性、低功耗特点和商业应用价值等已获广泛认可。最终构建物联网时需进一步组合其他设备、网络和服务技术。除了RFID,无线传感器网络和近场通信(Near Field Communication,NFC)等技术也将在物联网中扮演重要角色。

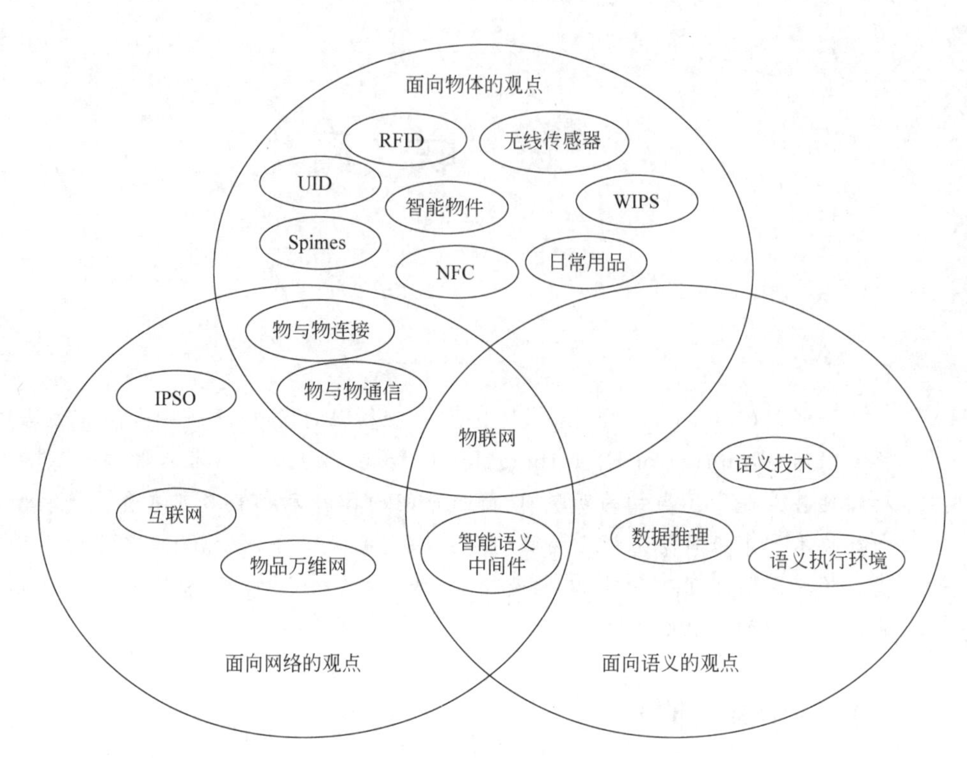


**图9.1　不同视角下的物联网主要概念、技术和标准**

物联网既然面向物体,其全面部署需要物体的智能化。物体在其生命期内,能在一定空间和时间范围内被追踪到,并能够被唯一地识别。智能物体应具有无线通信、存储、上下文感知、协作通信等功能以及自主性和积极行为。

ITU对物联网的设想是"从任何时间、任何地点能够连接到任何物体"。欧盟对物联网的设想则是"在智能空间,物体拥有自己的身份和虚拟的特定操作,并可通过智能接口与社会、环境和用户进行上下文连接和通信"。而CASAGRAS则提出在物联网中"一个物体可自动与计算机和彼此相互通信,提供服务"。物联网作为全球基础设施,连接虚拟和物理对象,成为部署各种服务和应用的自然支撑架构,具有数据捕获、事件转移、网络连接和互操作性等,融合了以物为中心和以网络为中心两种思路。

以网络为中心思路的代表是智能物体IP(IP for Smart Objects,IPSO)联盟,力图以IP协议作为基础网络技术连接全球智能物体。IPSO联盟认为IP栈是一个轻量级协议,已连接了大量通信设备,可依靠嵌入式设备进一步连通整个物联网。IPSO联盟提出智能IP适应性和将IEEE 802.15.4协议纳入IP架构,尤其是使用6LoWPAN使物联网得以全面部署。要实现IP over Anything的设计,需降低IP协议栈的复杂性。

由于物联网涉及的物体数量非常庞大,如何表现、存储、互联、搜索和组织物体的信息等问题成为技术挑战。在这方面,语义技术将扮演重要角色。可考虑对事物描述、数据推理、语义执行环境架构、可扩展存储和通信架构等进行有效的建模。

有人提出Web of Things的概念,即按照网站标准把日常事物(如嵌入式设备和计算机等)都接入网络。显然,这将对社会生活各方面产生巨大影响。对普通个人,将涉及智能家居、生活辅助、电子医疗、学习辅导等；对商业而言，将涉及自动化、工业制造、后勤管理、智能交通等。据预测，未来的日常生活物品，如食物袋、家具、文件等，都将被接入物联网。社会需求和各种新技术相结合，将推动物联网迅速普及。

当然，物联网全面实施前还需解决许多技术和社会挑战。一个关键问题是实现互联设备的完全互操作性，在保证信任、隐私和安全的前提下，通过适应和自治行为，实现高度智能化。此外还有许多网络方面的新问题，如物体将受限于计算和能量等方面的有限资源，相应方案需兼顾可扩展性和资源的有效性。

这里简单介绍另一项和物联网密切相关的技术——信息物理系统(Cyber Physical System，CPS)。它融合了计算、网络和物理世界，力图将计算与网络通信能力嵌入传统物理系统，近几年相关研究也蓬勃兴起。如果说物联网侧重物体间的互联和信息传输，那么就可以说 CPS 侧重物体的信息控制和信息服务。

## 9.2 物联网的标准化、架构和中间件

### 1. 物联网的标准化

目前许多组织正在推进物联网的标准化。表 9.1 列出了物联网相关标准的基本特点。

表 9.1 物联网相关标准的基本特点

| 标 准 | 目 标 | 通信范围 | 数据率 |
|---|---|---|---|
| EPC | 将 RFID 集成到 EPC 框架中，共享产品信息 | ≤1m | ≤100kp/s |
| M2M | 机器间通信的高成效比解决方案 | 未定 | 未定 |
| 6LoWPAN | 低功耗 IEEE 802.15.4 设备集成 IPv6 | 10～100m | ≤100kp/s |
| ROLL | 低功耗、有损、异构网络路由协议 | 未定 | 未定 |
| NFC | 低范围、双向通信的协议集 | $10^{-2}$～$10^{-1}$m | <424kp/s |
| Wireless Hart | 自组织、自愈和网状 IEEE 802.15.4 协议 | 10～100m | ≤100kp/s |
| ZigBee | 低功耗个域网 | 10～100m | ≤100kp/s |
| LoRa/NB-IoT | 低功耗广域物联网和窄带物联网 | 1～10km | ≤100kp/s |

RFID 技术的标准化进程涉及两部分：一是 RFID 频率和标签阅读通信协议，二是标签数据格式。相关标准化组织有 EPCglobal、ETSI、ISO 等。EPCglobal 力图对全球每一个产品提供唯一的电子产品编码(EPC)。其主要工作包括基于 EPC 的编码体系、射频识别和信息网络系统。ETSI 的相关工作组包括 WG1～WG4(条形码)、WG5(RFID)。ISO 则关注使用频率、调制方案和冲突避免协议等。

针对大范围 WSN，ETSI 成立了 M2M 工作组，开展有关机器间系统和 WSN 的标准化活动。其工作目标包括：M2M 端到端架构的开发和维护；强化 M2M 标准化，如传感网整合、命名、寻址、定位、QoS、安全性、充电、管理、应用和硬件接口等。IETF 成立了低功耗无线个域网(6LoWPAN)工作组，制定了一系列协议，将传感器节点整合到 IPv6 网

络。在路由协议方面,IETF成立了ROLL(Routing Over Low power and Lossy networks,低功耗有损网络的路由)工作组,提出了RPL(Routing Protocol for Low pwoer and lossy networks,低功耗有损网络路由协议)。

## 2. 物联网架构

物联网体系架构尚不统一,一种简洁的结构如图9.2所示,自底向上分为感知层、网络层、应用层。感知层主要通过RFID、WSN、智能终端设备等感知物理世界。网络层又可细分为接入层、汇聚层和交换层。应用层也可分为管理服务层和行业应用层。而这3层均涉及的技术包括信息安全与隐私、网络管理、名称服务、QoS保证等。

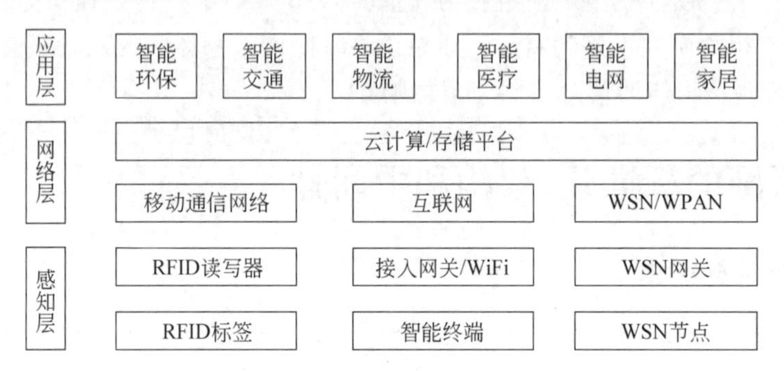


图9.2 一种简单的物联网体系结构

## 3. 物联网中间件

中间件是物联网架构的重点,隐藏了不同技术细节,提高了具体应用开发的效率。中间件在简化新设备开发和整合传统技术与新技术中起着关键作用。

大多数物联网中间件都遵循面向服务架构(Service Oriented Architecture,SOA)的方法,将复杂系统分解成由相对简单和定义完备的部件组成的系统。SOA业务流程开发就是协调服务的工作流设计过程,服务最终和对象行为相结合。它并不强制规定实现服务的特定技术,允许硬件和软件的重利用。

物联网中间件的SOA架构如图9.3所示,除对象层以外的各部分解释如下。

(1) 应用层。位于架构顶部,向用户提供应用功能。该层利用了中间件的所有功能,通过标准Web服务协议和服务合成技术,可实现分布式系统和应用的有效结合。

(2) 服务合成层。可为构建特定应用提供单一服务功能。该层无设备概念,唯一可见的资源即服务。所有连接的服务实例在库中,实时运行这些实例来构建服务。使用业务流程执行语言创建和管理复杂服务,使用Web服务定义语言规定Web服务操作和外部实体交互的业务流程。工作流程可嵌套调用,通过多个单部件协调工作来创建复杂流程。

(3) 服务管理层。为每个对象提供期望的主要功能并进行管理。基本功能包括对象动态发现、状态监控和服务配置。其他功能还包括有关QoS管理和加锁管理的扩展功能集合、上下文管理的语义功能等。可在运行时间内远程部署新服务。需建立服务库,使服务目录和网络中的每个对象相关联。上层可加入该层提供的服务,构建复杂服务。

(4) 对象抽象层。物联网有大量异构对象,需通过特定语言才能使用对象功能,该层

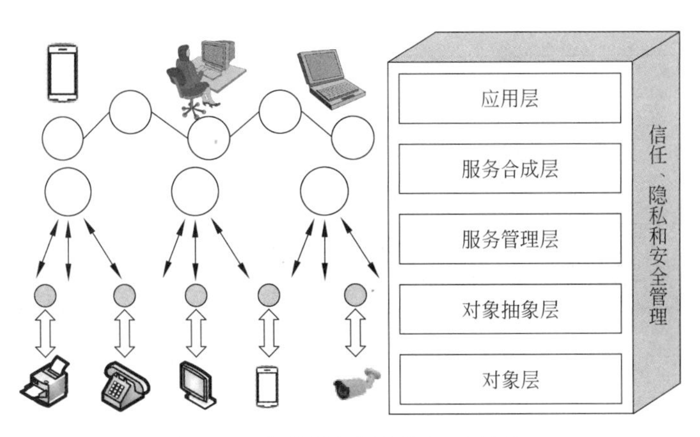


图 9.3　物联网中间件的 SOA 架构

提供公共语言和程序来协调访问不同设备。因此，除非设备在 IP 网络中提供可发现的 Web 服务，否则该层需提供接口和通信。接口子层提供标准 Web 服务接口，负责响应和管理与外部通信有关的所有进出消息操作。通信子层实现 Web 服务方法背后的逻辑，将其翻译成一套用于特定设备的命令，与真实对象通信。TinyTCP 等方案将 TCP/IP 栈嵌入设备，为嵌入式应用提供 Socket 接口。嵌入式 Web 服务器能整合到对象中，实现对象抽象层功能。

(5) 信任、隐私和安全管理。生活中各种实体自动通信会带来安全或隐私问题。如果日常设备、衣服和杂物中使用嵌入式 RFID 标签，其悄无声息地触发应答信息，可能造成人们在大部分生活场合被监视。所以中间件必须包含对所有交换数据的信任、隐私和安全管理功能。相关功能要么构建在对象层之上的某个具体层上，要么分布于对象抽象层到服务合成层中，同时不影响系统性能且不造成额外开销。

大多数中间件方案使用 SOA 架构，也有使用其他架构的中间件方案，用于特定场景或特定对象的应用。

例如，Fosstrak 是开源 RFID 基础架构，实现了 EPC 规范中定义的接口，提供了 RFID 应用相关服务，如数据传播/聚集/过滤、写标签、外部触发阅读器、隐私等。

e-SENSE 和 UbiSec&Sens 也不使用 SOA，均面向 WSN。前者分为应用、管理、中间件和连接 4 部分，在服务接入点提供服务和功能。后者定义用于大中规模 WSN 的综合架构，尤其关注安全性，为所有应用提供可信和安全环境。

## 9.3　物联网的支撑技术

表 9.2 列出了目前有代表性的物联网支撑技术和产品。

表 9.2　有代表性的物联网支撑技术和产品

| 类　型 | 实　　例 |
|---|---|
| 标识 | EPC(RFID)、二维码、IPv6 |
| 感知 | 传感器、可穿戴感知设备、执行器、RFID 标签 |

续表

| 类　型 | 实　例 |
|---|---|
| 通信 | RFID、NFC、UWB、蓝牙、IEEE 802.15.4、Z-Wave、WiFi、LTE、5G等 |
| 计算硬件平台 | Arduino、树莓派、智能手机、Galileo、Gadgeteer等 |
| 计算软件平台 | Contiki、TinyOS、LiteOS、RIOT、安卓等操作系统,Nimbits、Hadoop等云平台 |
| 服务 | 基于标识的服务、信息聚集服务、协作感知服务等 |
| 语义 | RDF(资源描述框架)、OWL(对象本体语言)、EXI(有效XML互换)等 |

**1. RFID技术**

20世纪30年代,美军设想在陆地、海上和空中识别目标。1937年,美国海军开发了识别系统以区分盟军飞机和敌方飞机,该技术后来成为现代空中交通管制系统的基础。20世纪60年代后期和70年代早期,Checkpoint等公司推出商用RFID系统,用于仓库、图书馆等的物品安全和监控。早期系统称为"1比特标签",易于构建、部署和维护,但系统只能检测目标是否在场,数据容量有限,不能区分目标间差异。

到20世纪70年代,制造、运输、仓储等行业逐渐开始应用基于IC的RFID系统,典型应用包括工业自动化、动物识别、车辆跟踪等,IC标签具有存储器可读写、速度更快、距离更远等优点。但这一时期的RFID系统多为专门设计,无统一标准、功率和频率管理。20世纪80年代初出现了更完善的RFID技术和应用,典型应用包括铁路车辆识别、农场动物和农产品跟踪等。20世纪90年代,电子不停车收费(Electronic Toll Collection,ETC)系统开始在欧美得到应用。

最近20年来,零售业巨头(如沃尔玛、麦德龙等)及政府机构等都开始大力推进RFID应用,出现了多个全球性标准和技术联盟,如EPCglobal、AIM Global、ISO/IEC、UID、IP-X等,在标签、频率、数据标准、传输和接口协议、网络运营和管理、行业应用等方面试图实现全球统一平台。

一般的RFID系统由标签、读写器和应用系统组成,如图9.4所示。

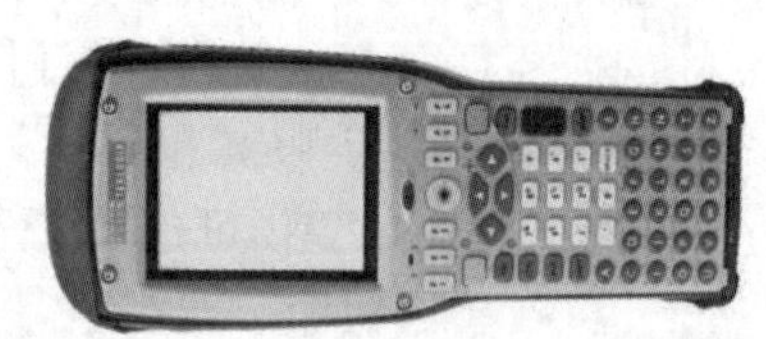

图9.4　RFID标签和读写器

标签用来存储信息,存储容量为几十到几百Kb。它有唯一识别码。其尺寸可很小,例如日立公司开发的电子标签可小到0.4mm×0.4mm×0.15mm。

读写器产生一个信号触发标签传输信息,当某个读写器定位到一个标签时,就表明该标签在读写器的识别区域内。识别区是由读写器产生的电磁波所覆盖的物理区域,在该区域中,读写器可为标签提供能量,接收标签信号,并能对标签信号进行解码。这样,RFID系统可用来实时监控物体,物体不需要在视线范围内。

RFID 读写器和标签的原理图如图 9.5 所示。

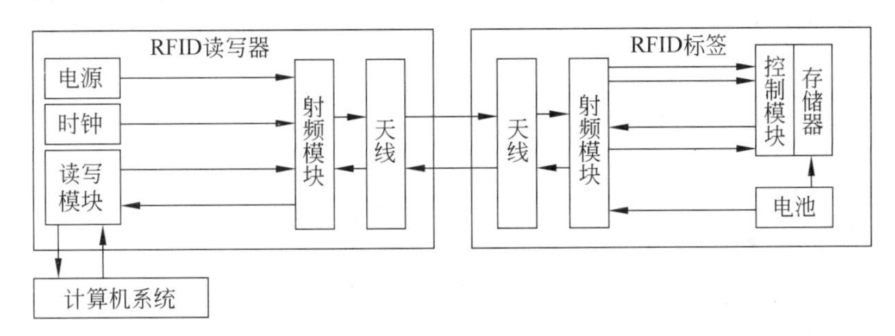


**图 9.5 RFID 读写器和标签的原理图**

标签可以从不同角度进行分类。

根据读写方式，RFID 标签可分为只读和可读写两类。

根据工作模式，RFID 标签可分为有源和无源两类。有源标签有电源(电池)，覆盖范围大，成本高，通过电池供电；而无源标签无电源，通过接收读写器发射的电磁波来获得能量，以满足处理和通信的能量需求。

根据工作频率，RFID 标签可分为低频、中频、高频等。通常 RFID 系统增益(同一读写器接收信号和发送信号功率之比)很小。读写器利用天线的方向性使标签能在几米范围内正确接收信号。

根据封装材质，RFID 标签可分为纸质、塑料、玻璃等多种类型。

**2. 近场通信技术**

近场通信(Near Field Communication，NFC)也称近距离无线通信，是在极短距离(10cm 内)以 13.56MHz 频率运行的高频无线通信技术，允许电子设备间进行非接触式点对点通信。该技术由非接触式 RFID 演变而来。对移动电话或移动消费电子产品来说，它使用非常方便。

NFC 的传输速率为 106/212/424kb/s，目前已有 ISO/IEC 18092、ISO/IEC 21481 等多个标准。NFC 采用主动和被动两种读取模式。短距离是其最大的特点。NFC 耗电量低，一次只和一台机器连接，安全保密性较高。

与 RFID 一样，NFC 也是通过频谱中无线频率的电磁感应耦合方式传递信息的，但二者存在较大区别。NFC 提供简单、安全、迅速的无线通信，传输范围小，带宽大，能耗低，兼容现有非接触智能卡技术。RFID 更多地应用于生产、物流、跟踪、仓储管理等领域，而 NFC 则在门禁、公交、手机支付等领域更具潜力。

**3. 无线传感器网络技术**

无线传感器网络(WSN)是物联网的主要技术分支，其主要原理详见第 7 章。

WSN 可与 RFID 集成，建立 RFID 传感器网络(RFID Sensor Network，RSN)，由基于 RFID 的微型传感和计算设备、RFID 阅读器组成，可有效追踪物体的位置、温度、移动性等。RSN 可实现许多新型应用，如电子医疗。Intel 公司开发的无线识别和传感平台

(Wireless Identification and Sensing Platform,WISP)由标准 RFID 阅读器供电和读取,从阅读器的查询信号中获取能量。WISP 已应用于特定环境(如温度、加速度、拉力和液位等)的测量。

表 9.3 比较了 RFID、NFC、WSN 和 RSN 的主要技术特性。

**表 9.3 RFID、NFC、WSN、RSN 主要技术特性的比较**

| 技术 | 处理能力 | 传感能力 | 通信方式 | 传输距离 | 电源 | 续航时间 | 尺寸 | 标准 |
|---|---|---|---|---|---|---|---|---|
| RFID | 无 | 无 | 不对称 | 10m | 无 | 无限制 | 非常小 | ISO 18000 |
| NFC | 无 | 无 | 不对称或点对点 | 10cm | 无 | 无限制 | 非常小 | ISO 18000-3 |
| WSN | 有 | 有 | 点对点 | 100m | 电池 | 几个月到几年 | 小 | IEEE 802.15.4 |
| RSN | 有 | 有 | 不对称 | 3m | 无 | 无限制 | 小 | 无 |

# 9.4 物联网硬件平台

本节介绍两款有代表性的物联网硬件平台,分别是 Arduino 和树莓派。

**1. Arduino**

Arduino 是意大利研究人员设计的便捷灵活的开源物联网开发平台,由各种版本的开发板和集成开发环境(Integrated Development Environment,IDE)两部分组成。

图 9.6 为 Arduino Due 开发板,其工作电压为 3.3V,时钟频率为 84MHz,配备 32 位 ARM 微处理器、512KB 的 Flash 存储空间、54 个数字 I/O 接口、12 路模拟输出、4 个 UART 硬件串行接口、2 个 DAC(数模转换器)、2 个 TWI 接口,以及 USB/OTG 接口、电源插座、串行外设接口、JTAG 测试接口、复位按钮、擦除按钮等。

图 9.6 Arduino Due 开发板

Arduino 的软硬件高度模块化,且完全开源,便于系统的完善扩展。开发者可在 Arduino 官方网站下载电路原理图、PCB 图等资料,用来生产电路板,也可重新设计甚至销售产品。许多厂家也提供了各种改进的开发板、功能模块、支架、机械臂、车轮等配件,以满足不同需求,例如 Intel 公司的 Galileo 就是采用 x86 架构的 Arduino 开发板。很多研究者为 Arduino 开发了元器件驱动库,便于开发者更多地考虑应用产品设计,提高工作效率。开发者可直接(或只用几根导线)将硬件模块与 Arduino 控制板相连,而无须了解硬件模块的复杂原理。

还有许多 Arduino 社区资源供开发者交流学习。GitHub 开源代码库为 Arduino 提供了大量第三方类库资源。这些类库基于 Processing IDE,编程语言基于 wiring,易理解和学习。这些类库对 avrgcc 库进行了二次封装,用户即使不了解底层技术,也可通过学习实现对 Arduino 的控制。

**2. 树莓派**

树莓派(Raspberry Pi)由剑桥大学的研究人员开发,也被称为卡片式电脑,如图 9.7 所示。其尺寸仅比信用卡稍大,但具有 PC 的大部分基本功能。它是一款基于 ARM 的微型主板,以 SD/MicroSD 卡为存储器,主板周围有 1～4 个 USB 接口和一个 10/100Mb/s 以太网接口,可连接键盘、鼠标和网线,提供视频模拟信号输出接口和 HDMI 高清视频输出接口。主板只需连接显示器和键盘,就能执行文字处理、游戏、视频播放等功能。

图 9.7　树莓派

树莓派的安装过程一般为:到官网下载系统软件;通过本地 PC 将系统软件写入 SD 卡;将 SD 卡插入树莓派,接上显示器,连接网络;开启电源,登录系统,进行各种配置。

## 9.5　物联网的操作系统

**1. 物联网操作系统的分类**

先看一下目前主流的物联网操作系统。在服务器中,Linux、UNIX 和 Windows Server 占主导地位;在桌面 PC 中,Windows、Linux、Mac OS 占据主要份额;在智能手机中,谷歌公司的 Android 和苹果公司的 iOS 平分秋色。

物联网中的设备由于底层硬件的不同,可分为高端设备和低端设备。智能手机和树莓派等属于高端设备。低端设备还可再分为如下 3 类:

- 0 级。通常资源极少,RAM 远小于 10KB,Flash 远小于 100KB。
- 1 级。拥有一定资源,RAM 约 10KB,Flash 约 100KB。
- 2 级。拥有较多资源,但仍无法和高端物联网设备及传统 PC 相比。

为 0 级设备配置一个专用操作系统并不合适,其软件应定制。1 级和 2 级设备更为通用,通过协议栈和相关的可编程应用,设备可充当路由器、主机等角色。而华为、ARM、谷歌等大公司也致力于开发相关操作系统,提供许多 API,便于软件开发、部署和维护,以设计更多物联网应用。

**2. 物联网操作系统的技术要求**

下面列出了物联网操作系统需满足的技术要求:

(1) 存储空间。许多物联网设备的 RAM/ROM 通常仅几千字节或几十千字节,需提供通用、高效数据结构的优化库,在性能、API 方便性、占用内存空间等方面进行折中。

(2) 硬件异构性。例如控制器架构就有 8 位(Intel 8051)、16 位(TI MSP)、32 位(ARM)、64 位多种架构并存,RAM/ROM 等也大小各异。

(3) 网络连通性。不仅要连接低功耗无线电网络,如 IEEE 802.15.4、蓝牙等,还可能适配有线以太网、电力线通信等。如果连接互联网,设备需兼容 IP 协议栈。

(4) 节能。物联网设备面临的一个主要问题是能耗。操作系统应提供节能选项,尽可能降低占空比,减少周期性任务。

(5) 实时性。无线体域网和无线车载网都对实时性有严格要求。

(6) 安全。考虑到安全和隐私,物联网操作系统应提供必要的加密机制和安全协议,同时保持其灵活性和可用性。

### 3. 物联网操作系统的技术和非技术属性

设计物联网操作系统时,需重点考虑的技术属性如下:

(1) 通用架构和模块化。可考虑外内核、微内核、整体内核和混合内核方法,需在鲁棒、灵活的微内核与简单、高效的整体内核间进行折中。

(2) 调度模块。抢占式的调度器为每个任务分配CPU时间,而在协作模型中不同任务需要采用退避机制。

(3) 内存分配。静态内存分配会导致超量开销,降低灵活性;而动态内存分配则会使系统更复杂,可能与实时系统冲突。

(4) 网络缓存管理。网络协议栈中数据包操控所需内存可分配到每一层或在层间共享使用,也可设计中央内存控制器。

(5) 开发模型。事件驱动的系统更节能,而多线程系统更适用于应用设计。

(6) 编程语言。通用语言(如C、C++、Java)的使用更广泛,而面向特定操作系统的语言可改善性能和安全性。

(7) 驱动模型和硬件抽象层。完善的驱动和硬件抽象层有利于系统设计和应用开发,但会增加运行库和运行时间等系统开销。

(8) 调试工具。根据编程语言选择调度工具。传统调试工具的代表是GCC套件,而简单调试可考虑串口输出和LED屏闪烁等。

此外,还需要涉及一些非技术属性,包括标准开放性、鉴定、文档、代码成熟度、代码的版权特征、操作系统的分发和支持度等。

### 4. 典型的物联网操作系统

物联网操作系统可分为以下两大类:

(1) 开源操作系统,如Contiki、RIOT、FreeRTOS、TinyOS、OpenWSN、NuttX、eCos、mbed OS、L4微内核系列、μClinux、Android和AliOS Things等。

(2) 闭源操作系统,如ThreadX、QNX、VxWorks、Rocket、PikeOS、embOS、Nucleus RTOS、SCIOPTA、μC/OS-Ⅲ、μ-velOSity、Windows CE、Windows 10 IoT、LiteOS等。

### 5. Contiki简介

Contiki的名称是为了纪念挪威学者和探险家海尔达尔,他于1947年带队仅靠Kon-Tiki号木筏从秘鲁海岸经102天漂流8000km到达南太平洋深处的岛屿。

Contiki是一个开源、可移植的物联网多任务嵌入式操作系统,包含一个多任务核、TCP/IP栈、程序集、低功耗的无线通信栈。它采用C语言开发,非常小巧,代码只有几千字节，运行时只需几百字节内存，就能提供多任务环境和 TCP/IP 支持。Contiki 的功能较完善，它与 TinyOS 并列为目前应用最广泛的 WSN 节点操作系统之一。

运行时，所有进程和内核系统共享内存和优先级。它使用协作的线程调度，要求进程显式地将控制让给调度器。在 Contiki 中，内存是静态分配的，Contiki 提供了一些库以简化内存管理。

Contiki 支持两个协议栈：一是 uIP，支持各种常见协议；二是更小巧的 Rim，主要面向 WSN。Contiki 主要使用 C 语言编程，已有运行时环境也支持 Java 和 Python。Contiki 提供了一个硬件抽象层，为每种硬件平台提供一个通用 API。Contiki 的调试工具主要是 Cooja/MSPsim 仿真器，能有效模拟硬件平台，可设置断点、特定地址内存读写、单步执行等。

Contiki 还提供了 Shell、文件系统、数据库管理、运行时动态连接、加密库、功耗追踪工具等。其测试功能有单元测试、回退测试、全系统集成测试等。

**6. AliOS Things 简介**

AliOS Things 是阿里巴巴公司发布的物联网操作系统，支持 ARM、C-Sky、MIPS、RISC-V 等多种 CPU 架构，支持超过 200 种芯片/模组和超过 100 种传感器，已开放源码（https://github.com/alibaba/AliOS-Things）。

AliOS Things 适用于分层架构和组件化架构。其架构自顶向下包括以下几层：

- 示例应用，包括示例代码及通过完备性测试的应用程序。
- 中间件，包括常见的物联网组件和阿里巴巴增值服务中间件。
- API，提供可被应用软件和中间件使用的 API。
- 安全，包括传输层安全（Transport Layer Security，TLS）协议、可信服务框架、可信运行环境。
- 协议栈，包括轻量级 IP 协议（Lightweight IP，LwIP）、网络协议栈。
- 内核，包括 Rhino 实时操作系统内核、Yloop（异步事件框架）、VFS（Virtual File System，虚拟文件系统）、KV（Key Value，键值）存储等。
- 硬件抽象层（Hardware Abstraction Layer，HAL），包括 WiFi 和 UART（通用异步收发）等。
- 板级支持包（Board Support Package，BSP），由 SoC（片上系统）供应商开发和维护。

所有模组都已形成组件，提供相应的.mk 文件，用于描述它和其他组件间的依赖关系，方便应用开发者选用。AliOS Things 结构框架如图 9.8 所示。

AliOS Things 的关键特性如下：

（1）简化开发流程。基于 Linux 的轻量级虚拟化环境，开发者直接在 Linux 平台上开发与硬件无关的物联网应用和软件库，使用 GDB/Valgrind/SystemTap 等 PC 端工具诊断开发问题；提供集成开发环境，支持系统/内核行为 Trace、Mesh 组网图形化显示；提供 Shell 交互，可侦测内存踩踏、泄漏、最大栈深度等；提供面向组件的编译系统及 uCube 工具，支持灵活组合的物联网产品软件栈；提供存储、掉电保护、负载均衡等各级别组件。

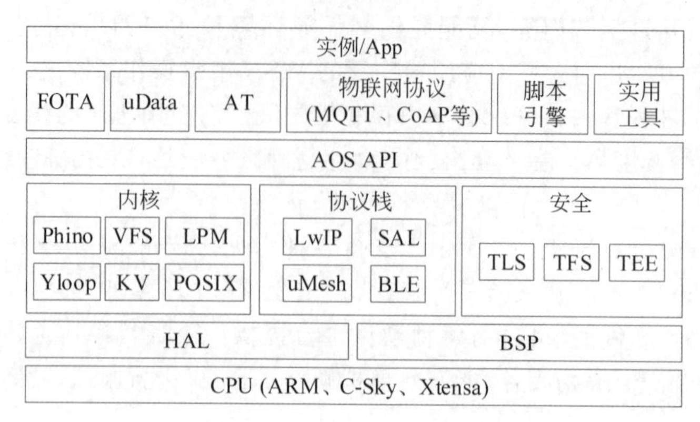


**图 9.8 AliOS Things 结构框架**

(2) 即插即用的连接和丰富服务。支持即插即用网络,设备上电自动接入网络。通过 Alink 无缝连接阿里云物联网服务。

(3) 细粒度 FOTA(Firmware Over The Air,固件无线升级)更新。支持应用代码独立编译映像,物联网 App 独立极小映像升级,支持高压缩映像。

(4) 全面安全保护。提供芯片级安全保护,支持可信运行环境,支持预置 $ID^2$ 根身份证(阿里云的物联网设备身份标识)、非对称密钥及相应的可信连接和服务。

(5) 高度优化的性能。内核支持闲置任务(RAM 小于 1KB,ROM 小于 2KB),提供硬实时能力,提供 Yloop 及整合的核心组件,避免栈空间消耗,核心架构支持极小痕迹的设备。

(6) 解决物联网实际问题。云端一体融合优化,开发体验简单,更安全,整体性能和算法支持更优化。

### 7. LiteOS

LiteOS(https://liteos.github.io/)是华为公司推出的轻量级物联网操作系统,它集成了 LwM2M、CoAP、LwIP 等物联网网络协议栈,提供了 AgentTiny 模块,用户只需关注自身应用,直接使用 AgentTiny 封装接口,快速实现与云平台的安全连接。

LiteOS 支持 ARM Cortex-M0、Cortex-M3、Cortex-M4、Cortex-M7 等芯片架构,适配多种通用 MCU(Micro-Controller Unit,微控制单元)和 NB-IoT 开发套件,支持众多行业的物联网终端和服务应用,如抄表、停车、路灯、环保、共享单车、物流等,为开发者提供一站式完整开发平台,能有效降低开发门槛,缩短开发周期。图 9.9 为 LiteOS 的功能结构。

LiteOS 的关键特性如下:

(1) 低功耗。轻量级是其一大特点,最小内核仅 6KB,具备快速启动、低功耗等优势,Tickless 机制显著降低传感器数据采集功耗。

(2) OpenCPU 架构。专为小内核架构设计,满足硬件资源受限的需求,如针对低功耗广域网场景中的水表和煤气表,MCU 和通信模组二合一,能够降低终端体积和成本。

(3) 安全性设计。构建低功耗安全传输机制,支持双向认证、FOTA 固件差分升级,DTLS(Datagram Transport Layer Security,数据报传输层安全)协议/DTLS+协议等。

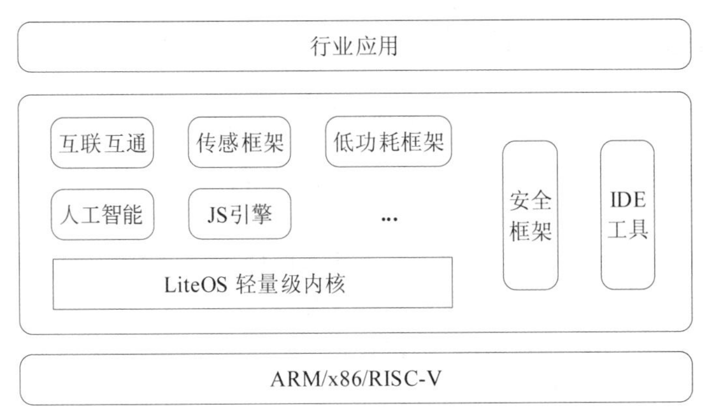


**图 9.9　LiteOS 的功能结构**

(4) 端云互通组件。SDK 端云互通组件可使终端对接云平台,集成了 LwM2M、CoAP、MQTT、LwIP 等多种物联网协议栈,能缩短开发周期,快速上云。

(5) 软件远程升级。通过差分方式降低升级包尺寸,更适合低带宽网络和电池供电环境,对 RAM 资源要求更少,能满足海量低资源终端的需求。

(6) LiteOS Studio。一站式集成开发环境,支持 C、C++、汇编语言等,可快速、高效地进行物联网开发。

## 9.6　物联网的技术协议*

近年来,研究人员已不断设计和开发出各种物联网技术协议,其中一部分已被采纳为技术标准。表 9.4 列出了物联网各层的典型技术协议。

**表 9.4　物联网各层的典型技术协议**

| 层 | 典型协议 |
|---|---|
| 应用层 | CoAP、MQTT、DDS、AMQP、XMPP、HTTP REST |
| 服务发现层 | mDNS、DNS-SD |
| 路由层 | RPL |
| 网络层 | 6LoWPAN、IPv6 |
| 数据链路层 | IEEE 802.15.4 |
| 物理层 | EPC、IEEE 802.15.4、LTE-A、Z-Wave |
| 其他 | IEEE 1888.3、IPSec、IEEE 1905.1 |

表 9.4 中物理层和数据链路层涉及的 IEEE 802.15.4 协议在第 8 章中已作了详细介绍。下面从网络层向上,分别介绍其余各层有代表性的技术协议。

### 9.6.1 网络层的6LoWPAN协议*

#### 1. 6LoWPAN协议的概念和层次参考模型

第1章中提到,目前互联网的IPv4地址已耗尽,新地址分配已采用128b的IPv6地址。但至今互联网中的主机大部分还继续使用IPv4地址,向IPv6地址升级的进程并未全面展开。其主要原因是私有地址、NAT等技术的应用使得IPv4的32b地址空间和互联网目前连接的数十亿台主机终端数量基本匹配。

然而,当物联网开始构建,数百亿个设备需要连入网络时,IPv4地址空间显然不可承载。IPv6当仁不让地成为网络地址方案的首选。

先看一下RFID标签,它目前使用64～96b,需扩充至128b。有方案建议将IPv6地址的后64b用于RFID标签,而将前64b用于定义RFID系统和物联网间的网关。一个新IPv6包的有效负载将包含标签产生的信息,同时通过网关ID(复制到IPv6地址中的网络前缀部分)和RFID标签ID(复制到IPv6地址中的接口ID部分)的连接生成源地址。网关可类似地处理来自互联网并去往特定RFID标签的IPv6包。具体的RFID标签表示目标地址,由于其标识符嵌在IPv6地址的接口ID中,容易识别。而具体信息大多表示一个指定操作的要求,将被通知给相关的RFID阅读器。而针对96b的RFID标签,有方案建议使用代理将96b映射到64b,代理需要维持更新IPv6地址和RFID标签ID间的映射,可将RFID信息包含在IPv6包的载荷数据中,如图9.10所示。

针对低功率WPAN和WSN,学术界和产业界倾向于物联网添加一个网络适配层6LoWPAN,实现基于IEEE 802.15.4通信协议的低速WPAN与IPv6互联网的有效融合,保证了IPv6对物联网中的所有物品进行全球唯一标识。图9.11为6LoWPAN协议层次参考模型。

<table>
<tr><td>版本</td><td>流量类型</td><td colspan="2">流标签</td></tr>
<tr><td colspan="2">有效载荷长度</td><td>下一包头</td><td>跳数限制</td></tr>
<tr><td colspan="4">源地址(128b)</td></tr>
<tr><td colspan="4">目标地址(128b)</td></tr>
<tr><td>下一首部</td><td>首部长度</td><td>选项类型</td><td>选项长度</td></tr>
<tr><td>RFID标签类型</td><td>报文类型</td><td colspan="2">保留位</td></tr>
<tr><td colspan="4">RFID标签(96b)</td></tr>
<tr><td colspan="4">载荷数据</td></tr>
</table>

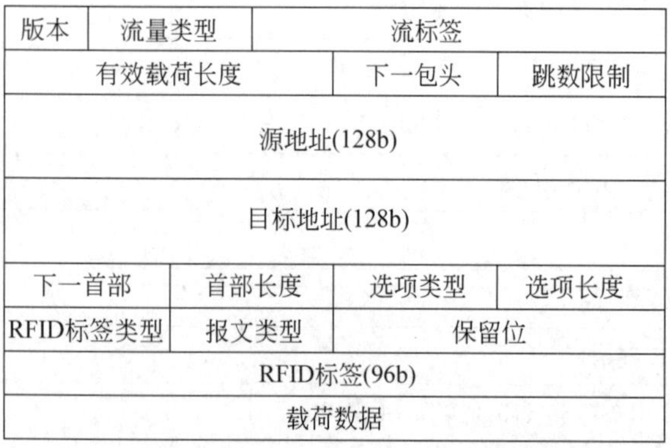

**图9.10 将RFID信息包含在IPv6包的负载数据中**

| 应用层 |
| --- |
| 传输层 |
| IP网络层 |
| 6LoWPAN适配层 |
| IEEE 802.15.4数据链路层 |
| IEEE 802.15.4物理层 |

**图9.11 6LoWPAN协议层次参考模型**

#### 2. 6LoWPAN的地址转换

兼容IEEE 802.15.4协议的设备允许使用两种地址进行通信,分别是WPAN内唯一的16b短地址和制造商分配的全球唯一64b长地址。后者即EUI-64地址,IEEE考虑传统 MAC 地址的 48b 长度可能不够使用,将其地址扩展到 64b。

传统 MAC 地址的前 24b 为制造商 ID(第 1 字节的第 7 位称为 U/L 位),后 24b 为扩展 ID。二者组合为全局唯一的 48b 地址,如 00:1C:83:7B:31:9B。

要从 48b 的 MAC 地址转换到 EUI-64 地址,需在制造商 ID 和扩展 ID 之间插入 16b 的 11111111 11111110(0xFFFE),即上述地址变为 00:1C:83:FF:FE:7B:31:9B,还需将 U/L 位置 1,即上述地址变为 02:1C:83:FF:FE:7B:31:9B。最后补充 IPv6 地址前缀,成为一个 IPv6 地址,即 FE80::021C:83FF:FE7B:319B。

鉴于 127b 的 MAC 帧长、能耗、通信效率等因素,16b 地址比 64b 地址更具优势,所以 WPAN 内部通信多使用 16b 地址。RFC 6282 中提供了简单对策:假设某设备 16b 地址为 1A2B,则先映射为一个 EUI-64 地址,即 0000:00FF:FE00:1A2B,然后再转换为 IPv6 地址。

### 3. 6LoWPAN 的分片重组、路由、多播和拓扑控制

6LoWPAN 及 IPv6 允许的最大传输单元(Maximum Transmission Unit,MTU)可承载 1280B,而 IEEE 802.15.4 帧的 MTU 为 127B,即一个 IPv6 数据包不一定能被一个 IEEE 802.15.4 帧容纳。如果 IP 数据包的 MTU 大于 WPAN 的 MTU,需对数据包予以分片发送和接收重组。

6LoWPAN 与上下层均可进行平滑连接,既要适应 IEEE 802.15.4 低功耗、低存储、低速率等的特性,也要适应传统 IP 网络的大规模路由的各种特性。

多播是 IPv6 的重要特点,即一个数据包有多个目标地址。而 IEEE 802.15.4 无多播功能,其 MAC 层只支持广播。这就要求适配层支持多播,多播功能使 6LoWPAN 更适于目前的网络环境,也将多播技术间接应用于下层的 WPAN 中。

IEEE 802.15.4 支持星形和点对点拓扑,二者均通过协调器进行,能耗限制较大,可靠性有待加强。6LoWPAN 位于 MAC 层之上,可对网络拓扑构建和变换进行控制,减轻了 IEEE 802.15.4 在拓扑建立和维护上的负担,有利于网络不断扩展。

### 4. 6LoWPAN 的数据包格式

6LoWPAN 协议满足层次模型,其数据包格式如图 9.12 所示。

| 物理层头部 | MAC层头部 | 适配层头部 | 网络层头部 | 传输层头部 | 载荷数据 |
|---|---|---|---|---|---|

图 9.12　6LoWPAN 数据包格式

IEEE 802.15.4 帧最长为 127B,而 IPv6 数据包固定头部就达 40B。显然,仅头部开销就占用近一半的有效载荷,传输效率较低,所以需对此进行处理。

6LoWPAN 适配层将控制信息分派(dispatch)值放于适配层头部中,通过首字节的不同值表示具体通信类型。RFC 4944 中规定的 6LoWPAN 分派值对应的帧类型的定义见表 9.5。

表 9.5 RFC 4944 中规定的 6LoWPAN 分派值对应的帧类型

| 首字节 | 帧类型 |
|---|---|
| 00×××××× | 非 LoWPAN 帧 |
| 01000001 | 未经压缩的 IPv6 地址 |
| 01000010 | 通过 LoWPAN_HC1 对 IPv6 地址进行压缩 |
| 01000011～01001111 | 保留,待将来使用 |
| 01010000 | 该字节后为广播字段 LoWPAN_BC0 |
| 01010001～01111110 | 保留,待将来使用 |
| 01111111 | 额外分派字节 |
| 10×××××× | 后面使用 Mesh 字段 |
| 11000××× | 后面为第一分片头部 |
| 11001000～11011111 | 保留,待将来使用 |
| 11100××× | 后面为后续分片头部 |
| 11101000～11111111 | 保留,待将来使用 |

### 5. 6LoWPAN 的头部压缩

目前较典型的头部压缩方案是 LoWPAN_HC1、LoWPAN_IPHC 两种 IPv6 头部压缩方案及相应的 LoWPAN_HC2、LoWPAN_NHC 两种 UDP 头部压缩方案,以及通用的首部压缩方案 6LoWPAN_GHC。

1) LoWPAN_HC1 头部压缩方案

根据 RFC 4944,头部压缩考虑如下:

IP 版本为 6;IPv6 接口 ID 可从 MAC 地址中导出;报文长度可从 IEEE 802.15.4 数据帧长字段或分片头数据报大小字段导出;数据流类型和流标值是 0;下一头部类型为 UDP、TCP 或 ICMP。

LoWPAN_HC1 方案由 HC1 编码域(1B)和传输域组成,如图 9.13 所示。

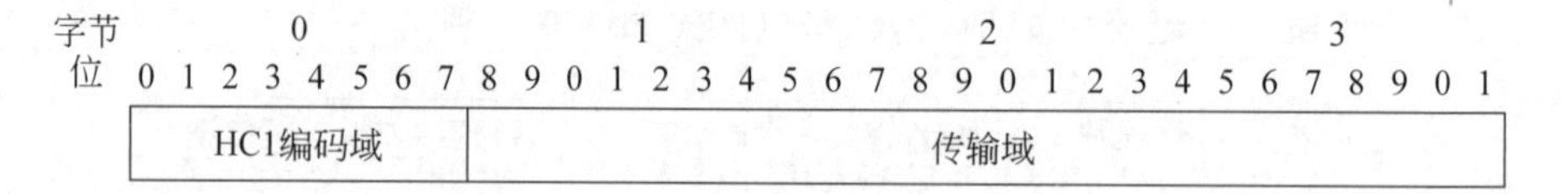


图 9.13 LoWPAN_HC1 压缩头部示意

其中,HC1 编码域提供对 IPv6 基本头部中的压缩编码或指示,具体如下:

(1) IPv6 源地址(第 0、1 位)。

00:网络前缀和接口标识都在链路上传输。

01:网络前缀在链路上传输,接口标识省略(可推导)。

10:网络前缀压缩后传输,接口标识在链路上传输。

11：网络前缀压缩后传输，接口标识省略(可推导)。

(2) IPv6 目标地址(第 2、3 位)。

00：网络前缀和接口标识都在链路上传输。

01：网络前缀在链路上传输，接口标识省略(可推导)。

10：网络前缀压缩后传输，接口标识在链路上传输。

11：网络前缀压缩后传输，接口标识省略(可推导)。

(3) 版本/数据流类型/流标值(第 4 位)。

0：全部 8b 数据流类型和 20b 流标值都不压缩，直接在链路上传输。

1：数据流类型和流标值均为 0。

(4) 下一头部(第 5、6 位)。

00：不压缩，下一头部完整字段在链路上传输。

01：上层使用 UDP 协议，下一头部为 UDP。

10：上层使用 ICMP 协议，下一头部为 ICMP。

11：上层使用 TCP 协议，下一头部为 TCP。

(5) HC2 压缩编码指示(第 7 位)。

0：对上层协议不进行 HC2 压缩。

1：根据 HC1 编码域的下一头部(第 5、6 位)值，对上层相应协议进行 HC2 压缩。

在上述可进行最大化压缩情况下，IPv6 基本头部的源/目标地址、版本/数据流类型/流标值字段及下一头部都被压缩到 HC1 中，大小仅 1B。而跳数字段(1B)无法压缩。整个 IPv6 基本头部的 40B 可压缩到 2B 长。

2) LoWPAN_HC2 头部压缩方案

再来看 UDP 头部的 LoWPAN_HC2 压缩编码方案。UDP 头部中可被 HC2 压缩的部分是源/目标端口及报文长度，校验和字段无法压缩。与 HC1 相似，HC2 压缩结构也由两部分组成，即 HC_UDP 编码域和传输域。编码域也是 8b 长，具体如下：

(1) UDP 源端口号(第 0 位)。

0：直接传输，不压缩。

1：将源端口号压缩为 4b 的短端口号，计算公式为

$$\text{短端口号}=16\text{ 位源端口号}-P$$

其中 $P$ 为 61616(0xF0B0)，实际传输 4b 的短端口号。

(2) UDP 目标端口号(第 1 位)。

0：直接传输，不压缩。

1：将目标端口号压缩为 4b 的短端口号，压缩方法同上。

(3) 报文长度(第 2 位)。

0：直接传输，不压缩。

1：压缩后传输，根据 IPv6 头部计算得到，计算公式为

$$\text{UDP 报文长度}=\text{IPv6 头部中载荷长度值}-\text{IPv6 扩展头部长度}$$

(4) 保留字段(第 3～7 位)。

HC_UDP 编码域之后便是传输域，该域传输的是 UDP 头部中未压缩字段值或经压

缩后的字段值,整个 HC2 编码出现在 IPv6 头部及其相关字段之后。

综上所述,当源/目标端口号采用 4b 的短端口号进行压缩传输且报文长度由计算得到时,原 8B 长的 UDP 头部可被压缩到 4B,其中 1B 为 HC_UDP 编码域,1B 为源/目标短端口号,2B 为未被压缩的校验和字段。

## 9.6.2 路由层的低功耗有损网络路由协议*

低功耗有损网络路由协议(RPL)是物联网环境下的 IPv6 距离向量路由协议,它根据目标函数,利用路由度量和约束条件计算出最优路由,构建面向目标的有向无环图。

### 1. RPL 协议相关概念

与 RPL 协议相关的概念如下。

(1) DAG(Directed Acyclic Graph):有向无环图。所有边以不存在循环路径的方式构成有向图,所有边都包含在朝向根节点(DAGroot)的路径中。

(2) DODAG(Destination Oriented DAG):面向目标的有向无环图。只有一个目标的 DAG,且目标为根节点(DODAGroot)。

(3) 上行:从叶节点去往根节点的方向。

(4) 下行:从根节点去往叶节点的方向。

(5) Rank:秩,是指节点相对于根节点的位置,按向下递增、向上递减原则,越小的值意味着离根越近,具体数值由目标函数计算得出。

(6) OF(Objective Function):目标函数,定义了如何用路由度量、优化目标和其他相关函数计算 Rank 值,OF 也规定了父节点的选择规则。

(7) RPL Instance:RPL 实例,拥有相同 RPL Instance ID 的 DODAG 集合。

(8) RPL Instance ID:RPL 实例 ID,可存在多个 RPL Instance ID,每个都可定义不同目标函数优化的 DODAG 集合,相同 RPL 实例中的 DODAG 具有相同 OF。

(9) DODAG ID:与 RPL Instance ID 共同确定网络中的唯一 DODAG,RPL Instance 中可含多个 DODAG,每个 DODAG 有唯一的 DODAG ID。

(10) DODAG 版本号:DODAG 重构时会生成新版本,且编号递增。RPL Instance ID、DODAG ID 和版本号确定 DODAG 版本。

RPL 拓扑结构是基于路由度量和目标函数的 DODAG,实际表现形式常为树状,可用 RPL Instance ID、DODAG ID、DODAG 版本号、Rank 这 4 个参数来标识。

图 9.14 中的 RPL 实例包含 3 个 DODAG,根节点分别为 R1、R2、R3。每个 DODAG 拥有相同的 RPL Instance ID。

### 2. RPL 控制报文

RPL 控制报文采用 ICMPv6 报文格式,有如下 4 种类型:

(1) 有向无环图信息请求(DAG Information Solicitation,DIS)。向邻节点广播,请求其发送 DIO 报文。类似于邻居发现协议中的路由请求,通过广播 DIS 来探测邻节点并加入 DODAG。

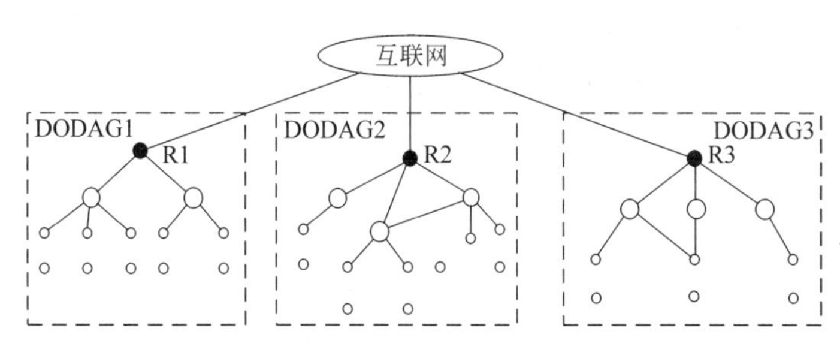


图9.14 包含3个DODAG的RPL实例

(2) 有向无环图信息对象(DAG Information Object,DIO)。包含了RPL Instance ID、DODAG ID、版本号、Rank值等信息的广播报文。收到DIO报文的节点根据其中的关键信息按目标函数选择父节点集合,建立向上路由并维护DODAG。已加入DODAG的RPL节点会根据DIO报文发送定时器,每隔一段时间广播一次DIO报文,广播间隔根据Trickle算法确定。

(3) 目标广播对象(Destination Advertisement Object,DAO)。沿DODAG路径向上通告目标信息的单播报文。在存储模式中,各节点均含路由表,子节点单播DAO报文给选中的父节点;在非存储模式中,只有根节点维护路由表,节点单播给根节点。DAO可设置是否需要对方确认。

(4) DAO确认(DAO-ACK)。单播回复收到的DAO报文。在存储模式中,由节点的最优父节点回复DAO-ACK;在非存储模式中,则由DODAG根节点回复DAO-ACK。

### 3. RPL路由建立过程

RPL路由建立基于DODAG构建,而DODAG通过邻居发现进行构建。RPL路由建立过程分两步:一是建立上行路由,由根节点向下广播DIO报文,节点收到DIO报文后根据其中的信息决定是否加入此DODAG,并基于目标函数选择父节点;二是建立下行路由,节点向上发送含自身前缀信息的DAO报文,父节点收到后添加路由信息,建立下行路由。

1) 建立上行路由

首先根节点广播DIO报文,节点收到该DIO后,按设定目标函数决定是否加入DODAG。如加入,则将发送DIO报文的源节点地址添加到父节点列表中,并根据目标函数计算自身Rank值,生成自身DIO报文向下广播。这样逐级扩散,直至所有节点都加入DODAG。如果有节点始终未收到DIO报文,定时器到期则会广播DIS,请求其他节点发送DIO报文。

如果节点已加入某一DODAG,那么收到DIO报文后有3种处理方式:按照RPL规则丢弃;如果收到DIO报文的Rank值大于自身Rank值,则维持在DODAG中的位置不变;如果收到DIO报文中的Rank值小于自身Rank值,则根据OF重新计算父节点的Rank值,改变自己在DODAG中的位置,避免环路。

2) 建立下行路由

建立上行路由后,节点沿DODAG向上发送DAO报文可建立下行路由。已加入

DODAG的节点向已选择的父节点单播DAO报文,报文含节点自身的路由前缀信息。父节点收到该报文后,在本地缓存子节点的路由前缀信息,并在路由表中添加相应的表项。以后的数据在路由时通过查找路由表前缀匹配就可有效转发报文。

RPL实例可选用两种模式:存储模式和非存储模式。

(1) 在存储模式中,所有节点都会存储其子节点的路由信息。节点收到DAO报文后,记录路由前缀信息,下一跳为报文发送端,然后更新DAO报文向上发送,直至根节点。这样所有节点都存储了路由信息。

(2) 在非存储模式中,只有根节点存储子节点的路由信息,其他节点不保存子节点的路由信息。需要向下路由时,先将报文发给根节点,再由根节点查找路由表并进行转发。非存储模式的DAO报文中,除包含目标地址外,还包含节点的最优父节点地址。

**4. RPL数据路由方式**

RPL数据路由方式分为3种:MP2P(多对一)、P2MP(一对多)和P2P(一对一),如图9.15所示。

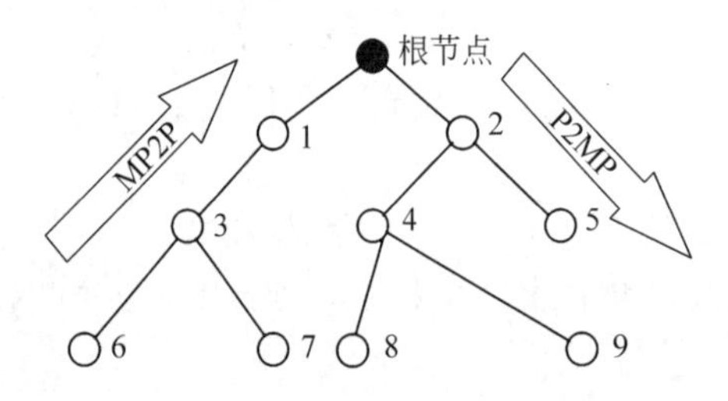


图9.15 RPL数据路由方式

(1) MP2P。为数据汇聚场景,根节点收集下层子节点的信息。例如,节点6要发送数据包给根节点,首先查找路由表,将数据包发送给其父节点3,再由节点3发给其父节点1,最后到达根节点。MP2P的节点只需存储能到达根节点的目标节点信息。

(2) P2MP。数据流由根节点向下发送给子节点,常用于下发控制报文场景。利用目标通告机制,当下层拓扑改变时更新路由表。如果数据从根节点发给目标节点8,则根据建立的下行路由,查询路由表,先发给节点2,再经过节点4,最终到达节点8。

(3) P2P。如果源节点和目标节点距离在可传输范围内,则直接发送;否则就需获取相关路由。例如,节点5向节点8发送数据。如为非存储模式,仅根节点有路由表,则节点5先将数据经节点2发给根节点,根节点再查询路由表,沿路径2→4→8发送;如为存储模式,各节点均有下行路由表,则只需将数据发给目标节点和源节点的公共祖先即可。如果节点5不含去往节点8的路由,可将数据发送给父节点2,其包含2→4→8的路由。显然,存储模式可减少路由跳数,但代价是节点要存储路由表,消耗更多资源。

**5. RPL的目标函数**

目标函数的任务是依据路由度量和路由约束计算Rank值,选择父节点。和传统互联网不同,物联网的路由度量指标包括节点特征(数据融合、负载)、节点能量(供电模式、剩余能量)、节点跳数、链路传输速率、链路传输时延、链路质量级别、期望传输次数(Expected Transmission Count,ETX)。而路由约束是排除不符合要求的约束条件,如不考虑非持续供电的节点。

当节点$N$检测到父节点$P$失效、定时器到期等事件时,使用目标函数计算Rank值,重新选择父节点。节点 $N$ 的 Rank 值即 $R(N)$ 根据式(9.1)计算：

$$R(N)=R(P)+\text{rank\_increase} \tag{9.1}$$

其中，$R(P)$ 为父节点 $P$ 的 Rank 值，rank_increase 为节点 $N$ 到父节 $P$ 点的相对位置，具体数值由目标函数计算。当节点 $N$ 触发目标函数时，依次将父节点列表中的 $R(P)$ 值代入式(9.1)，计算 $R(N)$，选择使自身得到最低值的父节点为最优父节点。

下面介绍3种典型的目标函数。

1) 最小秩滞后目标函数

最小秩滞后目标函数(Minimum Rank with Hysteresis Objective Function，MRHOF)使用两种机制：一是找到最小开销路径，如Rank值最小的路径；二是当新路径开销小于现有路径且差距超出一定阈值时才切换路径。最优父节点的选取标准是节点到达根节点所需开销总和。路径开销在DIO报文中广播，节点收到DIO报文后，将自身到父节点的路径开销与父节点到根节点的路径开销相加，即为自身的路径开销。路径开销取决于选取何种路由度量，MRHOF有3种度量：跳数、延迟和ETX。ETX是由链路上成功传输和确认一个数据包所需的传输次数。其中，在选择跳数或ETX时，Rank值与路径开销相等；而在选择延迟作为路由度量时，Rank值为路径开销的1/65 536。

当检测到候选父节点的路径开销发生变化时，便触发目标函数，重新计算父节点列表中所有父节点的路径开销，选取路径开销最小的父节点作为最优父节点。为防止网络震荡，仅当新旧路径开销的差值达到阈值时，才更换最优父节点。

2) 基础目标函数

基础目标函数(OF0)规定节点Rank值相对于其候选邻节点的Rank值严格按照梯度增加，梯度值为rank_increase，其计算公式如下：

$$\text{rank\_increase}=(R_f \cdot S_p + S_r)\cdot \text{MinHopRankIncrease} \tag{9.2}$$

其中，$R_f$ 为秩因子，取值为1～4的整数；$S_p$ 为秩步长，取值为1～9的整数；$S_r$ 为秩延伸值，取值为0～5的整数，MinHopRankIncrease代表一跳时节点相对于其父节点Rank值的最小增量。如选择一种静态的路由度量，得到的Rank值就类似于跳数，选出的路径跳数较少，但可能连接性较差。可考虑采用类似ETX的动态链路度量进行计算。

3) ETX目标函数

ETX目标函数(ETX Objective Function，ETXOF)旨在选择传输次数最少的路径。最小ETX路径通常也是最节能的路径。

每个节点通过候选邻节点 $n$ 到根的路径值为 ETX($n$)+MinPathETX($n$)，其中ETX($n$)为到邻节点 $n$ 的ETX值，MinPathETX($n$)是由邻节点通告的ETX值，即一个节点的ETX等于候选邻节点的ETX与该节点自身到邻节点的ETX之和。

ETX值通过DIO报文广播，节点若检测到候选父节点ETX发生变化，则对父节点列表中的所有父节点重新计算ETX值，选出最优父节点。为避免网络振荡，只有ETX变化超过阈值才进行最优父节点切换。

### 6. 环路避免和路由修复机制

RPL规定了避免环路的两个原则；一是禁止贪心，禁止节点向DODAG更深处移动以增加自身Rank值,同时不能接收处理来自位置比自身更低的节点广播的DIO报文;二是限制最大深度,节点不能选择Rank值大于自身的邻节点作为父节点,无论节点如何移动,其通告Rank值必须小于或等于其曾经通告的最小Rank与DIO报文中的预定义常量之和,这样就限制了节点移动范围。

RPL有两种路由修复机制:本地修复和全局修复。本地修复可使节点在父节点失效时利用兄弟节点完成数据传输;如果父节点也失效,同时没有可用的兄弟节点,可采用全局修复机制,广播DIS报文,重建DODAG。

## 9.6.3 物联网的传输协议*

物联网要求采用新的传输层思路,目标是保证端到端可靠性和实现端到端的拥塞控制。传统TCP协议不适合物联网,原因如下:

(1) 连接建立问题。TCP会话需要通过三次握手建立连接,而物联网大部分通信仅涉及少量数据交换,连接建立过程耗时太长。连接建立涉及终端处理和传输数据,而物联网大多数情况下能量和通信资源有限。

(2) 拥塞控制问题。TCP负责端到端拥塞控制,物联网大多为无线介质。如单次会话中交换的数据很少,就不需要拥塞控制,整个会话通过一次报文传输和接收响应即可完成。

(3) 数据缓存问题。TCP要求源节点和目标节点进行数据缓存。源节点缓存数据以备重传,目标节点缓存是为将数据有序交付应用层。而缓存管理对无源设备而言能耗太大。

目前针对物联网的有效传输层方案较少,还需进一步加以研究。

此外还需考虑物联网中智能对象的流量交换特性。例如,WSN流量特性依赖于应用场景,当传感器节点成为整体物联网的一部分时,因不同目的部署的传感器网络产生的大量数据可能穿越网络,并表现出不同的流量特征。而大规模分布式RFID系统的流量特征也有待研究。还需针对流量特征设计合适的模型方案以支持QoS,目前已开展了对WSN的QoS的研究,而对RFID的QoS还需深入研究。

## 9.6.4 应用层的受限应用协议*

### 1. 受限应用协议的概念

由于物联网中大量低端设备的内存、计算能力、能量等非常有限,所以传统应用层的HTTP并不适用于物联网环境。于是,受限应用协议(Constrained Application Protocol, CoAP)应运而生,它是一个面向受限节点和低功耗有损网络环境的特殊应用层Web传输协议,重新实现了一个类似HTTP的表达性状态传递(Representational State Transfer, REST)子集,于2014年成为RFC 7252标准。从逻辑上可将CoAP看成双层结构:报文层处理节点间信息交换,支持多播和拥塞控制;请求/响应层负责传输请求/响应操作信息。CoAP的层次结构如图9.16所示。

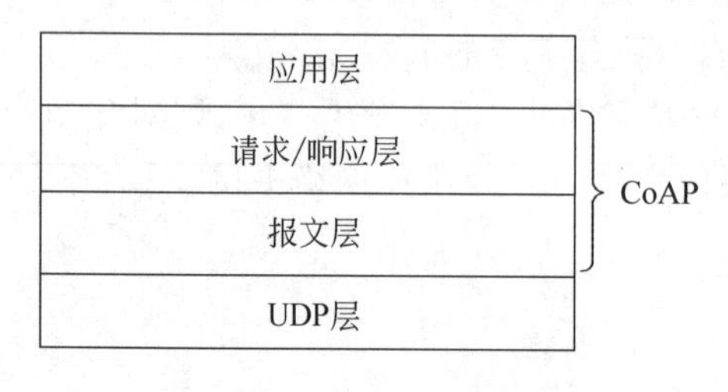


图9.16 CoAP的层次结构

### 2. CoAP 和 HTTP 的属性对比

为便于理解，表 9.6 对 CoAP 和 HTTP 的属性进行了对比。

表 9.6　CoAP 和 HTTP 的属性对比

| 协议属性 | CoAP | HTTP |
| --- | --- | --- |
| 应用环境 | 资源受限的物联网环境 | 资源不受限的互联网环境 |
| URL 格式 | coap://host [ ":" port ] [ "?" query ]<br>coaps://host [":" port ] ["?" query ] | http://host[":" port][abs-path]<br>https://host [ ":" port ] [ abs - path] |
| 响应码 | ×.××，如 4.04 | ×××，如 404 |
| 交互模式 | 请求/响应模式 | 客户机/服务器模式 |
| 客户机与服务器 | 终端可以是客户机，也可以是服务器 | 客户机与服务器非对等，服务器需指定 |
| 请求方法 | 4 种：GET、POST、PUT、DELETE | 8 种：OPTIONS、HEAD、GET、POST、PUT、DELETE、TRACE、CONNECT |
| 代理和缓存 | 代理和反向代理，简单缓存 | 代理、网关和通道，高速缓存 |
| 传输层协议 | UDP | TCP |
| 可靠机制 | 轻量级的可靠传输机制 | 依赖 TCP 的可靠传输机制 |
| 拥塞控制 | 重传为指数回退机制 | 依赖 TCP 或 AQM 机制 |
| 请求和响应匹配 | 通过令牌实现 | 依赖 TCP 连接机制 |
| 安全性 | DTLS(数据报传输层安全)安全模式和结合 IPSec 的非安全模式 | TCP 和 HTTP 之间的 SSL |

### 3. CoAP 的报文格式

CoAP 的报文格式如图 9.17 所示。CoAP 报文采用定长二进制头部，头部后面为选项和净荷。

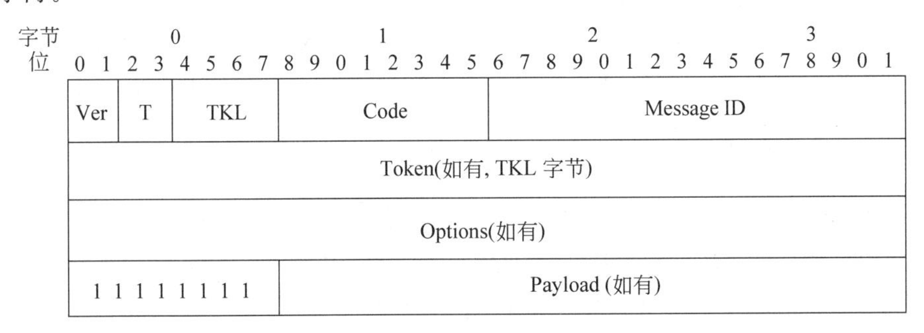


图 9.17　CoAP 报文格式

图 9.17 中头部各域详细介绍如下：

(1) Ver(Version)：2b，表示 CoAP 的版本号。

(2) T(Type)：2b，值为0～3，分别表示报文类型为可证实、不可证实、确认和重置。

(3) TKL(Token Length)：4b，表示可变长令牌字段的长度(0～8B)。不允许发送值9～15，否则出错。

(4) Code：8b，其中高3b为类别(0为请求，2为成功响应，4为客户机错误响应，5为服务器错误响应)，低5b为细节。可表示为“c.dd”。请求时Code表示请求方法，响应时Code则表示响应码。

(5) Message ID：16b，表示响应报文ID。检测报文重复性，并用于确认/重置报文和可证实/不可证实报文的匹配。报文匹配规则要求响应报文ID需匹配原始报文。

(6) Token：表示令牌。关联请求和响应，每个请求都携带一个客户令牌，服务器如果有响应必须回送该令牌。令牌实际上是客户本地识别符，用来区分并发的请求。

(7) Option：表示选项。可以有0个或多个选项，每个实例规定了选项编号、值长度和值本身。

#### 4. 可靠传输机制和拥塞控制机制

由于CoAP基于UDP传输，报文可能出现无序、重复、丢失、无确认等现象。对此，CoAP提供了一个轻量级的可靠传输机制。发送端可将报文设置为可证实(Confirmable，CON)；接收端如果收到，须返回确认报文，且确认报文ID与源端发送报文ID相同。如超时，发送端在默认超时时间后重传该CON报文，并在两次重传间采用指数回退机制，直至发送成功。另一种为非可证实(Non-confirmable，NON)报文，无须确认。当接收端不能处理这两类报文时，可回复重置报文(Reset，RST)。

CoAP的基本拥塞控制机制为指数回退机制。为避免拥塞，客户端(包括代理)应严格限制同时与一个服务器(包括代理)维持的未完成交互数量，例如限定为1。

考虑到CoAP支持多播，为减少拥塞，服务器应能识别通过多播到达的请求。若服务器无资源进行响应，则忽略该请求；若服务器准备响应，应在空闲期(Leisure)内挑选一个随机时间点，发送对多播请求的单播响应。Leisure下限值lb_Leisure根据式(9.3)计算：

$$\text{lb\_Leisure} = S \cdot G / R \tag{9.3}$$

式(9.3)中的$G$为组大小估计，$R$为目标数据速率，二者均由服务器保守地设置，$S$为服务器预估的响应大小。例如，对一个符合2.4GHz 6LoWPAN的本地链路多播请求，$G$可保守地设置为100B，$S$为100B，$R$为8kb/s(即1kBp/s)，则空闲期下限值为10s。

#### 5. 请求/响应模式

和HTTP不同，CoAP的请求和响应不在已建立的连接上传输，而是通过CoAP报文异步交换进行。CoAP请求包括资源使用方法、资源标识符、净载荷、多媒体类型及请求的元数据，支持GET、POST、PUT、DELETE等可与HTTP映射的方法。请求启动是将头部Code域设为对应方法码，并包含请求信息。服务器接收并解释一个请求后，回复一个响应报文，将头部Code域设为响应码，响应与请求报文通过客户端令牌匹配。与HTTP状态码类似，CoAP响应码表示请求的结果，例如Not Found表示为4.04。

客户端通过CON/NON报文携带请求，发送至服务器。若立即可执行操作，则服务器将作出响应,响应结果通过ACK报文捎带;若无法立即响应,服务器会简单答复一个空ACK,则客户端就不会重传该请求。而当响应准备工作就绪时,服务器发送一个新的报文给客户端,该过程称为分离式响应。

如图9.18(a)所示,客户端发给服务器一个可证实GET请求以获取温度值,报文ID为0xbc90,令牌默认值为0x71。服务器返回响应内容(2.05),响应载荷为"22.5C",捎带在ACK中,含相同报文ID和令牌值。图9.18(b)则是请求和响应未成功的情况。

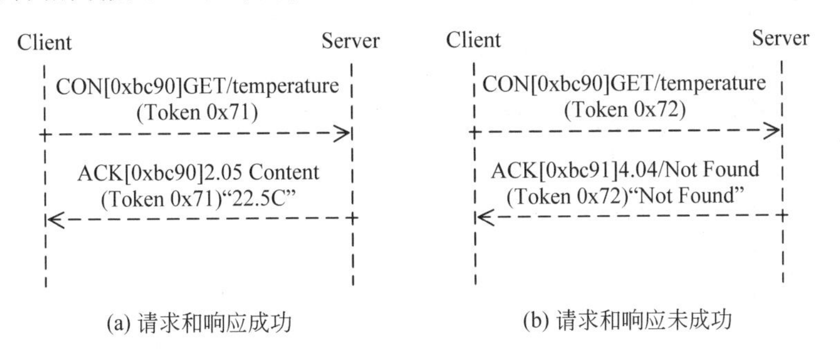


**图9.18　CoAP请求/回复实例**

再看报文尺寸的选择。如果目标路径MTU(最大传输单元)未知,则IP的MTU设为1280B。如果头部大小未知,则报文大小上限为1152B,净载荷大小上限为1024B。

### 6. 资源标识和定位

类似HTTP的http和https标识符规则,CoAP使用coap和coaps资源标识符规则。资源分层次组织,由源服务器管理。源服务器在指定端口监听coap/coaps请求,coaps为安全CoAP请求。标识包括主机标识符和UDP端口号(默认值为5683)。URI余下部分用来标识可使用GET、POST、PUT、DELETE等方法操作的资源。

URI格式如下:

```
coap-URI ="coap:" "//" host [ ":" port ] path-abempty [ "?" query ]
coaps-URI ="coaps:" "//" host [ ":" port ] path-abempty [ "?" query ]
```

下面的3种URI等效,CoAP报文中会出现相同选项和选项值。

```
coap://example.com:5683/~sensors/temp.xml
coap://EXAMPLE.com/%7Esensors/temp.xml
coap://EXAMPLE.com:/%7esensors/temp.xml
```

在上面的第二种URI中,十六进制值7E对应ASCII码字符"~"。

### 7. 代理和缓存

在代理机制中,Intermediary指面向源服务器时既可充当客户端也可充当服务器的终端。有代理和反向代理两种。代理由客户端选定,反向代理则位于服务器方向。

同HTTP一样,CoAP也支持缓存机制。即不需重发请求,直接重用缓存响应,以减少时延,称为freshness机制。确定缓存能否重用,由服务器通过响应中的Max-Age选项来表示,默认值为60s,生存时间小于Max-Age值的响应才可被重用。

在很多应用实例中需为报文分配缓冲区,但考虑节点资源有限,无法为报文分配足够缓冲空间,则接收时该报文净载荷可被删除,只保留报文头部和选项。节点可根据这些信息判断报文后续部分是否应被抛弃,并恢复初始部分,服务器因此也能完整地翻译请求,并返回一个表示请求实体过大的响应码。

**8. CoAP的安全性**

CoAP的安全性威胁主要来自以下5个方面:

(1) 复杂的解析器和URI在处理代码时引入的漏洞。

(2) 代理和缓存导致的保密性和完整性问题。

(3) 放大风险。攻击者可利用CoAP节点将一个小攻击包转换为较大的攻击包,从而使某个终端超负荷而引发DoS(Denial of Service,拒绝服务)。

(4) IP地址欺骗攻击,如伪造Reset/ACK报文或者多播请求等。

(5) 跨协议攻击。攻击者用假冒源地址的报文使某个CoAP终端返回响应报文,该源地址处的受攻击终端收到该响应报文后,会根据不同协议予以解析。

CoAP针对不同的数据报传输安全(DTLS)协议,定义了4种安全模式。

(1) No Sec:无协议级安全性,即禁用DTLS协议,可考虑使用IPSec协议。

(2) Pre Shared Key:启用DTLS协议,节点含预共享密钥列表,每个密钥包含其可进行通信的节点列表。

(3) Raw Public Key:启用DTLS协议,节点含非对称密钥对,但没有X.509证书。每个密钥有从公钥计算得出的标识以及其可通信节点的标识列表。

(4) Certificate:启用DTLS协议,节点含X.509证书的非对称密钥对,同时有一个根信任锚点的列表以验证证书。

在No Sec模式中,节点仅简单发送UDP数据报,仅能防止攻击者从网络与节点之间发送/接收数据包。其他3种安全模式使用DTLS协议,通过coaps模式和安全默认端口得到一个安全关联,认证后实现对通信对方的鉴权。

### 9.6.5 MQTT协议和服务发现协议*

IBM公司的报文队列遥测传输(Message Queuing Telemetry Transport,MQTT)协议旨在使应用和中间件连接嵌入式设备和网络,连接操作使用一对一、一对多、多对多的路由机制,采用发布/订购模式来提供传输灵活性和简便性。

如图9.19所示,MQTT协议包含用户、发布者和中介3个部分,某设备注册为用户,而当相应发布者发布消息时,由中介予以通知。MQTT协议已得到广泛应用,如医疗、监控、能源计量、社交网络通知等,也适用于物联网和M2M环境。其报文格式如图9.20所示。

多播DNS(multicast DNS,mDNS)是一个典型的物联网服务发现协议,使用5353端口,管理设备不须人工重设置,不需要基础设施(传统DNS服务器)即可运行,在基础设施发生故障时也能继续运行。苹果公司的Bonjour就使用了mDNS。

DNS-SD(DNS Service Discovery,DNS服务发现)是另一个服务发现协议,它在发现具有所需服务的主机名之后，可使用 mDNS 将 IP 地址和主机名配成对。注意，IP 地址会改变，而主机名一般不变。Linux 的 Avahi 就使用了 DNS-SD。

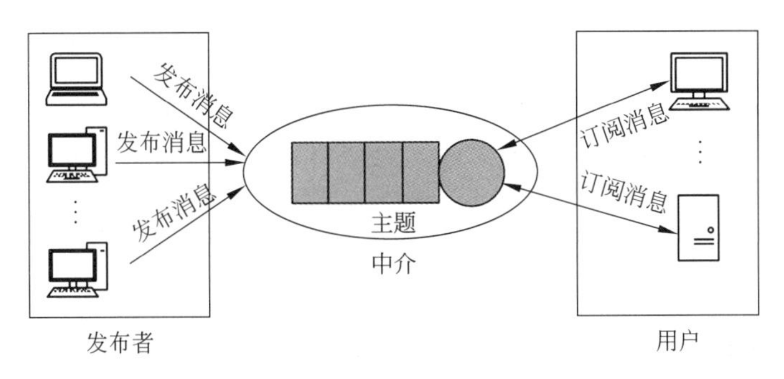


图 9.19　MQTT 协议信息交互示意

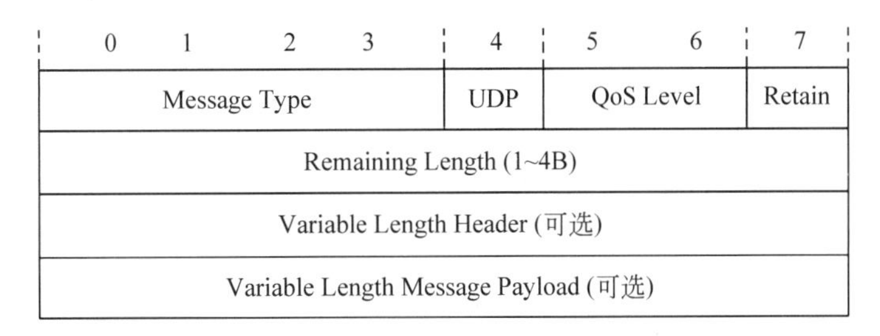


图 9.20　MQTT 协议报文格式

## 9.7　物联网的应用

物联网使大量新应用成为可能，本节简单介绍其中一小部分。

### 1. 物流、交通、移动票务和环境参数检测

1）物流

应用 RFID 和 NFC 可实时监控供应链，包括设计、采购、生产、运输、仓储、分配、半成品/成品销售、售后服务等。可迅速、及时、准确获取信息，使企业或供应链快速反应，物流成本明显下降，效率则大为提高。传统企业从客户提出要求到商品供应的响应时间长达 60 天，而沃尔玛和麦德龙等企业往往只需几天，且基本上接近零库存。

2）交通

在汽车、列车等上面配备传感器、执行器和处理器，可为驾驶员和乘客提供信息、导航和安全保障服务，如避免碰撞和监控危险品运输。车辆能利用交通堵塞和事故信息找到更优路线，提高效率和节能。

3）移动票务

交通服务信息的时刻表、海报或票务设备面板上也可配备 NFC/RFID 标签、可见标记或数字 ID。用户用手机刷设备或对准标签，可自动得到目的地、乘客数、票价、空座和

服务等信息并购票。2010年上海世博会的门票集成了RFID标签,在阅读器上可读出唯一序列号,确保了门票的有效性。

4) 环境参数检测

生鲜物品(如水果、农产品、肉和乳制品等)在生产和销售过程中的运输可能覆盖上千公里甚至更远。对运输过程中的保鲜和完好状况,如温度、湿度、震动等,都需进行检测,以减少进行产品质量检验时的不确定因素。普适计算和传感技术为提高食物供应链效率提供了可能。

### 2. NFC和手机支付

NFC为实现手机支付提供了有效的技术支持。配备NFC芯片的手机支付可以有3种应用模式:卡模式、读卡器模式、点对点模式,分别适用于不同应用场景,可作为非接触式智能卡用于无线支付,或作为读写器用于数据交换与采集。

1) 卡模式

有NFC功能的手机可作为非接触式IC卡,典型应用有直接支付、门禁管理、电子票证等。在商场、交通等非接触移动支付应用中,用户将手机靠近读卡器,并输入密码确认交易或直接交易即可。在该模式下,卡片通过读卡器供电,读卡器从手机中采集数据,然后将数据传输到应用系统进行处理。

2) 读卡器模式

将有NFC功能的手机作为非接触式读卡器,可以从路边海报或其他媒体电子标签上读取相关信息,然后根据应用要求进行处理。有些应用可直接在本地完成,有些则需与网络进一步交互才能完成。该模式的典型应用包括电子广告读取和购买车票、电影票、门票等。该模式还可用于简单的数据获取应用,如公交车站、公园地图信息等。

图9.21 NFC主要应用示意图

3) 点对点模式

两个有NFC功能的手机互联,即可实现点对点数据传输。而多个手机或消费电子设备都可进行无线互联,实现数据交换,如交换名片或其他应用。

由于充分结合了移动类消费电子产品,NFC技术和应用的发展非常迅速,如图9.21所示。用安装了安全NFC芯片的手机进行支付具有巨大的商业前景,被认为是继信用卡、移动互联网支付之后的又一次支付革命,有可能替代传统钱包。在我国,手机支付由银联主导,各大电信运营商和各大银行积极参与。

### 3. 医疗保健

1) 跟踪

跟踪即识别运动物体或人。一是实时定位跟踪,如监控病人流程来提高医院工作效率。二是拥塞点的运动跟踪,如监控进入指定区域的人流或车流。三是管理资产,持续进行库存跟踪(维护、可用性和使用监控)和材料跟踪,如对手术过程中的采样和血液制品进行跟踪。

2) 识别和认证

识别和认证病人,可减少事故性伤害(药物、剂量、时间、过程),维护综合电子病历,防止新生儿错认等。识别医护人员可用于授权访问和改善工作作风。对医院资产方面的识别和认证主要出于安全需要,可以避免重要器具和产品被盗和丢失。

3) 数据收集

利用数据收集,可减少处理时间,实现处理自动化(数据输入和错误收集)、自动诊疗和过程审核、医疗库存管理等,还涉及 RFID 技术与其他医疗信息、临床应用技术的整合。

4) 感知

传感设备以病人为中心,在诊断病人时实时提供病人健康体征信息。其应用领域包括远程医疗、监控病人治疗过程、病人状况警报等。传感器可应用于住院和门诊服务,无线远程监控系统可部署在与病人相关的任何场所。

### 4. 智能环境

1) 舒适家居和办公室

传感器和执行器可分布在房间中,根据个人体感和气温调节供暖通风,在不同时间段改变室内照明,通过监控和预警系统避免事故,在家电不用时将其自动关闭以节能。

2) 工业厂房

可在产品零件上部署 RFID 标签以提高自动化水平。当产品零件到达处理点时,阅读器读取标签,将相关数据和事件通过网络传输。机器或机器人注意到该事件并捡起产品零件。通过匹配整体系统和 RFID,机器明确下一步如何处理该零件。若传感器监测到机器振动超过阈值,立刻产生事件,相关设备立刻予以反应,并通知管理人员。

3) 健身娱乐

在健身房中,教练可将训练安排上传到学员训练机上,训练机通过 RFID 标签自动识别学员。在训练过程中实时监测健康状况,检查数值,判断学员是否训练过度或过于放松。

### 5. 个人和社会应用

1) 社交网络和历史查询

生活环境中的 RFID 标签自动产生有关人和地点的事件,并在社交网络上实时更新。数字日记可记录和统计事件,产生历史趋势图,展示用户活动的时间、地点、人物、过程等。

2) 个人物品管理

物品搜索引擎可帮助人们寻找遗失物品,简单的网页 RFID 应用能让用户了解其标记物品的历史位置记录或寻找特定物品位置,当物品位置符合条件时直接通知用户。如果物品从限制区域未经授权向外移动,表明物品可能被盗,此时可产生事件,实时发出警报。

3) 设备管理

各种设备都可应用 RFID 进行管理,这里以灭火器管理为例。

传统的灭火器管理以人工方式为主,检查记录以纸质表格存档,巡检中发现的情况需填写纸质表格,或事后录入到微机数据库中。但管理中很容易混淆不同灭火器,因为灭火器外观相似,较难辨别。紧急情况下,如需使用或查看某一灭火器时,往往无法及时有效获知相关信息。而灭火器日常管理、定期统计、到期更换等工作也往往效率低下。应用RFID技术,可为每个灭火器配备电子标签,录入生产日期、厂家、巡检情况、是否应送修或报废等信息。这种物联网化管理使得灭火器查验、巡检、使用的效率大为提高。

## 9.8 低功耗广域物联网和窄带物联网*

低功耗广域物联网近几年得到广泛关注,其应用主要面向能源计量、市政管理、消防、消费电子及智慧城市相关领域等。

根据华为公司的估计,2020年全球有约70亿台物联终端设备,其中约30亿台由蜂窝通信网络提供连接。在这30亿台设备中,通信带宽要求为10Mb/s的约2亿台,可以由LTE/LTE-A/5G网络提供连接;通信带宽要求为1Mb/s的约8亿台,由面向机器间通信的LTE-MTC技术提供连接;通信带宽要求为100kb/s的约20亿台,候选的蜂窝技术方案有LoRa、NB-IoT、Sigfox等。

### 9.8.1 长距离低功耗传输*

#### 1. LoRa简介

LoRa(Long Range)意为长距离传输,是Semtech公司推出的在1GHz以下(中国为470~510MHz和779~787MHz,欧洲为433MHz和863~870MHz,美国为902~928MHz)的长距离低功耗数据传输技术,通信距离最长达15km,通信速率最高为50kb/s,接收灵敏度达-148dBm。其工作电流为10mA,休眠电流为200nA,低功耗特性明显。

LoRa技术联盟已成立,积极推广LoRA技术在全球的商用,主要面向功耗低、距离远、大量连接、定位跟踪等物联网应用,如智能抄表、智能停车、车辆追踪、宠物跟踪、智慧农业、智慧工业、智慧城市、智慧社区等。许多城市已经部署了LoRa,许多实际项目(如能源计量、停车场、农场、野生动物保护等)已成功应用。

#### 2. LoRaWAN简介

LoRaWAN是基于LoRa的物理层制定的MAC层协议规范。如图9.22所示,LoRaWAN由终端、网关(基站)、网络服务器和应用服务器4部分组成,应用数据可双向传输。采用星型拓扑,以网关为中继,终端与一或多个网关进行单跳通信,网关通过TCP/IP协议将数据转发给网络服务器,再转发给应用服务器。

在LoRaWAN中,网关可承担每天数百万次的节点间通信(如每次数据包长10B)。网关发射功率为100mW,在城市密集环境可覆盖2km左右,而在郊区覆盖范围可超过10km。LoRaWAN的测距基于信号的空中传输时间而非传统的RSSI(Received Signal Strength Indication,接收信号强度指示),定位则基于多个网关对一个节点的空中传输时

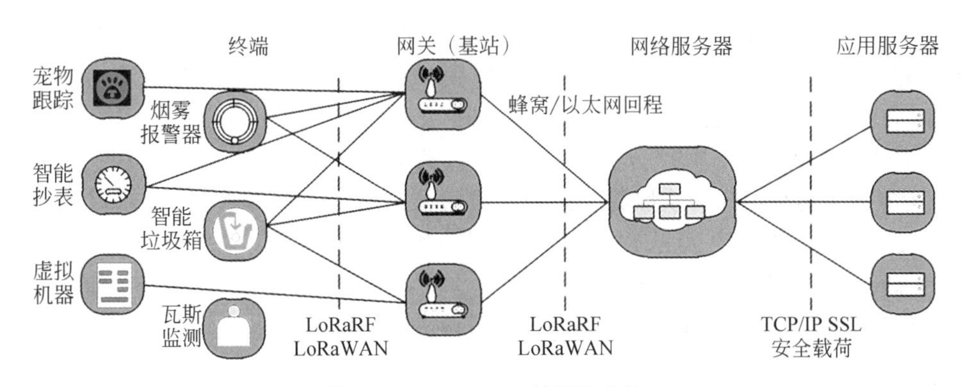


图 9.22　LoRaWAN 的网络结构

间差的测量，10km 范围的定位精度可达 5m。

### 3. LoRa 的物理层

这里以国内的 470～510MHz 为例，将 470.3～489.3MHz 划分为 96 个上行信道（编号为 0～95），将 500.3～509.7MHz 划分为 48 个下行信道（编号为 0～47），单信道带宽 125kHz，信道中心频率相隔 200kHz。网关将 96 个上行信道分成 6 组（每 16 个为一组）。

LoRa 使用线性扩频调制，使用 3 种不同带宽（125/250/500kHz），选择 7～12 的扩频因子（Spreading Factor，SF），不同 SF 互相正交（以消除互扰）。通过偏移符号的起始频率进行数据调制。一个符号表示为 SF(7～12)个比特，带宽被划分成 $2^{SF}$ 份，产生 $2^{SF}$ 个起始位置，传输数据$[0, 2^{SF}-1]$。通信速率（DR）0～5 分别对应 250b/s、440b/s、980b/s、1760b/s、3125b/s、5470b/s。LoRa 数据分组包含前缀码、同步字、帧定界符和数据部分。

### 4. LoRa 的 MAC 层

为接入 LoRa 网络，设备需空中激活（Over The Air Activation，OTAA）。激活后，设备和服务器将存储以下会话信息：设备地址（32b 短地址）、网络会话密钥（上下行一致性校验）、应用会话密钥（加解密上下行应用数据）等。

LoRaWAN 发送信息不使用 CSMA/CA，而使用纯 ALOHA。为减少冲突，采用占空比（duty-cycle）机制。占空比为 1%时，节点如在某信道发送数据用了 10ms，则其后的 990ms 将不能占用该信道。如果发送不成功，将切换到另一信道。

LoRaWAN 设置了 3 类设备，对应不同时延和功耗需求。

A 类设备为默认情况，终端节点根据自身需求发起上行传输，并在上行窗口后开启两个下行接收窗口 RX1 和 RX2。接收窗口大小要保证终端能检测到下行前缀码。一旦检测到下行前缀码，即保持接收态，直至解调完下行帧。设备在有数据发送时，随时进行上行通信，而在其他时间保持睡眠，因此能耗低。A 类设备接收数据不及时，适于时延不敏感的场景。

B 类设备减小了下行通信时延，除开启两个下行接收窗口之外，还开启额外接收窗口。通过接收网关信标及时间参考信息与网关同步。B 类设备收到信标后，周期性打开接收窗口,接收网关发来的下行数据。终端周期性搜索信标,以校准网络时间。

C类设备进一步减小了下行通信时延,增大了设备能耗。C类设备在不需要上行数据传输时也始终开启接收窗口而不休眠,适用于直接供电设备。

LoRaWAN的MAC帧中分为帧头部、帧数据类型和帧载荷。帧头部(最长15B)分为4B的设备短地址、1B的帧控制字段、2B的帧计数器和传输MAC指令的帧选项。帧数据类型区分其后的帧载荷是MAC指令还是应用层数据。

为保障通信安全,LoRaWAN使用双重128位AES进行加密,终端设备使用128位应用会话密钥和64位DevEUI(终端设备标识符)进行区分。

## 9.8.2 窄带物联网*

窄带物联网(Narrow Band IoT,NB-IoT)标准由3GPP主导,目标是定义一种蜂窝物联网无线接入技术,解决覆盖增强、支持巨量低速率设备接入、低时延敏感、超低设备成本、低功耗和网络架构优化等问题。NB-IoT基于已有蜂窝网络,使用授权频段,只占用约180kHz传输带宽,可直接部署于GSM/LTE等网络,成本低,易升级。和LoRa由企业用户自行组网相比,NB-IoT充分利用了已有蜂窝设施,由电信运营商主导。

### 1. 频谱和速率

中国电信的NB-IoT传输频段是上行824～849MHz/下行869～894MHz,中国移动则为上行880～915MHz/下行925～960MHz。NB-IoT支持3种频谱部署方案:保护带、独立、带内,如图9.23所示。

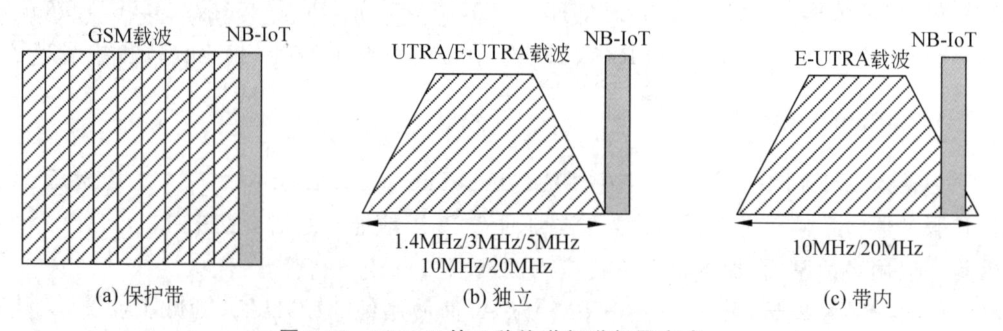


图9.23 NB-IoT的3种信道频谱部署方式

在图9.23中,方式一利用GSM载波的部署,将原提供GSM服务的部分载波移交给NB-IoT使用;方式二独立于既有网络,各自使用独立频谱,无互相干扰,但需一段自身频谱;方式三与已有LTE系统共存,利用LTE频谱边缘信号强度较弱的部分部署NB-IoT,优点是不需要自身频谱,缺点是可能与LTE系统发生干扰,但如果NB-IoT与LTE最旁边的子载波距离200kHz以上,干扰可被有效控制。

NB-IoT可复用已有蜂窝基站,部署效率高,但可能存在覆盖盲区(如地下室等)。NB-IoT也可自建基站,实现深度覆盖,但成本较高。其速率指标是:下行<250kb/s,上行<250kb/s(Multi-tone)或20kb/s(Single-tone)。在典型业务模型下,单小区可支持5万个终端设备接入。

### 2. NB-IoT 的分层技术细节

在 NB-IoT 中，一个下行信道占据 180kHz 带宽，分为 12 个子载波(每个子载波占用 15kHz)。一个时隙长为 0.5ms，其中有 7 个符号。基本调度单位为子帧，一个子帧为两个时隙长，一个无线帧长为 10 个子帧(10ms)，一个系统帧或超帧长均为 1024 个无线帧。

下行同步信号包括主同步信号(负责时间/频率同步)和辅同步信号(含小区 ID 和帧定时信息)。用户设备寻找基站时，依次检测上述信号，识别出小区 ID 后，使用下行小区专有参考信号来解调天线端口数量。下行方向上的窄带参考信号(导频信号)用于测量和评估下行信道质量，以便选择或重选小区、控制上行功率和帮助终端判定信号覆盖级别。

下行物理信道分为窄带物理广播信道(Narrowband Physical Broadcast Channel, NPBCH)、窄带物理下行控制信道(Narrowband Physical Downlink Control Channel, NPDCCH)和窄带物理下行共享信道(Narrowband Physical Downlink Shared Channel, NPDSCH)3 种，采用时分复用形式，轮流出现。

NPBCH 负责承载和广播主系统消息块，包含系统帧号、其他系统消息调度和网络部署方式等。其信息处理流程为：CRC 校验(34b 有效负载附加 16b 校验位)、信道编码(1/3 码率的咬尾卷积码)、速率匹配(增加冗余字段)、加扰(使用小区专用扰码序列)、分段(加扰信息块分为每个长 200b 的 8 个编码子块)、QPSK 调制、资源映射(编码子块调制后的信号重复传输 8 次，并扩展到 8 个无线帧长时间间隔)。

NPDCCH 负责承载下行控制信息，即一个或多个用户设备上的资源分配和其他控制信息。

NPDSCH 传输系统的下行业务数据和系统消息，如单播业务、寻呼消息、随机接入响应等。

为避免信号覆盖较弱的用户设备长时间连续传输和占用下行信道，NB-IoT 引入下行传输间隔，重复次数较多的 NPDCCH/NPDSCH 仅占用部分子帧，让出其他子帧给其他信号覆盖较好的用户设备。

NB-IoT 上行占据 180kHz 带宽，可分为 12 个子载波(每个子载波占用 15kHz)或 48 个子载波(每个子载波占用 3.75kHz)。3.75kHz 具有更大的功率谱密度增益和覆盖能力，因此 48 个子载波使调度更灵活。在低速率应用场景下，一个用户设备可使用一个 3.75kHz 或 15kHz 子载波；在高速率应用场景下，一个用户设备可使用 1 个、3 个、6 个或 12 个 15kHz 子载波。

15kHz 的子载波间隔沿用传统 LTE 的 0.5ms 标准时隙，一个无线帧长为 20 个标准时隙。而对 3.75kHz 的子载波则使用长 2ms 的窄带时隙，一个无线帧长为 5 个窄带时隙。两种子载波间隔的一个标准/窄带时隙所占用的时频资源是等效的。

NB-IoT 在上行中根据子载波间隔大小、子载波占用数量分别规定了相应的资源单位(Resource Unit, RU)作为资源分配的基本单位，即时域和频域资源组合后的调度单位。

上行信道分为窄带物理上行共享信道(Narrowband Physical Uplink Shared Channel, NPUSCH)和窄带物理上行随机接入信道(Narrowband Physical Random

Access Channel,NPRACH),前者传输上行数据和控制信息,后者用于用户设备的随机接入。

在极端覆盖情况下,上行信号传输时间会长达几秒,随着时间的推移,可能出现频偏,影响下行质量。为此,NB-IoT 引入上行传输间隔,信号在上行传输一段时间后,可返回下行矫正频偏,再继续上行传输。

NB-IoT 的上下行采用异步混合自动请求重传,根据新收到的下行控制信息来调整重传时间和使用资源。下行接入采用 OFDMA,上行采用 SC-FDMA(Single Carrier FDMA,单载波频分多址)。

为降低用户设备译码复杂度,下行数据传输使用适合小数据包传输的咬尾卷积码,而上行使用 Turbo 码。

为建立和网络的上行同步关系或请求分配专用资源用于数据传输,终端设备需发起随机接入,步骤如下:①用户设备发送随机接入请求;②基站返回随机接入响应;③用户设备进行上行调度传输;④基站进行争用控制。

NB-IoT 可基于当前物理层和 MAC 层标准构建网络层协议和传输层协议,例如使用经典的 AT 命令调用 IP 和 UDP 等服务。

### 3. NB-IoT 的性能指标和应用领域

NB-IoT 比 LTE 提升了 20dB 的增益,能覆盖到地下车库、地下室、地下管道等传统蜂窝信号难以到达的地方,通信距离最长可达 15km。

考虑到支持大量用户同时在线、低功耗、短暂唤醒、对时延不敏感、可大量重传(最多200次)的特点,NB-IoT 无法保证实时性,只适用于时延不敏感的应用。一般允许时延约10s,但实际可更低(如 6s)。例如,用户设备发送首个数据包的时延为用户设备接入时延、上行数据调度发送时延、网络侧时延、下行数据调度接收时延之和,可能涉及各种争用、调度、轮候时隙、重传等。

在 NB-IoT 节电模式下,终端仍注册在网,但信令不可达,从而使终端长时间处于休眠以节电。NB-IoT 还新增了 eDRX(extended Discontinnous Reception,增强的非连续接收)功能,进一步延长了终端在空闲模式下的休眠周期,减少了接收单元不必要的启动,比节电模式提升了下行可达性。

在耦合损耗 164dB 的恶劣环境下,可同时部署节电模式和 eDRX,如果终端每天发送一次 200B 报文,5W・h(瓦时)的电池寿命可达数年。

NB-IoT 主要面向移动性不强的应用场景(如智能抄表、智能停车),也可降低终端复杂度和功耗。NB-IoT 不支持连接态的移动性管理(测量、报告、切换等)。

NB-IoT 适合低功耗、长待机、深覆盖、大容量、低速率、静态/非连续移动、实时传输、时延低敏感的业务类型,主要包括:

- 自主异常报告,如烟雾报警、电表停电通知等。上行数据量极小(10B 量级),周期为年、月等。
- 自主周期报告,如公用能源表计量、智慧农业、智慧环境等。上行数据量较小

(100B 量级),周期为天、小时等。

- 网络指令业务,如开/关、设备触发、请求抄表等。下行数据量极小(10B 量级),周期为天、小时等。
- 软件更新,如软件更新。上下行数据量较大(千字节量级),周期为天、小时等。

以基于 NB-IoT 的智能煤气表为例,可将其整合到蜂窝网络中,发送数据给表中模块。可将煤气表置于橱柜等隐蔽环境,无外接电源,能有效解决覆盖及功耗等问题。

## 9.9　物联网应用系统开发

传统的物联网应用系统开发流程如下:

(1) 根据需求,构思应用程序的功能和逻辑。

(2) 选择合适的开发板、外设、扩展板,设计硬件连接图,组装硬件平台。

(3) 编写应用程序代码,包含网络配置和外设引脚连接等。

(4) 交叉编译程序,生成二进制程序文件。

(5) 将二进制程序文件烧录到开发板中。

(6) 观察输入和输出结果,调试程序。

与传统互联网应用系统开发相比,上述物联网应用系统开发流程显然复杂得多。开发者要了解和掌握相关硬件的特性,熟悉各类外设在不同硬件平台下的驱动程序编写,还需要考虑不同外设驱动库对所选硬件平台的兼容性等问题。

为提高物联网应用系统的开发效率,浙江大学物联网系统与网络实验室提出软件定义硬件、自顶向下的开发思路,并设计了快速开发系统 TinyLink,开发步骤如下:

(1) 编写程序代码。用 TinyLink 提供的 API 编写与硬件无关的应用程序代码。

(2) 上传到云端。TinyLink 系统基于该应用程序代码自动生成合适的硬件配置和二进制代码并上传到云端。

(3) 获取输出。获得硬件配置、可视化硬件连接图和该应用程序的二进制代码。

(4) 组装物联网平台。开发者根据上述硬件配置,准备相应硬件,组装硬件平台。

(5) 烧录应用程序。可通过 TinyLink 工具一键完成。

开发物联网应用系统需要用到物联网云平台。目前,亚马逊公司的 AWS IoT 是全球市场份额第一的物联网云服务平台,微软公司的 Azure IoT 也具有较大的市场份额,国内最大的物联网云服务商是阿里云。

物联网教育科研平台 LinkLab(http://www.emnets.org/linklab)具有两大特点:

- 允许远程开发。对大量物联网设备进行集中管理,允许用户远程开发。
- 采用 WebIDE 技术。开发者打开浏览器就可访问完整的 IDE 开发环境,无须安装本地的开发环境。

LinkLab 支持 Contiki OS、AliOS Things、TinyLink 等多种物联网操作系统和开发环境,也为阿里云 IoT 工程师考试及资格认证提供技术支撑。

## 9.10 物联网的实验

为便于读者加深对本章知识的理解，本节提供了多项紧密结合本章各项技术内容的物联网实验。实验内容较多，读者可根据实际情况选择完成。

### 1. RFID和NFC数据读写和传输实验

本实验针对RFID和NFC两种卡进行通信和数据读写。RFID实验如图9.24所示，事先将IC卡(带RFID芯片的校园卡)的序列号与持卡人信息相对应，将持卡人信息存入数据库。当IC卡放在RFID读卡器上方时，读卡器利用RFID协议读取IC卡序列号，再将序列号发送至单片机，单片机再将数据传给蓝牙模块，再利用BLE 4.0协议发至手机端，手机端App可利用数据库进行各项操作。NFC实验和RFID实验类似。两个实验的操作说明和实验过程详见本书配套电子资源和实验手册。

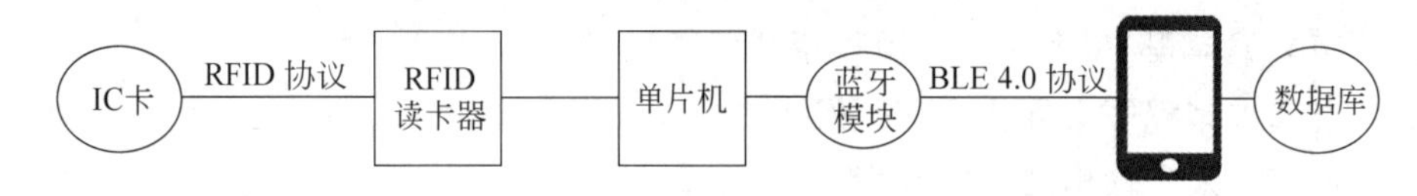


图9.24 RFID实验示意图

### 2. 树莓派安装和配置无线路由器实验

本实验在树莓派上安装操作系统，并完成简单的配置，使树莓派成为一个带DNS服务的无线路由器。首先准备一张SD卡，将树莓派操作系统Raspbian用Win32DiskImager烧录到SD卡上。然后将SD卡和配套无线网卡插入并启动树莓派，进行相关配置工作。最后进行网络设置，并完成安装DNS服务、实现无线共享、为WiFi用户设备自动分配IP地址等操作，使该树莓派成为一个带DNS服务的无线路由器。本实验的操作说明和实验过程详见本书配套电子资源和实验手册。

### 3. 传感器节点的Contiki系统安装配置实验

本实验安装、操作和使用物联网的Contiki系统。利用两个CC2530节点为硬件载体，烧录Contiki系统，烧录后的节点可用作终端节点或协调器节点。配置Contiki系统的传感器节点通信示意图如图9.25所示，一个节点作为终端，另一个节点作为协调器，二者相互发送数据以实现通信。本实验的操作说明和实验过程详见本书配套电子资源和实验手册。

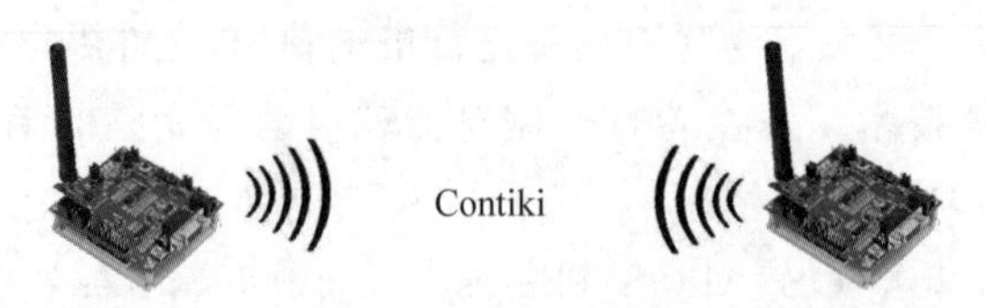


图9.25 配置Contiki系统的传感器节点通信示意图

#### 4. Contiki 环境下的 CoAP 协议仿真实验*

本实验在 Contiki 环境下利用 Cooja 仿真器模拟 CoAP 协议交互过程和数据分析。首先创建一个服务器端节点和一个客户端节点，在图 9.26 中，节点 1 为服务器端，节点 2 为客户端。节点 2 向节点 1 发送请求，节点 1 收到请求后回复“Hello World!”，如图 9.27 所示。本实验的操作说明和实验过程详见本书配套电子资源和实验手册。

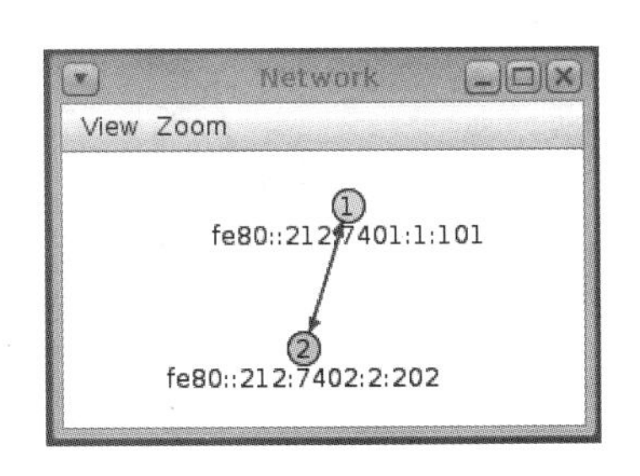


图 9.26 网络拓扑

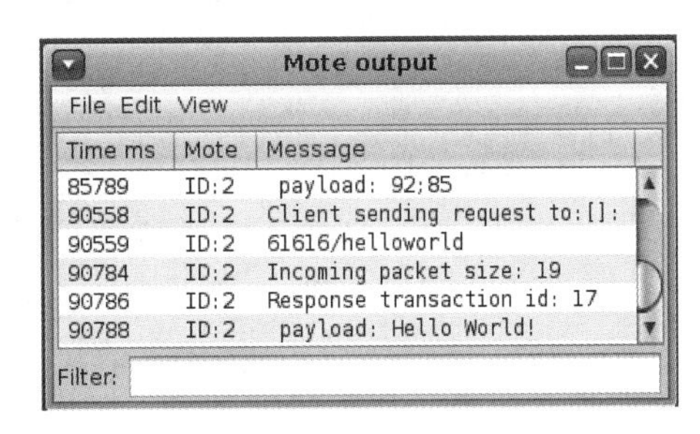


图 9.27 节点输出信息

#### 5. Contiki 环境的 RPL 协议仿真实验*

本实验使用 Cooja 仿真器通过 RPL 协议组网，传输层采用 UDP 协议。网络由 DODAG 根节点和普通节点组成，根节点主要完成终端数据的汇聚，终端节点主要负责产生和上传数据，并根据 DODAG 转发邻节点数据。首先根节点广播 DIO 报文以组建 DODAG，收到 DIO 的终端节点根据自身情况陆续加入该 DODAG。当所有终端节点都加入 DODAG 后，生成终端数据报文“Hello 1”，封装成 UDP 报文段，通过单跳或多跳发送至根节点。根节点收到后予以显示。图 9.28(a)为网络拓扑，其中 1 为根节点，其余均为终端节点。可看到终端节点 11 产生数据经过终端节点 17、27、20 后传至根节点 1。图 9.28(b)为根节点和终端节点输出信息，根节点成功收到终端节点 11 发送的终端数据。本实验的操作说明和实验过程详见本书配套电子资源和实验手册。

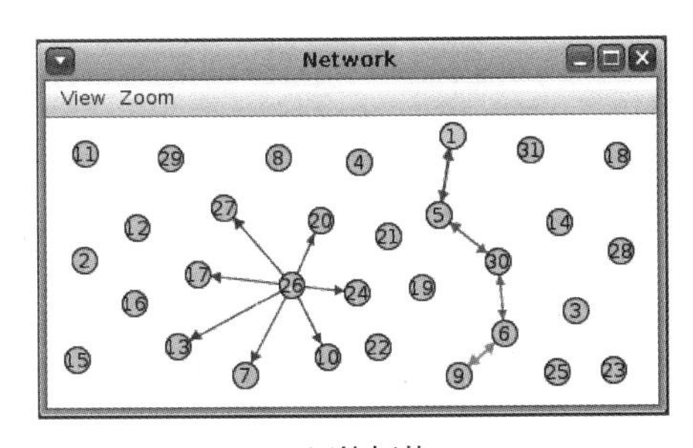


(a) 网络拓扑

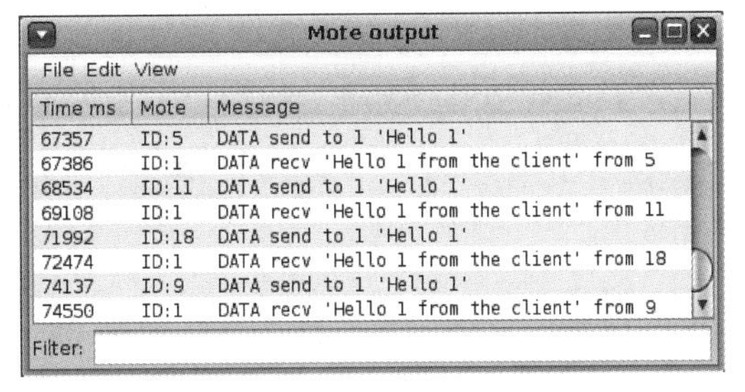


(b) DODAG根节点和终端节点输出信息

图 9.28 RPL 协议仿真实验示意图

#### 6. 基于 Contiki 和 RPL 的无线传感网组网实测实验*

本实验使用 RPL 协议在实际环境中组建物联网。具体使用无线传感器节点，通过

RPL 路由协议组成一个 WSN。整个网络由搭载温度/湿度传感器模块的普通节点和 DODAG 根节点两部分组成。普通节点负责采集、存储和上传温度和湿度信息,并根据 DODAG 转发邻节点发送的温度和湿度信息。根节点完成温度/湿度数据的汇聚并上传至 PC。网络拓扑如图 9.29 所示,节点数量可根据情况自行选择,力求能体现实验效果。本实验的操作说明和实验过程详见本书配套电子资源和实验手册。

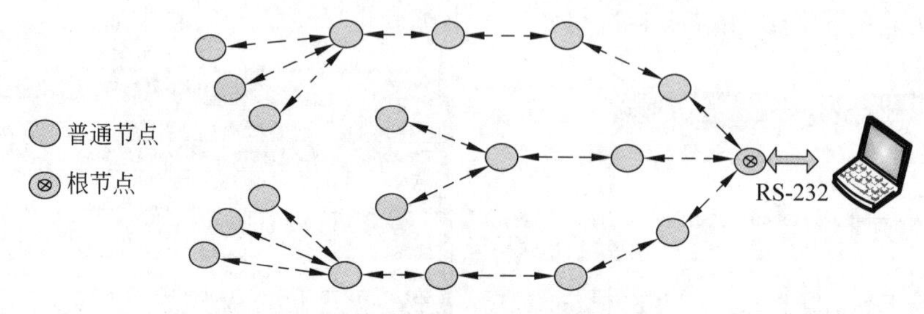


图 9.29 RPL 协议实测实验网络拓扑

# 习题

9.1 人们从多种视角提出了不同的物联网观点,请予以简单分析。

9.2 简述基于 SOA 的物联网中间件架构层次。

9.3 比较并分析 RFID 和 NFC 的技术特点。

9.4 在生活中找到一个 RFID 的应用实例,分析其功能原理和技术特点。

9.5 NFC 支付和二维码支付方式各有什么优劣?

9.6 物联网的操作系统众多,选择一个,列举其主要技术特点。

9.7 物联网的硬件平台众多,选择一个,列举其主要技术特点。

9.8 简述 6LoWPAN 如何将一个普通的物联网设备地址转换为一个 IPv6 地址。*

9.9 和互联网的经典路由协议(如 RIP)相比,RPL 协议的原理特点是什么?*

9.10 为什么传统的 TCP 传输协议不适合物联网环境?*

9.11 什么是 CoAP? 说明其基本原理和协议特点。*

9.12 除了本章介绍的之外,给出一种其他的物联网应用,予以完整描述。

9.13 比较 LoRa 和 NB-IoT 二者的技术特点,分析其应用前景。*

9.14 登录 LinkLab(http://www.emnets.org/linklab),尝试接触物联网应用系统开发。

# 扩展阅读

1. ACM 移动计算和网络年会,https://www.sigmobile.org/mobicom。
2. 阿里物联网操作系统,http://www.alios.cn/things。
3. 华为物联网操作系统,https://www.huawei.com/minisite/liteos/cn/。

# 参考文献

[1] ATZORI L，IERA A，MORABITO G. The Internet of Things：A Survey[J]. Computer Networks，2010，54(15)：2787-2805.

[2] 刘云浩. 物联网导论[M]. 2版. 北京：科学出版社. 2013.

[3] 吴功宜，吴英. 物联网工程导论[M]. 北京：机械工业出版社. 2012.

[4] 张彦，YANG L T，陈积明. RFID与传感器网络：架构、协议、安全与集成[M]. 北京：机械工业出版社，2012.

[5] MICHAHELLES F，THIESSE F，SCHMIDT A，et al. Pervasive RFID and Near Field Communication Technology[J]. IEEE Pervasive Computing. 2007，6(3)：94-96.

[6] FUQAHA A，GUIZANI M，MOHAMMADI M，et al. Internet of Things：A Survey on Enabling Technologies，Protocols，and Applications[J]. IEEE Communications Survey & Tutorials，2015，17(4)：2347-2376.

[7] 谭元蕊. 基于RPL的无线传感器网络层次型路由研究与实现[D]. 北京：北京交通大学，2016.

[8] 刘紫青. 基于M2M网关的CoAP协议实现[D]. 武汉：武汉邮电科学研究院，2012.

[9] HAHM O，BACCELLI E，PETERSEN H，et al. Operating Systems for Low-End Devices in the Internet of Things：a Survey[J]. IEEE Internet of Things Journal，2016，3(5)：720-734.

[10] 董玮，高艺. 从创意到原型——物联网应用快速开发[M]. 北京：科学出版社，2019.

# 第10章 无线车载网络和智能交通

随着经济发展，我国进入了汽车时代，各种交通问题日益凸显。信息技术尤其是无线网络可以发挥很大作用。继物联网之后，车联网也将成为智慧城市的重要组成部分。本章介绍车内网络技术、车载网络的应用分类和要求、智能交通系统的组成和架构标准、IEEE 802.11p 协议、无线车载网络面临的技术挑战和研究进展等，最后提供相关实验。

## 10.1 智能交通系统和无线车载网络概述

智能交通系统（Intelligent Transportation System，ITS）是指将通信、电子、计算机、控制等各种信息技术应用于交通运输行业而形成的信息化、智能化、社会化的新型运输系统。ITS 能实时采集、传输和处理交通信息，借助各种技术手段和设备，协调处理各种交通问题，建立实时、准确、高效的综合运输管理体系，充分利用交通设施，实现智能化的交通运输管理。

车载网络（vehicle networking）也被称为车载自组织网络（Vehicle Ad hoc Networks，VANET）或者车联网（Internet of Vehicles，IoV），是智能交通的核心技术基础。它可实现车辆间（Vehicle to Vehicle，V2V）、车辆与路边基础设施之间（Vehicle to Infrastructure，V2I）的无线通信，利用各种传感、通信、计算、控制等技术，对车辆、道路和交通进行全面感知，实现大范围、多系统、大容量、高度实时的数据交互，提升交通效率和保障交通安全。

## 10.2 车内网络*

在介绍车辆之间、车辆与路边基础设施之间的无线车载网络之前，先介绍一下车内网络。目前越来越多的汽车配备了各种不同的车内网络，这些车内网络将与外部的无线车载网络有效结合和互补，共同打造智能交通网络。

车内网络也分无线和有线。应用较广的无线网络技术有蓝牙、ZigBee、UWB、WiFi 等；而应用较广的有线网络技术主要有 5 种，分别是本地互联网、控制器区域网、FlexRay、车内以太网和面向媒体的系统传输。

### 1. 本地互联网络

本地互联网络(Local Interconnect Network,LIN)的特点是低成本、低速率和易实现,常用于简单和非时延敏感应用,如中央门锁激活、车窗升降、镜子调整、方向盘按钮模块、低刷新率传感器等。一辆高档汽车上可以配置30多个LIN节点。LIN的主要技术细节如下:

(1) 使用UART(Universal Asynchronous Receiver/Transunitter,通用异步收发器)端口来传输串行数据。UART端口在几乎所有微控制器上都可用,普通芯片都可作为LIN控制器。

(2) 需较少的物理通信线缆。LIN节点只需要用一个非屏蔽信号线传输数据,其他节点只需测量线路上相对本地的电压即可。

(3) 软件协议栈易开发,只需有限的内存空间。典型的LIN 2.2主节点软件协议栈仅占用3~5KB,几乎所有的单片机控制器都可使用LIN。

LIN使用总线拓扑,运行在主从模式。从节点和主节点在每一次报文头部传输时同步,并用所要求的比特率同步剩余的帧。一个网络中仅有一个主节点和最多15个从节点。不同从节点根据主节点的调度表访问网络。一个网络的总线长不超过40m。

LIN仅需3层架构,即物理层、数据链路层和应用层,常用波特率为19.6kb/s,协议效率约51.6%,即理论载荷上限是10.12kb/s。

针对可靠性问题,LIN采用补码加法校验检测传输错误,在检测最高有效位错误上优于整数加法校验。还有奇偶校验、读回不匹配监控、误差位响应等其他机制。

相比其他车内网络类型,LIN尽管容错能力有限,但它的轮询传输机制可有效地消除消息冲突和仲裁延迟。其他网络可采用这种机制以提高信号确定性。

### 2. 控制器区域网

控制器区域网(Controller Area Network,CAN)在车内动力系统和车身电子系统中应用较多。一个原因是CAN收发器成本低廉。大多数汽车微控制器单元已装备CAN控制器,加上CAN收发器和电缆,现有网络即可支持CAN。CAN有成熟的工具链,如设计数据字典、自动生成代码、网络仿真和软件验证等,开发成本较低。

CAN能适应各种拓扑类型。例如高速CAN网络(波特率高于125kb/s)为总线拓扑,线缆两端有两个120Ω终端电阻。低速容错CAN可用于总线型或星形拓扑,波特率为40~125kb/s,终端电阻几乎分布在所有节点上。单线CAN主要被通用汽车公司使用,支持环状和星形拓扑,波特率为33.3kb/s,终端电阻为9.09kΩ。

CAN也仅有物理层、数据链路层和应用层。在CAN中,不需任何全局定时器或中心协调器。节点接收消息时和发送方同步时间。节点一般基于事件驱动访问网络,意味着当发送事件就绪且总线空闲时,每个节点都可访问总线。但当多节点同时传输时,需通过非破坏性的CSMA/CA方案争用总线,消息ID越小,则传输优先级越高。这种MAC机制使网络设计较为灵活,但给要求严格的安全应用带来了困难。

CAN总线最长为40m,节点间距最短为0.1m。节点数量上限取决于波特率、传输介质、CAN驱动、特定应用要求等因素。确定节点数量的基本原则是：考虑传播时延的情况下，同一网段中每两个节点应能采样到相同比特值。极端情况下，CAN总线负荷为30%～33%。

CAN协议的标准数据帧结构如图10.1所示，最大载荷为64b，相应帧长为108b，即最大协议效率约59%。考虑到常用的500kb/s波特率，理论上总线最大有效数据传输速率约为296kb/s(不考虑帧间域)。但实际上该传输速率远达不到，因为总线负载通常需要较低速率来抵消非确定性和诊断帧。

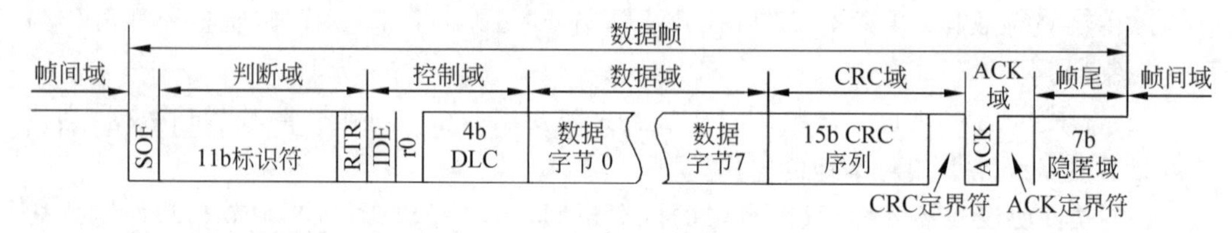


图10.1　CAN协议标准数据帧结构

CAN的抗噪性较为突出。可使用非屏蔽双绞线，比LIN非绞线电缆有更高的抗外部共模干扰能力。而绝大多数CAN收发器还提供了检测机制，以发现各种不同的物理层故障，有助于增强网络的健壮性。

在容错性方面，CAN协议提供了多种机制进行差错检测，如发射机自检(比特差错和确认差错)、接收机交叉检查、双边检查(填充和格式差错)。

如果一个CAN节点检测到错误，可通过一个错误标志通知该网段中的其他所有节点。采用差错计数器方案，如果累积误差低于可接受阈值，则忍受以免不必要的响应。若差错计数器已达256，可通过总线离线机制迅速释放网络。

当然，CAN仍有一些重要的缺陷，尤其是在面对高安全应用程序时。

在传统的CAN争用机制下，不确定性无法避免。而最小编号ID的节点优先访问总线，其他报文即使更为紧急也必须等待总线空闲。有研究建议使用TDMA及多通道时钟同步方案等。为了防止一个拥有极小编号ID的节点不断发送垃圾信息，破坏网络正常通信的情况，可以引入总线守护机制加以限制。

**3. FlexRay**

FlexRay标准由奔驰汽车公司主推，其传输速率和容错性优于LIN和CAN，当然其部署成本也略高。为实现高容错性，一个仅有两个节点的简单FlexRay网络也要配备4个收发器和两条单独线缆。如果FlexRay配备了X-by-Wire系统(如线控转向或线控刹车)，可取代传统机械部件(如转向柱或液压制动通道)，能有效节省总体成本。

FlexRay有两个10Mb/s的平行信道，其中之一可作为备份以防通信故障。两个信道相互独立，如果传输不同数据，则最大传输速率可达20Mb/s(以损失冗余性为代价)。FlexRay只有物理层、数据链路层和应用层。其传输特点包括：同一周期可同时传输静态数据和动态数据，有效载荷比LAN和CAN更大；拓扑灵活。

如图10.2所示，一个FlexRay传输周期分多个时隙。所有节点时间同步，在特定时隙,报文必须含特定 ID 才可访问总线。静态段适于传输时间关键型数据,如汽车安全驾驶动力控制信号。由于仅指定 ID 才能使用静态时隙,因此不会出现总线仲裁时延。而动态段具有 ID 优先的特性,保留给事件驱动/自发报文。发送方在动态窗口通过类似 CAN 的 MAC 机制争用总线访问权。FlexRay 适合处理时间关键型数据与事件驱动报文相混合的场景。

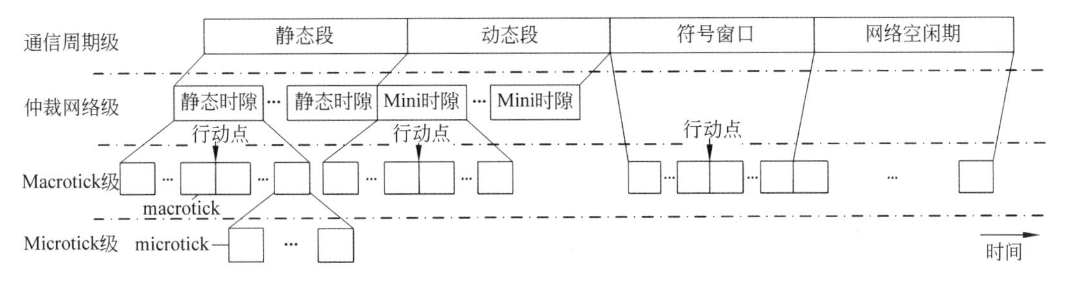


**图 10.2　FlexRay 传输周期**

高负载和低开销是 FlexRay 的另一优点。FlexRay 帧最大有效载荷达 254B,相应帧长为 262B,理论最大协议效率为 97%。当然,由于静态段的未使用部分和不可预知的动态浪费,带宽并不能被全部利用。可考虑多路复用,以更好地利用动态段。也有研究提出优化静态段或利用未使用的静态时隙来传输动态报文。

FlexRay 的拓扑较灵活,支持点对点和星形结构,包括被动总线型拓扑和混合拓扑。

其容错性主要体现在两个独立信道上,不仅硬件路径在物理上分离,而且信号采样、编解码、冗余校验等也分离,采用 32 位 CRC 校验和总线守护机制。当然,FlexRay 也有一些不足,如不支持故障通告/应答机制,这意味着接收方仅丢弃错误而不通知发送方;又如,未提供重发机制,如果一个静态报文未能成功地在一个时隙中交付,发送须等到下一周期。

#### 4. 车内以太网

应用需求的增长使车内网络需要更大的带宽。以太网逐渐成为下一代车内网络中非常有前景的选择,将在新车中普遍得以应用。

考虑成本因素,已经很成熟的千兆以太网技术目前不适合车内网络。BroadR-Reach 技术显著降低了车内以太网成本,它支持在一对非屏蔽双绞线中以 100Mb/s 的速率进行全双工多路访问,且兼容独立介质接口,可无缝集成到现有以太网。与以前用于音视频传输的 LVDS 线缆相比,双绞线可降低 80%的成本和 30%的重量。

车载以太网方案仅有物理层、数据链路层和应用层。载荷和协议效率较高。与传统 CSMA/CD 机制相比,车载以太网的冲突问题通过分段解决,即不同节点连接高速以太网交换机,一个节点只与交换机在同一冲突域,不与其他节点直接通信。

针对视频传输,IEEE 802.3bp 有望作为下一代汽车以太网标准,它使用精简双绞线千兆以太网。车内以太网的发展趋势是增加带宽和降低成本,以适于传输时间关键型报文,这也是无人驾驶汽车的技术关键。车载以太网的两个代表性协议是音视频桥接和

TTEthernet。

### 5. 面向媒体的系统传输

面向媒体的系统传输(Media Oriented Systems Transport,MOST)是在车内网络中传输多媒体和娱乐信息数据。MOST 迄今经历了 MOST25(光)、MOST50(电/光)、MOST150(同轴电缆/光)多个阶段,传输速率分别为 25Mb/s、50Mb/s、150Mb/s,其同步和异步数据传输都较为可靠。

MOST 物理层的主要成本是连接器和收发器,其原因在于光学连接器必须屏蔽和放在独立环境中,而且光接收机和发射机需分开放置。

MOST150 的前景较好,它支持传输音视频的高吞吐量、低误码率和确定性,较适合高级驾驶辅助系统。

当然,MOST 也有不足。例如,环传输结构中的一个故障可能导致整个网络失效;另外,光纤温度适应性有限,使 MOST 较难部署在车身之外。

## 10.3 无线车载网络的应用分类和要求

### 1. 无线车载网络的应用分类

无线车载网络的相关应用包括主动道路交通安全应用、交通效率和管理应用以及信息娱乐应用。

1) 主动道路交通安全应用

据统计,交通事故中有相当比例涉及交叉路口碰撞、迎面碰撞、追尾碰撞和侧面碰撞。主动道路交通安全应用主要为司机提供信息和帮助,避免上述碰撞。预测碰撞的路边单元与车辆之间共享信息,可提供车辆位置、交叉位置、速度和距离导航等信息。此外,车辆与路边单元的信息交换可提示湿滑地段或沆洼地带等危险区域。

2) 交通效率和管理应用

交通效率和管理应用的重点是调节流量、交通协调和交通援助,提供最新位置,如地图信息和相关空间或时间信息。速度管理和导航合作是两种典型应用。速度管理主要帮助司机管理车速,顺利驾车,避免不必要的停车,常见的应用是监控速度限制通知和绿灯最优通过速度咨询等。而导航合作则通过车辆间协作和车辆与路边单元协作,提供导航信息,以提高交通效率,常见的应用是交通信息和建议行程以及合作自适应巡航控制。

3) 信息娱乐应用

无线车载网络的信息娱乐应用可分为两大类:一个是可从本地得到的信息娱乐服务,如本地活动、本地电子商务和多媒体下载等;另一个是互联网服务,使司机获知保险和金融服务、车队管理和停车区管理等信息。

### 2. 无线车载网络的要求

无线车载网络的主要要求如下:

(1) 战略要求。一是车载网络的部署水平,二是政府或组织定义的战略。

(2) 经济要求。如商业价值、案例客户感知价值、采购和持续成本、回报期等。

(3) 系统功能要求,具体如下:

- 无线通信能力。包括单跳通信范围、无线信道、可用带宽和比特率、信道鲁棒性、无线信号传播遇阻的补偿(如使用路边单元)等。
- 网络通信能力。包括传播模式(如单播、广播、多播和面向一个特定区域的地理广播)、数据汇集、拥塞控制、信息优先权、信道管理方式和连接实现、IPv6 或 IPv4 寻址支持、互联网接入点变化的相关移动管理。
- 汽车绝对定位能力。采用两种导航定位方式:全球导航定位,如 GPS、北斗等;组合导航定位,如 GPS 或北斗与本地 GIS 系统结合。
- 其他车辆能力。包括传感器和雷达的车辆接口以及车辆导航功能。
- 车辆通信安全能力。包括隐私和匿名、完整性和保密性、抵抗外部攻击、接收数据真实性、数据和系统完整性。

(4) 系统性能要求。包括最大延迟时间、更新和重发信息频率、车辆定位精度、无线电覆盖范围、误码率、无覆盖盲区、签署和验证信息和证书。

(5) 组织要求。包括应用案例的共同和一致命名库及地址目录、IPv6/IPv4 地址分配方案、不同 ITS 的互操作性、安全要求支持、车辆名称和地址的全球分布。

(6) 法律要求。包括支持和尊重客户隐私、执行者责任、合法监听。

(7) 标准化和认证要求。包括系统标准化、ITS 站点标准化、产品和服务一致性测试、系统互操作性测试和系统风险管理。

## 10.4　智能交通系统组成、架构标准和应用

在无线车载网络和智能交通系统中,车辆应配备车载设备(On-Board Equipment, OBE),包括多个功能模块,如定位导航、传感检测、信息采集、数据处理、无线通信、控制器等。而路边基础设施也称路边设备(Road Side Equipment, RSE),提供一定范围内的数据交换、存储转发、信息处理等功能,从一定意义上可看作无线车载网络的"基站"。

### 1. 美国的智能交通系统架构和标准

先来看美国交通运输部的 ITS 架构,如图 10.3 所示。它提供了一个通用框架,可规划、定义和集成 ITS。该架构包含了以下定义:一是 ITS 必需的功能,如收集交通信息或请求路由;二是这些功能所处的物理实体或子系统,如场所、路边单元或车辆;三是如何将这些功能和物理子系统通过信息流和数据流联结成一个整体系统。图 10.3 中各种物理要素分属于 4 个子系统:中心、场地、车辆和乘客。

另一个在美国广泛采用的 ITS 架构是 IntelliDrive 系统架构,如图 10.4 所示。它包含如下网络实体:车载设备、路边设备、服务交付点、企业网络操作中心和认证授权管理机构。该架构采用车载环境无线接入(Wireless Access in the Vehicular Environment, WAVE)协议栈,如图 10.5 与图 10.6 所示。

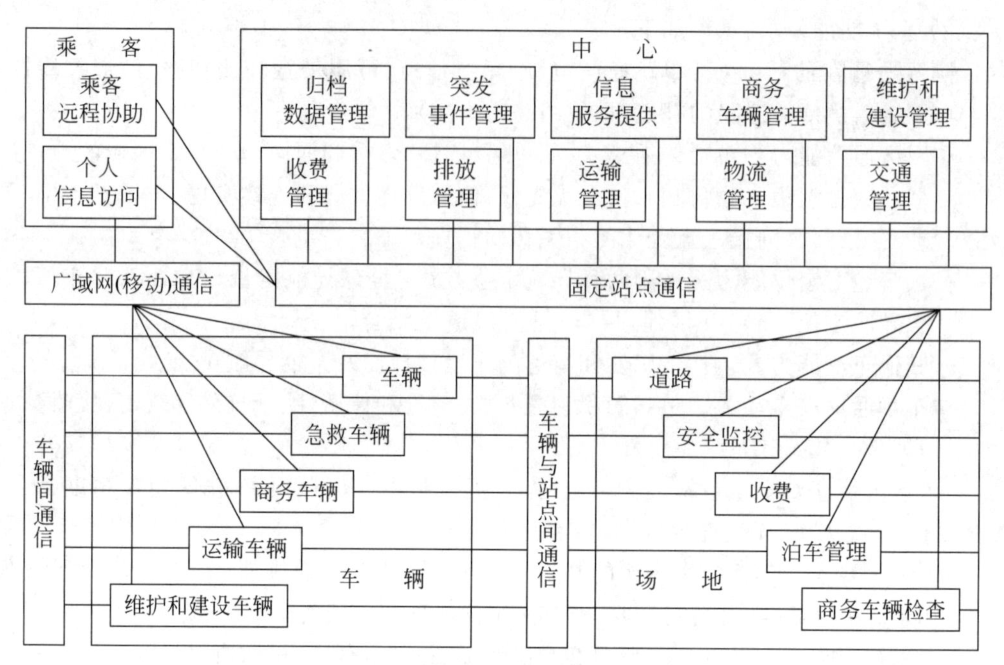


图 10.3　美国交通运输部的 ITS 架构

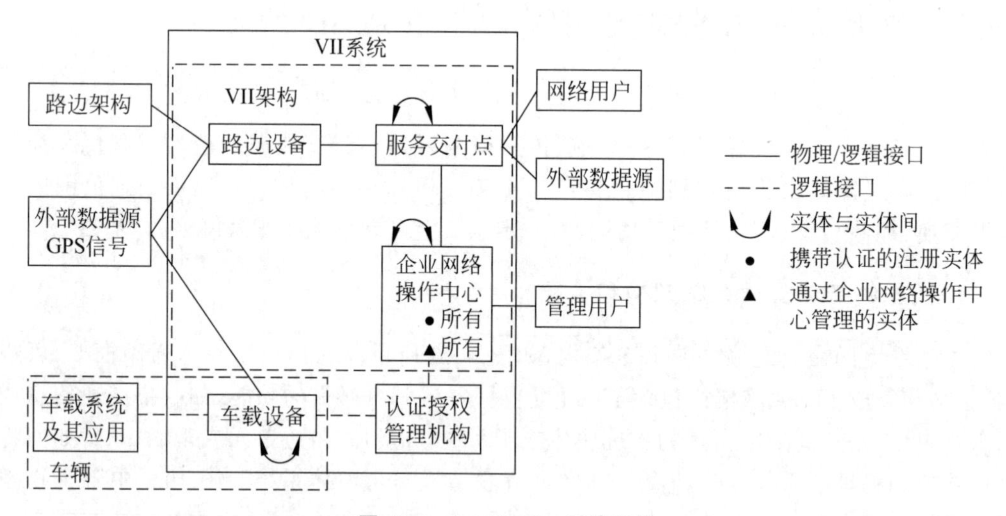


图 10.4　IntelliDrive 系统架构

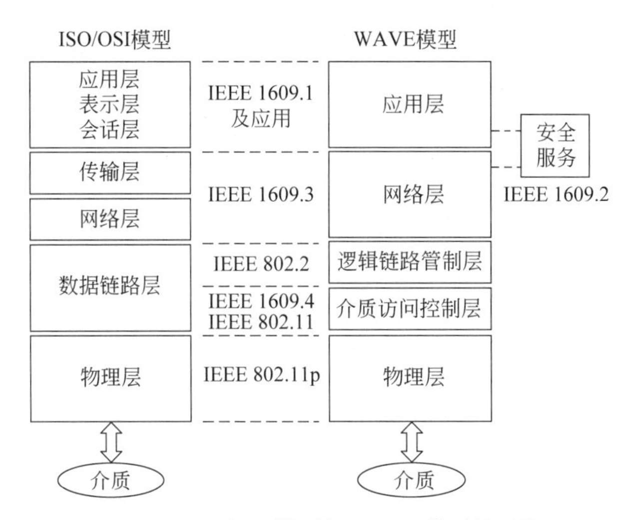


图 10.5　ISO/OSI 模型与 WAVE 模型的对照

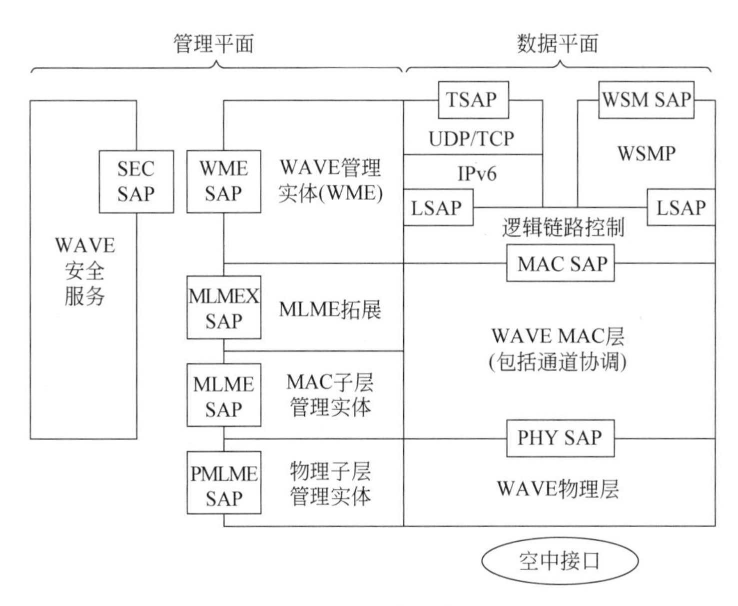


图 10.6　WAVE 协议栈和接口

WAVE 协议栈的相关协议层解释如下。

- IEEE 802.11p：规定了物理层和介质访问控制层(MAC)，使 IEEE 802.11 可在车辆环境中工作。定义了物理层管理实体(Physical Layer Management Entity，PLME)和 MAC 层管理实体(MAC Layer Management Entity，MLME)。
- IEEE 802.2：规定了逻辑链路控制层(LLC)。
- IEEE 1609.4：提供了需添加到 IEEE 802.11p 的多信道操作。
- IEEE 1609.3：提供了 WAVE 网络层所要求的路由和寻址服务。WAVE 短报文协议(WAVE Short Message Protocol，WSMP)为交通安全和效率应用提供路由和组寻址，用于控制和服务信道。WSMP 支持广播的通信类型。

- IEEE 1609.2：规定了 WAVE 安全信息格式和处理，以提供安全信息交换服务。
- IEEE 1609.1：描述了应用允许携带有限计算资源的 OBE 上和 OBE 外复杂处理进程的交互，让人感觉应用是在 OBE 上执行。

针对无线车载网络，美国联邦通信委员会为车辆间、车辆与路边单元间规定了专用短距离通信(Dedicated Short Range Communications，DSRC)。其使用 5.85～5.925GHz 的 75MHz 频段，传输距离一般为几十米到几百米，传输速率最高可达 27Mb/s，可满足主要的车载应用。

### 2. 日本的智能交通系统架构和标准

日本的 ITS 架构应用示意图如图 10.7 所示。其车载单元(On-Board Unit，OBU)和路边单元(Road Side Unit，RSU)分别等同美国 ITS 架构的 OBE 和 RSE。OBU 可在车辆中为应用程序提供运行时环境、定位、安全和通信功能，也提供与其他车辆和实体的接口，这种实体可以是服务提供商的中心服务器，可使用无线网络技术与 OBU 通信。RSU 分布于道路、交叉口以及需及时通信的任何位置，主要通过 5.8GHz 的 DSRC 为 OBU 提供通信支持。RSU 可与网络实体通信，如服务供应商和道路管理服务器和汽车导航系统，这些实体可相距很远，使用互联网架构。DSRC 通信链路是同步的，使用 TDMA/FDD(时分复用/频分双工)技术，不同于 IEEE 802.11p。

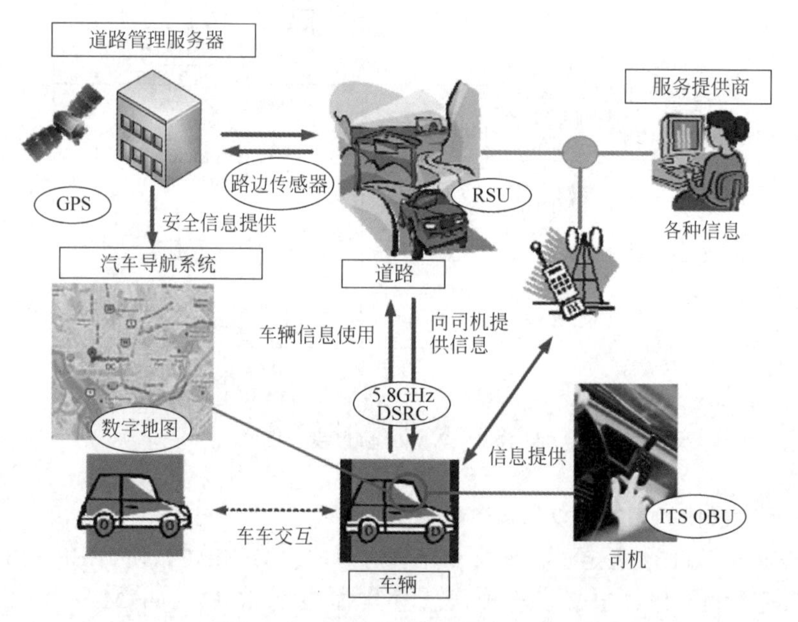


图 10.7 日本的 ITS 架构应用示意图

日本的 ITS 架构协议栈如图 10.8 所示，与 WAVE 协议栈相似，但有区别。在图 10.8 中，协议栈左边的应用由 DSRC 协议支持，协议栈右边的应用由应用子层(Applicatio Sub-Layer，ASL)支持。

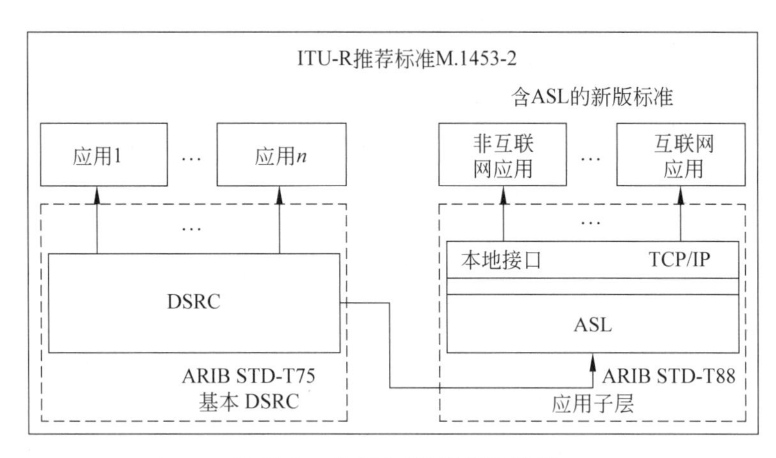


图 10.8　日本的 ITS 架构协议栈

### 3. 欧洲的智能交通系统架构和标准

图 10.9 为欧洲的 ITS 架构应用示意图，称为连续中长距离空中接口(Continuous Air Interface of Long and Medium Range, CALM)。CALM 在欧洲 ITS 项目(如 COMeSafety 和 CVIS)中得到使用和扩展。

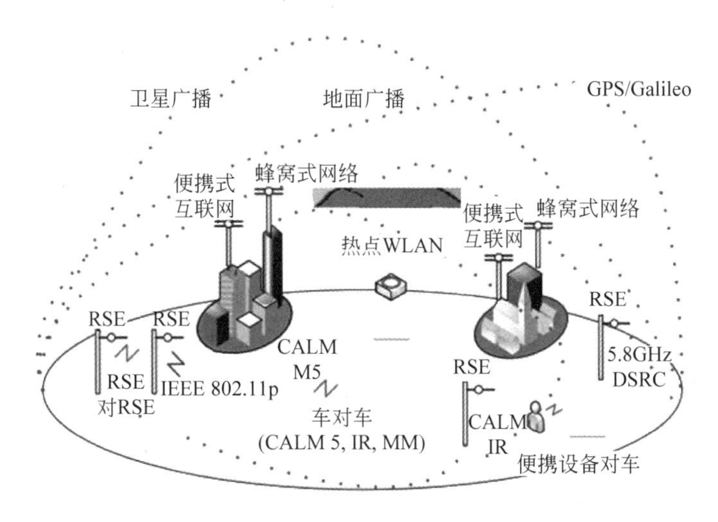


图 10.9　欧洲的 ITS 架构应用示意图

图 10.10 所示为欧洲 ITS 架构，其包含了 ISO CALM 协议套件，提供了接口并描述了各种无线技术如何被上层使用。其接口包括：2G/2.5G/GPRS 蜂窝；3G；红外线(IR)；M5，包括 IEEE 802.11p 和 WiFi(5GHz)，支持控制、服务和辅助等逻辑信道；Millimetre (MM)，位于 62～63GHz 频带；移动宽带 IEEE 802.16/WiMAX，支持无线城域网；IEEE 802.20，支持无线广域网；Satellite，支持卫星网络。

图 10.11 详细描述了 CALM 通信接口层和网络层。CALM 通信接口层即物理/数据链路层，支持不同类型的接口。

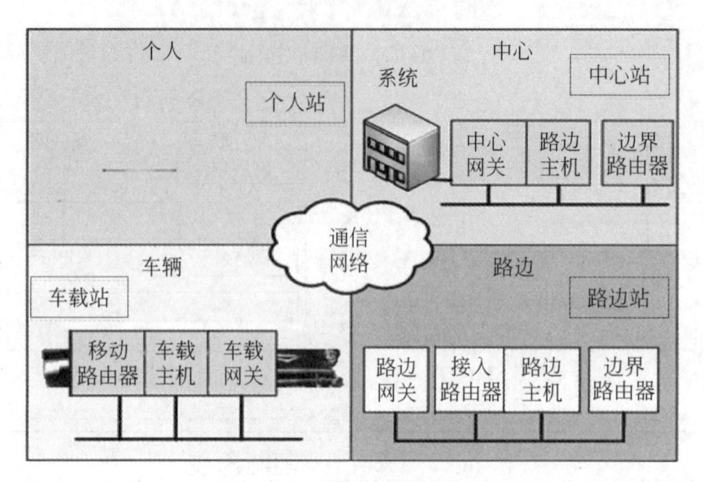


图 10.10 欧洲 ITS 架构

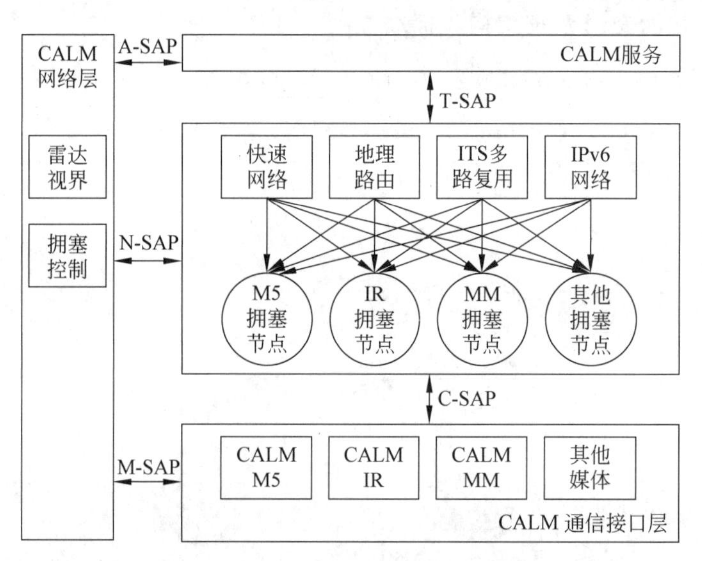


图 10.11 CALM 通信接口层和网络层

CALM 网络层可分为如下两部分:

(1) CALM IP 网络和传输。使用 IPv6 移动支持协议支持互联网可达性、会话持续性和无缝通信,IETF 的 NEMO 和 MEXT 工作组定义了有关协议。

(2) CALM 非 IP 网络和传输。不使用 IP,但定义了新网络层,用严格时延要求来支持应用。在单跳基础上,使用 CALM FAST 协议支持单播和广播,提供传输层功能,使用地理网络支持单播、广播、地理单播、地理任播、地理广播、拓扑广播和存储转发。

#### 4. 智能交通系统应用示例

ITS 的具体应用包括交通管理指挥、行车诱导、数字化公共交通、不停车收费和泊车诱导等。这里以电子不停车收费系统(ETC)为例说明。车辆经过收费站时,通过车载设备实现车辆识别、入口信息写入、出口从绑定卡或账户上扣除相应费用的自动化流程，可广泛应用于道路、桥梁、隧道和停车场管理。

ETC 系统包括后台系统、车道系统、RSE 和 OBE 等。车道系统包括车道控制器、电子标签读写天线、车辆检测器、抓拍摄像机、费额显示器/通行信号灯/声光报警器、自动栏杆和字符叠加器等。

当车辆进入 ETC 系统通信范围后，ETC 系统通过读写天线与车载电子标签/OBE 进行通信，读取有关车辆信息(类别、车主、牌号等)，判断车辆是否有效。然后根据道路运行、征费状态和收费标准等，计算本次收费信息，从车辆对应的预付卡中扣除本次道路通行费。在整个过程中，系统控制栏杆根据交易成功与否降下或抬升。

在我国实际应用的 ETC 系统中，车载电子标签频率主要为 433MHz，通信(读写)距离可大于 10m，车辆速度最高可达 120km/h。

ETC 系统提升了车辆收费过程的效率，对收费管理、交通管理和司机来说都极为便利。

## 10.5　IEEE 802.11p 协议*

10.4 节介绍的 WAVE 架构，其物理层和 MAC 层由 IEEE 802.11p 定义，涉及无线车戴网络的高移动性、拓扑动态性、低时延等。需要指出的是，IEEE 802.11p 的 MAC 协议采用信道争用型的 CSMA/CA 机制；也有许多方案建议改用非争用型机制，如 TDMA 等。

### 1. IEEE 802.11p 的物理层

IEEE 802.11p 的物理层参数如表 10.1 所示。其物理层采用 10MHz 信道带宽，而非 IEEE 802.11 的许多常用子标准采用的 20MHz。原因是 20MHz 信道带宽的保护间隔长度不足以抵消最坏条件下的时延扩展。即，在车辆环境中，某个无线设备发射信号时，保护间隔长度可能不足以防止符号间干扰。从表 10.1 可看出，IEEE 802.11p 的保护间隔长度为 1.6μs，是 IEEE 802.11a 的两倍，可容忍更大的均方根时延扩展，适用于高速移动的车辆环境。

表 10.1　IEEE 802.11p 的物理层参数

| 参　　数 | 值 |
|---|---|
| 比特率 | 3/4.5/6/9/12/18/24/27 |
| 调制方式 | BPSK、QPSK、16QAM、64QAM |
| 编码率 | 1/2、1/3、3/4 |
| 子载波数 | 52 |
| 子载波频率间隔 | 156.25kHz |

续表

| 参　数 | 值 |
| --- | --- |
| OFDM 保护间隔 | 8$\mu$s |
| 保护间隔 | 1.6$\mu$s |
| FFT 周期 | 6.4$\mu$s |

IEEE 802.11p 具体使用 7 个信道,如图 10.12 所示。CH178 为控制信道,其他 6 个为服务信道。控制信道发射功率最大,能将控制数据和安全性数据传输得更远,而非安全性数据仅在 6 个服务信道中传输。每个设备都可在控制信道和服务信道之间来回切换,但同一时刻不能使用两个不同的信道。包含一个控制信道间隔和一个服务信道间隔的周期时间不能持续超过 100ms。考虑到相邻车辆可能工作于相邻信道中,会引发互扰,接收器应符合规定的相邻/非相邻信道抑制指标。

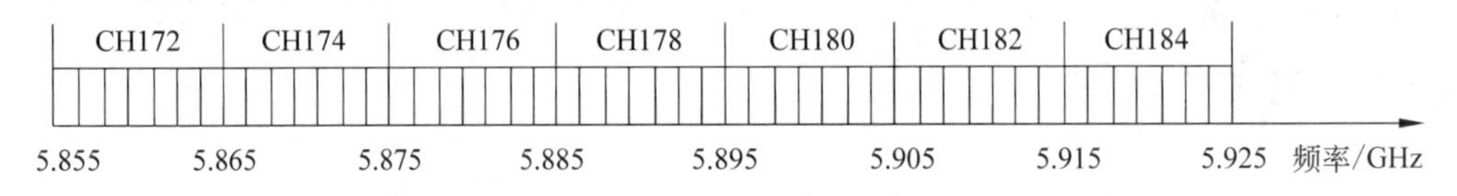


**图 10.12　IEEE 802.11p 的信道分布**

### 2. IEEE 802.11p 的 MAC 层

如果一个 IEEE 802.11p 无线设备工作在 WAVE 模式下,其收发的所有数据帧中的 BSSID 字段都是通配符,取值全部为 1,表示当前工作于 WAVE 模式。

在其他传统的 IEEE 802.11 协议中,每个站点在进行通信之前,首先要执行复杂、耗时的身份验证、网络关联等 MAC 操作,通信时的数据保密操作也会产生较大时延。如果用于无线车载网络,则会导致两个问题:一是两辆车在路上交会时,如果车速很快,通信时间极短,难以及时交换车辆安全消息;二是车辆快速接近提供服务的路边单元时,由于在路边单元通信覆盖范围内的时间极短,路边单元难以及时为车辆提供服务。因此,传统协议操作耗时太多,尤其是身份验证、网络关联、数据保密等功能。当两个无线设备工作在 WAVE 模式下时,一旦两车相遇,就应当立即相互通信。

IEEE 802.11p 定义了一个新的管理信息库属性:dot11OCBEnabled。无线设备可设置该属性值,在传统的 IEEE 802.11 协议(普通模式)和 WAVE 模式间切换,值为 1 则是 WAVE 模式,否则是普通模式。

普通模式的无线设备都应使用定时同步功能,与一个外部公共时钟(可由接入点提供)保持同步,并维护一个自身计时器。而 WAVE 模式中的每个无线设备都对等,并不存在公共时钟,不能按上述方式使用计时器实现定时同步。对此,IEEE 802.11p 无线设备通过定时公告帧彼此交换定时同步信息,以实现站点间的时序分配与时间对准。设备发送该帧以向外公布自身的时钟标准;接收设备根据该帧中的定时同步信息,调整校准其时钟。

传统 IEEE 802.11 协议规定,设备正式通信前应首先进行身份验证和网络关联。考虑到交通环境下的突发即时通信，IEEE 802.11p 取消了这些操作，确保数据传输的低时延。

在 IEEE 802.11p 标准中采用了 IEEE 802.11e 针对不同消息类型服务区分的增强型分布式通道存取(Enhanced Distributed Channel Access，EDCA)机制。考虑到无线车载网络环境中性能要求有所不同，对 IEEE 802.11e 标准的 EDCA 机制在参数上作了一些调整。

## 10.6　自动驾驶汽车简介

自动驾驶汽车(也称无人驾驶汽车)是一种集自动控制、人工智能、视觉计算、信息通信等诸多技术于一身的智能汽车，通过车载传感网系统实时感知道路、车辆、行人等交通环境，规划行车路线，控制车辆到达目标。

其优势在于：减少交通事故和人员伤亡，缓解交通拥堵压力，让用户不再因驾驶汽车而消耗体力和精力，降低驾驶者门槛。

其不足包括：乘客可能晕车或不适，可能无法应付复杂路况，难以处理交通事故的责任认定问题，安全系数并不确定，短期内成本较高。

图 10.13 所示为一款自动驾驶汽车的功能系统示意图。该车配备了计算机、传感器、无线车载网络、激光雷达、GPS/定位系统、立体视觉检测仪、激光测距仪、红外摄像头等多种设备。例如车顶上的激光雷达高速旋转，进行 360°全景扫描，发射的激光遇有周围物体会被反射，通过计算发射与接收的时间差，判断车辆与物体的距离。这些设备构成了环境感知、定位导航、路径规划等子系统。各子系统将信息发送给规划决策系统；后者作出决策，并将相关的车辆数据和控制命令发给运动控制系统(油门、制动、转向等)和辅助驾驶系统(应急制动、限速识别、自动泊车等)。

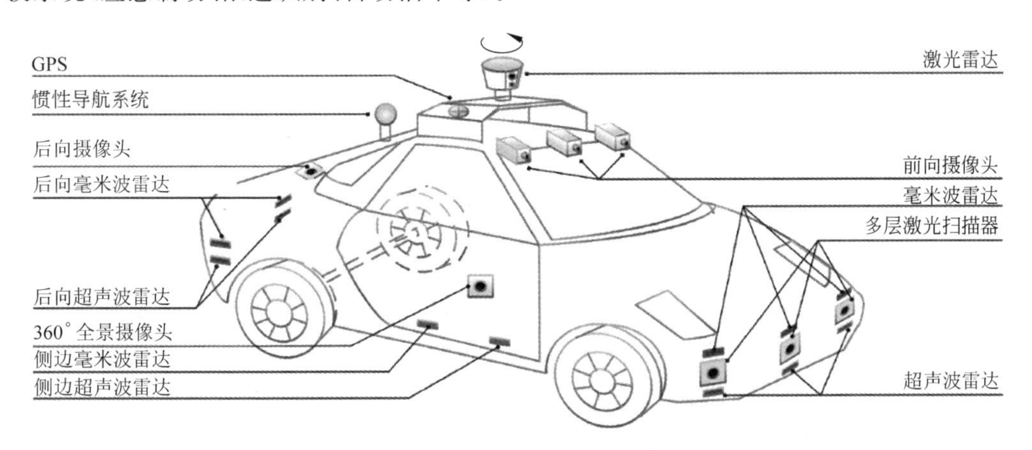


**图 10.13　自动驾驶汽车功能系统示意图**

自动驾驶汽车最重要的子系统是环境(邻居)感知子系统，包括目标跟踪、自我定位和车道定位功能。车辆必须实现前方和 360°邻居感知。自动驾驶汽车使用激光雷达和摄像头进行 360°可视化和目标跟踪。激光雷达安装在车顶，以获知周围环境全景。但对密集目标进行检测,如停车时的碰撞阻力、碰撞避免和保险杠保护,激光雷达功能有限,可在车前、车后和侧面安装普通雷达。摄像头拍摄的视频图像用软件进一步处理后,可生成周围环境的三维图像。通过上述手段感知的大量数据供决策支持系统用来实现控制车速、制动、变道和机动性。

导航和路径规划对自动驾驶汽车至关重要。车辆感知到自身所处环境时,需要根据目的地来规划路径。依赖北斗或GPS等卫星导航模块,车辆生成了当前位置和目的地之间的路径。在发生阻塞或改道等事件时,导航模块动态重新计算路径。但当车辆处于恶劣天气、地下车库、桥下、隧道等环境中的时候,难以接收卫星导航信号,此时可借助惯性导航系统(Inertial Navigation System,INS)等其他技术。

INS包括惯性测量单元(Inertial Measurement Unit,IMU)和计算单元两部分。IMU配备陀螺仪和加速度计,可实时检测车辆的重心方向、俯仰角和偏航角等信息,还可加上电子罗盘、气压计和其他传感器,进一步提高精度;计算单元包括姿态解算单元、积分单元和误差补偿单元等。

惯性导航系统是从自身过去的运动轨迹推算出当前方位,其核心是3个基础公式:距离=速度×时间,速度=加速度×时间,角度=角速度×时间。其工作步骤如下:

(1) 检测或设置初始信息,包括初始位置、初始朝向、初始姿态等。

(2) 实时检测车辆运动的变化信息。加速度计测量加速度,然后乘以时间得出速度,再乘以时间就得出位移,从而确定车辆位置。陀螺仪则测量角速度,以车辆初始方位为初始条件,对角速度进行积分,实时获知车辆当前方向。电子罗盘则能在水平位置确认物体朝向。上述三者可相互校正,获取较准确的姿态参数。

(3) 通过计算单元进行姿态求解、加速度积分、位置计算和误差补偿,最终获知准确的导航信息。

INS和卫星导航系统可协同工作,校正误差,定位效果更佳。

当车辆感知到周围环境,并对这些信息与目的地信息进行分析后,即可上路行驶。车辆小心地控制不同部件,确保在道路上顺利、安全通行。在行驶过程中,车辆必须进行各种行驶操作,如保持车道和车距、突然刹车、超车和在红绿灯处停车。这些都需要硬件和软件的协作以及不同控制系统间的协调和实时数据共享。

自动驾驶汽车的历史始于20世纪80年代,其后产业界和学术界投入了越来越多的关注,各种自动驾驶汽车原型也陆续开发成功。2011年,国防科技大学的红旗HQ3无人车完成了高速公路行车试验。随后百度、宇通、长安等公司也陆续成功进行了长距离的自动驾驶汽车行车试验。国际上以谷歌公司的无人驾驶汽车最受关注。它于2012年获合法车牌,开始在实际环境中进行大量测试,迄今其测试距离已达数百万千米。2016年,特斯拉公司销售的汽车配备了驾驶辅助系统,驾驶员可坐在后排操控车辆。预计未来几年,自动驾驶汽车将在全球市场逐渐走向商用。

自动驾驶汽车技术可根据自动化等级分类如下:

- 0级,无自动化,驾驶员是系统的唯一决策者和执行者。
- 1级,辅助驾驶,执行权属于驾驶员,车辆具备若干自动控制功能,如碰撞预警、车道偏离预警、全景监控影像等,可警告和提示驾驶者以避免事故。

- 2 级,半自动驾驶,增加自适应巡航、自动泊车等功能,但执行权属于驾驶员。
- 3 级,有条件自动驾驶,指在特定交通环境如高速公路中的无人驾驶。
- 4 级,完全自动驾驶,指在任何道路环境尤其在市区复杂路况下的全面无人驾驶。

目前许多大型汽车厂商上市销售的汽车已达到 2 级自动化等级,并将继续进行技术革新。而谷歌、百度等 IT 企业直接瞄准最高级的完全自动驾驶,和传统车企展开竞争。

## 10.7 面向车载网络的蜂窝通信和相关技术

### 1. 面向车载网络的 LTE-V

LTE-V 是基于 4G/LTE 网络的车辆间通信协议。采用单载波频分多址(SC-FDMA)和 OFDMA 技术,支持 10/20MHz 信道。每个信道分为子帧、资源块和子信道。子帧长 1ms,频宽为 180kHz 的资源块是可分配给车辆的最小频率单元,子信道是同一子帧中发送数据和控制信息的一组资源块。数据通过传输块中的物理侧链路共享信道传输,使用 QPSK 和 16/64QAM 调制方案。

LTE-V 具体有两种工作模式:LTE-V-Direct 和 LTE-V-Cell。LTE-V-Direct 修改了 TD-LTE 的物理层,采用网状拓扑,提供不依赖蜂窝网络的 V2V 直接通信,支持低时延和高可靠道路安全应用。LTE-V-Cell 则沿用了传统星形拓扑,利用现有蜂窝基站支持高带宽和大覆盖范围。LTE-V-Direct 和 LTE-V-Cell 互补,可有效收集数据。心跳(HeartBeat)报文可通过 LTE-V-Direct 直接传输,信息娱乐服务可由 LTE-V-Cell 传输。车辆密度较低时,车辆利用 LTE-V-Direct 直接从邻车获取信息,并利用 LTE-V-Cell 提高车辆连接的可靠性。

车辆的消息广播机制会受到广播风暴和报文洪泛的影响,导致不可预测的长转发时延。对此可考虑紧急报文转发,如最优洪泛策略,争取广播数量最小化。有研究提出鼓励其他车辆在 LTE-V 中转发数据,可考虑为每辆车设计功率分配策略。在高速 V2X(Vehicle to X,如 V2I、V2V)方案中,缘于多普勒效应的载波频率偏移(Carrier Frequency Offset,CFO)也会严重影响信号传输性能,有研究提出基于联合 CFO 估计的梳状参考信号解调序列方案加以解决。相比 DSRC 和 IEEE 802.11p,LTE-V 基于蜂窝通信网络,可充分利用现有蜂窝基础设施,覆盖范围更广,无须构建路边单元,带宽和频谱更宽。而基站可参与对资源分配的协调,使得 LTE-V 在流量密集时的抗干扰能力更佳。在高速驾驶场景中,LTE-V 也表现得更好,支持相对速度甚至高达 350km/h。

各大电信运营商和设备制造商大力支持 LTE-V。3GPP 已将 LTE-V 第一阶段标准在 Release 14 规范中正式确定。LTE-V 未来可顺利发展到 5G。

### 2. 面向自动驾驶的 5G 相关技术

5G 技术内容参见第 4 章,这里着重介绍面向未来自动驾驶车辆的 5G 相关技术。无人自动驾驶将产生大量数据,如传感器数据和位置数据的实时传输、海量信息在云端的上传和下载、以及娱乐服务音视频的传输,都需更高带宽和更低时延。而自动驾驶汽车高速行驶时可能彼此非常接近,其时延、可靠性、可扩展性及移动性方面的通信要求比传统车辆更加严格。5G使用低频段(低于6GHz)和毫米波频段,采用非正交多址技术提高频谱效率,支持256/1024QAM调制,在10ms内控制端到端的通信时延,可实现低车速移动场景中10Gb/s和高车速移动场景(350～500km/h)中1Gb/s的通信要求。

- 毫米波。即波长为1～10mm的无线电波,对应频率为30～300GHz。自动驾驶车辆上的众多传感器每时每刻都产生大量数据,需要每秒千兆比特级的无线传输。通过增加频谱带宽,毫米波可实现每秒数千兆比特的超高速无线数据传输,满足从激光雷达的3D图像、摄像头的高清视频等实时数据到信息娱乐多媒体流的自动驾驶通信需求。鉴于毫米级的波长,可在小空间中封装大量天线,实现高定向波束赋形。
- 波束赋形。基站有多个天线,自动调整各天线相位,形成车辆接收点电磁波的叠加,以提高接收信号强度。基站的大型天线阵列配备数百个天线,可调制数十个目标接收点的波束,同时发射数十个信号。单个天线只需发射小功率信号,从而避免使用高成本的功放设备。考虑到毫米波衰减性强,可通过大规模MIMO波束赋形予以弥补。波束赋形将毫米波功率集中在一个方向上,可在中短距离上实现每秒数百兆比特的传输速率。这种定向传输有利于高速自动驾驶场景中的定位,同时波束赋形通过空分多址实现并行传输,有效分离了不同车辆间的电磁波互扰。
- D2D,即设备到设备。允许车辆通过蜂窝信道彼此直接通信,提高频谱效率。D2D可实现高数据率和长距离传输,支持大规模高清视频流传输。在传统DSRC中,由于CSMA/CA争用机制引发的退避时延,如果有些报文很长或允许重传以提高传输可靠性,会导致很长的等待时延。而D2D非争用型,可减小上述时延,满足自动驾驶车辆的实时性要求。当然,D2D技术也面临挑战,如D2D和蜂窝用户进行信道复用时的干扰管理问题。其对策包括传输功率管理、高级编码策略和避免干扰的MIMO等。
- 微蜂窝。它比传统宏蜂窝小区在覆盖范围和发射功率上更小,未来自动驾驶汽车间的距离可能更小,车辆分布将非常密集。在热点区域,尤其是车辆密集的都市区,微蜂窝可在较小范围内实现频率复用,并协助宏蜂窝缓解突发紧急情况。微蜂窝还可缩短车辆与接入点间的距离,为车辆提供高速无线接入。

### 3. 无线信息和能量同传

未来的自动驾驶汽车将主要是电动汽车。第一,电动汽车易于精确操作和快速反应,不需要复杂的机械控制。第二,车辆根据来自传感器和无线车载网络的信息频繁调整车速。使用化石燃料的车辆依靠机械制动,会将能量耗散为热量;而电动汽车减速可通过能量回收来完成,能耗成本更低。第三,电动汽车实现了低碳出行,更加环保。因此,无线携能通信(Simultaneous Wireless Information and Power Transfer, SWIPT)对消耗电能的自动驾驶汽车而言将成为很有希望的通信方式。

SWIPT通过射频信号向终端设备同时传输数据和能量,比无线充电更先进。由于信息解码和能量捕获的灵敏度不同，需不同的接收装置结构。典型结构包括时间切换和功率分割。时间切换指接收天线周期性地在信息解码器和能量采集器之间切换；而在功率分割结构中，接收信号被分成两个独立信号流，一个被发送到信息解码器，另一个被发送到能量采集器。

### 4. 可见光通信

可见光通信(Visible Light Communication，VLC)相关技术内容参见第 2 章。未来随着自动驾驶汽车对无线网络通信的需求不断增长，可用的无线电频谱资源越来越少。另外，考虑到车辆数量增加和车辆间距缩小，其分布越来越密集，大量使用无线电射频通信既存在互相干扰，也会增大电磁辐射，或对环境不利。而另辟蹊径的 VLC 应用于自动驾驶的潜力逐渐凸显，例如 LED 灯已广泛分布于道路和车身，因此 VLC 适合路边交通信息广播或紧急警告等。

VLC 在无线车载网络中的应用研究正陆续开展。例如，使用 LED 发射机、摄像头接收机和专用 CMOS 图像传感器，在真实场景中测试各种车辆内部数据和图像数据的发送和接收。又如，VLC 可用于车辆在行驶中自动排列成队，通过汽车尾灯进行 VLC 通信，与通过环境感知相比，车辆在调整车速以适应前车时耗时更低。

## 10.8　无线车载网络的技术挑战和研究进展*

### 1. 无线车载网络的技术挑战

各种新应用，尤其是自动驾驶汽车，对无线车载网络技术支持有不同要求，也提出了大量技术挑战。列举如下：

(1) 寻址与地理寻址。一些无线车载网络应用要求地址被纳入车辆的物理位置或地理区域，而移动性使追踪管理地理地址极具挑战性。

(2) 风险分析和管理。用于车辆通信中识别和管理、威胁与潜在攻击。针对这些攻击的部分解决方案已被提出，但对攻击行为模式的研究尚不完善。

(3) 以数据为中心的信任和验证。对车辆应用而言，数据可信赖比节点可信赖更有用。以数据为中心的信任与验证确保通信信息可靠。接收者可验证信息完整性，以不受篡改、假冒等攻击行为的影响。可考虑使用公钥加密，但主要挑战是资源开销。

(4) 匿名、隐私和责任。收到来自其他车辆或网络实体信息的车辆需在一定程度上信任生成该信息的实体。而一些法律保护司机隐私，隐私可通过使用匿名车辆身份来保护。主要挑战是支持认证、隐私和责任间的折中。

(5) 安全定位。安全定位是一项针对拒绝服务(DoS)攻击的弹性防御机制，可保护车载网络免受攻击，而攻击目的是想获取车辆位置。

(6) 路由转发。路由与转发不同，路由是选择到达目标的最优路径，而转发是在一个路由被选定后将包从某节点传输到另一节点。

(7) 时延限制。无线车载网络应用发送的数据包通常有时间和位置意义。设计车辆通信协议的挑战是在车速、不可靠连接和快速拓扑变化等约束下符合有效的时延指标。

(8) 数据包优先级和拥塞控制。对携带交通安全和效率信息的紧急包应提供最高优先级。然而紧急消息大量广播,可能降低信道使用效率。

(9) 传输层和网络层间的可靠性和跨层。无线网络的路由可能突然中断,因此在本身不可靠的网络上提供尽量可靠的传输服务至关重要。设计传输层和网络层间的跨层协议,对车载网络支持实时和多媒体应用非常有益。

**2. 寻址和地理寻址**

在无线车载网络中传输的数据包有特定的寻址和路由特点。在传统固定网络路由中,数据包常遵循拓扑前缀路由,无法适应遵循地理特点的路由。

有研究者提出了3类体现物理定位特点的解决方案:扩展DNS方案、GPS多播路由方案和扩展到GPS寻址的单播IP路由方案。GPS地址可表示如下:一是封闭多边形,如在用圆心和半径定义的圆形地理区域里任何节点均可收到信息;二是以位置名作为地理访问路径,可以指定地点名称,如市、县、镇、乡等。

1) 扩展DNS方案

DNS(域名系统)将扩展成一个地理数据库,包含深入到每个基站IP地址一级的完整目录信息和以多边形坐标表示的覆盖区域。包括4个级别域:1级表示地理信息,2级表示国家,3级表示县,4级表示地理坐标多边形或所谓的"兴趣地点"。

地理地址的解析方式与典型域地址类似,通过使用覆盖地理区域的基站IP地址来实现。需要区分两种可能性:

(1) 一组单播信息发送到DNS返回的IP地址,这些对应基站的IP地址位于给定地理区域。然后每个基站转发信息到与之通信的节点,可进行应用层或网络层过滤。

(2) 位于给定地理区域的所有基站必须加入消息中指定地理区域的临时多播组中,所有必须发送到给定地理区域的信息使用多播地址以多播方式发送。

2) GPS多播路由方案

在GPS多播路由方案(GPS Multicast Routing Schema,GMRS)中,每个分区和微粒被映射到一个多播地址。微粒表示一个具有地理地址的最小的地理区域。分区较大,可包含大量微粒。一个国家、县、镇可由一个分区表示。GPSM的主要思想是:估算最小分区的地址多边形,其包含于该分区中,并使用对应该分区的多播地址作为数据包的IP地址。GPSM为地理地址的应用级过滤和多播提供了灵活组合。

3) 扩展到GPS多址的单播IP路由方案

(1) 几何路由方案。在GPS报文头部中使用多边形地理目标信息。使用一个由GPS地址路由器组成的虚拟网络,将用于路由的GPS地址覆盖当前互联网IP地址。

(2) IPv6地理定位扩展(Geographical Positioning extension for IPv6,GPIPv6)。用于IPv6中地理定位数据分布,该方案设计了两个新的IPv6选项类型,分别是GPIPv6源和目标,包括源与目标的地理位置信息。

(3) 针对多播成员的单播前缀。描述了一个IPv6多播架构的拓展,以允许基于单播前缀的多播地址分配,单播前缀可用来对准处于某个地理区域内的多播组成员。

### 3. 匿名隐私与安全管理

匿名应确保信息发送方难以确定。此外，同一个节点产生的两个或以上信息被关联也较困难。一些研究进展如下：

(1) 匿名间的可关联性。以移动追踪攻击为例，如果公钥的有效期是几分钟，且不同车辆在不同时间更新其公钥，则可观察到连续信息被关联起来，以追踪车辆的整体活动。如下两个方案可被用来减轻移动追踪攻击的影响：

- 沉默期。减小匿名间的关联性；或创建组，保证同组中车辆不能侦听其他组车辆发出的信息。
- 混合区。某个混合区内所有车辆分享同一密钥，密钥由同一混合区某个路边单元提供。车辆离开混合区时，公钥发生变化，即保护了位置隐私。

(2) 匿名和自适应隐私。允许用户选择其期望的隐私级别。高级隐私要求会增加通信和计算开销。用户可使用不同隐私级别，取决于用户是与公共服务器通信还是与私有服务器通信。信任策略包括 3 类：一是充分信任，即用户信任上述两类服务器；二是部分信任，即用户只信任一类服务器；三是零信任，即用户不信任任何服务器。假设采用零信任策略，可用一个基于群的匿名验证协议，根据隐私程度对计算开销和通信开销进行折中。验证请求者只需证明是群成员即可通过验证，所有用户同等对待。

(3) 责任。解决方案较少，个别方案建议适应用户的隐私级别。

### 4. 路由转发

源与目标间的多跳通信可通过 V2V、V2I 或混合方式，多个中间车辆为中继节点，信息可被转发到目标节点。VANET 路由转发方案分为如下两类。

1) 单播路由转发

已有协议可分为 3 类：地理协议、基于链路稳定的协议和基于轨迹的协议。

(1) 地理协议。大部分算法源自贪心周边无状态路由(Greedy Perimeter Stateless Routing，GPSR)协议，转发决策主要依据邻居位置信息，算法适合高移动性 VANET。每辆车只维护本地信息，方案可扩展到有较多车辆的网络中。假定车辆都配备了 GPS 或其他定位服务，可确定自身位置。相邻节点通过交换周期性信标，可发现所有邻居和位置。然后，所有转发决策遵循贪心方法，即地理上更接近目标的邻居被选为下一转发节点。因为车辆无全局网络拓扑，转发决策常为局部最优而非全局最优，车辆可能找不到下一个转发节点(无路和断路)。对此，可使用周边转发算法或右手准则，但其不适合道路网络，尤其在多个路口和路径的城市环境中。GSR 等一些地理路由协议通过引入新的路径恢复机制解决该问题。

(2) 基于链路稳定的协议。主要部署于高速公路环境以及源与目标间跳数较少的小规模网络中。为改进链路稳定性，减少路径恢复开销，可挖掘移动信息来预测一个给定路径将持续多长时间，并在链路中断前找到一条新路径。

(3) 基于轨迹的协议。基于轨迹的转发(Trajectory Based Forwarding，TBF)算法是

Ad Hoc 源路由协议和坐标位置转发的新组合,源节点选择去往目标节点的路由或轨迹。不像传统源路由,TBF 中的转发决策基于轨迹,实质上是从实际路径中解耦路径名称,下一跳或中继节点基于候选中继节点与轨迹间的距离来选择。

2）广播路由转发

在与驾驶员安全相关的应用中,信息(如绕行路由、事故警报和施工警告)需告知所有周围车辆,需广播转发。传统洪泛法会导致严重的广播风暴,使大量带宽被消耗。如果节点密度较高,会导致大量冲突和争用开销。解决思路是控制包生成率,方案包括概率、基于计数器、基于距离、基于位置和基于簇等算法。

例如,3 个概率洪泛方案分别为权重 $p$ 坚持、时隙 1 坚持和时隙 $p$ 坚持,关键是概率转发和计时器转发相结合。在权重 $p$ 坚持方案中,车辆根据概率 $p$ 重播包,较远的节点得到较高的概率。时隙 1 坚持和时隙 $p$ 坚持方案与一个时隙内重播包的概率相关。前者在一个时隙内以概率 1 来重播包,后者在一个时隙内使用概率 $p$ 重播包。车辆将缓存一定时间的信息,如无邻居重播,则将其转发出去。

再看基于距离的转发协议,车辆设置与源节点距离成反比的等待时间,有相同距离的车辆仍可同时争用信道。有的协议使用定向转发,只允许离发送点最远的车辆重播包,最远节点是通过引入信道干扰信号的争用方法确定的。通过将道路分段,使用 RTS/CTS 握手来避免隐藏终端问题。

### 5. 时延限制

1）应用层方案

应用层要支持紧急警告信息,通常在受影响区域内广播。为应对广播风暴,要求以良好的转发机制来避免多余重播。紧急信息可使用方向感知广播,在特定应用中设计特定环境和约束参数,例如信息只在受影响车辆存在的方向上转发。发送前估计传输范围,限制信息数量,以减少总的传输时间。

VANET 中多媒体应用的 QoS 支持需考虑 3 种不同分组:音频、视频和数据。IEEE 802.11e 增强了 MAC 层的 QoS,赋予各种数据包流不同的优先值,但不适合车载网络,因为未考虑链路质量、车辆移动性和多跳通信影响。

2）网络层方案

由于车辆高速移动,设计具有时延限制和时延保证的路由协议极具挑战。

已有一些基于位置的协议能够获取统计路径信息,以确定最小端到端时延路由。VADD 和 PROMPT 协议用于在路径选择阶段估计时延,而 D-Greedy 和 D-MinCost 协议只考虑有限时延内的路径。一个难点是选择路径前估算每条路径的时延,一些方案考虑使用道路交通流量密度、相对车速和车辆流量。

3）MAC 层方案

IEEE 802.11p 应用于交通安全应用,要求低时延、可靠和实时通信,但其 CSMA/CA 机制并不能保证有限期内接入信道。有研究提出使用自组织时分多址(Self-organized TDMA,STDMA),每辆车根据自身位置和邻居信息来确定自身的时隙分配。该技术可预测信道接入时延，适用于实时 VANET。有研究利用多向天线来快速传输数据，定向天线专门用于邻居车辆组，取决于它们相对于源车辆的位置。由于不同方向的车辆通信时使用不同天线，所以信道碰撞次数减少。此外，该技术可自适应调整发射功率以维持与邻居的通信。

4）物理层方案

在功率适应方面，有研究提出通过计算开销序列号监测无线电信道。接收车辆记录相同无线信道和收发范围内邻节点成功的数据包传输，通过识别和统计成功收到的包，接收车辆可探测平均接收率和传输失败率。

控制信标的方案可有效传输紧急事件信息，同时维持周期性信标信息的公平性。每个节点估算上一个信标传输后的接收信道利用率，该值可通过链路层或网络层统计数据得出。每个被传输的信标均携带该值，每个节点也都维持一个目标信道利用率。如果接收信道利用率小于目标值，则传输功率根据预设值增加；如果高于目标值，则传输功率根据预设值减少；如二者完全一致，传输功率不再改变。

### 6. 数据包优先处理

紧急事件发生时，信道利用率很可能降低，一个简单的应对措施就是直接丢弃低优先级数据包。

例如，车辆碰撞警告通信系统在紧急事件初始状态提供低时延警告信息传输。等级适应方案可为不同包分配不同优先级，以解决数据包拥塞问题。一旦某个节点有积压的紧急信息，它就发出频段外忙音信号，可被两跳内的车辆检测到。如果检测到忙音，有低优先级信息的车辆推迟使用信道。该系统还可抑制对同一事件的多个警告信息，提高带宽利用率。

有研究提出基于脉冲的控制机制为紧急信息提供严格的优先保证。一旦紧急事件出现，开启随机回退定时器，定时值取决于紧急性。一旦定时器到期，车辆就开始在控制信道中发送脉冲。脉冲开始后的极短时间内，紧急数据包就可在数据信道中传输。节点在控制信道中探测到该脉冲时，会中止自身传输以让出信道。

### 7. 可靠的跨层设计

传输层和网络层之间的跨层设计主要是为了支持实时和多媒体应用，需要有 QoS 保证的可靠的端到端连接。跨层设计也有助于拥塞避免。由于路径频繁中断，需利用网络层信息来调整传输层的数据包传输，以适应 VANET 中的动态网络拓扑。

TCP 协议是为有线网络设计的，但移动网络有动态拓扑、无线信号的不可靠传输等特点，与有线网络区别甚大。移动控制传输协议（Mobile Control Transmission Protocol，MCTP）通过观察发送方与接收方间的 IP 包流量，在传输层做出反应。其考虑了下层协议和其他车辆通知，如等待拥塞、不可达 ICMP 信息数量等，帮助区分链路故障、拥塞和互联网中断等。

## 10.9 无线车载网络实验

### 1. 无线车载网络仿真实验

本实验对无线车载网络的MAC协议(IEEE 802.11p)和城市街道场景下的无线车载组网进行仿真分析。本实验不需新增任何其他模块,但要建立城市街道场景。根据目前国内城市街道的格局(纵横交错),手动建立实验场景,车辆在街道上运动。读者也可从实际地图中获取NS2实验场景,可参考相关资料。

下面提供两个仿真实验:IEEE 802.11p和无线车载组网。

IEEE 802.11p仿真实验主要分析在车辆节点移动中MAC层采用IEEE 802.11p协议时节点间的数据传输情况,实验拓扑如图10.14所示,节点的运动方向如箭头所指。具体数据传输是:节点0与节点2、节点1与节点3之间建立CBR/UDP数据流,速率都为1Mb/s,数据流的起止时间都为0s和20s。

无线车载组网仿真实验主要分析在街道场景下运动车辆间的通信性能。首先构建纵横形式的街道,用9个移动节点构建无线车载网络,如图10.15所示,虚箭线为节点运动轨迹。具体的数据传输是:在节点0与节点4、节点1与节点2、节点3与节点8、节点6与节点7之间建立CBR/UDP数据流,速率都为1Mb/s,数据流的起止时间都为0s和100s。

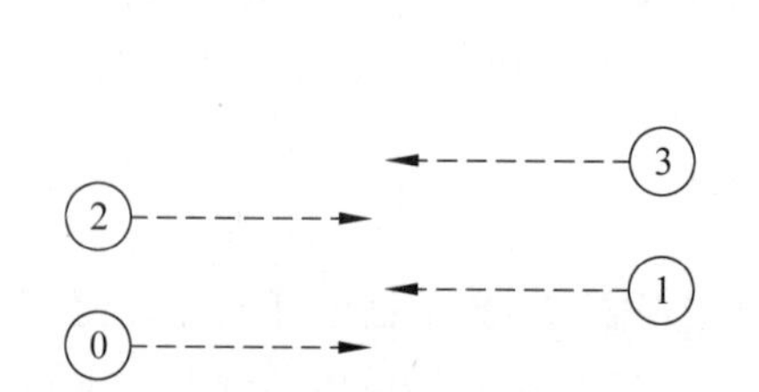


图10.14 IEEE 802.11p仿真实验拓扑

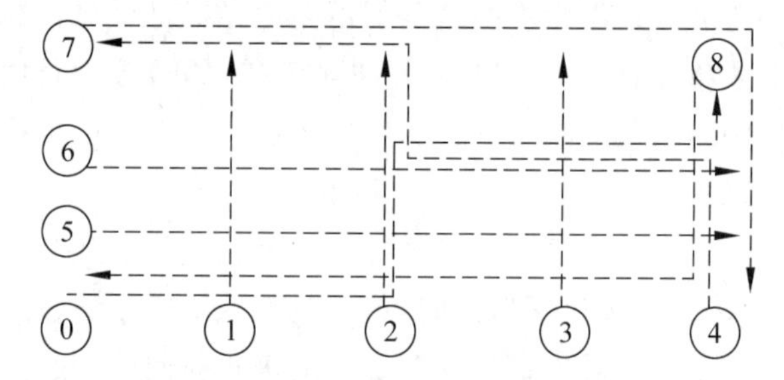


图10.15 无线车载组网仿真实验拓扑

具体操作说明和实验过程详见配套电子资源和实验手册。

### 2. 移动式机器人即时定位和地图构建实验*

本实验使用机器人操作系统(Robot Operating System,ROS),通过PC端Ubuntu虚拟机控制如图10.16所示的移动式机器人行走移动,二者通过WiFi通信。机器人在室内环境下使用激光雷达扫描障碍物,通过惯性测量单元校准角速度和线速度等参数,构建和修正室内地图,实现即时定位和地图构建功能。具体实验步骤和操作说明详见本书配套实验手册。

图 10.16 移动式机器人(智能小车)外观

# 习题

10.1 车内网络有哪几种主流技术标准？它们的技术特点如何？*

10.2 什么是无线车载网络？它与其他无线网络相比有哪些不同？

10.3 无线车载网络如何根据应用分类？其功能要求有哪些？

10.4 简单介绍 WAVE 协议栈的层次结构。

10.5 简述 IEEE 802.11p 的物理层和 MAC 层的主要技术特点。

10.6 简述 LTE-V 和面向自动驾驶的 5G 网络的技术特点。

10.7 针对自动驾驶汽车简述惯性导航技术的原理。

10.8 针对自动驾驶汽车简要分析可见光通信(VLC)技术的应用潜力。

10.9 列出一项你了解的无线车载网络应用或系统，分析其技术特点。

10.10 对于自动驾驶汽车这一应用，你更看好 IEEE 802.11p 还是 LTE-V/5G 蜂窝技术？请给出理由。

# 扩展阅读

车辆技术领域权威学术期刊 *IEEE Transactions on Vehicular Technology*，https://ieeexplore.ieee.org/xpl/RecentIssue.jsp? punumber=25。

# 参考文献

[1] KARAGIANNIS G，ALTINTAS O，EKICI E，et al. Vehicular Networking：A Survey and Tutorial on Requirements，Architectures，Challenges，Standards and Solutions [J]. IEEE Communications Surveys & Tutorials，2011，13(4)：584-616.

[2] WILLKE T L，TIENTRAKOOL P，MAXEMCHUK N F. A Survey of Inter-Vehicle Communication Protocols and Their Applications[J]. IEEE Communications Surveys & Tutorials，2009，11(2)：3-20.

[3] ZENG W, KHALID M, CHOWDHURY S. In-Vehicle Networks Outlook: Achievements and Challenges[J]. IEEE Communications Surveys & Tutorials, 2016, 18(3):1552-1571.
[4] 杨斌. IEEE 802.11p 协议分析与研究[D]. 南京:南京理工大学,2013.
[5] 刘云浩. 物联网导论[M]. 2版. 北京:科学出版社,2013.
[6] HARTENSTEIN H,等. VANET 车载网技术及应用[M]. 孙利民,等译. 北京:清华大学出版社,2013.
[7] HUSSAIN R, ZEADALLY S. Autonomous Cars: Research Results, Issues and Future Challenges [J]. IEEE Communications Surveys & Tutorials, 2019, 21(2):1275-1313.
[8] WANG J, LIU J, KATO N. Networking and Communications in Autonomous Driving: A Survey [J]. IEEE Communications Surveys & Tutorials, 2019, 21(2):1243-1274.

第11章

# 无线体域网、室内定位和家居网

前面已介绍了各种主流的无线网络技术。本章结合一些正在蓬勃兴起的应用，重点介绍具有代表性的无线体域网、无线室内定位和无线家居网这3种应用技术。

## 11.1 无线体域网

互联网关注人的社会信息，物联网强调连接物体。无所不在的泛在网(ubiquitous network)将更全面深入地融合人与人、人与物、物与物之间的现实物理空间与抽象信息空间，作为泛在网和物联网的重要分支，无线体域网(Wireless Body Area Network，WBAN)在远程诊断、医疗保健、社区医疗、特殊人群监护等领域的应用有巨大的社会需求，有助于解决由人口老龄化引起的医疗和社会难题，提高医疗行业的效能。

### 11.1.1 无线体域网简介

无线体域网通常是小型或微型的无线网络，由附于人体或植入人体内的微型智能设备组成。这些设备可提供持续的健康监测和实时反馈信息，并可长期记录和分析。WBAN的潜在市场非常大，它可为病人、老人、行动不便者、婴幼儿等提供日常护理和医疗条件。借助WBAN，不论在医院、在家还是在移动中，都可持续检测病人体征参数。而且病人长时间在自然环境中测得的数据比短时间在医院现场测得的数据更能反映实际情况。图11.1所示为一个典型的病人监护WBAN示意图。

WBAN一般包括传感器节点、执行器节点、个人设备等。

(1) 传感器节点。能对物理刺激作出响应并收集数据，能适当处理数据和传输数据。其组成包括传感器硬件、能量单元、处理器、存储器和收发器等。

(2) 执行器节点。能根据接收的或来自用户接口的数据作出反应。其组成包括执行(如药物管理)硬件、能量单元、处理器、存储器和收发器。

(3) 个人设备。负责收集传感器和执行器信息，并通过外部途径(执行器或LED屏)通知用户(病人或护士)。其组成包括能量单元、处理器、存储器和收发器。个人设备可作为身体控制单元、身体网关或汇聚器，在实际应用中可采用PDA或智能手机。

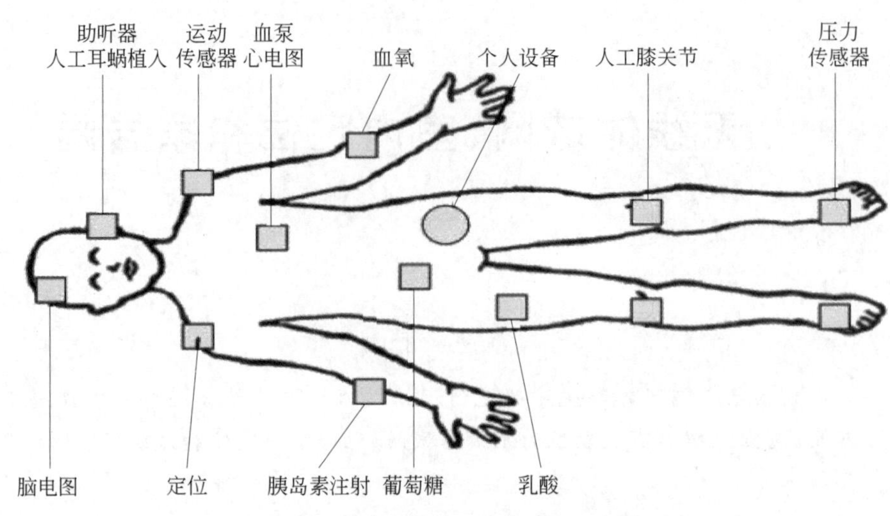


图 11.1 病人监护无线体域网示意图

WBAN 中的节点数量受限于网络特性，一般节点数量为 20～50 个。

### 11.1.2 无线体域网的技术要求

#### 1. 数据率

由于具体应用的多样性，WBAN 的数据率范围较大，从简单数据的每秒几千比特(kb/s)到视频数据流的每秒几兆比特(Mb/s)。不同应用的数据率通过采样率、测量范围和精度计算而得。医用 WBAN 应用的数据率、时延和误码率如表 11.1 所示。如果一个 WBAN 中有多个设备，如几十个微传感器以及监测心电图、肌电图、血糖等的设备，总体数据率可能较高。

表 11.1 医用 WBAN 应用的数据率、时延和误码率

| 应　　用 | 数据率 | 时延/ms | 误码率 |
|---|---|---|---|
| 深度脑刺激 | ＜320kb/s | ＜250 | $<10^{-10}$ |
| 药物服用 | ＜16kb/s | ＜250 | $<10^{-10}$ |
| 胶囊内窥镜 | 1Mb/s | ＜250 | $<10^{-10}$ |
| 心电图 | 192kb/s | ＜250 | $<10^{-10}$ |
| 脑电图 | 86.4kb/s | ＜250 | $<10^{-10}$ |
| 肌电图 | 1.536Mb/s | ＜250 | $<10^{-10}$ |
| 葡萄糖水平监测 | ＜1kb/s | ＜250 | $<10^{-10}$ |
| 音频流 | 1Mb/s | ＜20 | $<10^{-5}$ |
| 视频流 | ＜10Mb/s | ＜250 | $<10^{-3}$ |
| 声音 | 50～100kb/s | ＜250 | $<10^{-3}$ |

数据传输的可靠性应考虑误码率，通常低数据率设备能承受较高的误码率（低于 $10^{-4}$），而高速率设备则要求较低的误码率（低于 $10^{-10}$）。

### 2. 能耗

能耗主要源于感知、无线通信和数据处理，其中无线通信能耗最大。各节点的可用功率通常受限，存储能量的电池往往决定传感器的尺寸和重量。如果缩小电池，则必须减小设备功耗。在某些 WBAN 应用中，传感器或执行器需考虑几个月甚至几年的电池供电，例如起搏器或血糖检测仪一般要求使用长达 5 年以上。植入人体设备的工作寿命非常关键，因为频繁更换或充电在经济上和实际操作中都不可行。

另一方面，节点寿命也可通过能量回流操作来增强。如果回流能量大于消耗值，节点就可永久运行。但实际上能量回流只能收集小部分能量，所以低功耗和能量回流二者需兼顾。WBAN 的能量回流可源自人体的体温和身体振动，前者可考虑利用热发电装置将环境和人体的温差转化为电能，后者可利用人的日常行走活动。

设备通信过程中会产生热量，并被周围的人体组织吸收，导致体温升高。为限制体温升高和节约电能，设备功耗应尽量低。被人体组织吸收的能量可通过特定吸收率（Specific Absorption Rate，SAR）测算，由于设备附于或植入人体内，局部 SAR 值可能很高，体内局部 SAR 必须最小化。

逐步成熟的无线充电技术（见第 2 章）为 WBAN 的能量补充提供了有利途径。可考虑使用各种形式的无线充电（射频能量收集、磁共振等）。射频能量收集（如体外预放置能量发射器）将周围射频能量引导至植入节点。磁共振由一个带充电线圈的体内电池供电的中继节点将能量以无线方式传输给植入传感器。

### 3. QoS 和可靠性

QoS（服务质量）是医疗应用的重要环节。WBAN 的关键是传输可靠性，要确保医护人员正确接收到监测数据。可靠性需从端到端或各链路等多方面考虑，包括数据的保证传输、按序传输、适时传输等。网络可靠性直接影响病人监护质量，如果发生威胁生命的事件而未能及时传输数据，后果不堪设想。

### 4. 可用性

WBAN 应具良好的自组织、自维护性。当一个节点在人体上开启时，应无须外部干预即能加入网络并建立路由。自组织功能也包括节点寻址，地址可在制造或安装时通过网络自动配置。增加新服务时网络可快速重构。某一路径中断时，应立即建立备用路径。

设备可能分散在全身上下，具体位置依用途而定，例如心脏传感器应置于心脏附近，温度传感器可置于人体的较多部位。而运动传感器测量的数据多为动态的，此时人体处于运动状态，如走路、跑步、转动等，会引发信道衰减和阴影效应。

还需考虑节点的可穿戴性和可植入性，使得 WBAN 在人体上较为隐蔽。

#### 5. 安全和隐私

通过 WBAN 传输的健康信息属于个人隐私和机密,一般应加密处理。医护人员收集数据时需确认数据未被篡改。一般不允许普通人员设置和管理相应的验证和授权进程。注意,安全和隐私保护机制会消耗一定的能量,节能和轻巧格外重要。

### 11.1.3 IEEE 802.15.6 协议标准*

WBAN 的典型协议标准是 IEEE 802.15.6,于 2012 年公布。它针对低功率、高速率、小范围的无线体域网,为人体周围或体内的无线设备之间及设备与基站间的通信指定了物理层和 MAC 层的协议规范。

IEEE 802.15.6 的主要技术优势在于短距离、超低功率(最低可达 −40dB)、低成本、高速率(最高达 10Mb/s)和低实施复杂度。

#### 1. IEEE 802.15.6 的相关网络拓扑结构

星形是常见的网络拓扑结构。WBAN 以人体为中心部署中心节点,将分布在人体各部位的可穿戴式和植入式传感节点与中心节点建立连接,形成星形网络,最终由中心节点通过无线网络将人体信息传输给远程控制中心。

人体移动或姿势变化会改变传感节点与中心节点间的相对位置,从而影响通信连接。例如,位于背后的传感节点与位于胸前的中心节点之间建立前身-后身通信链路时,需考虑复杂的传播机制(人体绕射和周围环境反射)和较大的传播损耗。当前身-后身通信链路无法建立时,背后节点可借助中继节点与中心节点建立连接。

IEEE 802.15.6 定义了两种拓扑结构,分别是单跳星形拓扑和扩展两跳星形拓扑,如图 11.2 所示。网络由普通节点和中心节点组成。WBAN 中仅有一个中心节点,普通节点数量最多为 64。在单跳星形 WBAN 中,普通节点和中心之间直接进行数据传输;而在扩展两跳星形 WBAN 中,普通节点和中心节点间的数据传输可选择一个中继节点转发。中继节点不但能提供中继转发功能,也可直接与中心节点建立传输连接,而普通节点在给定的任意时刻必须选择一个中继节点进行传输。

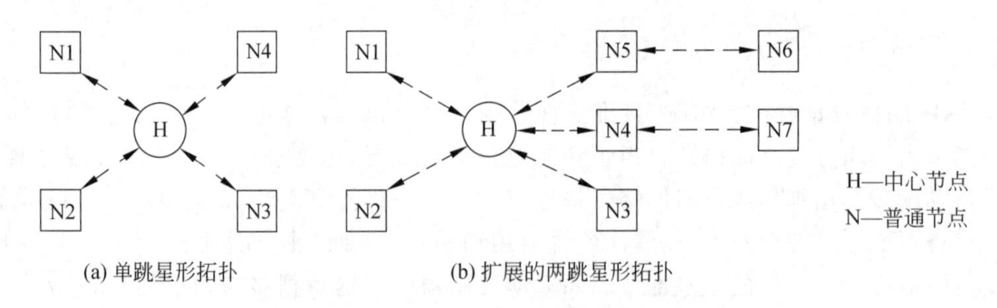


图 11.2 IEEE 802.15.6 标准的两种拓扑结构

在图 11.2 中,节点 N6 通过节点 N5 的中继转发将数据传输到中心节点 H。为了区分扩展两跳星形网络中传输的帧,需对 N6 发给 H 的数据帧和管理帧进行封装,同时对

H 发给 N6 的数据帧和管理帧也要封装，但控制帧（如 ACK）和 N5（为中继节点）发给 H 的数据帧无须封装。

## 2. IEEE 802.15.6 的物理层协议规范

和 IEEE 802.11、IEEE 802.15.4 等不同，IEEE 802.15.6 的物理层很有特点。IEEE 802.15.6 支持 3 种不同物理层，分别是窄带物理层、超宽带物理层和人体物理层。

1）窄带物理层

窄带物理层（Narrow Band，NB）主要负责无线收发机的激活和钝化、空闲信道检测及数据收发，工作于以下频段：402～405MHz、420～450MHz、863～870MHz、902～928MHz、950～958MHz、2360～2400MHz 和 2400～2483.5MHz。除 420～450MHz 频段采用高斯最小频移键控（GMSK）调制方案外，其他频段采用差分二进制相移键控（DBPSK）、差分正交相移键控（DQPSK）和差分八进制相移键控（D8PSK）等调制方案。

如图 11.3 所示，窄带物理层使用了物理层汇聚协议（Physical Layer Convergence Protocol，PLCP），物理层协议数据单元（Physical layer Protocol Data Unit，PPDU）由 3 部分组成：PLCP 前缀、PLCP 头部和物理层服务数据单元（Physical layer Service Data Unit，PSDU）。

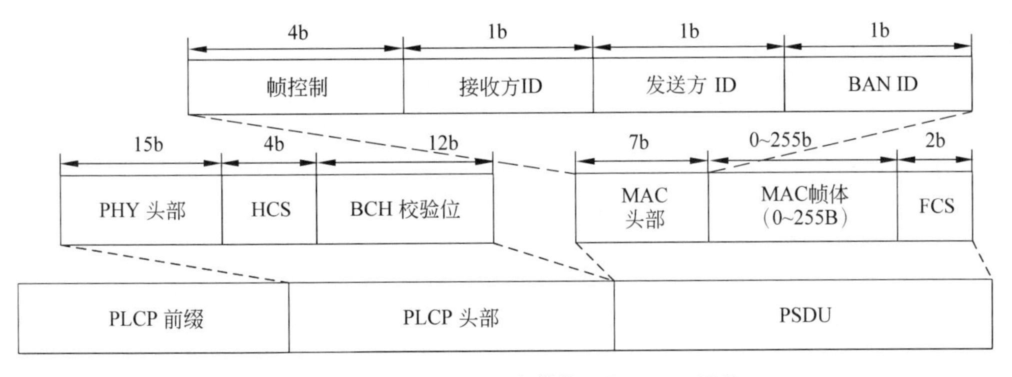


图 11.3　IEEE 802.15.6 窄带物理层 PPDU 结构

PLCP 前缀用来实现时间同步和载波偏移恢复。前缀总长 90b，由一个长 63b 的序列和一个长 27b 的扩展序列 010101010101101101101101101 组成。前一个序列用于数据包检测、粗略时间同步和载波偏移恢复，后一个序列用于精确时间同步。协议定义了两个不同序列来减轻由于工作于相邻信道而产生的错误警告，偶数信道用第一个序列，奇数信道用第二个序列。PLCP 头部是为接收端正确解码 PSDU 传输所需的 PHY 参数信息，如数据传输速率、调制类型等，其包含 7 个字段：速率、长度、突发模式、扰频种子、保留位、头部校验序列（Header Check Sequence，HCS）和 BCH 校验位，其中 BCH 校验位用来提高 PLCP 头部的鲁棒性。PLCP 头部以工作频段中给定的数据速率进行传输。

2）超宽带物理层

超宽带物理层（Ultra Wide Band，UWB）为 WBAN 在高性能、高鲁棒性、低复杂度、超低功耗方面提供了更大范围的应用机会。其信号功率等级在医疗植入通信服务的使用范围内,对其他装置干扰较少。

UWB工作于低频段和高频段。每个频段划分为多个信道,所有信道的带宽都是499.2MHz。低频段为1～3信道,信道2的中心频率为3993.6MHz;高频段为4～11信道,信道7的中心频率为7987.2MHz。一个典型的UWB设备必须至少支持信道2和7两者之一,其他信道可选。UWB的典型数据速率为0.5～10Mb/s。

如图11.4所示,UWB的PPDU包含同步头(Synchronization Header,SHR)、PHY头(PHY Header,PHR)和PSDU。

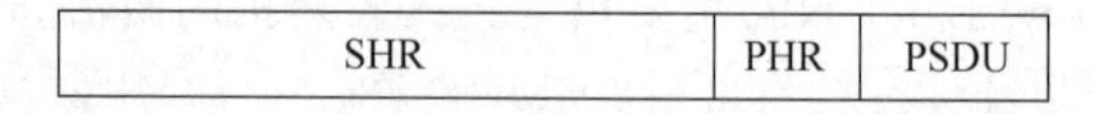


图11.4 IEEE 802.15.6超宽带物理层PPDU结构

SHR包括前缀码和帧起始定界符(Start of Frame Delimiter,SFD)。PHR传输有关PSDU的速率、负载长度和扰频种子等信息,被接收端用于PSDU的解码。PSDU的格式取决于UWB的两种工作模式:默认模式或高服务质量模式。默认模式用于医疗或非医疗应用,高服务质量模式用于高优先级医疗应用。

3) 人体通信物理层

人体通信物理层(Human Body Communication,HBC)是WBAN特有的一种物理层,将人体作为传输信道,中心频率为21MHz。人体作为信道时,衰减主要来自人体组织对能量的吸收,由于人体组织大部分由水组成,电磁波到达接收端时衰减较大。HBC是PHY的静电场通信,图11.5中,PPDU由PLCP前缀、SFD、PLCP头部和PSDU组成。PLCP前缀被传输4遍以保证同步,SFD只传输一遍。接收端收到数据包时,通过检测PLCP前缀序列来定位包起始位,然后检测SFD来找到帧起始位。

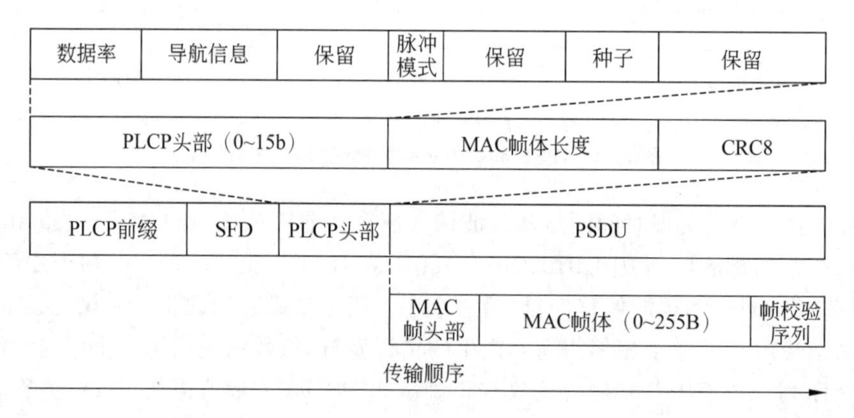


图11.5 IEEE 802.15.6人体通信物理层PPDU结构

### 3. IEEE 802.15.6的MAC层协议规范

1) MAC帧结构

MAC帧由帧头部、帧体和帧校验序列(Frame Check Sequence,FCS)组成,参见图11.3。其中帧体由长度可变的帧负载、可选的低阶安全序列号字段和报文完整码

(Message Integration Code,MIC)字段组成。依据帧负载的不同规定了 3 种帧类型：管理型帧、控制型帧和数据帧。

2) MAC 接入模式

为支持基于时基的分配，无论是否发送信标帧，中心节点均建立一个按信标周期划分的时间轴，将时间划分为等长的信标周期(即超帧)，每个超帧由等长时隙组成，编号为 0, 1, 2, …, $s$, $s \leqslant 255$。超帧分为激活超帧和非激活超帧。在非激活超帧内，中心节点为睡眠态，和其他节点间无数据帧传输；在激活超帧内，中心节点为激活态，和普通节点间有数据帧交互。除了在非激活超帧内，中心节点在每个超帧开始时刻发送信标帧。

根据具体应用场景，中心节点可工作在 3 种不同接入模式中，分别如下：

(1) 带超帧的信标模式。每个激活超帧的结构如图 11.6 所示，其中 B 为信标帧。如果非激活超帧内没有预分配的调度间隔，中心节点在激活超帧结束后持续若干个非激活超帧间隔。在每个激活超帧内，中心节点发送信标帧并可能提供接入期；在非激活超帧内，中心节点不发送信标帧，也不提供任何接入期。

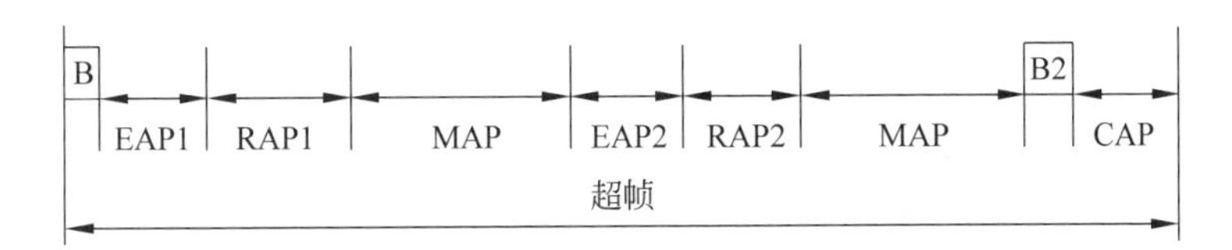


**图 11.6　带超帧的信标模式下使用的超帧结构图**

除信标帧外，激活超帧又分为 7 个接入期，依次为专用接入期 1(EAP1)、随机接入期 1(RAP1)、管理接入期(MAP)、EAP2、RAP2、另一个 MAP 和争用接入期(CAP)。中心节点可自适应调整各接入期长度，各接入期长度可设为 0，但 RAP1 结束时刻不能早于信标帧中规定的 RAP1 结束最早时刻。普通节点有数据发送时，首先接收信标帧以确认超帧中各个接入期的起止时刻。由于 WBAN 实时监测人体生命信息，普通节点需周期性地发送数据，突发情况下普通节点还需向中心节点传输紧急生命信息。普通节点根据不同业务特性选择在相应接入期内接入信道完成传输。

信标帧主要用于时钟同步和网络管理，如节点间介质接入和能量管理的协调，由中心节点在每个激活超帧的开始或因相邻 BAN 的干扰在非开始的其他时刻发送。

B2 帧由中心节点广播给各个普通节点，包含群确认机制和辅助时间共享信息，如超帧长度、时隙长度、当前时隙数等。

在 EAP1/EAP2 内，普通节点或中心节点有最高优先级业务或紧急业务时，采用 CSMA/CA 或时隙 ALOHA 机制接入信道。在 RAP1/RAP2 内，仅普通节点可采用 CSMA/CA 或时隙 ALOHA 争用信道，一般用于突发业务。在 CAP 内，仅普通节点采用 CSMA/CA 或时隙 ALOHA 争用信道。中心节点为提供非零长度 CAP 需发送 B2 帧，若 CAP 长为 0，中心节点就不再发送 B2 帧。在 MAP 内，中心节点或普通节点采用调度接入、非调度接入和临时接入 3 种机制。在中心节点和普通节点的上下行链路通信中，调度接入能提供有保证的数据传输，而非调度接入将尽最大努力传输数据。这两种接入机制均需提前预约时隙分配，主要发送周期性或准周期性业务。临时接入通过发送轮询

(poll)帧或投递(post)帧获得临时分配的间隔,主要发送突发业务。

临时轮询分配间隔指中心节点分配给普通节点的用于一个或多个帧传输的上行链路时间间隔,节点可采用轮询接入机制获取信道。临时投递分配间隔指中心节点分配给自身的用于帧传输的下行链路分配间隔,中心节点可采用投递接入机制获取分配间隔。

(2) 带超帧的非信标模式。此时超帧中仅有 MAP,工作方式和带超帧的信标模式下的 MAP 工作方式相同。中心节点不发送信标帧,但可通过其他时间的信息帧实现全网同步。

(3) 无超帧的非信标模式。中心节点不发送信标帧,工作在无超帧场景下,也不提供基于时隙的间隔分配。和前两种模式不同,在这种模式下,全网不需时间同步。中心节点提供非调度的双向链路通信间隔,由类型Ⅱ的轮询分配间隔和/或投递分配间隔组成。类型Ⅱ的分配间隔长度基于传输帧数目而言,并非分配间隔的持续时间。

若中心节点确定在后续帧交互中工作于本模式,普通节点和中心节点将任何时间间隔都当作 EAP1 和 RAP1 的一部分,采用 CSMA/CA 机制获取信道资源。

3) 体域网组建

中心节点根据当前信道条件、应用要求及共存考虑等因素,选择一个合适的信道,组建 WBAN,且需选择一个接入模式以支持相应接入机制。

若中心节点选择带超帧的信标/非信标模式,则向每个未连接节点发送时间轮询帧,并提供一个类型Ⅰ的轮询分配间隔,以便中心节点与未连接节点连接或重新连接。

若中心节点选择不带超帧的非信标模式,则向每个未连接节点发送轮询帧,并提供类型Ⅱ的轮询分配间隔,启用未连接节点与中心节点的连接或重新连接。

当未连接节点试图和中心节点建立连接时,未连接节点遵循短地址寻址规则发送数据帧。短地址长 1B,在一个体域网内可唯一标识所有节点。标识符包括 BAN ID、中心 ID(Hub ID,HID)和普通节点 ID(Node ID,NID),其中 NID 又分为连接节点 ID(Connected_NID)、未连接节点 ID(Unconnected_NID)、广播节点 ID 和多播节点 ID 等。

中心节点在 0x00~0xFF 中选择一个整数作为 BAN ID,应与邻近体域网的标识符值不同。然后,中心节点从连接标识符集合中选择一个整数作为 HID 值。最后,普通节点根据自身具体情况选择相应 NID 值。发送的数据帧头部有两个地址域——Recipient ID 和 Sender ID,分别为帧的接收节点标识符和发送节点标识符。

未连接节点向中心节点发送连接请求帧(Connect Request Frame,CRF),中心节点收到 CRF 后向未连接节点回复立即确认帧(I-ACK)。若中心节点分配连接 NID 给未连接节点,则向其发送连接分配帧(Connect Assign Frame,CAF)。节点收到 CAF 后向中心节点回复 I-ACK,节点与中心节点建立连接。

节点也可以中断 WBAN 连接,此时普通节点(或中心节点)需发送中断连接帧,收到 I-ACK 后即中断和中心节点(或普通节点)的连接。

4) 接入方式

在 IEEE 802.15.6 中,普通节点和中心节点间通信使用相同的通信链路,中心节点将超帧划分成不同接入期,同时支持基于竞争和基于预分配的多址接入机制,具体分为 3 类:

- 随机接入,使用CSMA/CA或时隙ALOHA。
- 临时接入和非调度接入,使用非调度的轮询或投递。
- 调度接入和调度轮询接入,在一或多个即将到来的超帧中事先安排时隙,也称作单信标周期分配或多信标周期分配。

在EAP1、RAP1、EAP2、RAP2及CAP中,均为随机接入。

临时接入适用于以下情形:作为独立接入方式尽力发送轮询或投递,不需要通过连接请求和连接分配帧来预约和安排;作为调度接入或非调度接入的一种补充方式,在调度或非调度的双向链路分发之外,发送额外的轮询和投递;作为调度接入或非调度接入的授权接入方式,在调度或非调度双向链路分发之内,发送轮询或投递。

在有超帧的信标模式或非信标模式下,普通节点和中心节点可使用调度接入来获得调度的上行或下行链路分发,或使用调度轮询接入来获得调度的双向链路分发和其中的轮询和投递分发。调度的上行/下行/双向链路分发,即调度分发,可以是单信标周期分发或多信标周期分发,但在同一个WBAN中,一个节点不能同时有单信标周期分发或多信标周期分发。

#### 4. IEEE 802.15.6安全模式介绍

IEEE 802.15.6共定义了3种安全级别,各级别具有不同安全性能、保护等级和帧格式,具体如下:

- 0级,非安全通信。数据帧无防护机制,不保证数据的真实性和完整性,也不提供保密性和隐私保护,无法抵御重放攻击。
- 1级,认证但不加密。数据帧可进行认证但不加密,可验证数据的真实性和完整性,抵御重放攻击,未提供保密性和隐私保护。
- 2级,认证加密。数据帧有安全认证和加密机制,提供数据的完整性、真实性、保密性和隐私保护,可抵御重放攻击。

建立连接过程中,普通节点和中心节点将共同选择合适的安全级别,并根据相应的安全要求和传输的具体信息确定是否需对控制类帧进行认证。为实现单播安全通信,普通节点和中心节点需激活预先共享的主密钥或经由一个认证/未认证连接建立新的主密钥,然后,在每次会话过程中都将创建新的成对临时密钥。而为实现多播安全通信,中心节点将以单播形式为每一个对应多播组分配组临时密钥。

### 11.1.4 WBAN的路由、QoS和安全性*

#### 1. WBAN的路由

由于无线环境的特殊性,在WBAN中开发有效的路由协议成为难点。首先,可用带宽有限且共享,还受衰减、噪声和干扰影响,因此协议控制信息的数量受限制。其次,网络中的节点可用能量或计算能力呈现多样化特征。

Ad Hoc网络和WSN的许多研究都致力于高效节能路由,但大多数方案不适用于WBAN,忽略了操作(测量、数据处理、内存访问)次数、链路传输、接收一个有用比特等所需的能量。大多数WSN协议只考虑同种传感器和多对一的通信模式，多数情况下网络是静止的。但WBAN的运动特征明显，而传感器和执行器的通信对移动设备有严格的实时要求，因此需要特定的网络层协议。WBAN的路由策略具体分为温度路由和分簇路由两类。

1）温度路由

WBAN需考虑辐射吸收和人体的热效应。为降低人体组织升温，需限制功率或使用流量控制，如通过速率控制来降低生物效应。另一思路是平衡节点间通信，如热感知路由算法(Thermal-Aware Routing Algorithm，TARA)，可引导数据避开高温区域，即热点。数据包避开热点，通过备选路径重建路由。TARA的缺点是网络寿命短，丢包率高，可靠性不足，其被改进为最低温度路由(Lowest Temperature Routing，LTR)和自适应最低温度路由(Adaptive Lower Temperature Routing，ALTR)，通过在包中保存最近访问过的节点以减少不必要的跳数和回路。如已达预定跳数，为降低能耗，ALTR将切换到最短路径。图11.7为LTR和ALTR示例。白色箭头为LTR路径，灰色箭头为ALTR路径，L和H分别为低温和高温节点。一般路由选择低温节点，当路径达3跳时，路由切换到最短路径，即需经过一个高温节点。

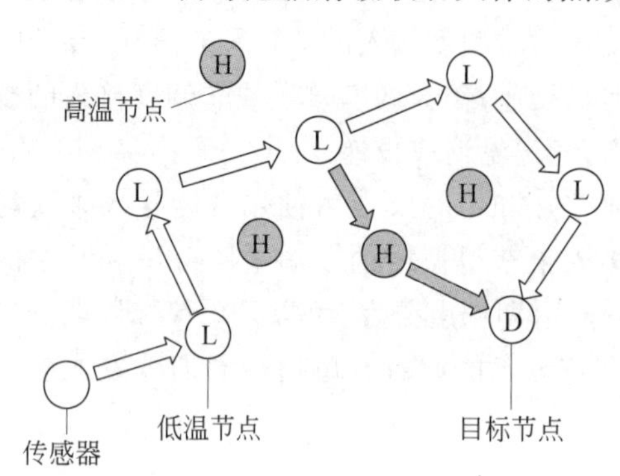


**图11.7　LTR和ALTR示例**

最小总路由温度(Least Total Route Temperature，LTRT)协议结合了最短路径和最低温度，将每个节点温度转化成图的权重，以获得最小温度路径。LTRT实现了更好的节能和更低的升温效果，但每个节点都需要获得网络中所有节点的温度，而获得这些数据的代价难以确定。

2）分簇路由

ANYBODY是一个典型的数据收集协议，通过分簇来减少到远距离基站的直接传输量。在规定时间间隙内随机选择簇头以扩散能耗。簇头收集所有数据并发给基站，但假设所有节点都在基站传输范围内。对该协议的能量利用率和可靠性需进一步研究。

**2. WBAN的QoS**

Ad Hoc网络中已有大量QoS解决方案，但通常是为可供电的大功率设备设计的；也有一些适合WSN的QoS方案，但主要关注某些QoS特性，如可靠性、时延、定义或保留带宽。而对于WBAN，已有QoS研究成果还不多。

有研究评估了CICADA方案的稳定性，提出了附加机制，如随机性和监听兄弟节点发送的控制信息，以进一步提高稳定性。BodyQoS解决了WBAN应用的3个特殊挑战：一是采用大部分处理都位于中心设备的非对称结构；二是开发了虚拟MAC层以支持不同类型的MAC协议；三是使用自适应资源调度策略，实现了静态带宽保证和可靠数据通信。

关注 QoS 会影响功耗。例如，为了实现较低的丢包率，需增大传输功率，即功耗。因此，需考虑功耗和系统预期可靠性的折中。

### 3. WBAN 的安全性

WBAN 中有关健康信息的通信涉及数据保密性、数据认证、数据一致性、数据更新等安全问题。

数据保密性意味着信息要严格保密且只供已获得授权者（如主治医生）访问。信息可在发送前加密，采用对称或非对称密钥。数据认证可确保信息源自发送方，可使用共享密钥的消息认证码（Message Authentication Code，MAC）技术。数据一致性确保收到的信息未被篡改，可通过验证 MAC 实现。数据更新保证收到的数据是最新的，而非可能导致混乱的重传的旧信息，一个使用较多的技术是计数器。

人体上传感器的数量和不同传感器间的距离一般都很有限，WBAN 中的传感器处在人本身的监视下。这意味着攻击者想在不被人发现的情况下以物理方式访问节点较困难。为 WBAN 设计保密协议时需考虑上述特性，以利用有限资源定义最优解决方案。提供完备的安全性对 WBAN 应用很重要，支持安全架构最关键的一环是密钥管理。此外，保密性和隐私保护将消耗较多能量和资源，所以应尽量节能。

有研究提出了一种数据一致性和数据更新方案，测量允许往返时延阈值，认证环节则通过使用随机序列计算 MAC 实现，该序列由初始相位确定。另一种密钥管理方案是使用生物统计学，根据个体生理或行为特性变化进行自动识别。例如，基于生物统计数据的算法可应用于个人设备和所有节点之间的传输，以保证可靠性、机密性和集成性。还有研究提出利用心跳产生密钥的算法。身体耦合通信（Body Coupled Communication，BCC）可用来关联 WBAN 中新的传感器。由于 BCC 限于身体这一范围，该技术可用于认证身体上新的传感器。

WBAN 的隐私保护非常重要，由此导致的社会问题将是潜在的威胁。社会接受程度对 WBAN 技术是否能广泛应用具有关键影响。

## 11.2　无线室内定位

近年来，伴随无线网络、物联网等技术的迅速发展，室内定位系统（Indoors Position System，IPS）的应用受到关注。在各种室内环境下，人、设备和物体的位置都可以较为方便地确定，这些定位信息进一步推动了基于位置的新应用。下面介绍各种主流的室内定位系统和应用，主要基于无线网络技术，少数基于其他非无线网络技术。

无线室内定位技术的应用发展迅速，关于本节介绍的相关研究和各种应用原型系统，可详细阅读本章参考文献[4]所列举的近百篇原始文献。

### 11.2.1　无线室内定位概述

GPS、北斗等卫星导航系统提供室外大范围的定位，车辆配备了导航设备即可有效使用定位功能，这使得基于位置的服务（如导航、旅行等）成为可能。但卫星导航不能用于室内,其中一个原因是室内环境中的接收器和卫星不能进行视距传输。

相比于室外环境,室内环境更复杂,可能存在墙壁、设备和人等各种不同障碍,这些都会影响电磁波传播,产生多径效应。而其他有线或无线网络的干扰和噪声也会降低定位准确性,建筑物形状、对象的移动性和大气条件等都会对室内定位产生多径效应和环境影响。

与此同时,越来越多的应用对室内定位技术提出了需求。例如,医院需要部署室内跟踪系统,以帮助患者在复杂环境中有效利用医疗资源。在较大的公共区域,如航站楼、地铁站、体育中心、会展中心和大型商场等,室内导航系统也可为人们指引方位。在家庭和办公室,室内定位可实现各种智能家居和智能办公服务。室内定位信息将作为一种重要的环境感知智能服务,有效消除不断动态变化的室内环境的不确定性,使人们行动更便捷。

当然,用户在许多场合可能并不希望被追踪,所以定位服务要注意保障用户隐私。

IPS可定义为可连续、实时确定物体或个人在物理空间内位置的系统,能持续工作,不断提供目标的更新位置信息,并覆盖设定的区域。IPS可为用户的定位应用提供各种位置信息,包括绝对位置、相对位置和近似位置信息。

在计算位置前,通常需保存相关室内场所的地图信息,地图有助于测量并展示目标的确切位置。基于有效地图覆盖范围的精确位置可由室内定位追踪和导航系统提供,而追踪和导航服务信息需要目标的精确定位。相对位置信息则主要测量目标不同部分的相对移动,如车门是否关闭,涉及汽车门追踪点的相对位置信息。近似位置信息是一种粗略的位置信息。例如,在医院的监控和追踪应用中,仅需确定病人所在房间信息,可判断病人是否进入正确的房间。

位置感知计算系统架构一般自底向上包括3层:位置感知系统层、软件位置抽象层和基于位置的应用层。位置感知系统层中的不同定位技术可测量用户和设备位置。软件位置抽象层对位置感知系统层报告的数据进行转换,可产生目标位置信息的标准形式,为地标数据库提供服务。导航和地理广告等基于位置的应用都在最高层,即基于位置的应用层实现,可利用下层测量和计算出的位置上下文信息。

室内定位系统已涌现了多种技术方案,如红外线、超声波、RFID、无线局域网、蓝牙、无线传感网、超宽带、磁信号、视觉分析和声音定位等,其中大部分属于无线网络范畴。它们各有优势,也各有局限性。

### 11.2.2 无线室内定位技术和评价标准

#### 1. 无线室内定位技术

无线室内定位技术可以分为基于测距的算法和测距无关的算法两大类。基于测距的算法一般测量节点间的距离或方位以计算实际距离,再进一步计算目标节点位置。测距无关的算法根据节点连通度等特性估计节点间的逻辑距离,再进一步估算出目标节点位置。通常基于测距的算法定位精度要高于基于测距无关的算法,但前者对硬件要求更高,而后者的抗噪性更好。

1）三边测量定位方法

如图 11.8 所示，如果 3 个节点 $A$、$B$、$C$ 坐标已知，可利用半径 $d_A$、$d_B$、$d_C$的长度计算出目标节点 $D$ 的位置。

在图 11.8 中，已知 $A$、$B$、$C$ 节点坐标为$(x_A, y_A)$、$(x_B, y_B)$、$(x_C, y_C)$，且已知节点和目标节点 $D$ 的距离为 $d_A$、$d_B$、$d_C$。假设 $D$ 的坐标为$(x, y)$，则可得到下式：

$$\begin{cases}\sqrt{(x-x_A)^2+(y-y_A)^2}=d_A\\ \sqrt{(x-x_B)^2+(y-y_B)^2}=d_B\\ \sqrt{(x-x_C)^2+(y-y_C)^2}=d_C\end{cases}$$

将上式展开并合并，可得到 $D$ 的坐标$(x, y)$：

$$\begin{bmatrix}x\\ y\end{bmatrix}=\begin{bmatrix}2(x_A-x_C) & 2(y_A-y_C)\\ 2(x_B-x_C) & 2(y_B-y_C)\end{bmatrix}^{-1}\begin{bmatrix}x_A^2-x_C^2+y_A^2-y_C^2+d_C^2-d_A^2\\ x_B^2-x_C^2+y_B^2-y_C^2+d_C^2-d_B^2\end{bmatrix}$$

而已知节点与未知节点间的距离需根据接收到的信号强度（Received Signal Strength，RSS）、到达角度（Angle of Arrival，AoA）、到达时间（Time of Arrival，ToA）和到达时间差（Time Difference of Arrival，TDoA）等确定。ToA 计算精确，可过滤室内环境的多径影响，但较难部署；RSS 和 ToA 需已知至少 3 个节点的位置，而 AoA 仅需两个节点就能测算位置；但当目标距离很远时，AoA 可能精度较低。

2）三角测量定位方法

在利用 AoA 测距获得的信号到达角度基础上，可根据三角形的几何特性来计算未知节点位置。如图 11.9 所示，3 个节点 $A$、$B$、$C$ 坐标分别为$(x_A, y_A)$、$(x_B, y_B)$、$(x_C, y_C)$，且已知目标节点 $D$ 相对于节点 $A$、$B$、$C$ 的角度分别为$\angle ADB$、$\angle ADC$、$\angle BDC$。假设 $D$ 的坐标为$(x, y)$。

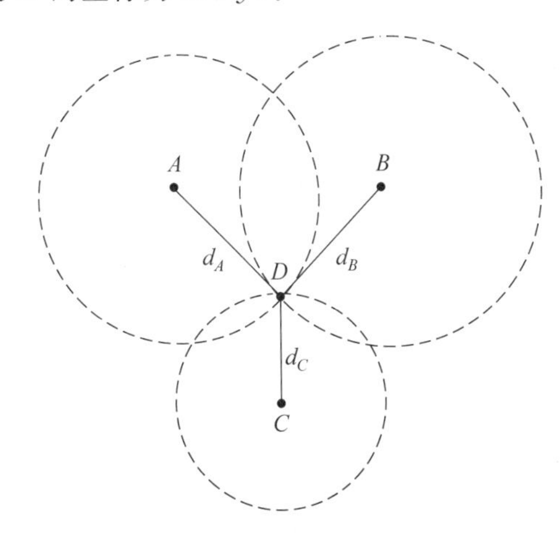

**图 11.8　三边测量定位方法**

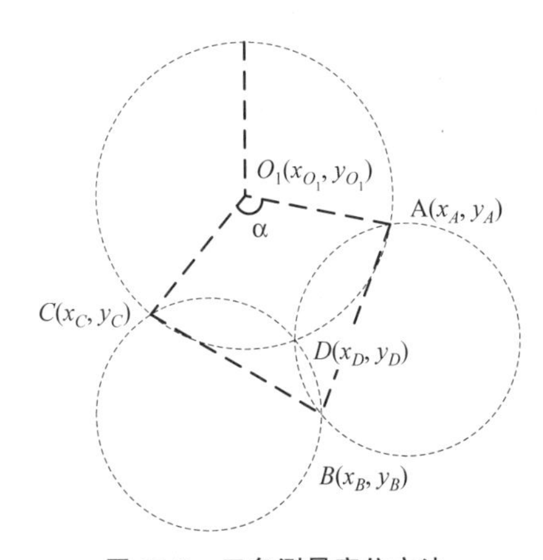

**图 11.9　三角测量定位方法**

对节点 $A$、$C$ 和角$\angle ADC$，如果弧$\overset{\frown}{AC}$在$\triangle ABC$ 内，则可唯一确定一个圆，圆心为 $O_1(x_{O_1}, y_{O_1})$，半径为 $r_1$，则 $\alpha=\angle AO_1C=(2\pi-2\angle ADC)$，可得下式：

$$\begin{cases}\sqrt{(x_{O_1}-x_A)^2+(y_{O_1}-y_A)^2}=r_1\\ \sqrt{(x_{O_1}-x_C)^2+(y_{O_1}-y_C)^2}=r_1\\ \sqrt{(x_A-x_C)^2+(y_A-y_C)^2}=2r_1^2-2r_1^2\cos\alpha\end{cases}$$

即可确定圆心$O_1(x_{O_1},y_{O_1})$和半径$r_1$。同理,对节点$A$、$B$、角$\angle ADB$和节点$B$、$C$、角$\angle BDC$,可分别确定圆心$O_2(x_{O_2},y_{O_2})$、半径$r_2$、圆心$O_3(x_{O_3},y_{O_3})$和半径$r_3$,即可进一步用三边测量确定$D$点坐标。

3) 测距无关方法

先介绍质心算法。其核心思想是:锚节点周期性地向四周邻节点广播锚分组(包含锚节点的ID和位置等信息);目标节点收集周围锚节点的位置信息,当接收到的来自不同锚节点的锚分组数量超过阈值或持续一段时间后,计算出所有锚节点所围成多边形的几何质心,并将该质心的坐标位置作为目标节点自身的估计位置。显然,上述思路操作简单,但误差较大。许多改进算法提出,利用锚节点和目标节点间的信号强度和丢包率等指标,赋予每个锚节点不同的权重,以提高定位精度。

再来看DV-Hop算法,它利用了距离向量路由的原理。其核心思想是:目标节点先计算与锚节点的最小跳数,然后估算每一跳的平均距离,二者相乘,即可估计出目标节点到锚节点的距离;然后再利用三边测量定位方法计算出目标节点的位置。该算法计算简单,但是误差也较大。

4) 指纹识别定位方法

指纹识别定位通过预测量的位置相关数据来提高精度,具体包括离线训练和在线测定两个阶段。离线训练阶段对区域中各点的相关位置数据进行测量和收集。在线测定阶段则对目标节点测得的位置相关数据与离线训练阶段收集到的测量数据进行比较和匹配。以WiFi定位系统为例,在图11.10(a)中,3个接入点(AP)固定在25m×25m区域的

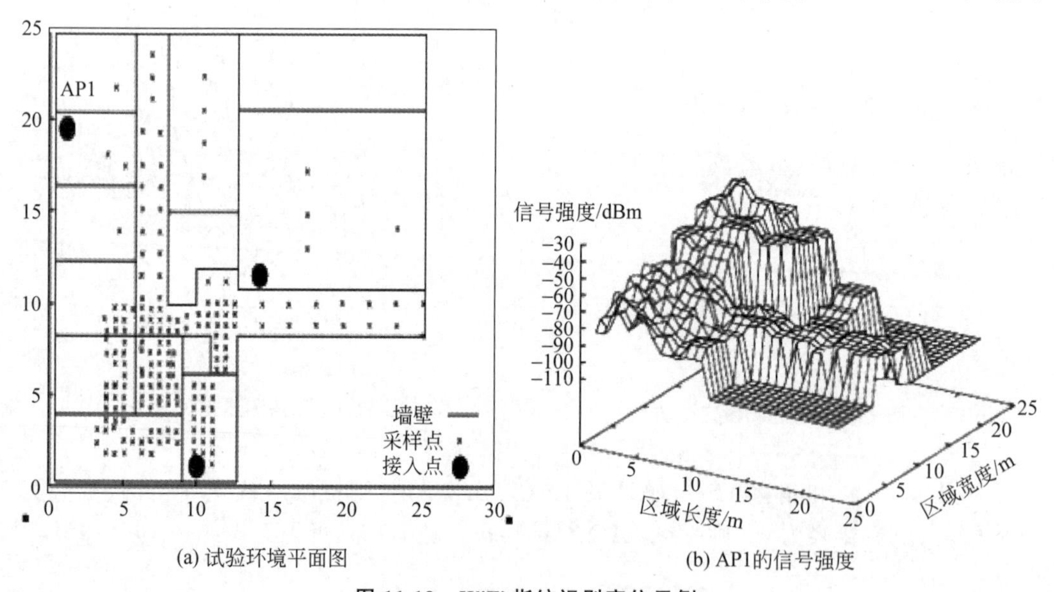


(a) 试验环境平面图　　(b) AP1的信号强度

**图11.10　WiFi指纹识别定位示例**

不同地方。在离线训练阶段,使用笔记本电脑在不同采样点测量和收集来自不同 AP 的 WiFi 信号强度,制成不同 AP 的指纹地图。图 11.10(b)为该区域中不同采样点接收的来自 AP1 的信号强度。在线测定阶段中,根据区域指纹地图,通过 $K$ 最近邻居分类($K$-Nearest Neighbour,KNN)算法来定位目标。KNN 的基本思想是:如果样本 $S$ 在特征空间中的 $K$ 个最邻近样本中的大多数属于某一类,则 $S$ 也属于该类。

5) 近似定位方法

近似定位系统检查已知位置或区域的目标物体位置,需在已知位置处安装检测器。当目标被检测器追踪到的时候,目标位置会被认为在检测器标记的近似区域内。如图 11.11 所示,$E_2$ 和 $E_3$ 是追踪目标,虚线框矩形为检测器 $D$ 的近似区域。通过监视 $E_2$ 和 $E_3$ 是否在 $D$ 的近似区域中,可对这两个目标进行近似定位。易知,目标 $E_2$ 在 $D$ 的近似区域中,$E_3$ 不在 $D$ 的近似区域中。近似定位技术不像其他定位技术那样能计算绝对位置或相对位置,但可用来确定追踪目标是否在某个房间中。

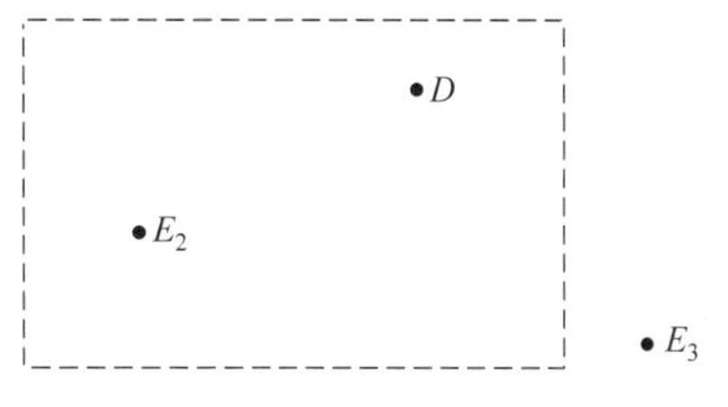

图 11.11　近似定位系统示例

6) 视觉分析定位方法

视觉分析定位主要依靠一点或多点的图像信息。区域中有一个或多个摄像头拍摄实时图像,从图像中可识别目标,在预处理数据库查找目标的观察图像,进行比较和定位。

**2. 无线室内定位系统的评价标准**

无线室内定位系统一般用下面 7 个标准进行评价:

(1) 安全和隐私保护。安全和隐私保护非常关键,用户希望完全掌控其个人位置信息和历史,并很在乎是否有人追踪自己。控制位置信息的使用和分布可改进 IPS 的隐私保护。自我定位类型的 IPS 可提供更好的安全和隐私保护,因为它是在目标自身的设备中进行定位计算,其他人无法获知。

(2) 成本。包括基础设施部件成本、用户自身的定位设备成本、系统安装和维护成本等。IPS 可利用现有设施(如 WLAN),经济实用。自我定位类型的定位设备有较好的隐私保护功能,但自身需负责计算,其成本较高。另一些基于传感器的定位系统,需在室内不同地方部署很多传感器,安装和维护复杂。成本还包括时间成本(如系统安装时间和错误导致的系统故障时间)和空间成本(如基础设施部件和设备占用空间的大小和位置)。

(3) 性能。包括精确度、准确率、时延和可扩展性等指标。精确度可用平均误差衡量;准确率则为位置测量的成功概率;时延指测量、计算、转发数据等环节的时延,需考虑目标可能快速移动以及室内环境动态变化;可扩展性指给定时间内一个 IPS 使用一定数量的基础设施能定位的目标物体数量。

(4) 鲁棒性和容错性。即使系统中的一些设备发生故障,或移动设备电力不足,一个鲁棒的 IPS 仍应能运行。例如,在基于传感器的定位系统中,如果一些传感器失窃,定位系统仍应能提供位置信息,当然可能准确率会降低。

(5) 复杂性。复杂性一方面体现在IPS部署和维护活动中。快速安装系统需少量基础设施部件和易使用的软件平台,而最优性能(如精确度)需体现在部署空间的各部分。复杂性另一方面体现在用户定位设备要求的计算时间上,由于CPU处理能力和移动设备电池容量有限,需要更低的计算复杂度。而在大型空间使用定位系统则要求系统对不断增长的工作区域有可扩展性。例如,大型建筑中的定位系统不应包含太多基础设施和耗时的安装维护。如果目标数量很多,系统应有能力同时定位。

(6) 用户喜好。指用户对被追踪设备、基础设施和软件的要求。考虑舒适性,设备应是无线、小型、轻便和低功耗的,可提供快速、准确和实时的定位服务,例如可利用易携带的RFID标签来追踪位置。基础设施部件和软件应易学易用。

(7) 局限性。一是位置感知使用的介质。例如,WLAN定位系统可重新利用现有设施,降低成本,但会出现多径和反射效应,导致较大的差错范围。二是定位系统范围。例如,一些定位系统只覆盖小范围,对大区域则难以扩展。三是使用定位系统可能会影响其他无线网络系统。

### 11.2.3 基于无线射频的室内定位应用系统

#### 1. RFID定位系统

RFID定位系统常用于复杂室内环境中,个人或设备的识别过程灵活、廉价。

WhereNet利用规模巨大的有源RFID实时定位系统来有效跟踪荷兰鹿特丹码头Broekman集团物流终点站的4万辆货车。它是RFID定位的典型实例,支持室内和室外实时定位,RFID标签可安装于目标物体(如设备或人员)上。系统使用较复杂的微分到达时间(Differencial Time of Arrival,DToA)算法来计算标签位置,能生成绝对位置信息。

WhereNet系统包含标签、定位天线、定位处理器、服务器和端口等,如图11.12所示。附于目标上的标签用来追踪位置,无线电信标由标签发出,每个标签有唯一ID以互相区分。天花板上的定位天线接收来自标签的信号,再将数据转发给定位处理器。定位处理器可计算和追踪多个标签位置,通过电缆连接多个定位天线,将计算的标签位置信息发给服务器保存和使用。不同区域的端口可发信号给标签,引导其行为。

WhereNet的标签大小为6.6cm×4.4cm×2.1cm,质量为53g,电池续航时间可达数年。但其系统误差范围达2~3m,并不太准确。该系统较复杂,安装维护耗时。

#### 2. WLAN定位系统

基于WLAN的定位系统可利用已有设施降低成本。根据WLAN信号强度计算位置的准确性受室内环境中很多因素的影响,如人体运动和方向、AP重叠、墙壁和门窗等。定位性能并不太准确,大多只有几米的精度。如果目标用户数量显著增加,定位计算中使用的信息存储和指纹识别技术会很复杂。下面介绍一些典型系统。

(1) RADAR系统由微软公司研发,采用三角测量获得射频信号强度和信噪比,设计了信号空间中的最近邻(Nearest Neighbor in Signal Space,NNSS)算法,需要用无线电传

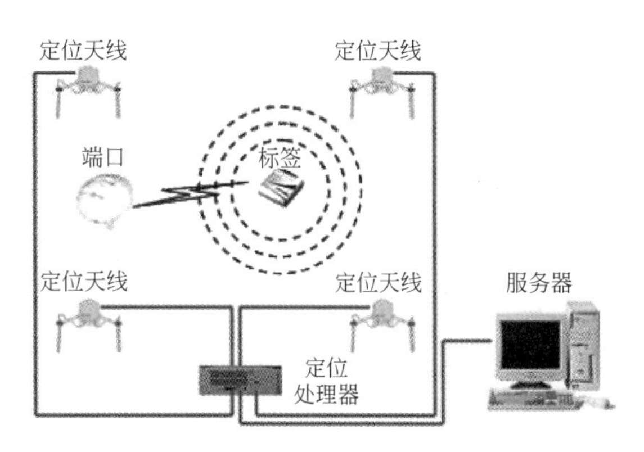


图 11.12　WhereNet 系统示意图

播模型构建的位置搜索空间,可提供二维绝对位置信息。在建筑物内的典型室内环境测试中,3 台 AP 测量来自物体的射频信号强度,再计算目标位置,以约 50%的概率获得约 4m 的精度。该系统利用现有室内 WLAN 的基础设施,仅需少量基站即可进行位置感知。其不足在于被定位物体需配备 WLAN,感知较轻和能量受限的设备位置时有困难。

(2) Ekahau 系统使用现有室内 WiFi 基础设施连续监测设备和标签的运动,使用三角(或三边)测量来定位 WiFi 设备。通过不同 AP 处的无线信号接收强度指示(Radio Signal Strength Indicator,RSSI)值来确定目标和位置。该系统成本较低,使用标准 AP,提供二维位置信息。

应用 WiFi 的 Ekahau 定位系统如图 11.13 所示。该系统包括 3 部分:站点校准软件、位置标签和定位引擎。站点校准软件在实时定位前提供现场校准,并说明覆盖范围、信号强度、信噪比、数据传输率、WLAN 重叠、公众和专业场所类型等。WiFi 位置标签附于任何被追踪对象上,可实时定位。标签传输射频信号,AP 测量收到的信号强度。测得的数据通过 WLAN 转发给定位引擎,结合信号强度和现场校准,定位引擎可在地图上计算和展示设备标签位置。如果有 3 个或更多重叠 AP 用于定位,精度可达 1m。该系统可同时跟踪数千个设备,跟踪标签大小为 45mm×55mm×19mm,质量为 48g,电池续航时间可达 5 年。

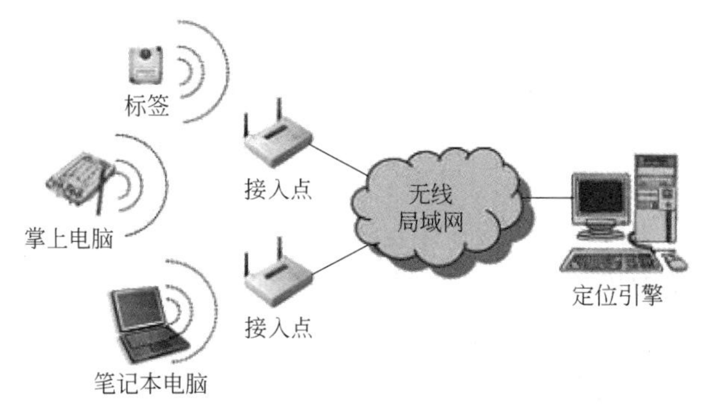


图 11.13　应用 WiFi 的 Ekahau 定位系统示意图

### 3. 蓝牙室内定位系统

在蓝牙室内定位系统中,以各种蓝牙簇作为定位基础设施。蓝牙移动设备的位置由同一簇中的其他终端确定。Topaz系统使用蓝牙技术在室内环境中定位标签,提供约2m误差的二维位置信息,在多障碍室内环境中,还达不到房间级的精度。因此,该系统还结合了红外定位技术。红外线无法穿透墙壁,可提供房间级的精度。

如图11.14所示,标签由固定在不同地方具有蓝牙和红外功能的AP定位。一般32个AP关联一个蓝牙服务器(Bluetooth Server,BS),BS负责管理AP,并接收测得的数据,转发给定位服务器(Location Server,LS),LS计算标签位置。BS、LS和位置客户机通过局域网相连。结合蓝牙和红外技术,目标设备可被定位于正确的房间,可同时追踪数十个物体。但标签电池需每周充电一次,续航时间较短。标签定位的计算时延较长,为10~30s。

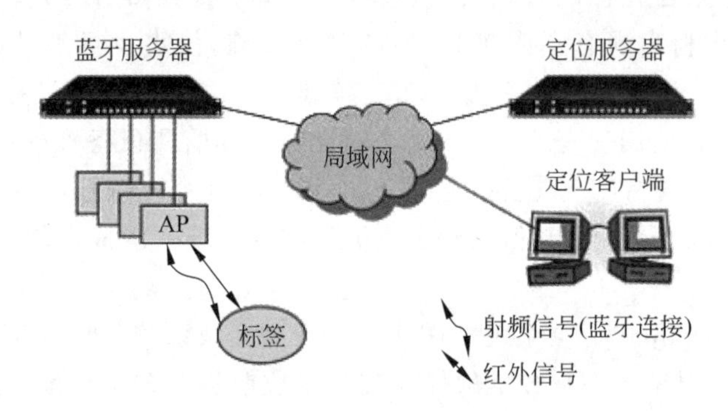


图 11.14 Topaz蓝牙室内定位系统示意图

### 4. 无线传感网室内定位系统

无线传感网室内定位系统包含许多遍布于预设位置的传感器,通过传感器测量,对人或设备进行定位。

在线人员跟踪系统(Online Person Tracing,OPT)在室内环境中的固定位置处大量部署传感器。使用价廉、小巧的Tmote传感器,利用RSSI来测量发送和接收传感器间的距离。根据距离,使用加权最小均方误差(Weighted Minimum Mean Square Error,W-MMSE)的三边测量定位算法。该系统如图11.15所示,使用3个或更多传感器测量。系统追踪携带Tmote传感器的目标节点,周边多个Tmote传感器接收来自目标节点的信号并测量RSSI值,然后通过WSN将数据发给应用软件,计算目标位置。

OPT利用已部署的传感器,定位精度为1.5~3.8m,无法提供房间级的位置信息。该系统需在固定位置安装和维护大量传感器,由于传感器价格便宜、尺寸小,因此成本较低。

### 5. UWB室内定位系统

通常射频定位会产生由于室内墙壁反射导致的信号多径失真。而无线超宽带(UWB)脉冲在短时间(<1ns)内可过滤原信号的反射信号,从而提高了精度。UWB无视

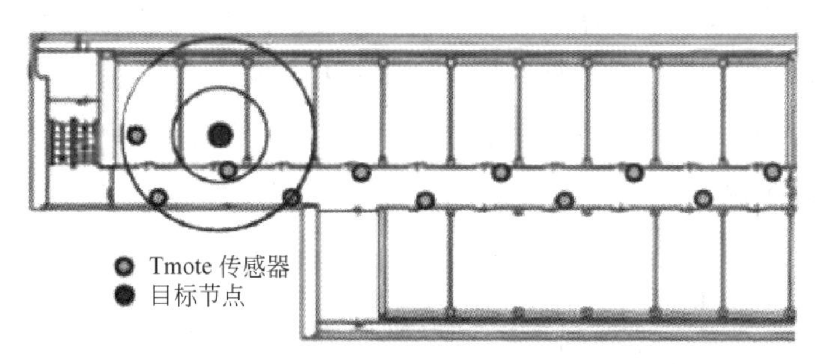


图 11.15　应用无线传感网的 OPT 定位系统示意图

距要求，无多径失真，接口更少，穿透能力强，但价格昂贵。

Ubisense 系统利用到达时间差（TDoA）和 AoA，可灵活测定目标位置。墙壁和门窗等复杂的室内环境不会明显影响其性能，该系统精度为几十厘米。

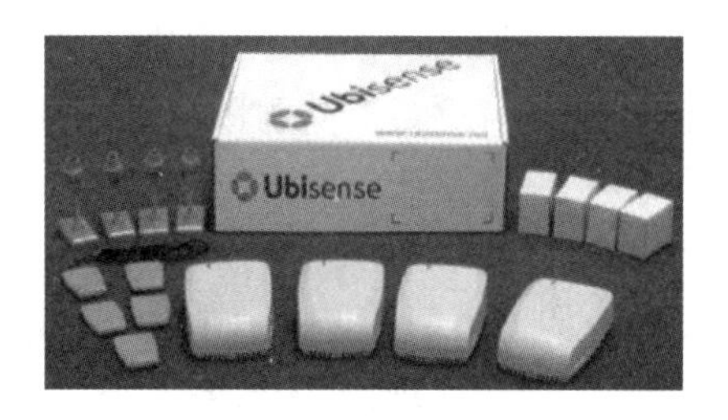


图 11.16　Ubisense 系统的 5 个追踪标签（前排左）和 4 个传感器（前排右）

如图 11.16 所示，Ubisense 系统包括 3 部分：传感器、追踪标签和软件平台。追踪标签主动传输 UWB 脉冲，固定在已知位置的传感器接收追踪标签的 UWB 信号。然后，传感器通过以太网将追踪标签的位置数据转发给软件平台。软件平台再分析和显示追踪标签位置，包括两部分：定位引擎和定位平台。定位引擎为运行时部件，设置传感器和追踪标签；定位平台收集位置数据。系统可提供可视化的追踪标签位置，可抽象出绝对位置、相对位置和近似位置信息。

Ubisense 系统可产生约 15cm 精度的三维定位信息。其定位计算时延很短，传感率可达每秒 20 次。多个传感器组成一个单元，每个单元至少有 4 个传感器，覆盖区域高达 $400m^2$，对大区域可扩展。追踪标签小巧易携（质量约 45g），电池续航时间约 1 年。

### 6. 蜂窝移动通信网络室内定位

蜂窝移动通信网络室内定位利用蜂窝移动通信系统提供定位服务。典型系统是 GPSONE，它结合了无线辅助 GPS 和高级前向链路三角定位算法，收集、测量当前的蜂窝网络信息和 GPS 卫星数据，然后组合这些数据进行三维定位。其定位区域可以在大型建筑物内部或楼群间，定位精度可达 5～50m。GPSONE 需要在蜂窝网络上增加位置服务器、差分 GPS 基准站和天线阵列等设备。

### 7. 无设备定位*

如果目标实体不携带电子标签或设备时，对其可进行被动定位，称为无设备定位（Device-Free Localization，DFL），利用环境中的无线射频信号变化来推导实体位置和轨迹。实体的存在可通过阴影、衍射、散射等引起信号变化的相关物理现象反映出来，这些现象不断改变信号幅度和相位。

一个典型的无设备定位系统主要由3部分组成：无线射频信号发射节点、无线射频信号接收节点和定位服务器(对数据进行存储、处理、计算)。

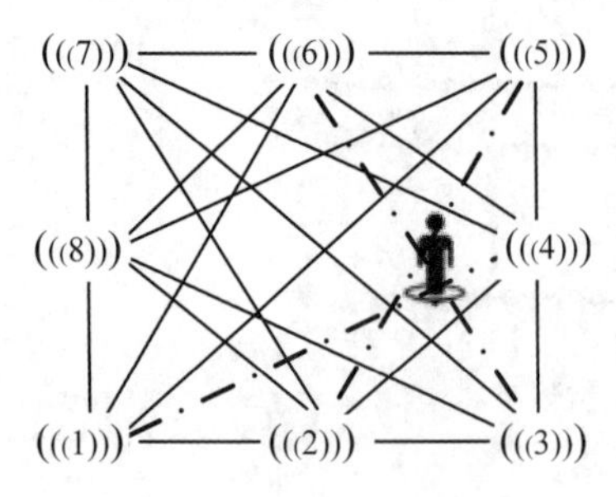


图 11.17 无设备定位原理

如图11.17所示，监测区域边缘部署若干无线射频信号发射节点和接收节点，任意两个节点间均通过收发射频信号形成一条无线链路。当没有任何目标(人)进入监测区域时，多个节点之间会形成一个静止信号场；但当目标进入监测区域后，受影响链路的信号强度将会发生变化，定位算法通过链路测量来估计目标位置。

无线链路的主要特性是接收信号强度(RSS)和信道状态信息(Cgannel State Information，CSI)。测量涉及的特性有两种：一是阴影或链路质量；二是链路的反射或散射。对应的测量技术也分两大类：一是基于无线射频视觉的方法；二是基于雷达的方法(使用链路反射或散射)。

基于无线射频视觉的方法较多，具体技术方案包括：

- 传播模型。包括阴影、信道分集、环境无线电成像、定向无线电成像、指数瑞利模型、衍射理论、无线电网格、压缩感知等。
- 统计估计模型。包括蒙特卡洛序列、变量、直方图距离、子空间变量、基于核距离、褪色模型、三态RSS、分级RSS、贝叶斯、粒子过滤、偏拉普拉斯模型等。
- 基于训练的方法。包括极限学习机、信道选择和回归、RSS马尔可夫模型、概率分类、指纹更新、基于梯度的指纹识别、CSI+支持向量机、机器视觉、深度学习、字典学习等。

基于雷达的方法的具体技术方案包括WiFi散射、RFID、UWB、超声波散射、超高频RFID、宽带散射等。

### 11.2.4 使用其他技术的无线室内定位系统

#### 1. 红外线定位系统

各种设备(如电视、打印机和手机等)均可使用红外线(IR)。红外线定位系统可提供绝对定位测量，需发送方和接收方间使用无强光源干扰的视距通信。

Firefly红外线定位系统准确率较高，通过对安装在物体上发射红外线的小标签进行定位来产生三维位置信息，可跟踪移动目标。如图11.18所示，该系统包含标签控制器、标签和相机阵列。标签控制器由被追踪者携带，质量约425g，自带电池。比硬币还小的标签是红外线发射器，安装在人体不同部位。安装在约1m高的3个相机接收来自标签的信号，并测量其三维位置。该系统提供约3mm的高精确度，定位测量时延约3ms。该系统仅在正常光线环境中才能工作，覆盖范围限于7m，视角区域为40°×40°，不适合大型公共场所。

红外线系统定位准确，发射器小巧，系统架构简单，便于安装维护。但红外线会受荧光和日光干扰，需要光学和电子过滤器来排除干扰，或设置干扰信号消除算法。相机阵列成本较高，且为有线连接。另外，红外线不能穿透不透明材料（如衣物）。

### 2. 超声波定位系统

蝙蝠利用超声波信号在夜间进行导航，这启发人们提出了超声波定位系统。

例如，Active Bat 系统可提供被追踪标签的三维定位和定向信息。标签周期性发送短脉冲超声波，由安装在天花板上的接收器矩阵接收，见图 11.19。标签和接收器间的距离可通过超声波 ToA 方法测量。根据多点定位原理，计算三维标签位置需知道标签和 3 个接收器间的距离。标签大小为 7.5cm×3.5cm×1.5cm，标签能量来自 15 个月续航期的 3.6V 锂电池。720 个接收器散布在天花板上，覆盖 1000m$^2$ 面积，可追踪 75 个标签，95%的测量精度约 3cm。每个中心控制器可以每秒 50 次的速度同时定位 3 个标签。中心控制器监控标签的电池状况。

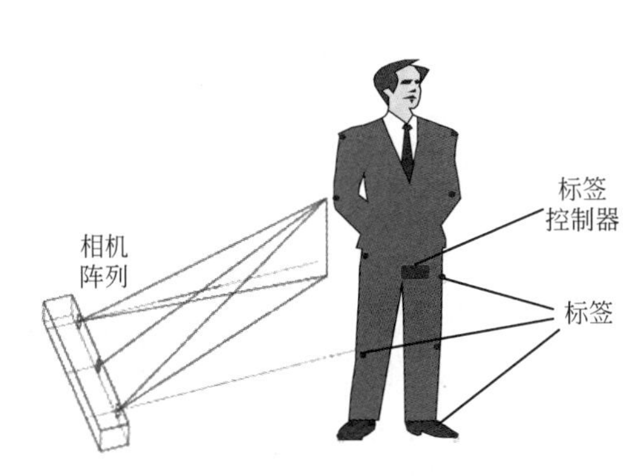


图 11.18　Firefly 红外线定位系统示意图

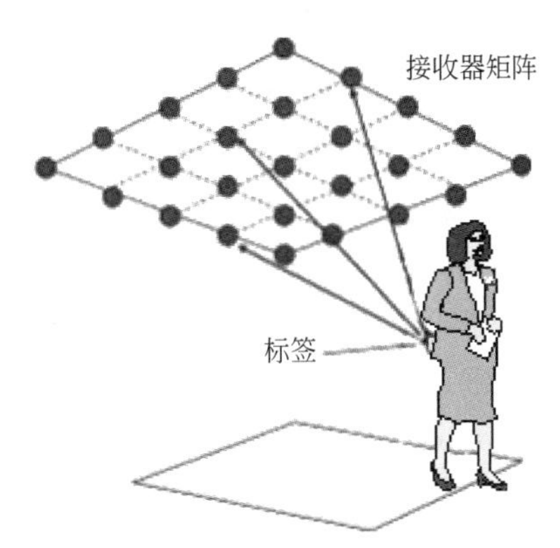


图 11.19　Active Bat 超声波定位系统示意图

该系统的不足是：受到标签和接收器间的反射和障碍物影响，会降低准确度；在每个房间天花板上部署大量接收器非常麻烦，系统可扩展性不佳；接收器需准确放置，意味着安装和维护复杂、成本高。该系统还会受反射超声波和其他噪声源（如金属等）的干扰。

### 3. 磁信号定位系统

磁信号很早就用来进行位置测量和追踪，精度较高，发射器和接收器之间有障碍物（即非视距情况）也不受影响。

无线 MotionStar 系统使用脉冲直流磁场同时定位 3m 内的传感器。通过测量安装在人体不同部位的大量传感器，提供精确的人体运动跟踪功能。可同时追踪的传感器最多达 120 个。该系统包括发射器、控制器、基站、人体传感器和射频发射器。发射器和控制器发送磁脉冲给人体传感器，安装在人体特定部位的传感器接收来自发射器和控制器的磁脉冲。传感器连接人体携带的射频发射器，射频发射器最多连接 20 个传感器，并将测得数据发送给基站。基站计算传感器的位置和方向，将数据传给用户计算机。

该系统静态位置测量误差约 1cm，位置测量更新率最高达 120 次/秒。该系统价格较高，用于连续运动跟踪的电池寿命为 1～2h，只适于短时定位测量。系统会受定位区域中金属物体的影响，发射器覆盖范围限于 3m，不适于大型公共室内环境。

### 4. 视觉定位系统

基于视觉的定位不要求目标携带设备。例如,Easy Living 系统实现了多角度基于视觉的定位,用两部三维立体视觉相机覆盖测量区域。位置计算结合了图像颜色和深度,提供位置感知和目标识别服务,可跟踪人的运动,记录人的位置,可以使用已保存的位置信息。

视觉定位系统成本低,但不足在于:不能提供对象的隐私保护;在动态变化的环境中系统不可靠,这是因为位置测算根据的是数据库中保存的视觉信息,需随环境而变化;会受天气、光线等干扰源影响,如开关灯;同时跟踪多个移动人员较困难,需要更高的计算能力。

### 5. 声音定位系统

几乎每种设备(如手机、PDA 等)都能发出声音。声音定位系统可利用这些设备发出的声音进行目标定位,不需配备跟踪标签等,降低了成本。

例如,在 Beep 声音定位系统中,漫游设备作为定位目标发出声音。各种声学传感器事先安装在测量区域的固定位置,通过无线链路连接服务器。传感器接收被追踪设备发出的声音,通过 WLAN 将声音信息传输给服务器。使用 ToA 和三角(或三边)测量确定设备位置。漫游设备通过 WLAN 从服务器获取位置信息。在一个 20m×9m 的房间中进行的测试实验表明,总体精度约 0.4m。而噪声和障碍物影响会降低 6%～10%的定位精度。

Beep 考虑了用户隐私,如果用户不希望被自动追踪,可让自己的设备停止发送声音。该系统也存在一些限制:动态变化的噪音和公共环境会造成影响;声音穿透能力不高,所以定位范围限于单个房间;声音在某种程度上也是一种噪声,可能影响他人。

### 6. 可见光室内定位系统

与 WiFi 室内定位相比,可见光室内定位的优势主要是定位设备(LED 灯)数量更多,密度更大,即精确度更高。而且与射频无线电的互相干扰相比,可见光直线传播的干扰更少。

在一个典型的可见光室内定位系统中,移动设备收到来自多个 LED 光源的光信标,每个信标包含光源的身份和位置信息。通过分布式调频来避免多光源的信标冲突。移动设备(接收方)利用收到的信标的 RSS 值计算出自身到发光源的距离,然后可用三边测量实现定位。如果接收方能看见 3 个光源,还可主动移动以增加能见度。WiFi 室内定位的误差一般达几米,而可见光室内定位的误差不足 1m,优势明显。

在另一个典型应用中,接收方使用手机摄像头等图像传感器采集来自光源的图像,然后移动设备对图像中包含的光源信标和信标的到达角度(AoA)进行分析检测,结合移动设备方向,再通过三角测量来实现对移动设备的定位。该方法的误差小于 10cm。

## 11.3 无线家居网

无线家居网全称为无线家庭自动化网络(Wireless Home Automation Network,WHAN),主要面向家庭或室内用户,实现舒适、高效的室内设施管理、监测和控制。与有线网络方案相比,无线网络更灵活和易扩展,安装、实施更经济。但它也存在技术挑战和难点。

### 11.3.1 无线家居网的组成和特点

传统有线智能家居网络布线复杂,成本过高,而 WHAN 更能体现操作的简易性和维护的方便性。它不同于某些有线系统的无线控制终端,而是在尽量多的环节采用无线连接,实现各种灯光、窗户、空调、安防和电器设备的全面智能控制。

典型的 WHAN 应用示例如图 11.20 所示。常见的组成部件简介如下。

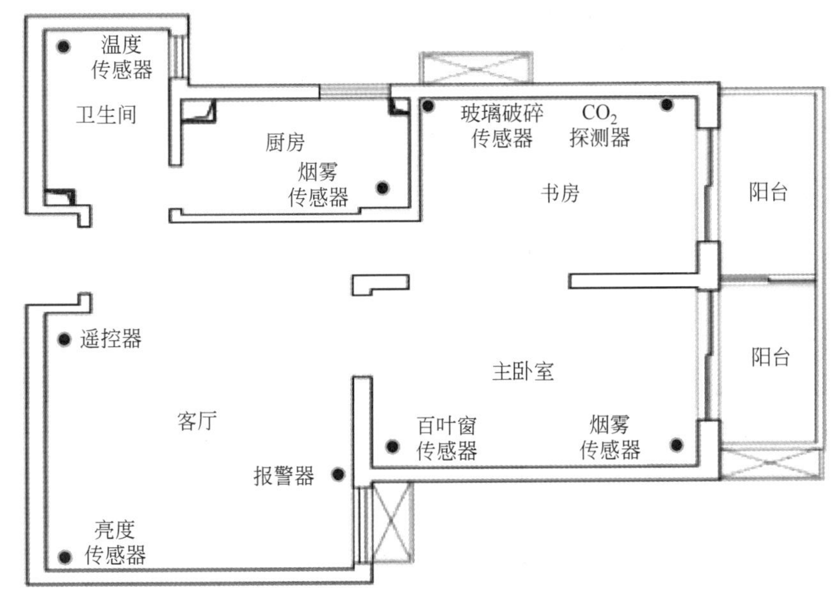


图 11.20 WHAN 的应用示例

(1) 灯控。用无线开关控制电灯,省去有线连接开关的线路。电灯也能响应远距离的控制命令而被激活。当亮度传感器检测到人处于低亮度房间时,可自动开灯。

(2) 远程控制。红外线已广泛用于电视、音响、加热器、通风和空调系统的无线控制中,但要求视距通信和短距离通信。而射频通信克服了这些困难,可以实现远程控制。

(3) 智能节能。针对遮阳棚、通风系统和空调、供暖系统等,可收集各类传感器的信息,如温度、湿度和亮度等,以避免能源浪费。还可用智能仪表来管理日常设备,检测日常设备的使用和发出警报。电力、燃气等公司也可用智能系统管理能源负荷。

(4) 远程护理。使病人、残疾人和老年人能受益于居家医疗护理。可穿戴传感器能定时反馈人体的各种生理机能参数,如体温、血压和胰岛素水平,有助于精密诊断。速度传感器会在人突然摔倒时立即激活警报。

(5) 安防。用烟雾传感器、玻璃碎片传感器和运动传感器等监测可能发生的紧急情况,烟雾传感器可触发火警。

WHAN 的主要特点和要求如下:

- 节点密度较大,节点数量可能会以百计。
- 由于墙面、地板和家具等反射表面的存在,住宅是典型的多径环境。
- 居家环境易受干扰,WiFi、蓝牙、无绳电话和微波炉等使 ISM 频段较繁忙。
- 为便于端对端连接,需要多跳通信,中间节点可为其他节点转发数据。
- 虽然大多数设备固定,但其中一些设备具有可移动性和射频信号传播的动态性。网络有自愈性,网络拓扑改变造成的连接间隙较短。
- 支持各种传输模式,如点对点(开关向电灯传输命令)、一对多(一个控制器向一组设备传输命令)、多对一(多个传感器向一个控制器反馈测量值)。
- 时延有时并不重要,但应在检测到紧急情况时提供结果,以使用户采取措施。
- 提供互联网连接,允许远程检测和管理。
- 一些应用,如基于 WHAN 的入侵报警系统,要求受安全服务的保护。
- 节点可能只有较低存储容量(如几千位的内存)和有限的处理能力(如处理器主频为几十兆赫)。一些节点可从电池获取动力。

## 11.3.2 无线家居网的典型技术*

下面介绍 WHAN 领域的一些典型技术。

### 1. ZigBee

关于 IEEE 802.15.4 和 ZigBee 的技术特点请参见第 8 章。WHAN 有两个相关的 ZigBee 应用配置规范:一个是 ZigBee 家庭自动化公共应用,定义了设备说明、命令、属性和其他有关住宅和小型商业环境下的标准实践,主要涉及照明、暖通、窗户遮阳和安全;另一个是 ZigBee 智能能源,涉及能源需求响应和负荷管理应用,负责家庭设备和能源供应商间的通信。智能能源无线家居网比普通无线家居网对安全性要求更高。ZigBee RF4CE 规范为不使用全功能网状网络能力的电子消费产品提供一种简单的点对点远程控制方案。

### 2. Z-Wave

Z-Wave 协议允许一个控制单元向一个或更多节点传输可靠的短消息,其架构包括物理层、MAC 层、传输层、路由层和应用层。

Z-Wave 主要使用 900MHz 的 ISM 频段,使用二进制频移键控,数据率为 9.6~40kb/s。Z-Wave 400 系列芯片使用 2.4GHz 频段并提供 200kb/s 的数据率。其 MAC 层定义了冲突避免机制,在信道可用时发送帧,否则传输将随机延后一段时间。传输层在两个连续节点间管理通信,并提供基于 ACK 的可选重传机制。Z-Wave 定义了两类设备:控制器和子节点。控制器对子节点进行轮询或发送命令,子节点会反馈信息给控制器或执行命令。

控制器传输分组时,分组中已包含路由。一个分组能传输最多 4 跳,对一般住宅环境已足够。Z-Wave 严格限制源路由分组的开销。一个控制器维护代表网络整个拓扑结构的一张表。一个便携式控制器(如遥控器)会尝试首先直接传输到目标;如果不行,控制器就估计自身方位并计算到达目标的最佳路由。子节点可充当路由器,路由子节点存有静态路由。执行器执行动作,作为对命令的反应。子节点可用于时间严格和非请求传输的应用,如报警等。

**3. INSTEON**

INSTEON 定义了一种由射频和电力线路链接组成的网状拓扑。其射频信号使用中心频率为 904MHz 的频移键控调制方式,数据传输速率可达到 38.4kb/s。

INSTEON 系统中的设备是对等的,这意味着任何节点都可充当发送方、接收方或中继节点,非相邻范围内的设备可多跳通信。非报文目标节点的所有设备都会重传收到的报文。每个报文最多重传 4 次。多跳传输使用时隙同步,在特定时隙中传输,同一范围的设备在相同时隙不能传输不同报文。时隙由一些过零点电力线定义,不附属于电力线的射频设备能异步传输,但相关报文将被附属于电力线的射频设备同步重传。与传统冲突避免机制不同,同一范围内的设备允许同时传输相同报文,该方法称同播,接收方能消除以极低概率同时到达的多个报文。

**4. Wavenis**

Wavenis 定义了物理层、链路层和网络层的功能,其服务能通过 API 访问。Wavenis 主要工作于 433/868/915MHz 和 2.4GHz 频段。数据传输速率为 4.8～100kb/s,典型值为 19.2kb/s。数据调制使用高斯频移键控,超过 50kHz 带宽信道使用 FHSS 扩频。

MAC 子层提供同步和非同步方案。在同步网络中,节点通过混合 CSMA/TDMA 机制为广播或多播报文进行传输响应。此时,一个节点分配一个基于其地址伪随机计算的时隙。该时隙传输前,节点执行载波监听。如信道繁忙,节点将计算一个新时隙。在非同步网络(如可靠性要求高的应用)中,使用 CSMA/CA 机制。LLC 子层通过提供每帧或每窗口的 ACK 进行流管理和差错控制。

网络层规定了一个 4 层虚拟树,根部负责数据收集、汇聚或作为网关。加入网络的设备要寻找一个父节点,该设备将通过广播请求特定层设备和足够的 QoS 值。设置 QoS 值时需考虑接收信号场强、电池能量和已关联设备数量等。

**5. 基于 IP 的解决方案**

低功耗无线个域网的 IPv6 工作组已定义了 IEEE 802.15.4 的帧格式和 IPv6 传输机制,简称 6LoWPAN,见第 9 章。

### 11.3.3 无线家居网协议的层次结构*

无线家居网协议分为物理层、链路层、网络层和应用层。

**1. 物理层**

1) 调制和扩频技术

Z-Wave 和 INSTEON 使用易实现的频移键控(FSK)调制的窄带信号,Wavenis 使用频谱利用率更高的高斯频移键控(GFSK)调制,IEEE 802.15.4 使用复杂但信噪比更佳的相移键控(PSK)调制。IEEE 802.15.4 和 Wavenis 物理层使用针对多径和窄带干扰提供保护的扩频技术。

2）单信道与多信道

IEEE 802.15.4 在 915MHz 和 2.4GHz 频段提供多个信道,即在 ZigBee 和 6LoWPAN 中,可选择干扰最小的信道。假如某个节点检测到严重干扰,ZigBee 协调器可决定在新信道中重建整个网络。INSTEON、Wavenis 和 Z-Wave(除 Z-Wave 400 系列外)都使用单信道。这些频段在住宅场景下普遍比 2.4GHz 频段干扰更少,且简化了硬件设计。Z-Wave 400 系列有频率灵敏性机制,接收方同时监听 3 个不同信道,发送方可选择干扰最小的信道。

**2. 链路层**

在可靠性方面,Z-Wave 和 INSTEON 采用简单的 8 比特校验和,ZigBee 和 6LoWPAN 采用 IEEE 802.15.4 的 16 比特校验和,Wavenis 使用比特差错控制技术。除了 INSTEON,其他方案均为链路层可靠传输提供可选的链路层 ACK,允许各方案根据要求自行定义。例如,在报警或远程护理应用中,为了节约能量和带宽,可折中考虑可靠性。

在时延方面,图 11.21 列出了各方案在可靠模式和不可靠模式下从发送方到另一个一跳接收方的命令传输期望时延,除 Z-Wave 为实测值外,其他为理论值。可靠模式提供包括一个 ACK 传输的往返时延。例如,在 900MHz 信道中,INSTEON 执行端对端可靠模型;ZigBee 考虑开/关及级别控制命令;而 6LoWPAN 给出了最大值和最小值范围,并假设使用 UDP 和一个满足单一 IEEE 802.15.4 帧的净负载。

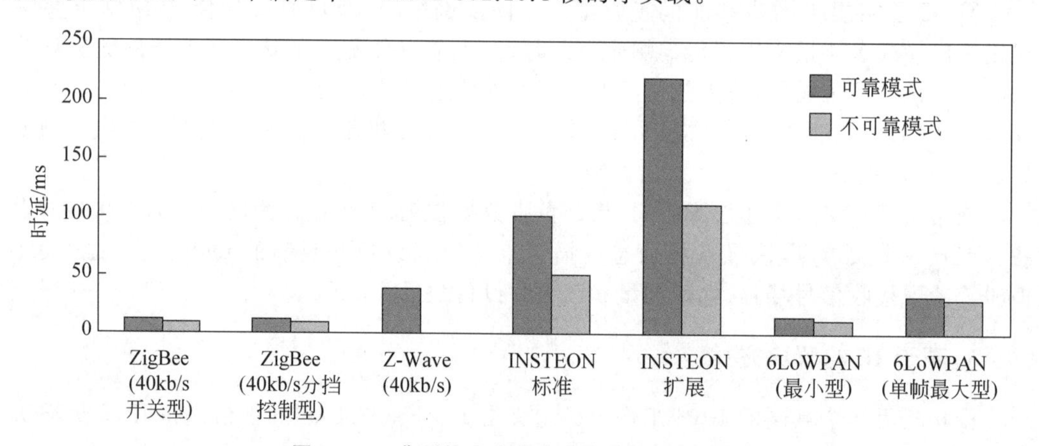


**图 11.21 典型技术方案的命令传输期望时延**

**3. 网络层**

在 Z-Wave 中只有控制器存储和维护路由表。而 ZigBee 要求使用较大的路由表来应对住宅场景的节点预期高密度,对节点提出了内存要求。在 Wavenis 中,每个设备只保存自身到根节点的路由,根节点没有像其他节点一样的约束条件,可存储到每个节点的路由。INSTEON 设备使用同播代替路由。

在链路质量方面，ZigBee 和 6LoWPAN 利用 IEEE 802.15.4 的链路质量指示器，在使用误码率测算的射频芯片中实现。Wavenis 使用基于 RSSI 的链路质量估算，会由于干扰和多径而不准确。Z-Wave 基于跳数选择路由，并不关注链路质量。

在路由变化时延(Route Change Latency，RCL)方面，INSTEON 在一个中间件设备不可用时使用同播代替路由，数据能通过可选路径到达目标并跳过连接间隙。其他路由方案则会由于检测链路失败和寻找可选路径而经历时延。Z-Wave 的 RCL 平均为 1s，而 ZigBee 的 RCL 为 50～100ms。

**4. 应用层**

ZigBee、Z-Wave 和 INSTEON 对各种 WHAN 应用有完备的命令和属性定义，而 6LoWPAN 也有对应的 CoAP 应用层协议标准(见第 9 章)。

### 11.3.4 无线家居网的应用示例

国内已有一些企业开始生产无线智能家居产品。图 11.22 为浙江星宏智能公司的 Clowire 智能家居解决方案，其主要特点如下：

- 灯光控制。可实现家庭灯光的网络控制，包括灯光明暗渐变、延时自由开关和调光等，可实现一键式场景控制，一键实现多处灯光联动和自由设定。
- 家电控制。统一管理所有空调、投影仪、电视等。只需平板电脑即可实现各种家电的定时控制、无线遥控、远程控制、场景控制和计算机控制等。
- 环境控制。进行温湿度和有害气体检测等，实时了解家庭环境综合质量。当有害气体浓度超标时，可自动启动新风系统、电动窗户和空气过滤系统等。
- 安防监控。摄像头结合红外报警系统，可将实时监控画面传至用户手机上。
- 远程操作。采用无线双向信号传输，可随时通过手机、平板电脑和其他互联网终端远程实时了解各种设备的现状，并进行操作。

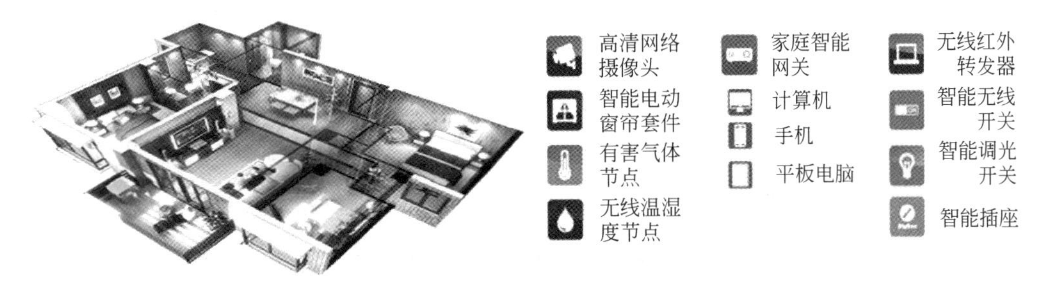


图 11.22 Clowire 智能家居解决方案

## 11.4 无线室内定位的仿真实验

本实验对无线室内定位进行仿真，具体的定位算法原理不再展开讨论，读者可自行查阅相关文献。本实验具体采用本章参考文献[10]提供的基于 NS2 的无线定位系统，为方便读者使用,本书配套电子资源已提供了相关实验环境,实验过程请参考实验手册。本实验利用已知节点对未知节点进行定位,通过测量并计算 RSSI 值完成定位。实验拓扑如图 11.23 所示,共 8 个节点。节点 0~4 为未知节点,节点 5、6、7 为已知节点。对所有未知节点配置位置发现应用(定位请求和响应),以通过与已知节点的交互完成节点的定位;对所有已知节点配置定位响应模块,向未知节点提供定位请求的响应。所有节点的定位从 0s 开始运行,定位完成后整个实验结束。

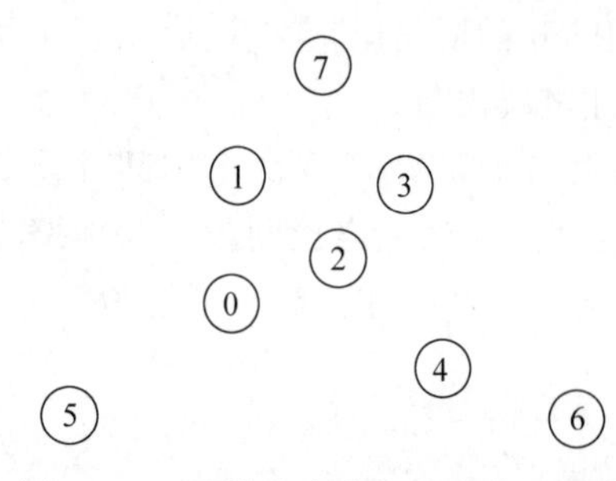


图 11.23 无线室内定位仿真实验拓扑

无线室内定位仿真实验场景代码较长,限于篇幅,这里不再详细介绍,具体代码见本书配套电子资源中的源文件。

## 11.5 无线体域网、室内定位和家居网实验

### 1. 无线体域网监测系统实验

本实验设计和组建一个基于无线体域网的人体健康监测系统,可以测量人的心率、血压以及脉搏等健康参数。整个系统由可测心率、脉搏等生理指标的手环、Android 手机及相应的手机 App 组成。图 11.24 为系统原理图,各类传感器与单片机相连,单片机将感知数据通过蓝牙(或 IEEE 802.15.6/IEEE 802.15.4)协议传给手机。具体实验步骤和操作说明详见本书配套实验手册。

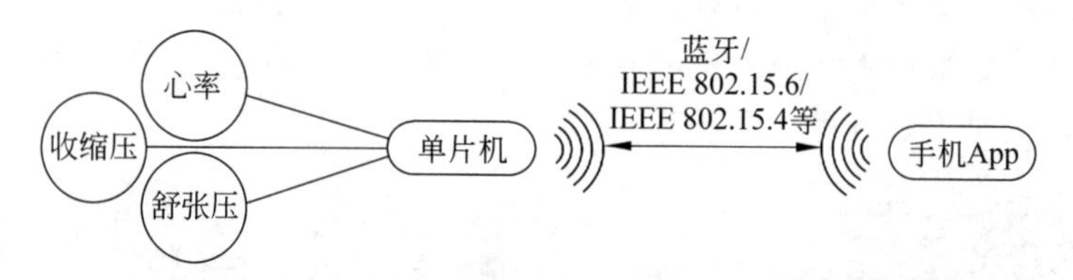


图 11.24 基于无线体域网的人体健康监测系统原理图

### 2. 无线室内定位实测实验

本实验通过测量信号强度来进行室内目标的定位。在室内 WiFi 环境下,将多个不同位置的 AP(Android 手机)作为参考节点,在目标节点(笔记本电脑)上测量这些 AP 信号的 RSSI 值,然后通过计算得出其位置。

首先选择环境相对空旷的房间(如实验室、教室等),测量房间的长和宽,为房间内部定义坐标,如图 11.25 所示,可选择房间一角作为坐标原点。

开启不同手机的热点,名称设为 AP1,AP2,AP3,…,将手机放到房间内不同位置,测量它们所在的位置并标注在房间平面图上。例如,选用 3 台手机作为参考节点,测得它们的坐标位置分别为(2.6,1.1)、(4.95,6.45)、(6.45,2.48),单位是米。

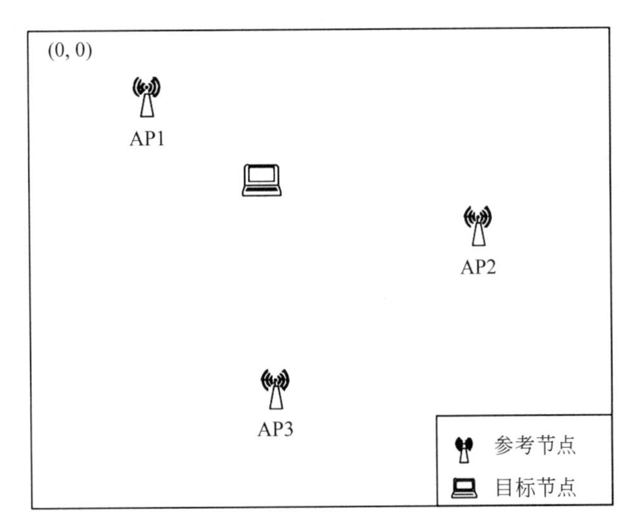


图 11.25　定位房间示意图

在配套电子资源中，本实验文件压缩包提供 4 个文件，如下：

- wifi.exe，为可执行程序，待定位节点扫描各 AP 的信号以获得相应的 RSSI 值。
- APRSSI.txt，将上述扫描获得的 RSSI 值以“SSID：RSSI”的形式自动保存。
- ReferAP.txt，为各参考节点坐标，格式是“x：y”，需自行测量和手工输入。
- Localization.jar，是定位程序。

具体实验步骤和操作说明详见本书配套实验手册。

### 3. 基于蓝牙和 WiFi 的灯控系统实验

本实验要开发 Android 手机 App，通过蓝牙模块/WiFi 模块与 Arduino 单片机通信，从而控制 LED 灯的状态变换，实验原理如图 11.26 所示。具体实验步骤和操作说明详见本书配套实验手册。

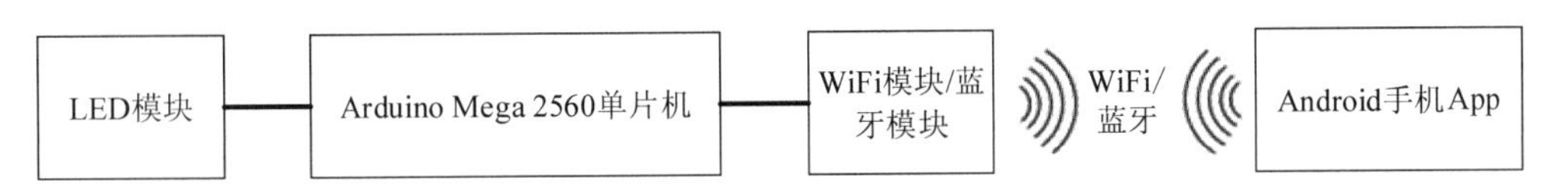


图 11.26　基于蓝牙和 WiFi 的灯控系统实验原理

## 习题

11.1　什么是 WBAN？它有哪些组成部分？

11.2　简述 WBAN 的技术要求。

11.3　IEEE 802.15.6 标准物理层分为哪几种？分别简述其技术特点。*

11.4　关注你在实际生活中接触到的一种 WBAN 应用，描述并分析其特点。

11.5　简述无线室内定位测量技术和评价标准。

11.6 不同的室内定位系统使用了各种不同的无线网络技术,你更看好哪一种技术?为什么?

11.7 在实际生活中关注一个你能接触到的无线室内定位系统,描述并分析其特点。

11.8 简述无线家居网的组成和特点。

11.9 在无线家居网的典型技术方案中,你更看好哪一个或哪几个标准?为什么?*

11.10 在实际生活中关注你了解的一个无线家居网,描述并分析其特点。

## 扩展阅读

关注每年的全国大学生物联网设计竞赛。

2020年全国大学生物联网设计竞赛官网为 http://iot.sjtu.edu.cn。

## 参考文献

[1] LATRÉ B, BRAEM B, MOERMAN I, et al. A Survey on Wireless Body Area Networks[J]. Wireless Networks, 2011, 17(1): 1-18.

[2] 王喜瑞. 应用于 WBAN 的 IEEE 802.15.6 协议的仿真分析与优化[D]. 西安:西安电子科技大学. 2014.

[3] CAVALLARI R, MARTELLI F, ROSINI R, et al. A Survey on Wireless Body Area Networks: Technologies and Design Challenges[J]. IEEE Communications Surveys & Tutorials, 2016, 18(3):1635-1657.

[4] GU Y, LO A, NIEMEGEERS I. A Survey of Indoor Positioning Systems for Wireless Personal Networks[J]. IEEE Communications Surveys & Turtorials, 2009, 11(1): 13-32.

[5] 王刚. 无线传感器网络中定位与跟踪算法的研究[D]. 西安:西安电子科技大学,2011.

[6] 宋震龙. 基于 WLAN 的室内定位关键技术及应用研究[D]. 宁波:宁波大学, 2012.

[7] HE S, CHAN S. Wi-Fi Fingerprint-based Indoor Positioning: Recent Advances and Comparisons [J]. IEEE Communications Surveys & Tutorials, 2016, 18(1):466-490.

[8] 孙利民,张书钦,李志,等. 无线传感器网络理论与应用[M]. 北京:清华大学出版社, 2018.

[9] SHIT R C, SHARMA S, PUTHAL D, et al. Ubiquitous Localization (UbiLoc): A Survey and Taxonomy on Device Free Localization for Smart World[J]. IEEE Communications Surveys & Tutorials. 2019, 21(4): 3532-3564.

[10] ABU-MAHFOUZ M, HANCKE G P. NS-2 Extension to Simulate Localization System in Wireless Sensor Networks. In Proceedings of the IEEE Africon. Livingstone, Zambia, 13-15 Sep 2011.

[11] GOMEZ C, PARADELLS J. Wireless Home Automation Networks: A Survey of Architectures and Technologies[J]. IEEE Communications Magazine. 2010, 48(6): 92-101.

[12] GILL K, YANG S, YAO F, et al. A ZigBee-based Home Automation System[J]. IEEE Transactions on Consumer Electronics. 2009, 55(2): 422-430.

第12章

# 无线网络安全

安全问题将始终伴随网络的发展，在无线网络中也存在大量的网络安全问题。有别于传统有线网络，无线网络更加灵活和方便，网络应用更加丰富。但在高灵活性的背后，安全问题也更加复杂多变。本章介绍无线网络的安全威胁和安全防御技术，使读者能在学习无线网络技术知识之后对其安全问题有一定了解。

## 12.1 网络安全概述

### 12.1.1 网络安全威胁

首先要明确，网络安全威胁最主要的来源是人，是那些了解网络技术、熟悉编程或会使用工具进行网络攻击的人——黑客。黑客的存在凸显了网络安全问题的重要性，他们往往采用特定工具和密码分析技术进行比较专业的网络攻击，以获取信息或破坏网络运行。以著名的分布式拒绝服务(Distributed Denial of Service，DDoS)攻击为例，攻击者通过发送洪泛流量耗尽目标网络或主机资源，使其不能提供正常服务。而另一些更隐蔽的黑客还会采用社交工程、网络钓鱼等手段进行攻击。

目前常见的网络安全威胁包括密码分析攻击、中间人攻击、协议漏洞攻击、洪泛攻击、病毒、木马和蠕虫等。

#### 1. 密码分析攻击

密码分析指在不知道解密密钥信息的情况下对密文进行解密。采用密码分析来破译和攻击密文称为密码分析攻击。古典密码学从古希腊时代即出现，基于计算机技术的现代密码学自20世纪70年代以来发展很快，加密复杂度不断增加。与此同时，密码分析学也不断发展，被用于破解或攻击新的密码算法。常见密码分析方法包括唯密文攻击、已知明文攻击、选择明文攻击和相关密钥攻击等。攻击效果可分为完全破解、部分破解和密文识别等。通常评价密码算法的优劣，主要看其抗密码分析的能力，破解分析越难，则密码算法越好。

**2. 中间人攻击**

中间人攻击是一种“古老”而常被采用的方法。指攻击者通过一定技术手段(欺骗或会话劫持),让合法的通信流经过攻击者,攻击者借机可对信息进行窃取、篡改、重演等恶意攻击。图12.1为典型的中间人攻击示意图。

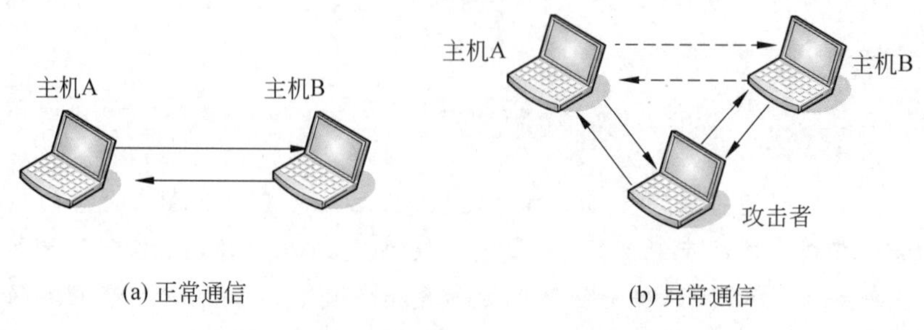


**图12.1 中间人攻击示意图**

从图12.1可以看出,未受攻击时,主机A和B之间进行正常通信;而当攻击者成功欺骗了A和B后,使得A和B间的通信经过了攻击者,进而威胁通信安全。

**3. 协议漏洞攻击**

许多网络安全问题本质上源于网络协议设计上的缺陷和漏洞。常见协议漏洞攻击包括TCP/SYN攻击、ARP攻击、IP欺骗攻击和泪滴攻击等。

**4. 洪泛攻击**

网络的开放性本质也是网络安全的一大挑战,对于数据发送和传输难以进行有效认证,给大规模洪泛攻击带来了可能。目前常见的洪泛攻击形式包括TCP洪泛攻击和UDP洪泛攻击等。图12.2为洪泛攻击的简单示意图。

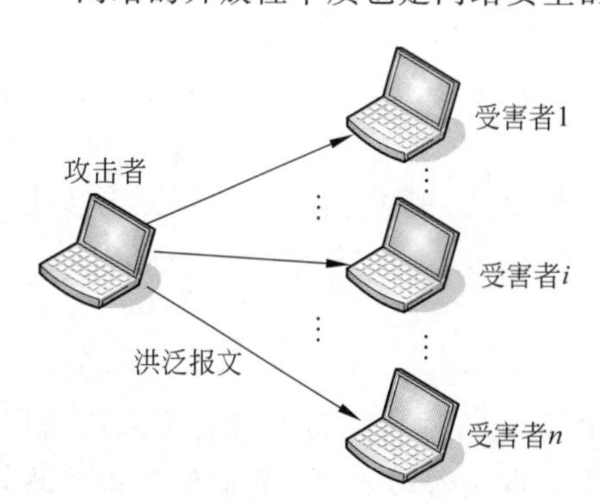


**图12.2 洪泛攻击的简单示意图**

**5. 病毒、木马和蠕虫**

病毒、木马和蠕虫对网络的危害性很大,曾发生过多次影响广泛、损失巨大的严重事件。从最初的简单文件型病毒发展到后来的多态木马和网络蠕虫,其威力不断增强。传统的病毒定义为人工编制或在计算机程序中插入的破坏计算机功能或破坏数据、影响计算机使用并能自我复制的一组计算机指令或程序代码。而木马则与病毒不同,它不但破坏数据,而且试图占有受害主机并获取数据和资源。相对于前两者,蠕虫显得更为智能,能在网络中利用漏洞直接传播,并能自我变异,不须依附宿主程序。

### 12.1.2 网络安全防御技术

为了对付网络安全威胁，许多机构和研究者陆续开发出各种防御技术及相关软硬件产品，包括密码编码学、安全协议、防火墙、虚拟专网和入侵检测系统等。

#### 1. 密码编码学

密码编码学和密码分析学处于对立面，前者的目标是为保护信息和网络通信的安全。20 世纪 70 年代以来涌现了许多密码学算法，主要分对称加密算法和非对称加密算法两类。对称加密算法中的加密密钥和解密密钥相等或可互相推导，运算所需资源较少，速度较快，但密钥易泄露，安全性略低。对称加密算法常被用于一般密码通信系统。而非对称加密算法中的加解密采用不同密钥，即公钥和私钥，前者公开而后者保密，有效提高了安全性；但其运算量大，速度较慢，一般用于为对称加密系统传递密钥或非常重要的绝密信息传输。典型的对称加密算法有 DES、IDEA 和 AES 等，非对称加密算法有 RSA 和 ECC 等，此外还有用于数字签名和身份验证的报文散列函数及密钥交换协议等。

#### 2. 安全协议

以密码学为基础，研究者考虑从基本的网络协议角度增强网络安全，即网络安全协议。常见安全协议有安全套接字层(Secure Socket Layer，SSL)协议、IPSec 协议等。SSL 协议位于 TCP/IP 与应用层协议之间，为网络通信提供安全支持。SSL 协议分为记录协议和握手协议。IPSec 协议由 IETF 制定，是 IP 层上的一整套安全体系结构，包括认证头部(Authentication Header，AH)、封装安全载荷(Encapsulate Security Payload，ESP)、互联网密钥交换(Internet Key Exchange，IKE)、网络认证及加密算法等。

#### 3. 防火墙

防火墙部署结构如图 12.3 所示，通常由软硬件系统或设备组合而成，是位于内网(企业网)和外网(公众网)之间的安全保护屏障。它主要保护内网资源免受非法攻击的侵入。其主要功能是分组过滤，该操作由访问规则、验证工具和应用网关等完成。

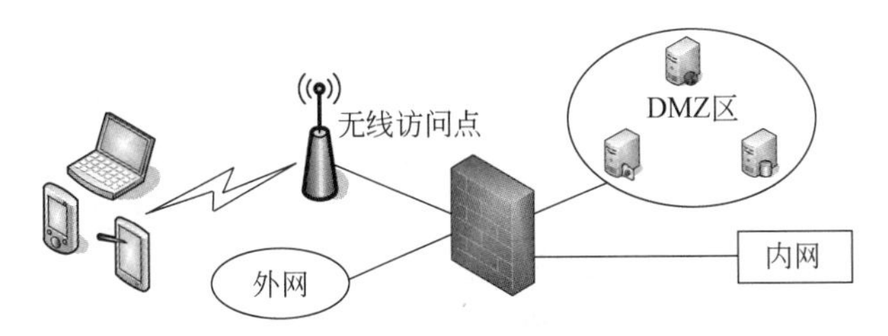


图 12.3 防火墙部署结构示意图

#### 4. 虚拟专网

虚拟专网(Virtual Private Network，VPN)部署结构如图 12.4 所示，它是建立在公众网络(如互联网)上的临时但安全的连接,常被比喻为一条穿越公众网的安全稳定的隧道。隧道两端的 VPN 设备(软件)对进入或离开隧道的分组进行加密或解密,确保信息在公众网中传输的安全性。

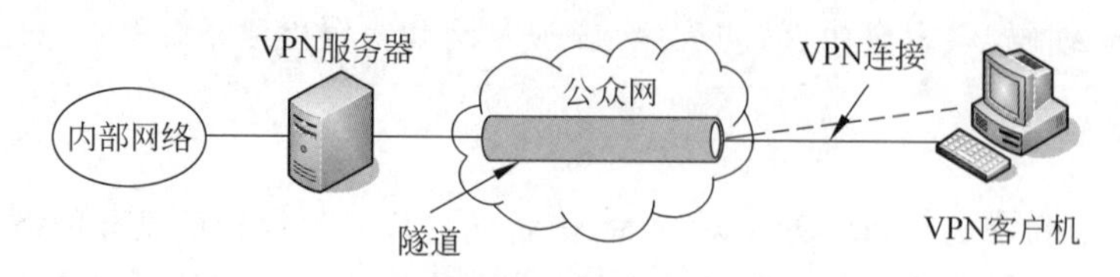


图 12.4 典型 VPN 部署结构示意图

**5. 入侵检测系统**

入侵检测系统(Intrusion Detection System,IDS)是一种能实时监视网络分组或系统运行状态,在发现可疑情况时发出警报或采取主动措施的网络安全系统。图 12.5 为一个典型的 IDS 部署结构。

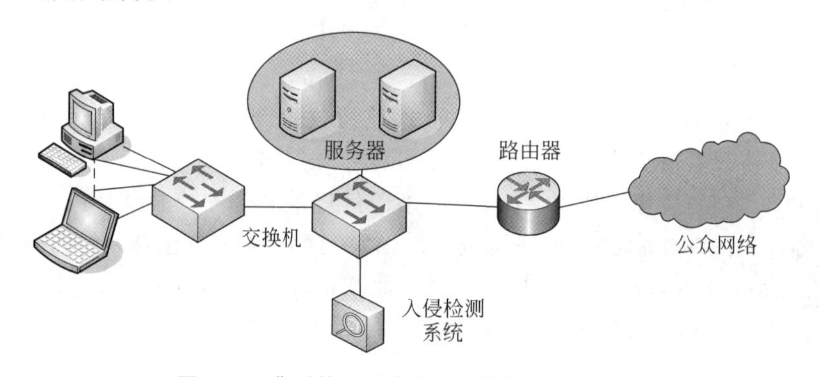


图 12.5 典型的入侵检测系统部署结构示意图

## 12.2 无线网络安全简史

早在第二次世界大战期间,无线窃听和无线攻击就已出现(虽然此时尚无真正意义上的无线网络)。即使对无线电通信进行加密,但仍可能遭到窃听并被破译。而监听并解密无线电信号对战争胜负的影响非常关键。太平洋海战中的中途岛之战就是一个典型例子,当时美国海军破解了日本海军的主要通信系统 JN-25 的部分密码,发现日军电报中频繁提到“AF”,并初步判断指的是中途岛。但由于美军并未完全破解日军密码,尚难确定。为进一步查实,美军拍了一份“诱饵”电报,报告中途岛上淡水设备发生故障。不久后截获一份日军密码电报,声称“AF 可能缺少淡水”。这样美军就准确获知了日军的攻击目标和战术部署,得以从容部署力量,最终获胜。

第二次世界大战以后,随着无线通信技术的发展,无线信号窃听和干扰技术也一同发展,并对各种无线通信业务造成了严重威胁。20 世纪 80 年代以后逐步普及的移动通信网络较充分地考虑了无线窃听和泄密问题,GSM 蜂窝通信标准采用数字信号和密钥加密技术,实现了较好的保密性。但新的安全隐患也很快出现,例如攻击者克隆蜂窝移动电话,破坏网络正常使用或窃取通信信道,等等。

近几十年来互联网不断普及,无线网络迅速发展,其安全问题也日趋严重。许多传统有线网络环境下的安全挑战同样存在于无线网络环境中,而无线网络的多样性、移动性使得其安全问题更为复杂。典型的无线网络攻击包括无线信道拥塞攻击、节点欺骗攻击、路由欺骗攻击、密码分析和篡改攻击等,许多攻击缘于无线网络的开放性、网络协议设计的缺陷以及无线网络管理不善等。

## 12.3 无线网络的安全威胁

与传统有线网络不同,无线环境下的安全威胁更加复杂多变,安全防御的困难更为突出。而且,无线网络发展较晚,新近使用的许多技术还不成熟,技术缺陷和安全漏洞在所难免。无线网络的分层与有线网络存在一定区别,这是由各自数据传输的特点所决定的。表 12.1 按照协议栈层次列出了目前常见的无线网络安全威胁。

表 12.1 常见的无线网络安全威胁

| 协议栈层次 | 无线网络攻击类型 |
| --- | --- |
| 应用层 | 淹没攻击、路径 DoS 攻击、洪泛攻击、软件漏洞攻击等 |
| 传输层 | SYN 洪泛、同步失效攻击等 |
| 网络层 | 欺骗、篡改和重放路由攻击、Hello 洪泛攻击、选择转发攻击、黑洞攻击、虫洞攻击、女巫攻击等 |
| 数据链路层 | 碰撞攻击、耗尽攻击、不公平攻击等 |
| 物理层 | 干扰攻击、拥塞攻击、节点干预或破坏等 |

可以预见,随着无线网络继续发展,其安全威胁将不断增多,新形式的未知威胁也将逐渐显现。尽管许多研究机构和研究者进行了大量工作,提出了各种防御方案,但对变化多端的安全威胁而言,许多问题尚待解决。下面介绍一些典型的安全威胁。

### 1. 干扰和拥塞

常见的干扰就是信号干扰,例如许多考场采用屏蔽设备干扰手机信号。这里的干扰指的是针对无线网络的干扰威胁,主要是恶意攻击者采用一定的技术手段,干扰正常的无线网络信号,造成无线网络不能正常通信。该威胁降低了无线网络的传输性能,且难以防御。拥塞攻击指在无线网络中,攻击节点在某一工作频段上不断发送干扰信号,则使用该频段的其他节点无法进行正常工作。拥塞攻击对单频通信的无线网络比较有效;而对全频通信而言,攻击需付出的代价较大。图 12.6 为无线网络中的干扰和拥塞攻击示意图。可以看出,攻击者发射的无线信号使得在其干扰频段内的合法用户无法正常工作。

以《三体》和《流浪地球》而闻名的科幻作家刘慈欣在作品《全频带阻塞干扰》中描绘了一幅将上述干扰和拥塞攻击发挥到极致的场景。美俄两个超级大国发动新的世界大战,

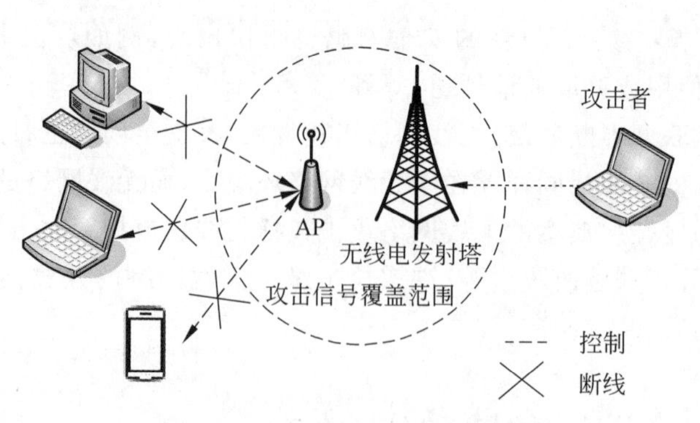


图 12.6 干扰和拥塞攻击示意图

凭借电子干扰和空中优势，以美国为首的北约占据了战场主导权，完全压制了俄军地面部队，恰如1941年底，德军进攻苏联，战火再一次逼近莫斯科城下。危急时刻，俄罗斯派出一艘宇宙飞船撞击太阳表面，触动了太阳表面的频带扰动，引发了强烈的电磁辐射，覆盖了从极低频到超高频的所有频带。太阳发出强烈的X射线猛烈冲击地球大气电离层，除毫米波以外的绝大部分无线电通信完全失效。扰动持续了一周，高度依赖无线通信的现代电子战各个环节和手段陷于瘫痪，战局得以彻底扭转。

### 2. 黑洞攻击

黑洞(black hole)是现代广义相对论中描绘的存在于宇宙空间中的一种天体。黑洞的引力极其强大，即使光都无法从其中逃逸。在某些无线网络中，许多数据报文传输的目标地址只有一个，如WSN中的基站，这就给攻击提供了可能。攻击节点可利用功率大、收发能力强、距离远的节点，在基站和攻击点之间形成单跳路由或比其他节点更快到达基站的路由，以此吸引附近大范围内的传感器节点，以其为父节点向基站转发数据。黑洞攻击改变了网络中数据报文的传输流向，破坏了网络负载平衡，也为其他攻击方式提供了平台。

### 3. 虫洞攻击

虫洞(worm hole)的概念也源于爱因斯坦的广义相对论，是宇宙中可能存在的连接两个不同时空的狭窄隧道。广义相对论认为透过虫洞可以作瞬时的空间转移或时间旅行。无线网络中的虫洞攻击也称隧道攻击，指两个或多个节点合谋通过封装技术压缩其内部路由，减小它们之间的路径长度，使之似乎是相邻节点。常见的虫洞攻击中，恶意节点将在某一区域中收到的数据包通过低时延链路传到另一区域的另一个恶意节点，并在该区域重发该数据包。虫洞攻击容易转化为黑洞攻击，两个恶意节点之间有一条低时延的隧道，一个位于基站附近，而另一个较远的恶意节点可使其周围节点认为其有一条到达基站的高质量路由，从而吸引其周围的流量。图12.7为虫洞攻击示意图，可以看出，两个攻击者(恶意节点)之间通过虚假路径使得经过它的路由从表面上看起来跳数最少。

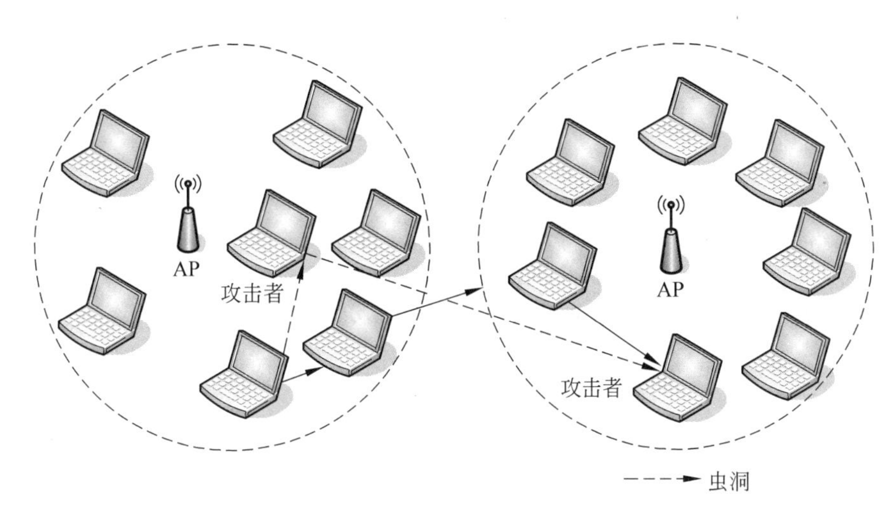


图 12.7　虫洞攻击示意图

### 4. 女巫攻击

女巫(sybil)攻击的目标是破坏依赖多节点合作和多路径路由的分布式系统。女巫攻击中的恶意节点通过扮演其他节点或声明虚假的身份,对网络中其他节点表现出多重身份。其他节点会认为存在被女巫节点伪造出来的一系列节点,但实际上这些节点并不存在。所有发往这些节点的数据都将被女巫节点获取。

图 12.8 为女巫攻击示意图,A 为女巫节点,B 为真实节点,其他节点均为 A 的伪造节点,实际并不存在。而 B 却受到欺骗,其与所有伪造节点的通信其实都是与 A 的通信。

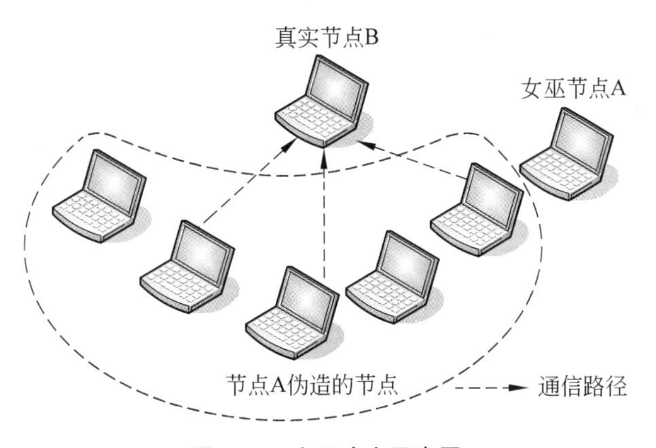


图 12.8　女巫攻击示意图

### 5. 选择转发攻击

WSN 一般通过多跳传输,每个节点既是终端又是路由器,通常要求节点在收到目标地址并非自身的报文时无条件转发。攻击者利用该特点,在俘获某一节点后丢弃需转发的报文。如果恶意节点丢弃所有报文,接收方可能通过多径路由收到源节点发送的报文,而该恶意节点就会被识别。为避免暴露，恶意节点往往采用选择转发的方式，丢弃一部分应转发的报文，从而迷惑邻节点。当恶意节点位于报文转发的最优路径时，攻击尤为奏效。

**6. 洪泛攻击**

许多网络协议在设计上存在诸多缺陷和漏洞。攻击者可以利用这些缺陷进行恶意攻击，洪泛攻击就是其中一种，攻击者发送大量恶意报文给受害者，受害者受自身资源和处理能力所限，只能处理干扰报文而无法提供其他服务。典型的洪泛攻击有 SYN 洪泛攻击、UDP 洪泛攻击和 Smurf 洪泛攻击等。攻击者还可利用伪造源地址或傀儡节点扩大影响。

有些无线网络协议要求节点广播 Hello 信息来确定邻节点，收到该 Hello 信息的节点则会认为自己处在发送方正常的通信范围内。而一个攻击者可使用足够大的发射功率，广播路由或其他信息，使得每个节点均认为该恶意节点是其邻节点。事实上，由于这些节点距恶意节点较远，以普通发射功率传输的数据包根本无法到达，导致网络混乱，无法进行正常通信。

图 12.9 是洪泛攻击示意图，攻击节点发送大量洪泛报文，淹没受害节点，严重时会造成受害节点无法正常通信。这里洪泛报文可为任何类型，如 UDP 洪泛。

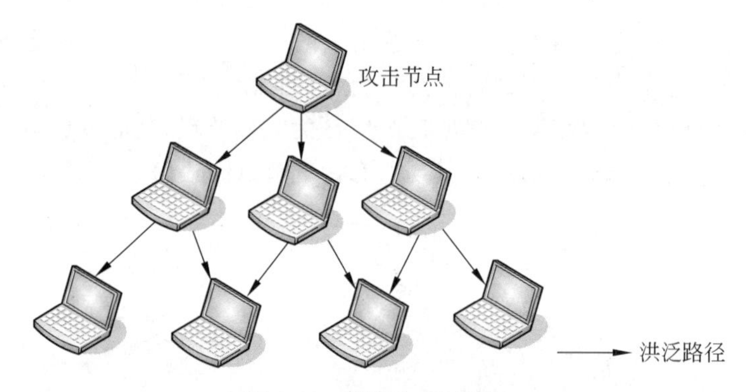


图 12.9 洪泛攻击示意图

## 12.4 无线网络攻击的防御方案

针对不断涌现的无线网络安全问题，已经出现了不少解决方案。表 12.2 列出了目前常见的无线网络安全防御方案，这些方案各有特点，但也存在各自的不足。

表 12.2 常见的无线网络安全防御方案

| 协议栈层次 | 攻击防御技术 |
| --- | --- |
| 应用层 | 节点协调、数据收集、认证和反重放保护等 |
| 传输层 | SYN cookies、报文认证等 |

续表

| 协议栈层次 | 攻击防御技术 |
|---|---|
| 网络层 | 保护聚束、双向认证、地理路由、包头加密等 |
| 数据链路层 | 认证和反重放保护、检测和休眠、广播攻击保护等 |
| 物理层 | 检测和休眠、绕过干扰区、隐藏或伪装节点、防拆封帧等 |

针对分别来自外部的攻击和内部的攻击，将对应的防御方案分为外部防御和内部防御两类。

### 1. 针对外部攻击的防御方案

外部攻击指与受害节点不属同一无线网络的恶意节点通过多跳路由攻击受害节点。目前已有较多的外部攻击防御方案。例如，针对 WSN 路由层的大部分外部攻击，可使用全局共享密钥的链路层加密和认证防御机制，对合法分组进行加密。而攻击者不知道密钥，无法伪造恶意分组，无法解密或篡改合法分组。也可用报文散列值保护数据。还可在加密数据中添加时间戳，防止潜在的重放攻击。这些机制可防御外部攻击者的欺骗攻击、女巫攻击和 Hello 洪泛攻击。由于攻击者无法获取共享密钥，不能正确计算消息认证码，恶意分组将被接收节点判为非法而被丢弃。合法相邻节点可与基站协商，获取共享密钥，然后计算消息认证码以实现认证，即可有效抵御外部攻击者。

### 2. 针对内部攻击的防御方案

1）女巫攻击

一个内部攻击者已存在于无线网络中，且拥有合法的节点身份，而全局共享密钥使其伪装成任何节点，甚至不存在的节点，所以必须确认节点身份。一个机制是每个节点都与可信基站共享一个唯一的对称密钥，两个通信节点可通过基站确认对方身份和建立共享密钥。然后相邻节点可通过协商密钥实现认证和加密链路。为防止一个内部攻击者试图与网络中所有节点建立共享密钥，基站可为每个节点允许拥有的邻居数量设一个上限。

2）Hello 洪泛攻击

为防御 Hello 洪泛攻击，可考虑可信基站使用身份确认协议认证每一个邻节点身份，同时限制节点的邻居数量。当攻击者试图发起 Hello 洪泛攻击时，需大量邻居认证，就会被基站察觉。

3）虫洞和黑洞攻击

这两种攻击较难防御，尤以两者并发时为甚。虫洞攻击难以被察觉是由于勾结的攻击者使用一个不可见的私有信道。而黑洞攻击对于需要广告信息（如剩余能量、估计端对端可靠度以构造路由拓扑）的协议而言较难防御，因为这些信息本身难辨真伪。

可考虑使用地理路由协议来防御虫洞和黑洞攻击。每个节点都保持自身的绝对位置信息或彼此的相对位置信息，节点之间按需形成地理位置拓扑结构。在虫洞攻击中，攻击节点试图跨越物理拓扑时，其他节点可通过彼此之间的拓扑信息来识破这种行为，因为邻节点会注意到两者的距离远远超出正常通信范围。而对黑洞攻击而言,由于流量自然流向基站的物理位置,别的位置很难吸引流量,黑洞较易被识别。

4) 选择性转发

针对选择转发攻击可使用多径路由,即使攻击者丢弃待转发的包,数据仍可从其他路径到达目标。目标节点通过多径路由收到数据的多个副本,通过对比可发现某些中间数据包的丢失,进而判定选择转发攻击节点的存在和具体位置。

## 12.5 无线局域网的安全技术

无线局域网在日常生活中已得到广泛应用。由于无线信道的开放性,攻击者很容易就能进行窃听、恶意篡改并转发数据包,所以 WLAN 的安全性非常重要。

### 1. 常见的无线局域网安全技术

1) MAC 地址过滤

每个无线客户端网卡都由唯一的48位 MAC 物理地址标识,可在 AP 中维护一张允许访问的 MAC 地址表,实现物理地址过滤,地址不在表中的无线终端将被拒绝访问。该方法的效率会随终端数量增加而降低,而且非法用户能够通过网络侦听并盗用合法 MAC 地址接入 AP。图12.10为 MAC 地址过滤示意图。

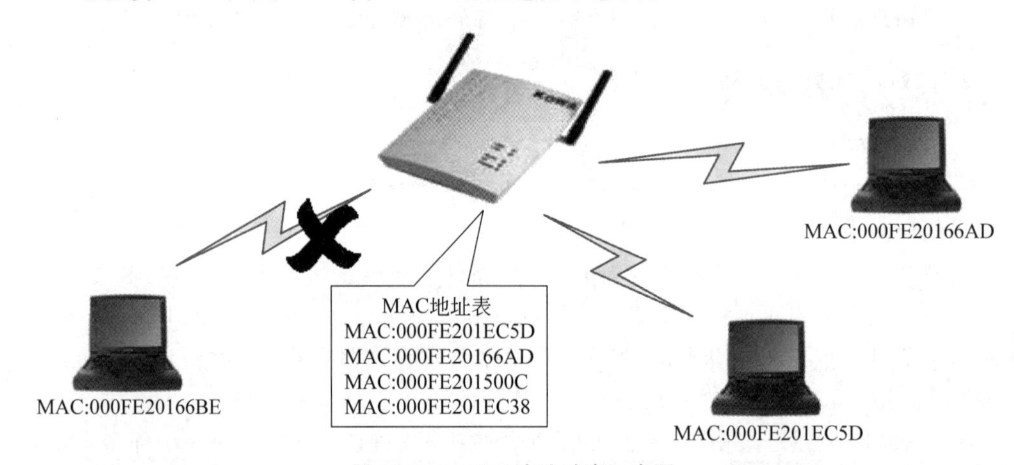


图12.10 MAC 地址过滤示意图

2) 服务集标识符匹配

无线客户端需设置与 AP 相同的服务集标识符(Service Set Identifier,SSID),才能访问 AP。如果 SSID 不符,AP 将拒绝其接入。利用 SSID 设置,可方便地将用户分组,避免任意漫游带来的安全和访问性能问题。可通过设置隐藏接入点(AP)及 SSID 区域划分和权限控制来提升安全性能,这时可认为 SSID 是一个简单口令。图12.11为服务集标识符匹配示意图。

3) 有线等效保密协议

IEEE 802.11中定义的有线等效保密(Wired Equivalent Privacy,WEP)协议可加密

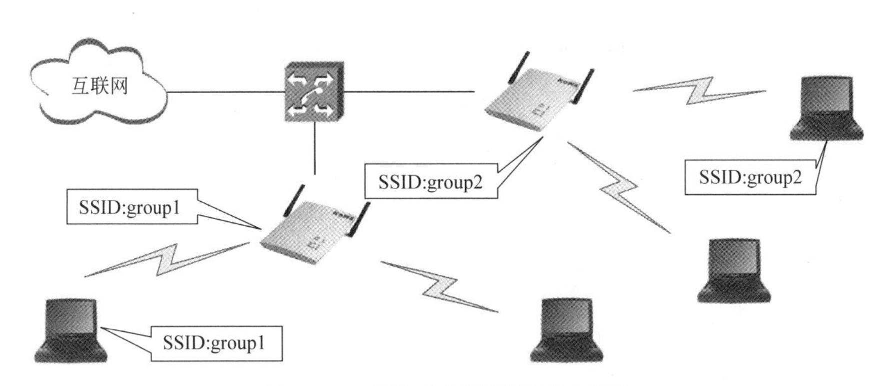


图 12.11 服务集标识符匹配示意图

无线传输数据。WEP 采用 RC4 算法，加密密钥长度有 64 位和 128 位两种。其中系统生成 24 位的初始向量(Initialization Vector，IV)，AP 和终端配置的密钥为 40 位和 104 位。图 12.12 为 WEP 加密原理。

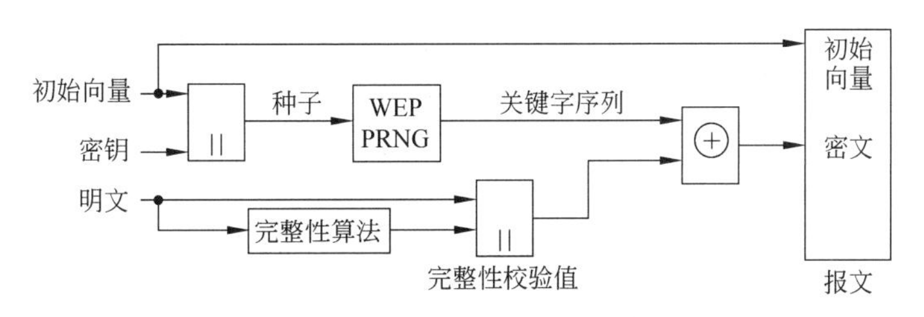


图 12.12 WEP 加密原理

加密步骤如下：

(1) AP 产生一个 IV，将其同密钥串接作为 WEP 种子，采用 RC4 算法生成和待加密数据等长的密钥序列。

(2) 计算 MAC 层协议数据单元(MAC Protocol Data Unit，MPDU)的完整性校验值(Integrity Check Value，ICV)，将其串接在 MPDU 之后。

(3) 将上述两步的结果按位异或，生成加密数据。

(4) 加密数据前面有 4B，存放 IV 和 Key ID。

4) IEEE 802.1x 端口访问控制

当无线终端与 AP 关联后，是否可使用 AP 的服务要取决于 IEEE 802.1x 的认证结果。如果认证通过，则 AP 开放逻辑端口，否则不允许用户连接网络。

IEEE 802.1x 提供无线客户端与 RADIUS 服务器间的认证，而非客户端与 AP 间的认证。认证信息仅为用户名与口令，在存储、使用和认证信息传递中存在泄露、丢失等隐患。AP 与 RADIUS 服务器之间使用共享密钥来传递认证过程协商的会话密钥，该共享密钥是静态的，也存在一定安全隐患。

IEEE 802.1x 协议仅关注端口的开放与关闭，不涉及通常的认证技术考虑的 IP 地址协商和分配。合法用户接入时端口开放，而非法用户接入或无用户时端口关闭。

5) WPA

WiFi Protected Access(WiFi 保护访问，WPA)以 WEP 为基础，主要解决 WEP 的脆

弱性问题。WPA 主要包括临时密钥完整性协议(Temporal Key Integrity Protocol, TKIP)和 IEEE 802.1x,其中 TKIP 与 IEEE 802.1x 共同为无线客户端提供动态密钥加密和认证功能。为阻止黑客对密钥的分析攻击,WPA 采用动态密钥策略,初始向量更长。WPA 还采用更安全的消息认证码(MAC),利用帧计数器防止重放攻击。WPA 可连接可扩展认证协议(Extensible Authentication Protocol, EAP),实现有效的认证控制及与已有信息系统的集成。

6) IEEE 802.11i

IEEE 802.11i(WPA2 实现了其主要功能)是 WPA 的父集,定义了 RSN(Robust Security Network,鲁棒安全网络)。它使用 IEEE 802.1x 进行认证和密钥管理,定义了 TKIP、计数器模式密钥分组链消息认证码协议(Counter-Mode/CBC-MAC Protocol, CCMP)和无线鲁棒认证协议(Wireless Robust Authenticated Protocol, WRAP)等机制。

**2. 无线局域网安全技术应用场景**

考虑 WLAN 的安全,需针对不同用户的安全需求制定不同级别的安全策略,从传统 WEP 加密到 IEEE 802.11i,从 MAC 地址过滤到 IEEE 802.1x,设计初级、中级和高级的安全解决方案。

对家庭和办公室来说,接入用户数量较少,一般无专业 IT 管理人员,而网络安全要求较低。这种初级安全方案一般不需配备专用认证服务器,可直接使用 AP 认证,如 WPA-PSK 和接入点隐藏等,即可保证基本安全。

在学校、医院、仓库和物流等环境中,AP 和无线终端数量较多,安全隐患也相应增加,此时简单的 WPA-PSK 已不能满足安全需求。中级安全方案使用 IEEE 802.1x 认证,通过后台的 RADIUS 服务器进行用户身份验证,阻止未经授权的用户接入。

在大型公共场所及网络运营商、大中型企业、金融机构等环境中,用户在热点通过无线接入,用户认证的准确和可靠与否就显得至关重要。高级解决方案可通过用户隔离、IEEE 802.11i、RADIUS 认证和计费等确保安全。

## 12.6 物联网的安全

物联网的应用范围正在迅速扩张,数以百亿计的各种智能设备和智能物体接入物联网,各种潜在的安全漏洞也与日俱增,一个主要原因是物联网技术的非标准化,而不同于互联网 TCP/IP 架构的标准化。

**1. 物联网的主要安全威胁**

物联网的主要安全威胁如下。

(1) 安全和隐私问题。

各种智能设备搜集了无数有关人的信息,而未经授权的信息存储在面对数据风险、隐私泄露和完整性攻击时都很脆弱。物联网低端设备也往往缺乏可靠的身份验证机制,而缺乏数据加密和访问控制机制也使得攻击者很容易通过窃听和流量分析对用户隐私造成威胁。

(2) 电子医疗设备的安全威胁。

以实时监测人体健康的体域网为例,它具备动态网络拓扑、功耗限制和窄带通信协议等特性,很容易受到拒绝服务攻击、窃听、假冒、未授权的信息泄密等威胁,导致使用寿命缩短、数据丢失、数据被操纵、访问误用、设备失效等问题。

(3) 设备完整性。

智能电网、智慧医疗、智能交通、智能家居等各种应用高度依赖设备和传输数据的可靠性,但物联网终端设备运行在缺乏物理安全的不可靠环境中,受制于硬件入侵、侧信道攻击和逆向工程等威胁,设备本身也会被劫持,成为僵尸。

(4) 软件和代码一致性。

物联网终端设备缺乏反病毒和探测恶意软件的防御机制。2016 年,Mirai 病毒控制了大量摄像头等设备,利用设备的固件漏洞,将其作为僵尸,攻击相关网站和 DNS 服务器等。而智能设备的移动应用是恶意软件的主要来源之一,被感染的邮件、文档和直接连接等威胁巨大。2016 年,Gooligan 木马渗入谷歌公司的至少 86 个 App 应用程序,控制了上百万个谷歌账号。

(5) 与通信协议相关的问题。

主流通信协议源自 ISO/OSI 模型分层架构,物理层加密较少,对伪造地址等中间人攻击难以防御,穷举方式也可用来破解 WiFi 密钥。设置安全机制需要一定时延,而这种时延对自动驾驶汽车和智慧医疗等时间敏感应用而言难以承受。如果基于移动设备的僵尸网络发动 DDoS 攻击,其无线电阻塞干扰可使正常的蜂窝通信频段完全失效。尽管蓝牙、ZigBee 和 LoRaWAN 等使用了安全机制,能提供常规的机密性、完整性、身份验证和不可抵赖性等,但仍无法防御节点被劫持和恶意软件。

(6) 硬件漏洞。

目前的物联网商业设备更多关注功能而非安全,安全更多体现在自发组织方式。所以一些固有的硬件漏洞(开放物理接口和启动进程等)能被远程操控。物联网系统的安全性更多依赖下层设备的完整性,包括代码和抗恶意修改。

(7) DoS/DDoS 攻击。

受内存、功耗和电池寿命等限制,物联网设备面对资源耗尽攻击时极度脆弱。信道阻塞、非授权或恶意使用关键资源、修改节点配置等,都将严重影响工作性能,甚至服务失效。物联网设备数量巨大,本身易被操控,使物联网成为发动 DDoS 攻击的理想平台。

(8) 攻击无线传感网。

无线传感网的安全威胁包括中断、拦截、修改和伪造。例如,在网络中未经授权插入恶意报文,通过无线信道的信息收集和共享也会遭受窃听、恶意路由和篡改。

(9) RFID/蓝牙的安全问题。

由于缺乏物理保护和无线通信的本质,RFID 较难防御完整性和机密性攻击,标签和阅读器之间的信任难以得到保障。旧版蓝牙设备可能连接到未授权或恶意设备,泄露隐私或关键的敏感数据。

(10) 用户不警觉。

用户作为重要的角色,如果缺乏警惕性和安全培训,往往被社交工程和钓鱼等迷惑,例如误点击恶意链接、打开不明文件、在非私密空间共享敏感数据等。

**2. 物联网架构各层次和相关技术的安全威胁**

1) 物理层和感知层安全威胁

物理层和感知层安全威胁包括窃听无线通信、消耗电能、硬件失效、通过伪造设备注入恶意数据、女巫攻击、泄露关键信息、侧信道攻击、劫持设备、节点克隆、入侵片上硬件、修改和设置固件、未经授权访问设备等。

2) MAC 层、适配层和网络层安全威胁

MAC 层、适配层和网络层安全威胁包括不公平和冒充、DoS 攻击、分片攻击、中间人攻击、窃听、伪造地址、Hello 洪泛、报文虚构/修改/重演等、网络入侵和远程劫持设备、节点复制和插入流氓设备、选择转发报文、女巫攻击、虫洞攻击、黑洞攻击、存储区域攻击等。

3) 应用层安全威胁

应用层安全威胁包括恶意代码、软件修改、穷举攻击、字典攻击、特权升级、数据篡改、SQL 注入、身份盗窃、盗取密码、盗取密钥、盗取会话令牌、泄露敏感和隐私信息、跨站点脚本等。

4) 云架构安全威胁

云架构安全威胁涉及数据安全、异构数据操控、用户匿名和身份管理、云中的数据共享、大规模日志管理、DoS 攻击、检测和识别恶意物体等问题。

5) 雾计算安全威胁

雾节点具有分散的基础设施、移动支持、位置感知和低时延等特点,容易受到各种安全威胁和隐私威胁,如身份和数据伪造、窃听、中间人攻击、DoS 攻击、数据篡改、设备篡改、女巫攻击和用户隐私泄露等。

**3. 物联网的安全措施**

针对上述安全威胁,需采取有效的技术措施,简列如下:

(1) 风险评估机制,如风险和威胁建模、成本/收益分析等。

(2) 预防机制,如从用户角度进行安全设计、设备身份识别管理、设备防篡改、物联网设备注册和管理、安全启动和内置加密协议、完整性测量架构或扩展验证模块、数据分类和用户授权、数据通信和存储使用临时标识符、基于身份的认证加密和相互验证、同态加密、云访问安全代理、区块链、应用程序中的身份验证和访问控制(白名单和黑名单)、端点和网关设备身份验证和访问控制、单个物联网系统中设备间相互认证、基于角色的访问控制(可考虑地理位置、部门、设备类型、操作系统、固件版本、特定时间等)、初始启动/运行时和固件/软件更新期的软件完整性、使用轻量级密码协议的个人设备(手表、手机、健康体感设备等)的数据安全、使用 VPN 从物联网终端安全远程访问企业网、限制对低安全标准的终端设备访问、密钥管理(生成、分发、存储、吊销、更新)、使用各种隔离方法(停火区、物理隔离、VLAN、软件定义边界、应用防火墙、代理和基于内容过滤的网络分段)、基

于SDN的虚拟安全、使用自我加密设备和驱动、自适应的安全管理、签名二进制文件执行、静态代码分析、严格时间限制下的实时物联网设备的运行重启、用户和员工安全意识培训和管理等。

(3) 检测机制,如代码/固件的运行时校验、运行时堆栈分析、网络安全分析、边缘安全分析、跨设备安全策略的网络级安全措施、渗透测试和脆弱性评估等。

(4) 响应机制,如事件响应预案、部门联动等。

(5) 修正机制,如自我恢复和诊断、远程认证、实时物联网设备的安全重启等。

**4. 智能语音系统安全漏洞示例**

随着人工智能和移动互联网的迅猛发展,智能语音越来越普遍地应用于人机交互,用户通过语音以对话方式控制手机等智能设备,可替代手动输入方式。知名的智能语音系统包括亚马逊公司的Echo、苹果公司的Siri、阿里巴巴公司的天猫精灵等。

语音助手如果被他人控制,手机上的应用App就会被随意运行,会泄露社交记录、银行卡和照片等个人隐私,甚至手机会成为监视用户一举一动的工具。

浙江大学的研究者发现利用超声波("海豚音")可攻击和控制语音助手。首先通过人无法听见的超声波(频率大于20kHz)调制出声音控制命令。然后利用智能设备中的麦克风电路器件的非线性,使调制过的声音命令被智能设备的声纹识别系统解调、复原和理解。最后就可让被攻击的设备执行相应操作,进一步实现一系列攻击行为。

经过测试,"海豚音"攻击成功攻陷了绝大部分智能语音系统,也促使各大手机厂商对相关系统的安全性进行了防护性升级。

更进一步,日本的研究人员发现利用激光也能达到上述攻击效果。用特定频率调整激光强度,对准麦克风投射出经过调幅的激光,就会干扰麦克风,让麦克风把光波解调成电信号,如同日常将声波转换成电信号一样。

其原因有两个:一是激光脉冲会加热麦克风的振膜,令振膜周围空气膨胀,产生压力(人的声音也是依靠声压才被麦克风捕捉到);二是被攻击设备如果并非完全不透光,光线即可穿过麦克风,直接到达芯片位置,将光波振动转换成电信号。

**5. NB-IoT的安全机制分析**

这里以应用较广的NB-IoT技术为例,简单分析其面临的安全威胁。NT-IoT系统架构如图12.13所示。

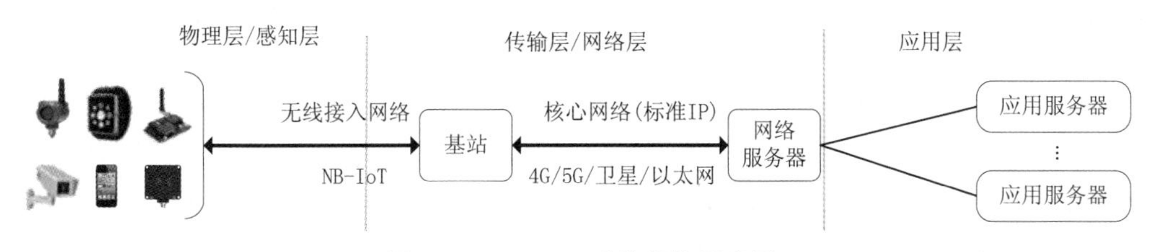


图12.13 NB-IoT系统架构示意图

物理层和感知层的威胁主要是节点克隆/复制、设备物理劫持、设备完整性问题、固件/源码完整性问题、密钥管理漏洞、电池放电、侧信道攻击、半侵入和侵入攻击、设备上敏感数据泄露等。传输层和网络层的威胁主要是窃听、中间人攻击、网络入侵和流量分析、报文篡改、虚假数据、重放攻击、模仿、阻塞信道、DoS/DDoS攻击、在网络中加入流氓设备、窃取用户数据隐私、用户身份泄露等。应用层的威胁主要是Web应用漏洞、云信赖问题、数据完整性、未经授权访问数据、云内处理的隐私问题、API攻击、SQL注入、DoS/DDoS攻击、跨站点脚本攻击、实时错误和灾难容忍问题、数据可用性问题、恶意软件、错误身份识别等。

对应的安全机制包括设备更新、密钥更新、设备认证、网络认证、身份保护、数据加密、数据完整性保护、重放保护、可靠传递等。

## 12.7 蜂窝通信网络的安全

### 1. 蜂窝通信网络的安全和威胁演化

20世纪80年代初的1G通信基于模拟技术,不支持无线链路加密,所以通话易被拦截。攻击者可扫描无线电波,调准正确频率即可拦截通话,获取移动识别编号和电子序列串号等,然后就可克隆手机来假冒用户通话。

2G通信既支持语音,也支持短消息服务,它使用数字信道。它在安全性方面引入了多项机制,包括使用共享密钥的用户认证、无线电接口加密和用户身份的机密性保护。2G使用SIM卡进行用户识别,卡内的硬件安全模块存储密码变量。但是攻击者可传输2G用户不需要的信息(垃圾短信),伪基站可对手机进行虚假接入。而且2G网络使用的A5加密算法被证实仅凭密文即可攻破。另外,漫游的短消息内容暴露在互联网中的外部攻击之下。

3G通信修补了以往的一些安全漏洞,其安全架构包括网络接入安全、网络域安全、用户域安全、应用安全、安全的可视化和可设置性。但是3G仍面临很多安全威胁,包括恶意代码获取非授权访问、窃听、用户和网络的变形、中间人攻击、DoS攻击、伪基站引发的虚假位置更新等。

4G通信引入了一系列新的密码学算法和密钥结构。3G使用128位长的密钥,而4G主要使用256位长的密钥,并且在控制和用户平面使用不同的算法和密钥长度。4G的主要认证机制是AKA(Authentication and Key Agreement,认证与密钥协商)协议,针对空中接口的完整性和重放保护使用NAS和RRC信令协议,回传流量可用IPSec协议保护。但是基于开放全IP的4G架构对各种来自互联网的安全攻击的防御能力(如假冒IP地址、TCP/SYN拒绝服务攻击、服务窃取、入侵攻击等)较薄弱,而4G之前的骨干网由于有很多非IP成分而使攻击相对困难。另外,4G的智能移动设备更易遭受DoS攻击、僵尸网络、病毒和蠕虫等危害。4G支持WiFi等非电信网络,也使安全问题多样化。

由于蜂窝基站的分布式特点,犯罪分子常利用伪基站等手段强行接入用户手机,进行违法犯罪活动。例如,4G网络中手机和基站会进行双向鉴权,但犯罪分子通过伪基站使接入用户的连接降至2G,随后即可嗅探甚至伪造用户短信,导致较大的安全风险。

### 2. 5G 的安全模型

5G 提供更广泛的连接，也将引发更多安全风险，分析如下：

- 机密性。是主要的安全需求，将保护数据传输不泄露给非授权实体和被动攻击（如窃听），主要使用各种数据加密算法，用于车载网络和健康体感等。
- 完整性。用来防止传输过程中的数据丢失。5G 采用 PDCP（Packet Data Convergence Protocol，分组数据收敛协议）。4G 并不支持用户平面的完整性保护，而 5G 予以实现，这对物联网设备的小数据传输非常有效。5G 认证机制（5G-AKA）使用完整性保护信令和确保非授权用户不能修改或访问空中传输的信息。
- 可用性。确保合法用户能使用网络资源，这意味着网络架构的高效率，也体现为面对各种主动攻击情况下网络的可存活性。
- 集中式安全策略。已有的 4G 安全架构因为针对的是传统的"操作者-使用者"信任模型，无法直接用于新的 5G 场景中。为支持 NFV、SDN 等，5G 定义了集中式的安全策略，为用户访问应用和资源提供便利。
- 可视化。控制平面通过可视化机制有效处理网络事务，以建立安全环境。5G 将使用复杂的端到端安全策略，覆盖包括应用、信令、数据平面等在内的所有层次，为此需要彻底的可视化检查和控制机制。具备增强可视化的网络和安全策略有助于实现上下文有关的安全机制，而且有助于实现威胁避免机制，例如在攻击发生前寻找和隔离被感染设备。

### 3. 5G 安全的关键领域

5G 安全可分为认证、访问控制和通信安全等关键领域。前两者较为传统，下面重点介绍 5G 通信安全。攻击发生在不同区域，如用户设备、接入网和核心网络，相关安全事件如下：

- 用户设备。包括僵尸、移动恶意软件等。
- 接入网。包括基于错误缓存状态报告的攻击、报文插入、宏小区攻击等。
- 核心网络。包括 DDoS 攻击、TLS/SSL 攻击、SDN 扫描等。

具体到 5G 通信的各个环节，相关安全事件如下：

- 设备安全。包括僵尸、DDoS 攻击、固件黑客、恶意软件、传感器过敏性攻击等。
- 空中接口。包括阻塞、窃听等。
- 边缘网络。包括边缘服务器漏洞、变形节点、侧信道攻击、错误访问控制等。
- 回传。包括 DDoS 攻击、控制和用户平面嗅探、MEC 回传嗅探、数据流篡改等。
- 核心网。包括软件发布、API 漏洞、网络切片事件、DoS/DDoS 攻击、错误访问控制、虚拟化事件等。
- 外部网络。包括应用服务器漏洞、云服务漏洞、应用漏洞、API 漏洞、漫游伙伴漏洞、僵尸网络和其他基于 IP 的攻击等。
- 物理层。包括阻塞、窃听、搭线窃听、包注入等。

#### 4. 5G的隐私安全

从用户观点来看,5G网络中的隐私分为以下3类:

- 数据隐私。由于5G涉及大量智慧型应用,如高清流媒体、健康体感、智能测量等,服务商可能存储和使用这些数据而无须用户许可。这些数据也可能被共享给其他方进行数据分析和商业利用。为此,服务商应澄清用户数据如何存储、为何使用。
- 位置隐私。5G的许多设备都依赖无处不在的位置服务,使生活更高效便利,但这也导致了用户被持续追踪的隐私问题。服务商甚至可不经用户同意就将其位置隐私泄露给其他利益相关方。
- 身份隐私。越来越多的设备连接到互联网,用户身份被窃取的风险越来越大。身份风险是5G和物联网中最大的风险之一,需设计有效的安全管理机制。

从技术角度来看,5G网络中的隐私包括以下5类:

- 端到端数据隐私。网络的利益相关方,如运营商、服务商、企业和新技术关联者等,利用云计算来存储、使用和处理消费者个人数据,以实现不同目的。
- 共享环境中个人数据所有权丢失。在诸多利益相关方的共享环境中,对于个人数据发生丢失或泄露时由谁负责的问题,需要更有效和明确的定义。
- 不同信赖主体涉及的隐私问题。数据从运营商和服务商迁到云中,会产生不同的信赖主体,可能泄露用户的隐私数据。
- 信息跨国界流动涉及的隐私问题。由于全球的数字化,对个人信息跨国界流动需予以有效管控。
- 第三方涉及的隐私问题。各种第三方的交互式应用可能泄露用户的隐私数据。

综上,5G要考虑的隐私属性如下:

- 匿名。一个数据对象被放在匿名集合中,隐藏身份,使服务商和各种应用App难以识别。
- 不可链接性。一个系统中,在两个或多个用户之间,个体信息无法被链接。
- 不可探测性。传输的信息或传输实体(机器、应用、用户)都无法被检测。
- 不可观察性。攻击者难以观察到实体参与通信。
- 使用假名。当多个利益相关实体都能访问个人信息时,智能对象将使用多个假名,每个实体仅能知晓其中之一。

## 12.8 量子保密通信简介*

#### 1. 量子保密通信的基本原理

先来看量子力学中的海森堡不确定性原理:对任何量子系统都不可能进行精确测量而不改变其原有状态。单量子不可克隆原理进一步表明:对任意一个未知的量子态进行完全相同的复制过程是不可实现的,因为复制的前提是测量,而测量必然改变该量子的状态。

量子通信以量子为载体,通过量子态编码传输信息。与传统光或电磁波通信相比,量子通信在光源调制、信道中继与交换、信号探测与处理等方式上差异极大。

量子通信从信息传输模式上分量子密钥分发和量子隐形传态两种。前者用于异地生成量子密钥(如对称或随机的经典数字序列),后者用于异地传输任意量子态。

量子密钥分发的主流方案是"制备-测量"型,通过光量子制备(编码)、单光子探测(解码)和后处理(协议交互)等过程,实现远程设备之间的点对点对称密钥分发。光源经过调制发出光量子(包括理想单光子、极微弱的相干光等),传输过程中需保持量子态的相干性,而探测则需对单光子级别的光量子信号进行高效提取。

基于量子不可分割、不可复制的特性,量子密钥分发具有无法窃听的高安全性:

- 传统信道窃听主要是从信号载体(光脉冲、电信号、广播电磁信号)中分离出一部分进行测量,剩余信号继续传输,并不影响通信。而量子密钥分发承载信号的是不可分割的单光子,无法部分分离,即,要么无法获取,要么全部分离。而全部分离将导致通信双方不能建立加密连接,信息失窃无从谈起。
- 当然窃听者也可能截取单光子,测量其状态,然后根据测量结果复制一个新光子发给接收方。但由于量子不可复制,窃听者无法精确测量光子状态,"复制"的光子状态与原始状态有差异。通信双方可利用该差异检测可能的窃听测量行为,能够确保安全。

量子密钥分发的下一步是使用量子纠缠方案,其大致步骤如下:

(1) 通信双方预先分发好量子纠缠对。

(2) 发送方测量自身的纠缠量子,加载待传输信息。

(3) 由于量子纠缠的关联坍缩性,接收方的纠缠量子将立即坍缩到和发送方待传输状态关联的状态。

(4) 接收方对自身的纠缠量子进行解调,从而获知传输的信息。

可以看出,量子纠缠方案的关键是用预先分发的量子纠缠对代替量子信道,量子态无须通过物理信道携带信息进行传输。由于纠缠光子对的高效制备和测量等难度极大,目前技术尚不成熟。目前我国在量子保密通信领域的研究居国际领先水平。

**2. BB84 量子密钥分发协议**

1984年,物理学家 Bennett 和 Brassard 提出量子密码学的首个密钥分发协议,称为 BB84 协议,也是关注最多的经典量子密钥分发方案之一。

该协议利用单光子的4种极化方式(偏振态):水平极化(↔)、垂直极化(↕)、左旋极化(⤡)和右旋极化(⤢)。其中,↔和↕正交,⤡和⤢正交,除此而外的两两之间互不正交。接收光子的测量基分别是✥和⊠,✥基可检测↔和↕,⊠基可检测⤡和⤢。

该协议要使用经典信道和量子信道,经典信道(无线电或互联网)用于通信双方进行必要信息的交换,而量子信道(光纤)用于传输携带信息的量子态。

BB84 协议的思路如下(假设 Alice 与 Bob 进行通信):

(1) Alice 用单光子源产生一个一个的单光子,随机选择单光子的4种不同极化方式,向 Bob 发送单光子序列。

(2) Bob 随机地选择两组不同的测量基接收单光子序列,保存结果且不公开。

(3) Bob 将其随机选择的测量基序列通过经典信道告知 Alice。

(4) Alice 将 Bob 的测量基序列与自己所发的光子序列进行比较,确定 Bob 在哪些位上使用的测量基正确,然后通过经典信道告知 Bob。

(5) Alice 和 Bob 同时保存 Bob 使用正确测量基的那些位,作为原始密钥。

(6) Alice 和 Bob 从原始密钥中抽取 $m$ 位($m$ 小于原始密钥长度),在经典信道上进行比较。

(7) 在无噪声情况下,如果此时 $m$ 位存在差异,则认为一定存在中间人(假设为 Eve)。

(8) 如果这 $m$ 位相同,则 Eve 存在的概率为$(1-\lambda/4)^m$,Eve 存在时 $\lambda$ 取 1,Eve 不存在时 $\lambda$ 取 0。

(9) 如果该概率足够小,则认为 Eve 不存在,双方将原始密钥剩余的那些位作为量子密钥;否则,本次通信过程作废。

假设存在窃听者 Eve(称其为中间人),企图在量子信道上截取 Alice 发出的光子序列,然后再转发给 Bob。但 Eve 不知道 Alice 选定的偏振态。如果其所选测量基与 Alice 所发光子偏振态不匹配,即转发给 Bob 错误偏振态的光子;如果 Bob 所选测量基与 Alice 所发光子的偏振态匹配,则此时 Bob 的测量结果将与 Alice 所发的原始光子偏振态不同。经过 Eve 的监听和转发过程后,Alice 和 Bob 的协商密钥将以 25%的概率出错。

考虑到信道可能有噪声,为确保无窃听者,Alice 和 Bob 在确定协商密钥后,以某种约定方式对协商密钥序列进行随机重排和分块奇偶校验,反复进行多次,可使 Eve 存在而不被检测到的概率降至极低。

## 12.9 无线网络安全技术的发展趋势

未来无线网络的发展趋势将是多元化和综合性。针对多元化,相应的安全技术也是如此。无论是潜在的安全漏洞、已知的攻击行为还是有针对性的防御方案,均体现了多样性。而在综合性方面,各类网络融合能满足各种信息互联互通的应用需求,但融合后的网络也附带了原先各种网络的安全缺陷,还引入了一些新的安全问题。所以,对无线网络安全需要进行更深入的研究,需要重新定义新的安全策略,具体如下:

(1) 需要保证网络协议栈内各层的安全,分析每一层协议的安全弱点并加强相应的安全措施,同时也可通过层与层之间的联系来实现对整个协议栈的保护。

(2) 由于新的攻击手段无法预知,对协议本身弱点的研究以及加强节点(终端)对协议规范的可靠执行非常重要。

(3) 使用可靠算法对传输数据加密以保证安全。目前公钥认证和私钥加密的方法已得到广泛应用,其效率和安全性较高,资源开销适中。但对于长时间数据连接而言,需关注如何更新加密私钥和确定更新周期。

(4) 许多无线节点,如传感器、物联网标签、体域网节点等,其能量和计算能力有限,需要研究适合这些弱功能对象的安全机制。

（5）移动互联网和物联网的发展极大拓展了应用空间，也带来了更多安全隐患，如本章述及的“海豚音”攻击等新威胁。因此，安全技术需更多地关注物理载体本身。

（6）用户隐私泄露问题在万物互联和 5G 时代更加突出，已有的隐私保护技术和机制远远不能满足需求，亟待更多、更深入的研究。

（7）新的安全技术手段，如区块链认证和未来的量子保密通信等具有突破意义的技术，也会得到研究和应用，也会强调更完善、全面的方案。

## 12.10　无线网络安全的仿真实验

本章的配套实验为黑洞和灰洞攻击仿真实验。

实施黑洞和灰洞攻击之前，需进行路由欺骗，以使源节点的数据包经过黑洞或灰洞节点，进而进行有效攻击。本实验采用多跳拓扑（见图 12.14），假设已完成了路由欺骗过程，源节点的数据包肯定会经过黑洞或灰洞节点，其中黑洞或灰洞部署在节点 1 上。

⓪　①　②　③

图 12.14　黑洞和灰洞攻击仿真实验拓扑

实验中，在节点 0 与节点 3 间设置了一条 CBR/UDP 流，其速率为 500kb/s，起止运行时间为 1s 和 20s。在节点 1 处设置黑洞或灰洞并发起攻击，攻击起始时间为 6s，实验运行结束时攻击停止。

实验结果表明，灰洞攻击对数据传输造成的影响比黑洞攻击要弱，然而其隐蔽性更好，难以进行有效防御。

具体实验内容、操作步骤、结果等见本书配套电子资源和实验手册。

## 习题

12.1　常见的网络安全威胁有哪些？如何进行有效防御？

12.2　常见的无线网络安全威胁有哪些？有哪些对应的防御方案？

12.3　无线网络的干扰和拥塞攻击是什么？说明其攻击过程。

12.4　什么是无线传感网的黑洞攻击？说明其攻击过程。

12.5　什么是女巫攻击？攻击者如何进行身份伪造？

12.6　典型的 WLAN 安全技术有哪些？在实际场景中如何选择和应用？

12.7　在物联网的安全威胁中，你最关心哪几种？简要分析相应的防御机制。

12.8　在蜂窝通信网络的安全威胁中，你最关心哪几种？简要分析相应的防御机制。

12.9　将智能手机应用于移动互联网中，存在哪些安全漏洞？举例加以分析，并给出相应的防御手段。

12.10　移动互联网和物联网的许多技术涉及人，其隐私问题很受关注。你结合个人感受对其进行分析，并提出自己的看法。

12.11　搜集量子安全通信技术的相关资料，并简要分析其进展动态。*

## 扩展阅读

1. 国家互联网应急中心,https://www.cert.org.cn。

2. IEEE 安全和隐私学术研讨会,http://www.ieee-security.org/TC/SP-Index.html。

3. ACM 计算机和通信安全学术年会,http://www.sigsac.org/ccs.html。

## 参考文献

[1] PEIKARI C, FOGIE S. 无线网络安全[M]. 周靖,译. 北京:电子工业出版社,2009.
[2] 杨哲. 无线网络安全攻防实战[M]. 北京:电子工业出版社,2008.
[3] 冯登国,徐静. 网络安全原理与技术[M]. 2版. 北京:科学出版社,2010.
[4] 刘慈欣. 刘慈欣短篇小说精选[M]. 成都:四川科学技术出版社. 2019.
[5] MAKHDOOM I, ABOLHASAN M, LIPMAN J, et al. Anatomy of Threats to The Internet of Things[J]. IEEE Communications Surveys & Tutorials, 2019, 21(2): 1636-1675.
[6] KHAN R, KUMAR P, JAYAKODY D, et al. A Survey on Security and Privacy of 5G Technologies: Potential Solutions, Recent Advancements and Future Directions [J]. IEEE Communications Surveys & Tutorials, 2020, 22(1): 196-248.
[7] ZHANG G, YAN C, JI X, et al. DolphinAttack: Inaudible Voice Commands[M]//In: Proc. of the 2017 ACM SIGSAC. New York: ACM, 2017: 2421-2434.
[8] 赵于康. 量子通信中若干问题的研究[D]. 合肥:中国科技大学,2018.
[9] 黄帆,刘玉. 量子保密通信探悉[J]. 信息网络安全,2009(4):19-21.

附录A

# 无线网络技术缩略语

| | | |
|---|---|---|
| ACM | Association for Computing Machinery | 美国计算机协会 |
| AES | Advanced Encryption Standard | 高级加密标准 |
| AI | Artificial Intelligence | 人工智能 |
| AoA | Angle of Arrival | 到达角度 |
| AODV | Ad Hoc On-demand Distance Vector | 自组织按需距离向量 |
| AP | Access Point | 接入点 |
| BBU | Building Baseband Unit | 室内基带单元 |
| BCC | Body-Coupled Communication | 人体耦合通信 |
| BLE | Bluetooth Low Energy | 低功耗蓝牙 |
| BSA | Basic Service Area | 基本服务区 |
| BSS | Basic Service Set | 基本服务集 |
| CALM | Continuous Air interfaces Long and Medium range | 连续中长距离空中接口 |
| CDMA | Code Division Multiplexing Address | 码分多址 |
| CoAP | Constrained Application Protocol | 受限应用协议 |
| CPS | Cyber Physical System | 信息物理系统 |
| CR | Cognitive Radio | 认知无线电 |
| C-RAN | Cloud-Radio Access Network | 云无线接入网 |
| CSI | Channel State Information | 信道状态信息 |
| CSMA/CA | Carrier Sense Multiple Access/Collision Avoidance | 载波侦听多路访问/冲突避免 |
| CSMA/CD | Carrier Sense Multiple Access/Collision Detection | 载波侦听多路访问/冲突检测 |
| CTS | Clear to Send | 清除发送 |
| CU | Centralized Unit | 集中单元 |
| DD | Directed Diffusion | 定向扩散 |
| D2D | Device to Device | 设备之间 |
| DDoS | Distributed Denial of Service | 分布式拒绝服务 |
| DFL | Device-Free Localization | 无设备定位 |
| DFWMAC | Distributed Function Wireless Media Access Control | 分布式无线介质访问控制 |
| DODAG | Destination Oriented Directed Acyclic Graph | 面向目标的有向无环图 |
| DoS | Denial of Service | 拒绝服务 |
| DSDV | Destination Sequenced Distance Vector | 目标序列距离向量 |

| | | |
|---|---|---|
| DSM | Distribution System Medium | 分布式系统介质 |
| DSR | Dynamic Source Routing | 动态源路由 |
| DSRC | Dedicated Short Range Communications | 专用短距离通信 |
| DSSS | Direct Sequence Spread Spectrum | 直接序列扩频 |
| DTN | Delay Tolerant Networking | 时延容忍网络 |
| DU | Distributed Unit | 分布单元 |
| DVB | Digital Video Broadcasting | 数字视频广播 |
| eMBB | enhanced Mobile BroadBand | 增强移动宽带 |
| EPC | Electronic Product Code | 电子产品编码 |
| ESA | Extended Service Area | 扩展服务区 |
| ESS | Extended Service Set | 扩展服务集 |
| ETC | Electronic Toll Collection | 电子不停车收费 |
| ETSI | European Telecommunications Standards Institute | 欧洲电信标准化协会 |
| FCC | Federal Communications Commission | 美国联邦通信委员会 |
| FCS | Frame Check Sequence | 帧校验序列 |
| FDD | Frequency Division Duplex | 频分双工 |
| FDM | Frequency Division Multiplexing | 频分多路复用 |
| FDMA | Frequency Division Multiple Address | 频分多址 |
| FFD | Full-Function Device | 全功能设备 |
| FHSS | Frequency Hopping Spread Spectrum | 跳频扩频 |
| GEO | Geostationary Earth Orbit | 地球同步轨道 |
| GF | Greedy Forwarding | 贪心转发 |
| 3GPP | 3rd Generation Partnership Project | 第3代移动通信伙伴计划 |
| GPRS | General Packet Radio Service | 通用分组无线服务 |
| GPS | Global Positioning System | 全球定位系统 |
| GSM | Global System for Mobile Communications | 全球移动通信系统 |
| GTS | Guaranteed Time Slot | 保证时隙 |
| HEO | Highly Elliptical Orbit | 高椭圆轨道 |
| IDS | Intrusion Detection System | 入侵检测系统 |
| IEC | International Electrotechnical Commission | 国际电工委员会 |
| IEEE | Institute of Electrical and Electronics Engineers | 电气和电子工程师学会 |
| IETF | Internet Engineering Task Force | 互联网工程任务组 |
| IFS | Inter Frame Space | 帧间间隔 |
| INS | Inertial Navigation System | 惯性导航系统 |
| IoE | Internet of Everything | 万物互联 |
| IoT | Internet of Things | 物联网 |
| IPN | Inter Planetary Internet | 星际深空互联网 |
| IPS | Indoors Positioning System | 室内定位系统 |
| IPv4/IPv6 | Internet Protocol version 4/6 | 网际协议版本4/6 |
| IrDA | Infrared Data Association | 红外线数据协会 |
| ISM | Industrial, Scientific, and Medical | 工业、科学和医疗频段 |

| | | |
|---|---|---|
| ISOC | Internet Society | 互联网协会 |
| ITS | Intelligent Transportation System | 智能交通系统 |
| ITU | International Telecommunication Union | 国际电信联盟 |
| KNN | *K*-Nearest Neighbour | *K* 最近邻算法 |
| LEO | Low Earth Orbit | 低地球轨道 |
| LLC | Logical Link Control | 逻辑链路控制 |
| LoRa | Long Range | 长距离低功耗传输 |
| LOS | Line of Sight | 视距 |
| 6LoWPAN | IPv6 over Low power WPAN | 低功耗无线个域网的 IPv6 |
| LTE | Long Term Evolution | 长期演进计划 |
| MAC | Media Access Control | 介质访问控制 |
| MANET | Mobile Ad Hoc Network | 移动 Ad Hoc 网络 |
| MEC | Mobile Edge Computing | 移动边缘计算 |
| MEMS | Micro-Electro-Mechanical System | 微机电系统 |
| MEO | Middle Earth Orbit | 中地球轨道 |
| MIMO | Multiple Input Multiple Output | 多输入多输出 |
| M2M | Machine to Machine | 机器之间 |
| mMTC | massive Machine Type Communications | 大规模机器类型通信 |
| MN | Mobile Node | 移动节点 |
| MQTT | Message Queuing Telemetry Transport | 报文队列遥测传输 |
| MSS | Mobile Satellite System | 移动卫星系统 |
| NB-IoT | Narrow Band IoT | 窄带物联网 |
| NFC | Near Field Communication | 近场通信 |
| NFV | Network Functions Virtualization | 网络功能虚拟化 |
| NLOS | Non-Line of Sight | 非视距 |
| NOMA | Non-Orthogonal Multiple Access | 非正交多址 |
| NS | Network Simulator | 网络仿真器 |
| OBE | On Board Equipment | 车载设备 |
| OFDM | Orthogonal Frequency Division Multiplexing | 正交频分复用 |
| OFDMA | Orthogonal Frequency Division Multiple Address | 正交频分多址 |
| PAM | Pulse Amplitude Modulation | 脉冲幅度调制 |
| PCS | Physical Carrier Sense | 物理载波侦听 |
| P2P | Peer-to-Peer | 点对点,对等 |
| PSK | Phase Shift Keying | 相移键控 |
| QAM | Quadrature Amplitude Modulation | 正交幅度调制 |
| QoS | Quality of Service | 服务质量 |
| RF | Radio Frequency | 射频 |
| RFD | Reduced-Function Device | 简化功能设备 |
| RFID | Radio Frequency IDentification | 射频识别 |
| RPL | Routing Protocol for Low power and lossy networks | 低功耗有损网络路由协议 |
| RREP | Route Reply | 路由应答 |
| RREQ | Route REQuest | 路由请求 |

| | | |
|---|---|---|
| RRU | Remote Radio Unit | 射频拉远单元 |
| RSE | Road Side Equipment | 路边设备 |
| RSN | RFID Sensor Network | RFID 传感网 |
| RSS | Received Signal Strength | 接收信号强度 |
| RTS | Request To Send | 请求发送 |
| SA | Service Area | 服务区 |
| SDH | Synchronous Digital Hierarchy | 同步数字体系 |
| SDM | Space Division Multiplexing | 空分多路复用 |
| SDMA | Space Division Multiple Address | 空分多址 |
| SDN | Software Defined Network | 软件定义网络 |
| SDP | Service Discovery Protocol | 服务发现协议 |
| S-MAC | Sensor-Media Access Control | 传感器介质访问控制 |
| TCL | Tool Command Language | 工具命令语言 |
| TCP/IP | Transmission Control Protocol/Internet Protocol | 传输控制协议/网际协议 |
| TDM | Time Division Multiplexing | 时分多路复用 |
| TDMA | Time Division Multiple Address | 时分多址 |
| TD-SCDMA | Time Division Synchronous CDMA | 时分同步码分多址 |
| ToA | Time of Arrival | 到达时间 |
| UDP | User Datagram Protocol | 用户数据报协议 |
| uRLLC | ultra Reliable Low Latency Communications | 超可靠低时延通信 |
| UWASN | Underwater Wireless Acoustic Sensor Network | 水声无线传感网 |
| UWB | Ultra Wide Band | 超宽带 |
| VANET | Vehicle Ad Hoc Network | 车载自组织网络 |
| V2I | Vehicle to Infrastructure | 车辆与路边设施之间 |
| VLC | Visible Light Communication | 可见光通信 |
| VPN | Virtual Private Network | 虚拟专用网 |
| V2V | Vehicle to Vehicle | 车辆之间 |
| WAVE | Wireless Access in the Vehicular Environment | 车载环境无线接入 |
| WBAN | Wireless Body Area Network | 无线体域网 |
| WCDMA | Wideband Code Division Multiple Address | 宽带码分多址 |
| WEP | Wired Equivalent Privacy | 有线等效保密 |
| WiMAX | World wide interoperability for Microwave Access | 全球微波接入互操作性 |
| WLAN | Wireless Local Area Network | 无线局域网 |
| WMAN | Wireless Metropolitan Area Network | 无线城域网 |
| WMN | Wireless Mesh Network | 无线网状网 |
| WPA | WiFi Protected Access | WiFi 保护访问 |
| WPAN | Wireless Personal Area Network | 无线个域网 |
| WSN | Wireless Sensor Network | 无线传感器网络 |
| WWAN | Wireless Wide Area Network | 无线广域网 |
| ZBR | ZigBee Routing | ZigBee 路由协议 |

附录B

# 配套实验指南

本书实验均与相关章节理论知识配套。完整的操作说明、实验手册(电子版超过250页)、实验系统镜像、实验视频、实验拓扑和源码文件等配套电子资源,请到清华大学出版社网站(http://www.tup.com.cn)或“无线网络技术教学研究平台”(http://www.thinkmesh.net/wireless/)下载。本书的配套实验资源将持续更新,请及时关注和下载最新电子版内容。

本书实验主要涉及开放平台。如有其他非开源软件,读者应从合法渠道获得。

本书实测实验需使用相应的硬件器材,熟悉硬件的读者可自备各种器材,自行搭建实验环境。仿真实验则采用NS2、NS3和Contiki等开源平台完成。

为方便教学,我们和湖南新实网络科技有限公司合作开发了“无线网络和物联网实验教学系统”(NetMagic-Wireless-EXP),提供与本书实验对应的完整软件和硬件资源,并开展技术服务。其中的软件资源将尽量开源,便于广大师生学习、修改和完善。

上述实验教学系统已在国内越来越多的高校得到使用。我们将持续开发和更新更多的实验项目,不断追赶技术发展的脚步。

本书各章实验项目的难度和工作量各不相同,各校可根据自身实际情况选用其中的部分项目。

实验1:构建无线网络仿真实验环境。

实验2:无线网络信号测量实验。

实验3:无线局域网组网与管理实验。

实验4:无线局域网信号测量软件开发实验。

实验5:无线局域网数据分组分析实验。

实验6:无线局域网数据分组分析软件开发实验。

实验7:隐藏节点和暴露节点仿真实验。

实验8:无线城域网WiMAX仿真实验。

实验9:蜂窝通信网络的数据传输实验。

实验10:卫星网络系统数据处理实验。

实验11:卫星导航系统室外定位实验。

实验12:无线自组织网的AODV和DSR协议仿真实验。

实验13：无线传感网的DD和S-MAC协议仿真实验。
实验14：水下无线传感网协议仿真实验。
实验15：ZigBee节点安装和组网基础实验。
实验16：Arduino节点安装配置和通信实验。
实验17：基于ZigBee的户外环境监测网络实验。
实验18：IEEE 802.15.4和ZBR路由协议仿真实验。
实验19：RFID和NFC数据读写和传输实验。
实验20：树莓派安装和配置WiFi路由器实验。
实验21：传感器节点的Contiki系统安装配置实验。
实验22：Contiki环境的CoAP协议仿真实验。
实验23：Contiki环境的RPL协议仿真实验。
实验24：基于Contiki和RPL的无线传感网组网实测实验。
实验25：无线车载网络的IEEE 802.11p和VANET协议仿真实验。
实验26：无线体域网健康监测系统实验。
实验27：无线室内定位仿真实验。
实验28：WiFi无线室内定位实测实验。
实验29：无线网络安全的黑洞和灰洞攻击仿真实验。
实验30：无线网络安全的Watchdog监测仿真实验。
实验31：基于蓝牙和WiFi的灯控系统实验。
实验32：基于MQTT协议的温度实时监测实验。
实验33：低功耗广域物联网(LoRa)数据传输实验。
实验34：机器人环境配置与开发基础实验。
实验35：机器人即时定位和地图构建实验。
实验36：基于WiFi的无人船控制实验。
实验37：基于LoRa的远距离无人船控制实验。

# 图书资源支持

感谢您一直以来对清华版图书的支持和爱护。为了配合本书的使用，本书提供配套的资源，有需求的读者请扫描下方的“书圈”微信公众号二维码，在图书专区下载，也可以拨打电话或发送电子邮件咨询。

如果您在使用本书的过程中遇到了什么问题，或者有相关图书出版计划，也请您发邮件告诉我们，以便我们更好地为您服务。


**我们的联系方式：**

地　　址：北京市海淀区双清路学研大厦 A 座 701

邮　　编：100084

电　　话：010-83470236　010-83470237

资源下载：http://www.tup.com.cn

客服邮箱：2301891038@qq.com

QQ：2301891038（请写明您的单位和姓名）


资源下载、样书申请

书圈

扫一扫，获取最新目录

课程直播

**用微信扫一扫右边的二维码，即可关注清华大学出版社公众号“书圈”。**